煤炭高等教育“十四五”规划教材

复杂可编程逻辑器件原理与应用

第2版

主　编　周孟然　郭来功
副主编　辛元芳

中国矿业大学出版社
·徐州·

内 容 提 要

本书系统地介绍了基于复杂可编程逻辑器件的EDA基础技术、硬件描述语言VHDL、EDA设计软件和部分数字逻辑系统设计实例。本书将VHDL语法知识、编程技巧与实际工程开发实例在EDA工具设计平台QuartusⅡ上很好地结合起来，使读者能通过本书的学习迅速理解并掌握CPLD/FPGA的应用与开发技术，为读者快速掌握数字系统工程设计和后续专业课程学习打下坚实的理论与实践基础。

本书主要面向高等学校本专科EDA技术、VHDL语言设计基础和基于CPLD/FPGA应用与开发等课程，可作为电子信息工程、通信工程、自动化、计算机等相关专业的教材或实验教学的主要参考书使用，同时也可以作为电气信息类专业的研究生进行复杂可编程逻辑器件的应用与开发的培训教材。

图书在版编目(CIP)数据

复杂可编程逻辑器件原理与应用/周孟然，郭来功主编. —2版. —徐州：中国矿业大学出版社，2024.1

ISBN 978-7-5646-6136-6

Ⅰ. ①复… Ⅱ. ①周… ②郭… Ⅲ. ①可编程序控制器 Ⅳ. ①TP332.3

中国国家版本馆CIP数据核字(2024)第011948号

书　　名 复杂可编程逻辑器件原理与应用
主　　编 周孟然　郭来功
责任编辑 仓小金
出版发行 中国矿业大学出版社有限责任公司
(江苏省徐州市解放南路　邮编221008)
营销热线 (0516)83885370　83884103
出版服务 (0516)83995789　83884920
网　　址 http://www.cumtp.com　**E-mail**:cumtpvip@cumtp.com
印　　刷 徐州中矿大印发科技有限公司
开　　本 787 mm×1092 mm　1/16　**印张** 20.5　**字数** 524千字
版次印次 2024年1月第2版　2024年1月第1次印刷
定　　价 49.80元

前　言

随着电子技术的不断发展和进步,电子系统的设计方法发生了很大的变化。传统的设计方法正逐步退出历史舞台,而基于 EDA(Electronic Design Automation,电子设计自动化)技术的芯片设计正在成为电子系统设计的主流。它与传统电子系统的设计相比有显著的特点:一是大量使用大规模可编程逻辑器件(例如 CPLD/FPGA),以提高产品性能、缩小产品体积、降低产品消耗;二是广泛运用现代计算机技术,以提高电子设计自动化程度、缩短开发周期、提高产品的竞争力。EDA 技术正是为了适应现代电子产品设计的要求,吸收各相关学科最新成果而形成的一门新技术。

由于 EDA 技术具备上述两方面的特点,CPLD/FPGA 受到了世界范围内广大电子设计工程师的普遍欢迎,在通信、仪表、汽车、军事、航天、测量和测试、消费类电子产品等领域都有广泛的应用。自 20 世纪 90 年代以来,国外各大 VLSI(超大规模集成电路)厂商不断推出各种系列的大规模和超大规模 CPLD/FPGA 产品,其产品的资源规模和性能提高之快、品种之多令人应接不暇。进入 21 世纪以来,随着世界经济格局的变化和集成电路的快速发展,各大 EDA 企业的经营发展不尽相同,龙头企业也处于兼并重组的浪潮中。2016 年,最大的 CPLD/FPGA 供应商之一 Altera 被 inter 收购,2022 年 2 月,AMD 完成了对 Xilinx 的收购。Altera 和 Xilinx 在全球 CPLD/FPGA 市场所占份额接近 90%,这些兼并对 EDA 技术的发展影响巨大。目前市场上高端 FPGA 已达 7 nm 工艺技术,最高集成度可达数十亿个晶体管,内部集成了各类硬核知识产权(Intellectual Property, IP)模块。同时,Cadence、Synopsys、Mentor Graphics 等各大 EDA 软件公司相应推出高性能的 EDA 工具软件,以适合集成芯片技术的高速发展。

EDA 技术作为现代电子设计最新技术的结晶,其广阔的应用前景和深远影响已毋庸置疑,它在信息工程专业中的基础地位和核心作用也逐渐被人们所认识。许多高校开设了相应的课程,并为学生提供了课程设计、综合实践、电子设计竞赛、毕业设计、科学研究和产品开发等技术的综合应用实践环节。目前大多数高校的电子信息、通信工程等专业的学生都具有基本掌握 EDA 工具、进行电子工程设计的能力。比如每年的全国大学生电子设计竞赛都有相关的 EDA 类赛题。通过教学和实践相结合,学生的动手能力、新技术应用能力、创新能力都有明显的提高,符合当前对学生的教育指导思想和社会对毕业生的需求方向。

EDA 技术涉及面广,内容丰富。从教学和实用的角度看,究竟应掌握哪些内容呢?结合近年从事 EDA 技术的研究、EDA 实验室的建设及 EDA 技术的有关教学经验,笔者认为,主要应掌握以下五个方面的内容:① 大规模可编程逻辑器件;② 硬件描述语言;③ EDA 软件开发工具;④ 实验开发系统;⑤ 最新的技术和市场应用。其中,大规模可编程逻辑器件是利用 EDA 技术进行电子系统设计的载体,硬件描述语言是利用 EDA 技术进行电子系统设计的主要表达手段,软件开发工具是利用 EDA 技术进行电子系统设计智能化的自动化设计工具，实验开发系统是利用 EDA 技术进行电子系统设计的下载工具及硬件验证工具，最新的前沿技术是实现目标的最有效的手段，市场应用则是掌握 EDA 技术的重要目的。

该课程学习重点包括：① 对于大规模可编程逻辑器件，主要是了解其分类、基本结构、工作原理、各厂家产品的系列、性能指标、优点以及如何选用，而对于各个产品的具体结构不必研究过细。② 对于硬件描述语言，除了掌握基本语法规定外，要掌握系统的分析与建模方法，能够将各种基本语法规定熟练地运用于自己的设计中。③ 对于软件开发工具，应熟练掌握从源程序的编辑、逻辑综合、逻辑适配以及各种仿真、硬件验证各步骤的使用。④ 对于实验开发系统，主要能够根据自己所拥有的设备，熟练地进行硬件验证或变通地进行硬件验证。⑤ 学习课程的同时，应通过图书馆、网络等查阅 EDA 技术的前沿动态，了解新技术的发展状况和当前的市场应用情况，跟上最新的电子技术发展步伐。

众所周知，电子系统的技术指标是十分重要的，包括速度、面积、功耗、可靠性、容错性和电磁兼容性等。因此，EDA 开发与应用课程的实验，除了必须完成的基础性实验项目之外，还需要引导学生完成一些传统电子设计技术所不能实现的内容，突出 EDA 技术的优势。例如在本书中出现的 VGA 图像显示控制器、单片机与复杂可编程逻辑器件的接口逻辑、信号采集与频谱分析、FFT 硬件处理器和数字滤波器等。在这些实践项目中，会发现诸如软件工具、下载方式和载体都成了配角，而更高质量地完成实验项目、不断提高设计的能动性和创造性成为了主角，从而有效地提高以培养工程实践能力为主的 EDA 课程的教学效果。

笔者本着循序渐进的教学方法，将本书分为九章。第一章介绍 EDA 技术所涉及的基本概念和基本内容；第二章介绍可编程逻辑器件的硬件结构和编程技术；第三章通过大量实例详细讲解 VHDL 语言的基础知识；第四章介绍了 EDA 工具软件 QuartusⅡ的基本设计流程；第五章介绍在 QuartusⅡ软件环境下 LPM 参数化宏模块应用；第六章列举复杂可编程逻辑器件在控制电路中的应用；第七章介绍复杂可编程逻辑器在微机接口的应用；第八章列举复杂可编程逻辑器件在信号处理中的应用；第九章讲解 SOPC 设计的应用。教师可以根据不同的专业和课程培养目标对教材内容进行适当的取舍。

相对前一版，新版教材的变化主要体现在 EDA 软件版本的更新和较新的 FPGA 使用上，同时对 VHDL 语言的介绍做了一定的调整，使学习内容由浅入深，学生更容易掌握。

现代电子设计技术是不断发展的，涉及面广，技术更新快，新器件不断涌现，因此相应的教学内容和教学方法也在不断改进，其中有许多问题值得深入探讨。由于参加教材编写的各位老师来自不同的院校，其工作经历和专业研究方向也不尽相同，书中难免有错误和不妥之处，恳请读者批评指正(E-mail:mrzhou8521@163.com)。

编　者

2023 年 8 月

目　录

第一章 概 述

第一节 电子设计自动化技术及其发展

电子设计自动化(Electronic Design Automation,EDA)是随着集成电路和计算机技术的飞速发展应运而生的一种高级、快速、有效的电子设计自动化工具,也是现代电子设计技术的核心。EDA 技术,是指以可编程逻辑器件(Programmable Logic Device,PLD)为设计载体,在 EDA 软件平台上,以硬件描述语言(Hardware Description Language,HDL)为系统逻辑描述手段完成设计文件,同时,能自动地完成逻辑编译、逻辑化简、逻辑分割、逻辑综合及优化、逻辑仿真,直至完成特定目标芯片的适配编译、逻辑映射、编程下载等工作,最终形成集成电子系统或专用集成芯片的一门新技术,或称为 IES(Integrated Electronic System)/ASIC(Application Specific Integrated Circuit)自动设计技术。EDA 是现代电子设计技术的发展趋势,它使得设计者只须利用软件,即利用硬件描述语言和 EDA 软件完成系统硬件功能。

一、EDA 与现代电子系统设计

传统的数字电子系统设计是采用搭积木的方式进行设计的,即由器件搭成电路板,由电路板搭成电子系统。数字系统最初的"积木块"由固定功能的标准集成电路,如 74/75 系列(TTL)、4000/4500 系列(CMOS)芯片和一些固定功能的大规模集成电路构成。设计者只能根据需要选择合适的器件,并按照器件推荐的电路来组装系统。这种设计是一种"自底向上"的设计方法。这样设计出的电子系统所用元件的种类和数量均较多,体积、功耗大,可靠性差、不易修改。而在基于微处理器的数字系统设计中,通过微处理器的软件编程(如单片机)和特定器件的控制字配置(如 8255)可以改变器件逻辑功能,但对器件硬件结构的改变是不可能的,引脚功能的定义也不能任意改变,而且对于系统设计只能通过设计电路板来实现系统功能。

随着半导体技术、集成电路技术和计算机技术的发展,尤其是 20 世纪 90 年代以后,电子设计自动化技术的发展和普及给电子系统的设计方法和设计手段带来了革命性的变化,特别是高速发展的 CPLD(Complex Programmable Logic Device)/FPGA(Field Programmable Gate Array)器件为 EDA 技术的不断进步奠定了坚实的物质基础,极大地改变了传统的数字系统设计方法、设计过程乃至设计观念。利用 EDA 工具通过对可编程逻辑器件芯片的设计来实现系统功能,这种方法称为基于芯片的设计方法。新的设计方法能够由设计者定义器件的内部逻辑和引脚,将原来由电路板设计完成的大部分工作放在芯片的设计中进行。这样不仅可以通过芯片设计实现多种数字逻辑系统功能,而且由于引脚定义的灵活性,大大减轻了电路图设计和电路板设计的工作量和难度,从而有效地增强了设计的灵活性，提高了工作效率；同时基于芯片的设计可以减少芯片的数量，缩小系统体积，降低功耗，提高系统的性能和可靠性。

可编程逻辑器件和 EDA 技术给今天的硬件系统设计者提供了强有力的工具，使得电子系统的设计方法发生了质的变化。传统的“固定功能集成块＋连线”的设计方法正逐步地退出历史舞台，而基于芯片的设计方法正成为现代电子系统设计的主流。现在人们可以把数以亿计的晶体管，几万门、几十万门甚至几百万门的电路集成在一个芯片上。半导体集成电路也由早期的单元集成、部件电路集成发展到整机电路集成和系统电路集成。电子系统的设计方法也由过去的那种“Bottom-up”（自底向上）的设计方法改变为一种新的“Top-down”（自顶向下）设计方法。

现在，只要拥有一台计算机、一套相应的 EDA 软件和一片可编程逻辑器件芯片，在实验室里就可以完成数字系统的设计和验证。可以说，当今的数字系统设计已经离不开可编程逻辑器件和 EDA 设计工具。

二、EDA 技术的发展简史

EDA 技术伴随着计算机、集成电路、电子系统设计的发展，经历了计算机辅助设计(Computer Aided Design，CAD)、计算机辅助工程设计(Computer Aided Engineering，CAE)和电子设计自动化(Electronic Design Automation，EDA)三个发展阶段。

（一）20 世纪 70 年代的计算机辅助设计阶段

早期的电子系统硬件设计采用的是分立元件。随着集成电路的出现和应用，硬件设计进入发展的初级阶段。初级阶段的硬件设计大量选用中小规模标准集成电路，人们将这些器件焊接在电路板上，做成初级电子系统，对电子系统的调试是在组装好的 PCB(Printed Circuit Board)上进行的。

由于设计师对图形符号使用数量有限，传统的手工布图方法无法满足产品复杂性的要求，更不能满足工作效率的要求。这时，人们开始将产品设计过程中高度重复性的繁杂劳动，如布局布线工作，用二维图形编辑与分析的 CAD 工具替代，最具代表性的产品就是美国 ACCEL 公司开发的 Tango 布线软件。20 世纪 70 年代，是 EDA 技术发展初期，由于 PCB 布局布线工具受到计算机工作平台的制约，其支持的设计工作有限且性能比较差。

（二）20 世纪 80 年代的计算机辅助工程设计阶段

初级阶段的硬件设计是用大量不同型号的标准芯片实现电子系统设计的。随着微电子工艺的发展，相继出现了集成上万只晶体管的微处理器、集成几十万直到上百万存储单元的随机存储器和只读存储器。此外，支持定制单元电路设计的硅编程、掩膜编程的门阵列，如标准单元的半定制设计方法以及可编程逻辑器件(PAL 和 GAL)等一系列微结构和微电子学的研究成果都为电子系统的设计提供了新天地。因此，可以用少数几种通用的标准芯片实现电子系统的设计。

随着计算机和集成电路的发展，EDA 技术进入计算机辅助工程设计阶段。20 世纪 80 年代初推出的 EDA 工具以逻辑模拟、定时分析、故障仿真、自动布局布线为核心，重点解决电路设计完成之前的功能检测等问题。利用这些工具，设计师能在产品制作之前预知产品的功能与性能，能生成产品制造文件，在设计阶段对产品性能的分析前进了一大步。

如果说 20 世纪 70 年代能自动布局布线的 CAD 工具代替了设计工作中绘图的重复劳动，那么，到了 80 年代出现的具有自动综合能力的 CAE 工具则部分代替了设计师的工作，对保证电子系统的设计、制造出最佳的电子产品起着关键的作用。到了80年代后期，EDA工具已经可以进行设计描述、综合与优化和设计结果验证，CAE阶段的EDA工具不仅为成功开发电子产品创造了有利条件，而且为高级设计人员的创造性劳动提供了方便。但是，大部分从原理图出发的EDA工具仍然不能适应复杂电子系统的设计要求，而具体化的元件图形则制约着优化设计。

（三）20世纪90年代的电子设计自动化阶段

为了满足系统用户提出的千差万别的设计要求，最好的办法是由用户自己设计芯片，让他们把想设计的电路直接设计在自己的专用芯片上。微电子技术的发展，特别是可编程逻辑器件的发展，使得微电子厂家可以为用户提供各种规模的可编程逻辑器件，使设计者通过设计芯片实现电子系统功能。而EDA工具的发展，又为设计师提供了全新的EDA工具。这个阶段发展起来的EDA工具，目的是在设计前期将设计师从事的许多高层次设计由工具来完成，如可以将用户要求转换为设计技术规范，有效地处理可用的设计资源与理想的设计目标之间的矛盾，按具体的硬件、软件和算法分解设计等。由于电子技术和EDA工具的发展，设计师可以在较短的时间内使用EDA工具，通过一些简单标准化的设计过程，利用微电子厂家提供的设计库来完成数万门ASIC和集成系统的设计与验证。

20世纪90年代以来，设计师逐步从使用硬件转向设计硬件，从单个电子产品开发转向系统级电子产品开发(即片上系统集成，System On a Chip)。因此，EDA工具是以系统设计为核心，包括系统行为级描述与结构综合、系统仿真与测试验证、系统划分与指标分配、系统决策与文件生成等一整套的电子系统设计自动化工具。这时的EDA工具不仅具有电子系统设计的能力，而且能提供独立于工艺和厂家的系统级设计能力，具有高级抽象的设计构思手段。例如，提供方框图、状态图和流程图的编辑能力，具有适合层次描述和混合信号描述的硬件描述语言(如VHDL、AHDL或Verilog HDL)，同时含有各种工艺的标准元件库。只有具备上述功能的EDA工具，才可能使电子系统工程师在不熟悉各种半导体工艺的情况下完成电子系统的设计。

进入21世纪，EDA技术在广度和深度两个方向都得到了更大发展。随着更大规模的CPLD和FPGA器件的不断推出，在仿真和设计两方面支持标准硬件描述语言的功能强大的EDA软件不断出现，软硬IP核功能库的建立，以及基于VHDL所谓自顶向下设计理念的确立，未来的电子系统的设计与规划将不再是电子工程师们的专利。有专家认为，21世纪将是EDA技术快速发展的时期，并且EDA技术将是对21世纪产生重大影响的十大技术之一。

第二节 可编程逻辑器件

一般来说，利用EDA技术进行电子系统设计的物理载体是全定制或半定制ASIC和大规模可编程逻辑器件。大规模可编程逻辑器件是以CPLD/FPGA为代表、由用户编程以实现某种逻辑功能的新型逻辑器件。与ASIC设计相比，FFGA/CPLD显著的特点是直接面向用户，具有极大的灵活性和通用性，使用方便，硬件测试和实现便捷，开发效率高，工作可靠性好等；而且当产品定型和产量扩大后，可将在生产中达到充分检验的VHDL设计迅速实现ASIC投产。

早期可编程逻辑器件只有可编程只读存储器(PROM),它属于一次性编程(OTP)器件。由于结构的限制,只能完成地址译码等一些简单的数字逻辑功能。其后,出现了一类结构上稍复杂的可编程芯片,主要有可编程阵列逻辑(PAL)和通用阵列逻辑(GAL)。PAL由一个可编程的与阵列和一个固定的或阵列构成,或门的输出可以通过触发器有选择地被置为寄存状态。PAL器件是现场可编程的,它的实现工艺有反熔丝技术、可擦除可编程存储器(EPROM)技术和电可擦除可编程存储器(EEPROM)技术。而GAL采用EEPROM工艺,实现了电可擦除和改写,其输出结构是可编程的逻辑宏单元,具有很强的设计灵活性。PAL和GAL的共同特点是可以实现速度特性较好的中小规模的逻辑功能,但由于片内阵列规模较小,不能用于大型数字系统设计。为弥补这一缺陷,20世纪90年代,Altera公司和Xilinx公司分别推出了类似于GAL结构的扩展型CPLD和与标准门阵列类似的FPGA,它们都具有体系结构和逻辑单元灵活、集成度高以及适用范围宽的特点。与以往的PAL和GAL等相比较,FPGA/CPLD的规模比较大,可以替代几十甚至几千块通用IC芯片。这样的FPGA/CPLD实际上就是一个子系统部件。目前,随着集成度更高、性能更好的FPGA/CPLD产品系列的推出,原来需要成千上万个电子元器件组成的电子系统,现在以单片超大规模集成电路即可实现,为SOC(System On Chip)和SOPC(System On Programmable Chip)的发展开拓了可实施的空间。

FPGA在结构上主要分为三个部分,即可编程逻辑单元、可编程输入/输出单元和可编程连线三个部分。CPLD在结构上主要包括三个部分,即可编程逻辑宏单元、可编程输入/输出单元和可编程内部连线。高集成度、高速度和高可靠性是FPGA/CPLD最明显的特点,其时钟延时可小至纳秒(ns)级,结合其并行工作方式,在超高速应用领域和实时测控方面有着非常广阔的应用前景。如果设计得当,将不会存在类似于MCU的复位不可靠和PC可能跑飞等问题。此外高可靠性还表现在几乎可将整个系统下载于同一芯片中,从而大大缩小了体积,易于管理和屏蔽。

由于FPGA/CPLD的集成规模非常大,因此可利用先进的EDA工具进行电子系统设计和产品开发。出于开发工具的通用性、设计语言的标准化以及设计过程几乎与所用器件的硬件结构无关,因而设计开发成功的各类逻辑功能块软件有很好的兼容性和可移植性。它几乎可用于任何型号和规模的FPGA/CPLD中,从而使得产品设计效率大幅度提高,可以在很短时间内完成十分复杂的系统设计,这正是产品快速进入市场最宝贵的特征。美国IT公司认为,一个ASIC 80%的功能可用于IP核等现成逻辑合成,而未来大系统的FPGA/CPLD设计仅仅是各类再应用逻辑与IP核的拼装,其设计周期将更短。

对于一个开发项目,究竟是选择FPGA还是选择CPLD主要取决于开发项目本身的需要。对于普通规模且产量不是很大的产品项目,通常使用CPLD比较好;对于大规模的逻辑设计、ASIC设计或单片系统设计,则多采用FPGA。另外,FPGA掉电后将丢失原有的逻辑信息,所以在实用中需要为FPGA芯片配置一个专用存储器。

第三节　硬件描述语言

硬件描述语言HDL是EDA技术的重要组成部分,常见的HDL主要有VHDL、Verilog HDL、ABEL、AHDL等。其中VHDL和Verilog HDL已成为IEEE标准的硬件描述语言,拥有几乎所有的主流 EDA 工具软件的支持。本书将重点介绍 VHDL 及其使用技术。

一、VHDL 的产生和发展

VHDL 是超高速集成电路硬件描述语言(Very High Speed Integrated Circuits Hardware Description Language)的缩写,诞生于 1983 年,由 IEEE(Institute of Electrical and Electronics Engineers)进一步发展,1987 年,IEEE 发布了 VHDL 的第一个标准版本 IEEE 1076—1987,从此,VHDL 成为硬件描述语言的业界标准之一。1993 年,IEEE 对 VHDL 进行了修订,公布了新版本的 VHDL,即 IEEE 标准的 1076—1993 版本。2002 年,IEEE 公布了最新 VHDL 标准版本 IEEE 1076—2002。自 IEEE 公布了 VHDL 的标准版本之后,国际上的各 EDA 公司相继推出了自己的 VHDL 设计环境,或宣布自己的设计工具支持 VHDL。此后 VHDL 在电子设计领域得到了广泛应用,并逐步取代了原有的非标准硬件描述语言。

VHDL 一开始是作为电子电路和系统的建模语言开发的,其基本思想是在高层次上描述系统和元件的行为,用于标准文档的建立和电路功能模拟。但到了 20 世纪 90 年代初,人们发现,VHDL 不仅可以作为系统模拟的建模工具,而且可以作为电路系统的设计工具;可以利用 EDA 软件工具将 VHDL 源代码自动地转化为文本方式表达的基本逻辑元件连接图,即网表文件。这种方法显然对于电路自动设计是一个极大的推进。很快,电子设计领域出现了第一个软件设计工具,即 VHDL 逻辑综合器,它可以将 VHDL 的大部分描述语句转化成具体电路实现的网表文件。

二、VHDL 的特点

VHDL 作为 IEEE 标准的硬件描述语言,具备以下特点。

1. 多层次的电路描述与建模能力

VHDL 语言具有很强的电路描述和建模能力,能从多个层次对数字系统进行建模和描述,从而大大简化硬件设计任务,提高设计效率和可靠性。VHDL 既可以描述系统级电路,也可以描述门级电路;既可以采用行为描述、功能描述或者结构描述,也可以采用三者的混合描述方式;同时也支持惯性延迟和传输延迟,可方便地建立电子系统的模型。VHDL 强大的多层次描述功能主要来自强大的语法结构和丰富的数据类型。

2. 良好的可移植性,便于共享和复用

VHDL 的可移植性体现在:对于同一个设计的 VHDL 代码,它可以从一个仿真工具移植到另一个仿真工具中进行仿真;可以从一个综合环境中移植到另一个综合环境中进行综合;可以从一个设计操作平台移植到另一个设计操作平台中执行。VHDL 的可移植性源于它是一种标准化的硬件描述语言,可以在各种不同的设计环境和系统平台中使用。

VHDL 采用基于库的设计方法。库中可以存放大量预先设计或者以前项目设计中曾经使用过的模块,这样设计人员在新项目设计的过程中可以直接复用这些功能模块,从而大大减少了工作量,缩短了开发周期。由于 VHDL 是一种描述、仿真、综合、优化和布线的标准硬件描述语言,因此可以使电子系统设计成果在各个公司、团体和设计人员之间进行交流和共享。

3. 独立于器件和工艺设计,具有良好的系统性能评估能力

VHDL 允许设计人员首先生成一个设计而不需要考虑具体用来实现设计的器件,这个

特点可以使设计人员集中精力进行电子系统的功能设计和优化。实际上，对于一个相同的设计描述，设计人员可以采用不同的器件结构实现设计描述的功能。同理，设计人员在进行设计时，往往也不需要考虑与工艺相关的信息。当设计人员对一个设计描述进行编译、仿真和综合后，可以通过采用不同的映射工具将设计映射到不同的工艺上去。

独立于器件和工艺的设计可以允许设计人员采用不同的器件结构、工艺水平和综合工具来对自己的设计进行评估。设计人员可以采用 VHDL 进行一个完整的设计描述，同时可以对它进行综合，生成选定器件结构的逻辑功能；然后再对设计结果进行评估，从而选择适合于设计要求的逻辑器件。为了衡量综合的质量，设计人员同样可以采用不同的综合工具对设计进行综合，然后再对不同的综合结果进行性能分析和评估。

4. 具有快速向 ASIC 移植的能力

VHDL 语言的两个最直接的应用领域是可编程逻辑器件和专用集成电路。一段 VHDL 代码编写完成后，设计人员可以使用 FPGA/CPLD 芯片来实现整个电路集成，这将大大缩短研发周期，使设计产品快速上市。当产品的产量达到相当的数量时，将 VHDL 代码提交给专业的代客户加工的工厂用于 ASIC 的生产，可以快速实现向 ASIC 的转变，这也是目前许多复杂的商用芯片所采用的实现方法。

三、VHDL 的综合

综合，就其字面含义应该为：把抽象的实体结合成单个或统一的实体。在电子设计自动化领域，综合的概念可以表示为：将用行为和功能层次表达的电子系统转换成低层次的便于具体实现的模块组合装配的过程。在基于 VHDL 的设计过程中，综合也可以理解为从 VHDL 代码到具体电路结构的转化过程。

图 1.1 是一个全加器的电路框图及真值表。其中 a 和 b 是要输入相加的两个位，cin 是输入的进位位，s 是求和结果，cout 是输出的进位位。如图中的真值表所示，当输入端出现奇数个高电平时，s 输出高电平；当输入端出现两个或两个以上高电平时，cout 输出高电平。

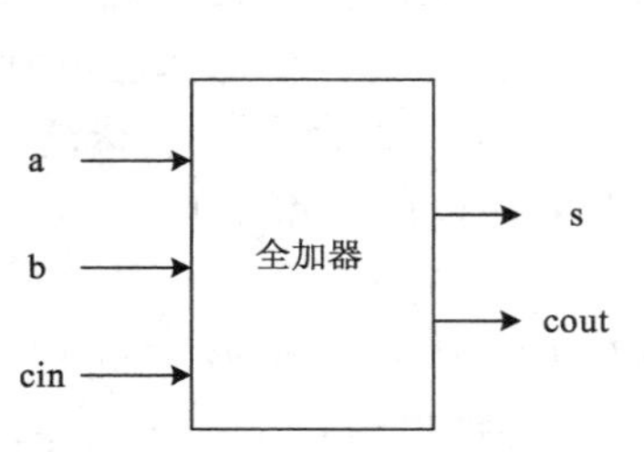

a	b	cin	s	cout
0	0	0	0	0
0	1	0	1	0
1	0	0	1	0
1	1	0	0	1
0	0	1	1	0
0	1	1	0	1
1	0	1	0	1
1	1	1	1	1

图 1.1 全加器电路框图和真值表

图 1.2 给出了图 1.1 所示全加器的 VHDL 代码。这些代码由实体(ENTITY)和结构体(ARCHITECTURE)两部分组成，其中 ENTITY 给出了电路外部连接端口的定义，ARCHITECTURE内部的语句描述了电路所实现的功能。可以看出，全加器运算结果 s 是 a，b 和 cin 进行“异或”操作的结果，进位输出 cout 的运算表达式 $cout=a\cdot b+a\cdot cin+b\cdot cin$。根据图 1.2 左侧的 VHDL 代码，通过综合器可以自动地生成一个实现相同功能的具体电路，如图 1.2 右侧所示。

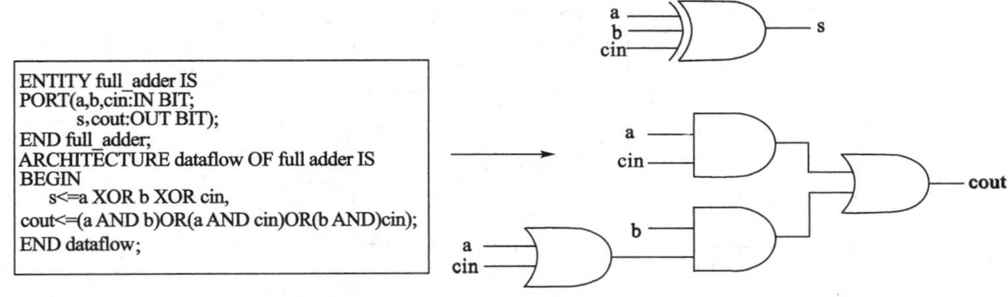

图 1.2 全加器的 VHDL 代码与综合出的电路

根据数字电路设计的相关知识,有多种电路结构可以实现 ARCHITECTURE 中表达式所描述的功能。这说明对 VHDL 代码综合的结果并不是唯一的,具体采用哪种电路结构来实现,取决于所选用的 VHDL 综合器的类型、电路优化的目标(希望得到的电路拥有更高的速度还是占用更少的逻辑资源)和最终的实现方式(使用 CPLD 还是 FPGA 来实现)。

需要指出的是,VHDL 方面的 IEEE 标准,主要指的是文档的表述、行为建模及其仿真,至于在电子线路设计方面,VHDL 并没有得到全面的支持和标准化。也就是说,尽管所有 VHDL 代码都是可以仿真的,但并不是所有代码都是可综合的。

第四节 FPGA/CPLD 的 EDA 设计流程

建造一栋楼房的工程流程是:首先,我们需要进行建筑设计——用各种设计图纸把建筑设想表示出来;其次,要进行建筑预算——根据投资规模、拟建楼房的结构及有关建房的经验数据等计算需要多少基本的建筑材料(如砖、水泥、预制块、门、窗户等);第三,根据建筑设计和建筑预算进行施工设计——这些砖、水泥、预制块、门、窗户等具体砌在房子的什么部位,相互之间怎样连接;第四,根据施工图进行建筑施工——将这些砖、水泥、预制块、门、窗户等按照规定施工建成一栋楼房;最后,施工完毕后,还要进行建筑验收——检验所建楼房是否符合设计要求,同时在整个建设过程中,可能要做出某些建筑模型或进行某些建筑实验。

那么,对于目标器件为 FPGA 和 CPLD 的 VHDL 设计,其工程设计步骤如何呢? EDA 的工程设计流程与上面所描述的基建流程类似:首先需要进行源程序的编辑和编译——用一定的逻辑表达手段将设计表达出来;其次,要进行逻辑综合——将用一定的逻辑表达手段表达出来的设计,经过一系列的操作,分解成一系列的基本逻辑电路及对应关系(电路分解);第三,要进行目标器件的布线/适配——在选定的目标器件中建立这些基本逻辑电路及对应关系(逻辑实现);第四,目标器件的编程/下载——将前面的软件设计经过编程变成具体的设计系统(物理实现);最后,要进行硬件仿真/硬件测试——验证所设计的系统是否符合设计要求。同时在设计过程中要进行有关仿真——模拟有关设计结果与设计构想是否相符。综上所述,EDA 的工程设计的基本流程如图 1.3 所示,现具体阐述如下。

一、源程序的编辑和编译

利用 EDA 技术进行一项工程设计,首先需利用 EDA 工具的文本编辑器或图形编辑器将它用文本方式或图形方式表达出来,并进行排错编译,变成 VHDL 文件格式,为进一步的

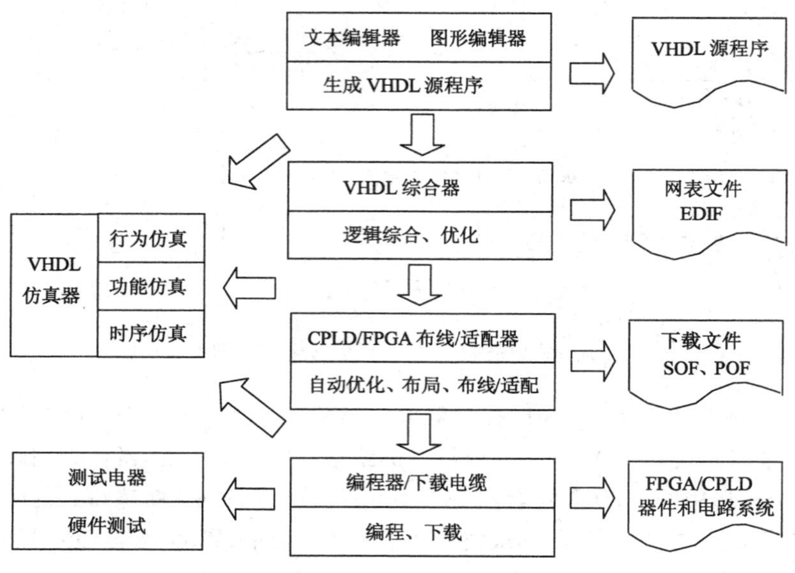

图 1.3　FPGA/CPLD设计流程图

逻辑综合做准备。

常用的源程序输入方式有三种。

1. 原理图输入方式

利用EDA工具提供的图形编辑器以原理图的方式进行输入。原理图输入方式比较容易掌握，直观且方便，所画的电路原理图（请注意，这种原理图与利用Protel画的原理图有本质的区别）与传统的器件连接方式完全一样，很容易被人接受，而且编辑器中有许多现成的单元器件可以使用，用户也可以根据需要自己设计元件。然而原理图输入法的优点同时也是它的缺点：① 随着设计规模增大，设计的易读性迅速下降，对于图中密密麻麻的电路连线，很难搞清电路的实际功能；② 一旦完成，电路结构的改变将十分困难，因而几乎没有可再利用的设计模块；③ 移植困难、入档困难、交流困难、设计交付困难，因为不可能存在一个标准化的原理图编辑器。

2. 状态图输入方式

以图形的方式表示状态图进行输入。当填好时钟信号名、状态转换条件、状态机类型等要素后，就可以自动生成VHDL程序。这种设计方式简化了状态机的设计，比较流行。

3. VHDL文本输入方式

最一般化、最具普遍性的输入方法，任何支持VHDL的EDA工具都支持文本方式的编辑和编译。

二、逻辑综合和优化

要将VHDL的软件设计与硬件的可实现性挂钩，需要利用EDA软件系统的综合器进行逻辑综合。

所谓逻辑综合，就是将电路的高级语言描述（如VHDL、原理图或状态图形的描述）转换成低级的、可与FPGA/CPLD或构成ASIC的门阵列基本结构相映射的网表文件。而网表文件就是按照某种规定描述电路的基本组成及如何相互连接的文件。

由于 VHDL 仿真器的行为仿真功能是面向高层次的系统仿真，只能对 VHDL 的系统描述做可行性的评估测试，而不针对任何硬件系统，因此基于这一仿真层次的许多 VHDL 语句都不能被综合器所接受。也就是说，这类语句的描述无法在硬件系统中实现（至少是在现阶段）。这时，综合器不支持的语句在综合过程中将被忽略掉。综合器对源 VHDL 文件的综合是针对某一 PLD 供应商的产品系列的，因此，综合后的结果是可以为硬件系统所接受的，具有硬件可实现性。

三、目标器件的布线/适配

所谓逻辑适配，就是将由综合器产生的网表文件针对某一具体的目标器件进行逻辑映射操作，其中包括底层器件配置、逻辑分割、逻辑优化、布线与操作等，配置于指定的目标器件中，产生最终的下载文件，如 JEDEC、pof 和 sof 格式的文件。

适配所选定的目标器件（FPGA/CPLD 芯片）必须属于原综合器指定的目标器件系列。通常，EDA 软件中的综合器可由专业的第三方 EDA 公司提供，而适配器则需由 FPGA/CPLD 供应商自己提供，因为适配器的适配对象直接与器件结构相对应。

四、目标器件的编程/下载

如果编译、综合、布线/适配和行为仿真、功能仿真、时序仿真等过程都没有发现问题，即满足原设计的要求，则可以将由 FPGA/CPLD 布线/适配器产生的配置/下载文件，通过编程器或下载电缆载入目标芯片 FPGA 或 CPLD 中。

五、设计过程中的有关仿真

设计过程中的仿真有三种，它们是行为仿真、功能仿真和时序仿真。

所谓行为仿真，就是将 VHDL 设计源程序直接送到 VHDL 仿真器中所进行的仿真。该仿真只是根据 VHDL 的语义进行的，与具体电路没有关系。在该仿真中，可以充分发挥 VHDL 中的适用于仿真控制的语句及有关的预定义函数和库文件。

所谓功能仿真，就是将综合后的 VHDL 网表文件再送到 VHDL 仿真器中所进行的仿真。这时的仿真仅对 VHDL 描述的逻辑功能进行测试模拟，以了解其实现的功能是否满足原设计的要求，仿真过程不涉及具体器件的硬件特性，如延时特性。综合之后的 VHDL 网表文件采用 VHDL 语法，首先描述了最基本的门电路，然后将这些门电路用例化语句连接起来。描述的电路与生成的 EDIF 网表文件一致。

所谓时序仿真，就是将布线器/适配器所产生的 VHDL 网表文件送到 VHDL 仿真器中所进行的仿真。该仿真已将器件特性考虑进去了，因此可以得到精确的时序仿真结果。布线/适配处理后生成的 VHDL 网表文件中包含了较为精确的延时信息，网表文件中描述的电路结构与布线/适配后的结果是一致的。

六、硬件测试

将 FPGA 或 CPLD 直接用于应用系统的设计中，将下载文件下载到 FPGA 后，对系统设计进行功能检测，这一过程称为硬件测试。

硬件测试的目的是在更真实的环境中检验 VHDL 设计的运行情况，特别是对于 VHDL 程序设计上不是十分规范、语义上含有一定歧义的程序。此外，由于目标器件功能的可行性约束，综合器对于设计的“理解”常在一有限范围内选择，结果这种“理解”的偏差势必导致仿真结果与综合后实现的硬件电路在功能上的不一致。当然，还有许多其他的因素也会产生这种不一致，由此可见，FPGA/CPLD 设计的硬件测试是十分必要的。

第五节 EDA 工具软件

EDA 工具软件在 EDA 技术应用中占据十分重要的位置，EDA 的核心是利用计算机完成电子设计的全程自动化，因此，基于计算机环境的 EDA 软件的支持是必不可少的。由于 FPGA/CPLD 的整个设计流程涉及不同技术环节，每一环节都必须有对应的专用 EDA 软件独立处理，包括对 VHDL 电路模型的描述、综合、仿真、适配、下载等。因此 EDA 工具软件大致可以分为 5 个模块：设计输入编辑器、HDL 综合器、仿真器、适配器和下载器。当然，这种分类也不是绝对的，国际上主流的 FPGA/CPLD 生产厂商为了方便用户使用，往往提供了 FPGA/CPLD 集成开发环境，如 Altera 公司的 QuartusⅡ软件，Xilinx 公司的 ISE 软件。对于初学者来说，熟练掌握一种 EDA 集成开发环境是十分必要的，可以通过上机实践整个 FPGA/CPLD 的设计流程，快速掌握 EDA 设计技术。

一、主流 FPGA/CPLD 厂家的 EDA 集成开发环境

1. QuartusⅡ

QuartusⅡ是 Altera 公司推出的 EDA 软件工具，目前版本已更新至 QuartusⅡ18.3，其前身是 Altera 公司的 MAX+plusⅡ，设计工具完全支持 VHDL、Verilog 的设计流程，其内部嵌有 VHDL、Verilog 逻辑综合器，当然第三方的综合工具，如 Leonardo Spectrum、Synplify Pro、FPGA ComplierⅡ有着更好的综合效果，QuartusⅡ可以直接调用这些第三方工具。同样，QuartusⅡ具备仿真功能，但也支持第三方的仿真工具，如 ModelSim。此外，QuartusⅡ为 Altera DSP 开发包进行系统模型设计提供了集成综合环境，它与 MATLAB 和 DSP Builder 结合可以进行基于系统 FPGA 的 DSP 开发，是硬件系统实现的关键 EDA 工具。QuartusⅡ还可与 SOPC Builder 结合，实现 SOPC 系统开发。Altera Quartus Ⅱ作为一种可编程逻辑的设计环境，由于其强大的设计能力和直观易用的接口，越来越受到数字系统设计者的欢迎。

2. ispDesign EXPERT

ispDesign EXPERT 是 Lattice Semiconductor 的主要集成环境软件。通过它可以进行 VHDL、Verilog 及 ABEL 语言的设计输入、综合、适配、仿真和在系统下载。ispDesignEXPERT 是目前流行的 EDA 软件中最容易掌握的设计工具之一，它界面友好、操作方便、功能强大，并与第三方 EDA 工具兼容良好。

3. ISE

ISE(Integrated Software Environment，简称为 ISE)是 Xilinx 公司推出的 EDA 集成软件环境。Xilinx ISE 操作简易方便，其提供的各种最新改良功能解决了以往各种设计上的瓶颈，加快了设计与检验的流程，如 Project Navigator(先进的设计流程导向专业管理程式)让用户能在同一设计工程中使用 Synplicity 与 Xilinx 的合成工具，混合使用 VHDL 及 Verilog HDL 源程序，让设计人员能使用固有的 IP 与 HDL 设计资源达至最佳的结果。使用者亦可链接与启动 Xilinx Embedded Design Kit (EDK) XPS 专案管理器，以及使用新增的 Automatic Web Update 功能来监视软件的更新状况并向使用者发送通知，让使用者下载更新档案，以令其 ISE 的设定维持最佳状态。ISE 提供各种独特的高速设计功能，如新增的时序限制设定。先进的管脚锁定与空间配置编辑器(PACE：Pinout and Area Configuration Editor)提供操作简易的图形化界面引脚配置与管理功能。经过大幅改良后，ISE 加强了 CPLD 的支援能力。ISE 支持所有 Xilinx 尖端产品系列，其中包括 Virtex Ⅱ Pro 系列 FPGA、Spartan-3 系列 FPGA 和 CoolRunner-Ⅱ CPLD。

二、第三方 EDA 工具软件

在基于 EDA 技术的实际开发设计中，用户为了使自己的设计整体性能最佳，往往需要使用第三方工具。业界最流行的第三方 EDA 工具中，逻辑综合性能最好的是 Synplify，仿真功能最强大的是 ModelSim。

1. Synplify

Synplify 是 Synplicity 公司（该公司现在是 Cadence 的子公司）的著名产品，它是一个逻辑综合性能最好的 FPGA 和 CPLD 的逻辑综合工具。它支持工业标准的 Verilog 和 VHDL 硬件描述语言，能以很高的效率将它们的文本文件转换为高性能的面向流行器件的设计网表；它在综合后还可以生成 VHDL 和 Verilog 仿真网表，以便对原设计进行功能仿真；它具有符号化的 FSM 编译器，以实现高级的状态机转化，并有一个内置的语言敏感的编辑器；它的编辑窗口可以在 HDL 源文件中高亮显示综合后的错误，以便能够迅速定位和纠正所出现的问题；它具有图形调试功能，在编译和综合后可以以图形方式（RTL 图、Technology 图）观察结果；它具有将 VHDL 文件转换成 RTL 图形的功能，这十分有利于 VHDL 的速成学习；它能够生成针对以下公司器件的网表：Actel、Altera、Lattice、Lucent、Philips、Quicklogic、Vantis（AMD）和 Xilinx；它支持 VHDL IEEE 1076－1993 标准和 Verilog IEEE 1364—1995 标准。

2. ModelSim

ModelSim 是 Model Technology 公司（该公司现在是 Mentor Graphics 的子公司）的著名产品，支持 VHDL 和 Verilog 的混合仿真，使用它可以进行三个层次的仿真，即 RTL（寄存器传输级）、Functional（功能）和 Gate-Level（门级）。RTL 仿真仅验证设计的功能，没有时序信息；功能级是经过综合器逻辑综合后，针对特定目标器件生成的 VHDL 网表进行仿真；而门级仿真是经过布线器、适配器后，对生成的门级 VHDL 网表进行的仿真，此时在 VHDL 网表中含有精确的时序延迟信息，因而可以得到与硬件相对应的时序仿真结果。ModelSim VHDL 支持 IEEE 1076—1987 和 IEEE 1076—1993 标准。ModelSim Verilog 基于 IEEE 1364—1995 标准，在此基础上针对 Open Verilog 标准进行了扩展。此外，ModelSim 支持 SDF-1.0、SDF-2.0 和 SDF-2.1，以及 VITAL 2.2b 和 VITAL'95。

第六节 EDA 技术的应用

一、在高校电类专业实践教学工作中的应用

各种数字集成电路芯片用 VHDL 语言可以进行方便的描述，生成元件后可作为一个标准元件进行调用。同时，借助于 VHDL 开发设计平台，可以进行系统的功能仿真和时序仿真，借助于实验开发系统可以进行硬件功能验证等，因而可大大地简化数字电子技术相关实验，并可根据学生的设计不受限制地开展各种实验。

对于电子技术课程设计，特别是数字系统性的课题，在 EDA 实验室不需添加任何新的设备，即可设计出各种比较复杂的数字系统，并且借助于实验开发系统可以方便地进行硬件验证,如设计频率计、交通控制灯、秒表等。

自 1997 年第三届全国大学生电子设计竞赛采用 FPGA/CPLD 器件以来,FPGA/CPLD 已得到了越来越多选手的运用,并且给定的课题如果不借助于 FPGA/CPLD 器件可能根本无法实现。因此 EDA 技术将成为各种电子设计竞赛选手必须掌握的基本技能与获胜的法宝。

现代电子产品的设计离不开 EDA 技术,作为信息工程类专业学生,借助于 EDA 技术在毕业设计中可以快速、经济地设计各种高性能的电子系统,并且很容易实现、修改及完善。

在整个学习期间,可以分阶段、分层次地对信息工程类专业的学生进行 EDA 技术的学习和应用,使他们可以迅速掌握并有效利用这一新技术,同时还可大大地提高学生的实践动手能力、创新能力和计算机应用能力。

二、在科研工作和新产品开发中的应用

随着可编程逻辑器件性能价格比的不断提高以及开发软件功能的不断完善,EDA 技术设计电子系统具有用软件的方式设计硬件,设计过程中可用有关软件进行各种仿真,系统可现场编程、在线升级,整个系统可集成在一个芯片上等特点,被广泛应用于科研工作和新产品的开发工作中。

三、在专用集成电路的开发中的应用

可编程器件制造厂家可按照一定的规格将器件以通用器件的形式大量生产,用户可将通用器件从市场上选购,然后按自己的要求通过编程实现专用集成电路的功能。因此,对于集成电路制造技术与世界先进的集成电路制造技术尚有一定差距的我国,开发具有自主知识产权的专用集成电路技术已成为相关专业人员的重要任务。

四、在人工智能和云技术开发中的应用

随着超大规模集成电路的集成度和工艺水平的不断提高,高性能的 EDA 工具获得前所未有的发展,深亚微米级 3DMOS 工艺走向成熟,已经实现在一个芯片上完成系统级的集成,FPGA+CPU 架构计算获得蓬勃发展,这正迎合了人工智能、云计算、高速图像处理、高速接口等领域智能算法和信号处理的对大规模计算的需求。反之,人工智能与云计算等新的技术也推动 EDA 工具进行新的变革。因此,目前诸多 EDA 企业都在人工智能方面进行了深入的布局与开发,实现垂直领域的创新解决方案是各大 EDA 厂商共同的策略。2020 年,Synopsys 推出用于芯片设计的自主人工智能应用程序 DSO. ai,其能够在芯片设计解决方案中,搜索优化目标,利用强化学习来优化功耗、性能和面积。

习　题

1-1　EDA 技术主要应掌握的学习内容有哪些?

1-2　C 语言与 VHDL 语言在综合过程中的区别是什么?

1-3　简述 EDA 的 FPGA/CPLD 的设计流程,以及每个过程中涉及的 EDA 工具。

1-4　什么是仿真? FPGA/CPLD 设计过程中的仿真有哪些? 有何区别?

1-5　列举 FPGA 的应用领域。

第二章　可编程逻辑器件的结构与编程技术

第一节　可编程逻辑器件发展

不论是简单还是复杂的数字电路系统都是由基本门构成的，如与门、或门、非门、传输门等。由基本门可构成两类数字电路，一类是组合电路，在逻辑上输出总是当前输入状态的函数；另一类是时序电路，其输出是当前系统状态与当前输入状态的函数，含有存储元件。人们发现，不是所有的基本门都是必需的，如用与非门单一基本门就可以构成其他的基本门。任何的组合逻辑函数都可以化为"与-或"表达式。即任何组合电路(需要提供输入信号的"非"信号)都可以用"与门-或门"二级电路实现。同样，任何时序电路都可由组合电路加上存储元件，即锁存器、触发器、RAM 来构成。由此，人们提出了一种可编程电路结构，即乘积项逻辑可编程结构，其原理结构图如图 2.1 所示。

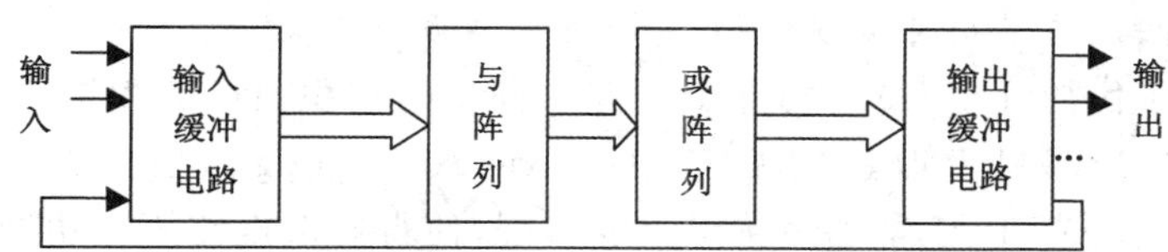

图 2.1　基本 PLD 器件的原理结构图

当然，"与-或"结构组成的 PLD 器件的功能比较简单。此后，人们又从 ROM 工作原理、地址信号与输出数据间的关系以及 ASIC 的门阵列法中获得启发，构造出另外一种可编程结构——SRAM 查找表的逻辑形成方法，它的逻辑函数发生采用 RAM"数据"查找的方式，并使用多个查找表构成了一个查找表阵列，称为可编程门阵列(Programmable Gate Array)。

一、PLD 的发展进程

可编程逻辑器件是集成电路技术发展的产物。很早以前，电子工程师们就曾设想设计一种逻辑可再编程的器件，但由于集成电路规模的限制，难以实现。20 世纪 70 年代，集成电路技术迅猛发展。随着集成电路规模的增大，MSIC(Medium Scale Integrated Circuit)、LSI(Large Scale Integrated Circuit)出现，可编程逻辑器件才得以诞生和迅速发展。

随着大规模集成电路、超大规模集成电路技术的发展，可编程逻辑器件发展迅速，从 20 世纪 70 年代至今，大致经过了以下几个阶段。

(一) 第一阶段：PLD 诞生及简单 PLD 发展阶段

20 世纪 70 年代，熔丝编程的 PROM(Programmable Read Only Memory)和 PLA(Programmable Logic Array)的出现，标志着 PLD 的诞生。可编程逻辑器件最早是根据数字电

子系统组成基本单元门电路可编程来实现的，任何组合电路都可用与门和或门组成，时序电路可用组合电路加上存储单元来实现。早期 PLD 就是用可编程的与阵列和可编程的或阵列组成的。

PROM 是采用固定的与阵列和可编程的或阵列组成的 PLD，由于输入变量的增加会引起存储容量的急剧上升，因此只能用于简单组合电路的编程。PLA 则是由可编程的与阵列和可编程的或阵列组成的，克服了 PROM 随着输入变量的增加而导致规模迅速增加的缺陷，且利用率高。由于与阵列和或阵列都可编程，但软件算法复杂，编程后器件运行速度慢，因此只能在小规模逻辑电路上应用。现在这两种器件在 EDA 上已不再采用，但目前仍将 PROM 作为存储器，PLA 作为全定制 ASIC 设计技术。

20 世纪 70 年代末，AMD 公司对 PLA 进行了改进，推出了 PAL(Programmable Array Logic)器件，PAL 器件采用或阵列固定、与阵列可编程结构，简化了编程算法，提高了运行速度，适用于中小规模可编程电路。但 PAL 为适应不同应用的需要，输出 I/O 结构方式很多，而一种输出 I/O 结构方式就对应一种 PAL 器件，给生产、使用带来不便。且 PAL 器件一般采用熔丝工艺生产，一次可编程，修改电路需要更换整个 PAL 器件，成本太高。现在，PAL 已被 GAL 所取代。

以上可编程器件，都是乘积项可编程结构，都只解决了组合逻辑电路的可编程问题，对于时序电路，需要另外加上锁存器、触发器来构成，如 PAL 加上输出寄存器，方可实现时序电路可编程。

（二）第二阶段：乘积项可编程结构 PLD 发展与成熟阶段

20 世纪 80 年代初，Lattice 公司开始研究一种新的乘积项可编程结构 PLD。1985 年，推出了一种在 PAL 基础上改进的 GAL(Generic Array Logic)器件。GAL 器件首次在 PLD 上采用 EEPROM 工艺，能够电擦除重复编程，使得修改电路不需更换硬件，可以灵活方便地应用，乃至更新换代。

在编程结构上，GAL 沿用了 PAL 或阵列固定、与阵列可编程结构，而对 PAL 的输出 I/O结构进行了改进，增加了输出逻辑宏单元 OLMC(Output Logic Macro Cell)。OLMC 设有多种组态，使得每个 I/O 引脚可配置成专用组合输出、组合输出双向口、寄存器输出、寄存器输出双向口、专用输入等多种结构方式，解决了 PAL 器件一种输出 I/O 结构方式就有一种器件的问题，为电路设计提供了极大的灵活性。目前，GAL 器件主要应用在中小规模可编程电路，同时增加了 ISP(In System Programmability)功能，称 ispGAL 器件。

80 年代中期，Altera 公司推出了 EPLD(Erasable PLD)器件，EPLD 器件比 GAL 器件有更高的集成度，采用 EPROM 工艺或 EEPROM 工艺，可用紫外线或电擦除，适用于较大规模的可编程电路，获得了广泛应用。

80 年代中期，Xilinx 公司提出了现场可编程(Field Programmability)的概念，并生产出世界上第一片 FPGA 器件，FPGA 是现场可编程门阵列(Field Programmable Gate Array)的英文缩写，现在已经成了大规模可编程逻辑器件中一大类器件的总称。FPGA 器件一般采用 SRAM 工艺，编程结构为可编程的查找表(Look-up Table，LUT)结构。FPGA 器件的特点是电路规模大，配置灵活，但 SRAM 需掉电保护，或开机后重新配置。

（三）第三阶段：复杂可编程器件发展与成熟阶段

20 世纪 80 年代末，Lattice 公司提出了在系统可编程(In System Programmability，

ISP)的概念，并推出了一系列具有 ISP 功能的 CPLD 器件，将 PLD 的发展推向了一个新的发展时期。CPLD 即复杂可编程逻辑器件(Complex Programmable Logic Device)的英文缩写，Lattice 公司推出的 CPLD 器件开创了 PLD 发展的新纪元，也即复杂可编程逻辑器件的快速推广与应用。CPLD 器件采用 EEPROM 工艺，编程结构在 GAL 器件基础上进行了扩展和改进，使得 PLD 更加灵活，应用更加广泛。

复杂可编程逻辑器件现有 FPGA 和 CPLD 两种主要结构，进入 90 年代后，两种结构都得到了飞速发展，尤其是 FPGA 器件现在已超过 CPLD，走入成熟期，因其规模大，拓展了 PLD 的应用领域。目前，器件的可编程逻辑门数已达上千万门以上，可以内嵌许多种复杂的功能模块，如 CPU 核、DSP 核、PLL(锁相环)等，可以实现单片可编程系统(System on Programmable Chip，SOPC)。

现在，除了数字可编程器件外，模拟可编程器件也受到了重视，Lattice 公司有 ispPAC 系列产品供选用。

二、PLD 的种类及分类方法

PLD 的种类繁多，各生产厂家命名不一，一般可按以下几种方法进行分类。

(一) 按集成度来区分，分为两大类

(1) 简单 PLD：逻辑门数 1 000 门以下，包括 PROM、PLA、PAL、GAL 等器件。

(2) 复杂 PLD：芯片集成度高，逻辑门数 1 000 门以上，包括 EPLD、CPLD、FPGA 等器件。

(二) 从芯片结构来区分，分为两大类

(1) 阵列型结构 PLD：其基本结构由“与-或”阵列构成，包括 PROM、PLA、PAL、GAL、EPLD、CPLD 等器件。

(2) 单元型结构 PLD：其基本结构由可编程单元(门)构成，FPGA 属此类器件。

(三) 从互连结构来区分，分为两大类

(1) 确定型：确定型 PLD 提供的互连结构，每次用相同的互连线布线，其时间特性可以确定预知(如由数据手册查出)，是固定的，如 CPLD 器件。

(2) 统计型 PLD：统计型结构是指设计系统时，其时间特性是不可预知的，每次执行相同的功能时，却有不同的布线模式，因而无法预知线路的延时，如 FPGA 器件。

(四) 从编程工艺来区分，分为五大类

(1) 熔丝型 PLD：其编程过程就是根据设计的熔丝图文件来烧断对应的熔丝，获得所需的电路，如早期的 PLD 器件。

(2) 反熔丝型 PLD：其编程过程与熔丝型 PLD 类似，但结果相反，在编程处击穿漏层使两点之间导通，而不是断开，如 Actel 公司的 FPGA 器件。

无论是熔丝还是反熔丝结构，都只能编程一次，因而被称为 OTP(One Time Programmable)器件。

(3) EPROM 型 PLD：EPROM 是紫外线擦除可编程只读存储器的英文缩写，EPROM 型 PLD 采用紫外线擦除、电可编程，但编程电压一般较高，编程后，下次编程前要用紫外线擦除上次编程内容。

在制造 EPROM 型 PLD 时，如果不留用于紫外线擦除的石英窗口，也就成了 OTP 器件。

(4) EEPROM 型 PLD：EEPROM 是电擦除可编程只读存储器的英文缩写，与 EPROM 型相比，其不用紫外线擦除，可直接用电擦除，使用更为方便，GAL 器件和大部分 EPLD、CPLD 器件都是 EEPROM 型 PLD。

(5) SRAM 型 PLD：SRAM 是静态随机存取存储器(Static Random Access Memory)的英文缩写，可方便快速地编程(也称为配置)，但掉电后，其内容即丢失，再次上电需要重新配置，或加掉电保护装置以防掉电，大部分 FPGA 器件都是 SRAM 型 PLD。

第二节 阵列型 PLD

阵列型 PLD 在结构上是由“与-或”阵列和输入输出单元组成，包括 PROM、PLA、PAL、GAL、CPLD。下面首先介绍简单 PLD，再介绍 CPLD 的结构特点。

一、电路符号表示

在介绍阵列型 PLD 器件原理之前，有必要先熟悉一些常用的逻辑电路符号及常用的描述 PLD 内部结构的专用电路符号。图 2.2 是常用的逻辑门符号与现在国标逻辑门符号的一个对照。在常用的 EDA 软件中，原理图一般是用图中所示的“常用符号”来描述表示的。由于 PLD 结构特殊，用通用的逻辑门符号表示比较繁杂，选用一种约定的符号来简化图的表示。接入 PLD 内部的“与-或”阵列输入缓冲器电路，一般采用互补结构，可用图 2.3 来表示，它等效于图 2.4 的逻辑结构，即当信号输入 PLD 后，分别以其同相信号和反相信号接入。

	非门	与门	或门	异或门
常用符号	A Ā	A B F	A B F	A B F
国标符号	A Ā	A B & F	A B ≥1 F	A B =1 F
逻辑表达式	$\bar{A}$=NOT A	F=A·B	F=A+B	F=A⊕B

图 2.2 常用逻辑门符号与现有国际符号的对照

图 2.5 是 PLD 中“与”阵列的简化图形，表示可以选择 A、B、C 和 D 四个信号中的任一组或全部输入“与”门。在这里用以形象地表示“与”阵列，这是在原理上的等效。当采用某种硬件实现方法时，如 NMOS 电路时，在图中的“与”门可能根本不存在。但 NMOS 构成的连接阵列中却含有了“与”逻辑。同样，或阵列也用类似的方式表示，道理也是一样的。图 2.6是 PLD 中或阵列的简化图形表示。

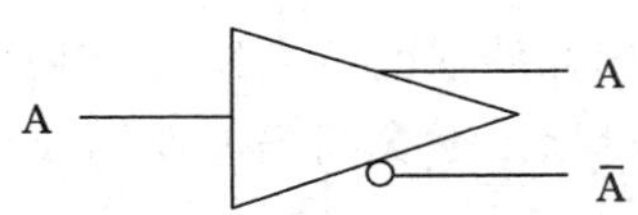

图 2.3 PLD 的互补缓冲器

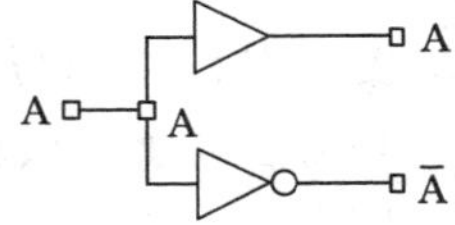

图 2.4 PLD 的互补输入

图 2.5 PLD 中“与”阵列表示

图 2.7 是在阵列中连接关系的表示。十字交叉线表示此二线未连接；交叉线的交点上打黑点，表示是固定连接，即在 PLD 出厂前已连接；交叉线的交点上打叉，表示该点可编程，在 PLD 出厂后通过编程，其连接可随时改变。

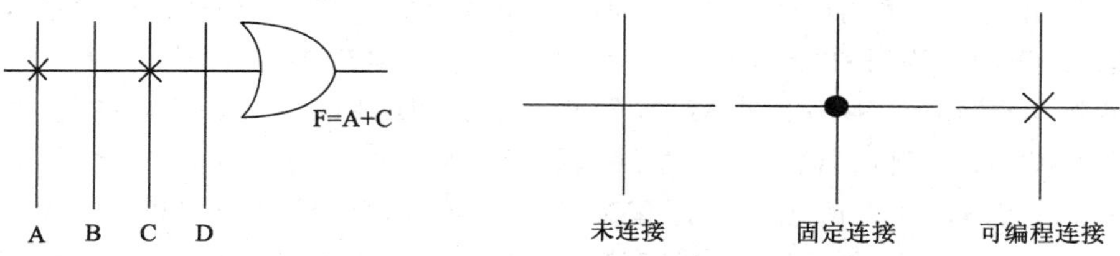

图 2.6　PLD 中或阵列的表示

图 2.7　阵列中连接关系的表示

二、简单 PLD 的基本结构

简单 PLD 的基本结构框图已在图 2.1 中给出。图 2.1 中与阵列和或阵列是电路的主体，主要用来实现组合逻辑函数。输入电路由缓冲器组成，它使输入信号具有足够的驱动能力，并产生互补输入信号。输出电路提供不同的输出方式，例如直接输出的组合方式或通过寄存器输出的时序方式。此外，输出端口上往往带有三态门，可通过三态门控制数据直接输出或反馈到输入端。通常 PLD 电路中只有部分电路可以编程或组态，PROM、PLA、PAL 和 GAL 等 4 种简单 PLD 的电路结构主要是编程和输出结构的不同，其阵列结构如图 2.8 所示。

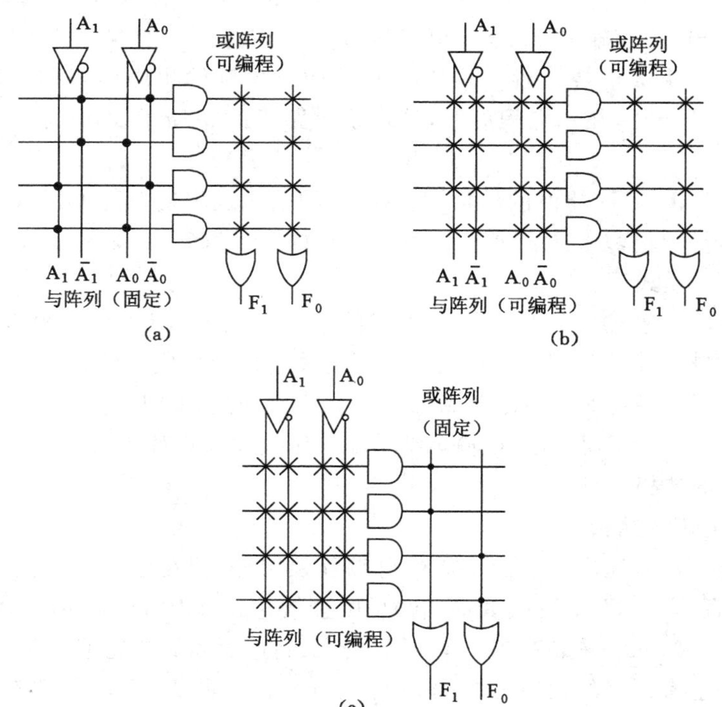

图 2.8　简单 PLD 的基本结构

(a) PROM 阵列结构；(b) PLA 阵列结构；(c) PAL 和 GAL 阵列结构

PROM 采用固定的“与”阵列和可编程的“或”阵列组成的阵列结构，其与阵列产生输入变量的所有最小项，而在实际应用中，绝大多数组合逻辑函数并不需要所有的最小项，“与”阵列利用率不高，且随着输入变量的增加会引起“与”阵列的急剧上升，PROM 目前只在地址译码中使用。PLA 采用可编程的“与”阵列和可编程的“或”阵列组成的阵列结构，阵列利用率高，但由于“与”阵列和“或”阵列都可编程，软件算法复杂，编程后器件运行速度慢，目前只在全定制 ASIC 设计中使用。PAL 和 GAL 均采用可编程的“与”阵列和固定的“或”阵列组成的阵列结构，“与”阵列输出化简的乘积项，而不必考虑公共的乘积项，送到“或”门的乘积项数目是固定的，大大简化了设计算法，同时也使单个“或”门输出的乘积项为有限。图 2.8(c)中表示的 PAL(GAL)只允许有 2 个乘积项。对于多个乘积项，可以通过输出反馈和互连的方式解决，即允许输出端的信号再馈入下一个“与”阵列。

上述提到的可编程结构只解决了组合逻辑的可编程问题，而对时序电路却无能为力。由于时序电路是由组合电路及存储单元构成(锁存器、触发器、RAM)，对其中的组合电路部分的可编程问题已经解决，所以只要再加上锁存器、触发器即可。PAL 加上了输出寄存器单元后，就实现了时序电路的可编程，芯片 PAL16R8 的部分结构图如图 2.9 所示。为适应不同应用需要，PAL 的输出 I/O 结构很多，往往一种结构方式就有一种 PAL 器件，PAL 的应用设计者在设计不同功能的电路时，要采用不同输出 I/O 结构的 PAL 器件。PAL 种类变得十分丰富，同时也带来了使用、生产的不便。

GAL 在“与-或”阵列结构上沿用了与阵列可编程、或阵列固定的结构，但对输出 I/O 结构进行了较大改进，增加了输出逻辑宏单元 OLMC。OLMC 单元设有多种组态，可配置成专用组合输出、专用输入、组合输出双向口、寄存器输出、寄存器输出双向口等，为逻辑电路设计提供了极大的灵活性。由于具有结构重构和输出端的任何功能均可转移到另一输出引脚上的功能，在一定程度上，简化了电路板的布局布线，使系统的可靠性进一步地提高。

图 2.10 是 GAL16V8 器件的结构图。GAL 的输出逻辑宏单元 OLMC 中有 4 个多路选择器，通过不同的选择方式可以产生多种输出结构，一旦确定了某种模式，所有的 OLMC 都将工作在同一种模式下。

OLMC 的所有这些输出结构和工作模式的选择和确定(即对其中的多路选择器的控制)均由计算机根据 GAL 的逻辑设计文件的逻辑关系自动形成。即在编译工具的帮助下，计算机对用硬件语言描述的文件综合成可下载于 GAL 的 JEDEC 标准格式文件(俗称熔丝图文件)，该文件中包含了对 OLMC 输出结构和工作模式以及对图 2.10 左侧可编程与阵列各连接“熔丝点”的选择信息。

三、CPLD 的基本结构

简单 PLD 除 GAL 还应用在中小规模可编程领域外，现在已全部淘汰。目前，阵列型 PLD 的主流产品是以超大规模集成电路工艺制造的 CPLD 器件，它采用了 CMOS EEPROM 和 Flash Memory 编程工艺，具有高密度、高速度和低功耗等特点。不同生产厂家的 CPLD 在结构上有许多的相似之处，下面以 Altera 公司的 MAX7000 系列 CPLD 器件为例介绍 CPLD 的结构和工作原理。

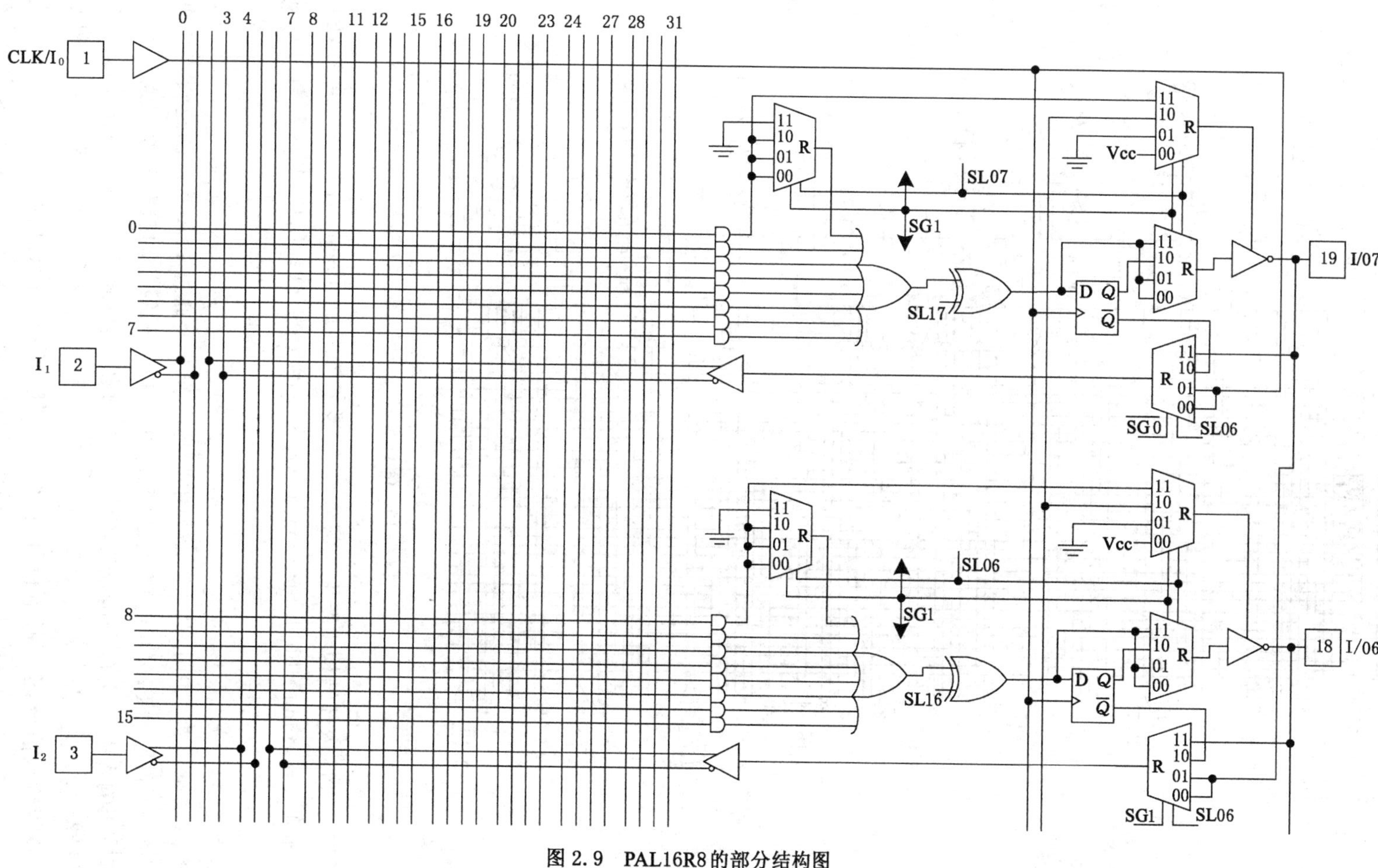

图 2.9　PAL16R8的部分结构图

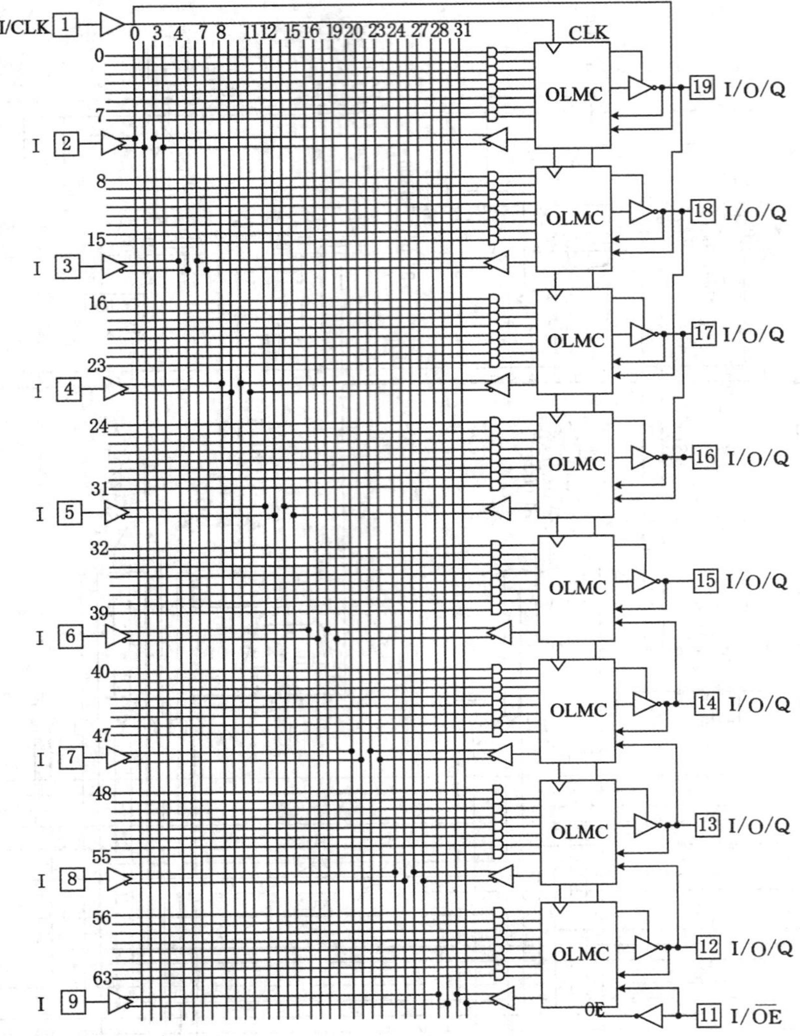

图 2.10 GAL16V8 的结构图

MAX7128S 内部结构主要由 3 部分组成：逻辑阵列块(Logic Array Block，LAB)、可编程连线阵列(Programmable Interconnect Array，PIA)和 I/O 控制块，其内部结构如图 2.11 所示。

1. 逻辑阵列块 LAB

MAX7000 系列 CPLD 的内部结构主要是由若干个通过 PIA 互连的逻辑阵列块 LAB 组成，LAB 不仅通过 PIA 互连，而且还通过 PIA 和全局总线连接起来，全局总线又和 PLD 的所有专用输入引脚、I/O 引脚及宏单元馈入信号相连，这样 LAB 就和输入信号、I/O 引脚及反馈信号连接在一起。对于 MAX7128S 而言，每个 LAB 的输入信号有：来自 PIA 的 36 个通用逻辑输入信号，全局控制信号，从 I/O 引脚到寄存器的直接输入。

每个逻辑阵列块 LAB 又是由 16 个逻辑宏单元组成的阵列，MAX7128S 宏单元的结构见图 2.12。MAX7128S 的逻辑宏单元是 PLD 的基本组成结构，由逻辑阵列、乘积项选择矩阵和可编程寄存器三部分组成，可编程实现组合逻辑和时序逻辑。

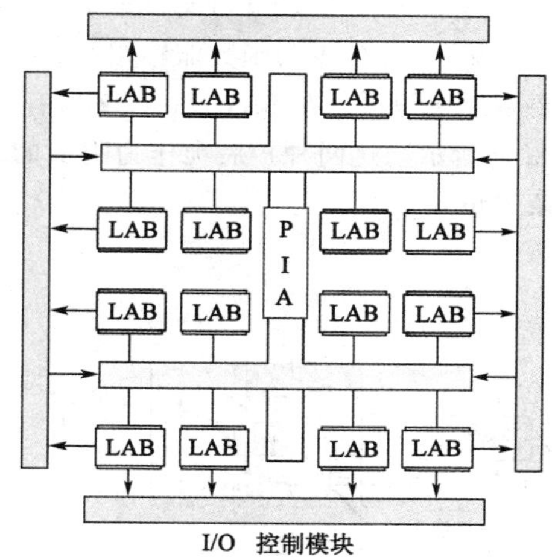

图 2.11　MAX7128S 的内部结构图

逻辑阵列用于实现组合逻辑，为宏单元提供 5 个乘积项。每个宏单元中有一组共享扩展乘积项，经非门后反馈到逻辑阵列中；还有一组并行扩展乘积项，从邻近宏单元输入。

乘积项选择矩阵把逻辑阵列提供的乘积项有选择地提供给或门和异或门作为输入，实现组合逻辑函数；或作为可编程寄存器的辅助输入，用于清零、置位、时钟、时钟使能控制。

可编程寄存器用于实现时序逻辑，可配置为带可编程时钟的 D、T、JK、SR 触发器，或被旁路掉实现组合逻辑。触发器有三种时钟输入模式：

全局时钟模式，全局时钟输入直接和寄存器的 CLK 端相连，实现最快输出。

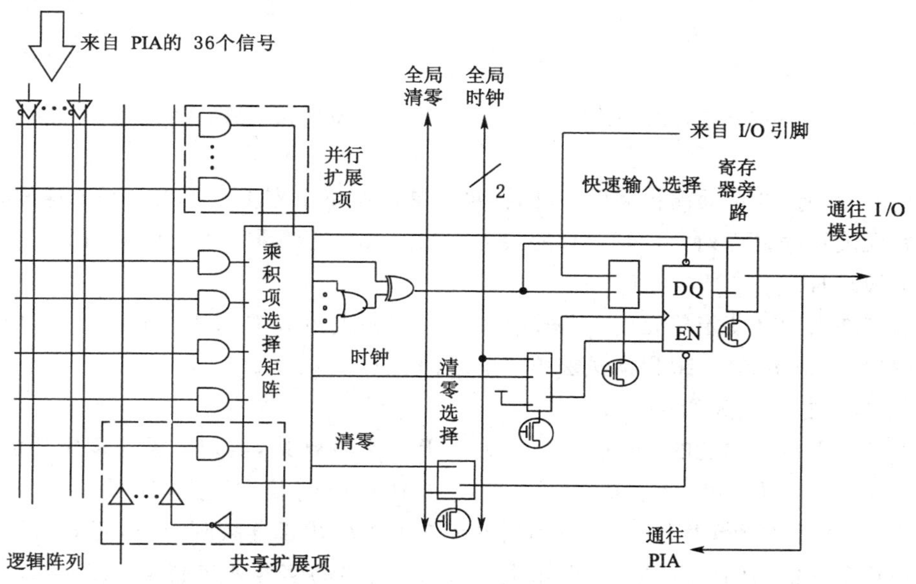

图 2.12　MAX7128S 宏单元结构图

全局时钟带有高电平有效时钟使能信号模式，使用全局时钟，但由乘积项提供的高电平有效的时钟使能信号控制，输出速度较快。

乘积项时钟模式，时钟来自 I/O 引脚或隐埋的宏单元，输出速度较慢。

每个寄存器支持异步清零和异步置位，由乘积项驱动的异步清零和异步置位信号高电平有效。此外，寄存器的复位端也可以由低电平有效的全局复位专用引脚 GCLRn 信号来驱动。

2. 扩展乘积项 EPT(Extended Product Terms)

虽然，大部分逻辑函数能够用在每个宏单元中的 5 个乘积项实现，但更复杂的逻辑函数需要附加乘积项。在 MAX7128S 中，有共享扩展乘积项和并行扩展乘积项(如图 2.13 和图 2.14所示)，这两种扩展项作为附加的乘积项直接送到本 LAB 的任一个宏单元中，用于复杂逻辑函数的构造。

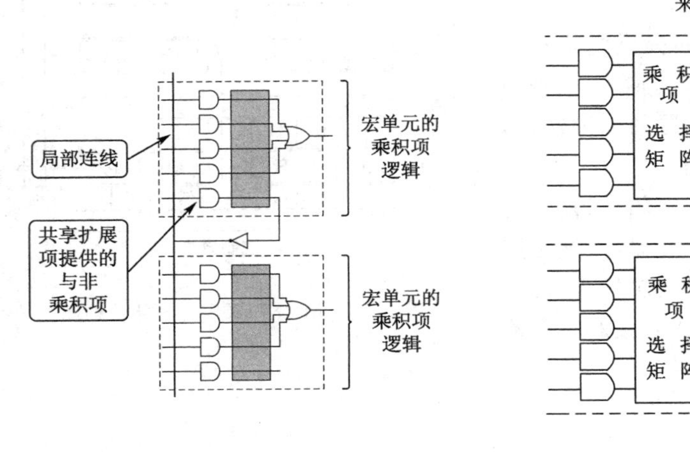

图 2.13　共享扩展乘积项结构图

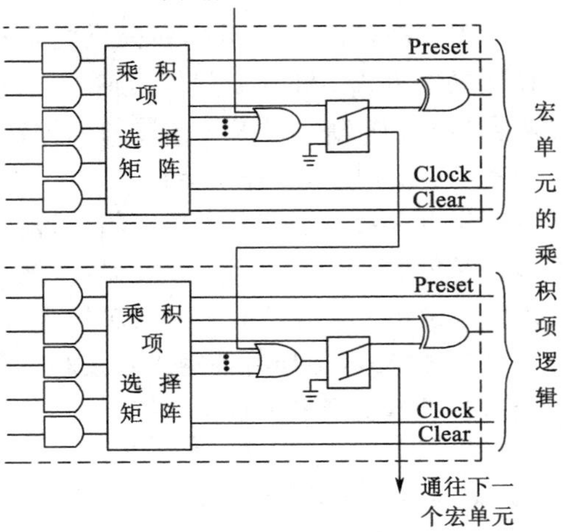

图 2.14　并行扩展乘积项结构

每个 LAB 有 16 个共享扩展乘积项，共享扩展项由每个宏单元提供一个单独的乘积项，经非门后反馈到逻辑阵列中，本 LAB 的宏单元都能共享这些乘积项。但采用共享扩展乘积项后有附加延时。

并行扩展乘积项使宏单元中一些没有使用的乘积项被分配到邻近的宏单元，使用扩展乘积项后，允许最多 20 个乘积项送宏单元的或门。

3. 可编程连线阵列 PIA

PIA 是实现布线功能的，不同的 LAB 通过 PIA 相互连接，实现所需的逻辑功能。这个全局总线是一种可编程的通道，可以把器件中的任何信号连接到其目的地。所有 MAX7000 系列器件的专用输入、I/O 引脚和宏单元的输出都连接到 PIA，而 PIA 可把这些信号送到整个器件内的任何地方。只有每个 LAB 需要的信号才布置从 PIA 到该 LAB 的连线。由图 2.15 可以看出 PIA 信号布线到 LAB 的方式。

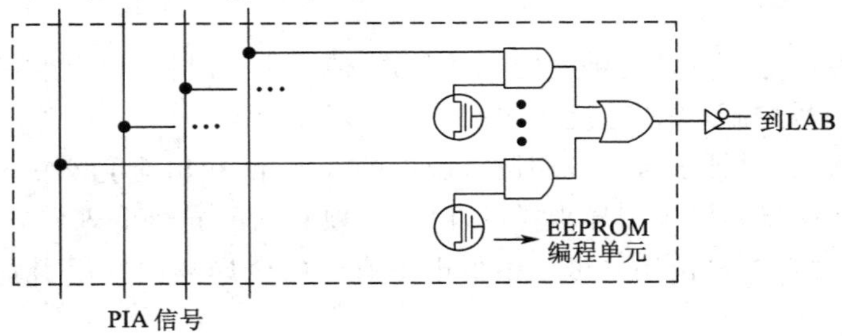

图 2.15　PIA 信号布线到 LAB 的方式

图 2.15 中通过 EEPROM 单元控制与门的一个输入端，以选择驱动 LAB 的 PIA 信号。所有 MAX7000 系列器件的 PIA 都有固定的延时，因此使得器件的延时性能容易预测。

4. I/O 控制块

I/O 控制块把每个引脚单独配置成所需工作方式，包括：输入、输出和双向三种工作方式。

所有 I/O 引脚的 I/O 控制都是由一个三态缓冲器来实现的，三态缓冲器的控制信号来自一个多路选择器，可以用全局输出使能信号中的一个来控制或接 GND，或接 Vcc。图 2.16表示的是 MAX7128S 器件的 I/O 控制块，它共有 6 个全局输出使能信号。这 6 个使能信号可来自两个输出使能信号（OE1、OE2）、I/O 引脚的子集或 I/O 宏单元的子集，并且也可以是这些信号取反后的信号。

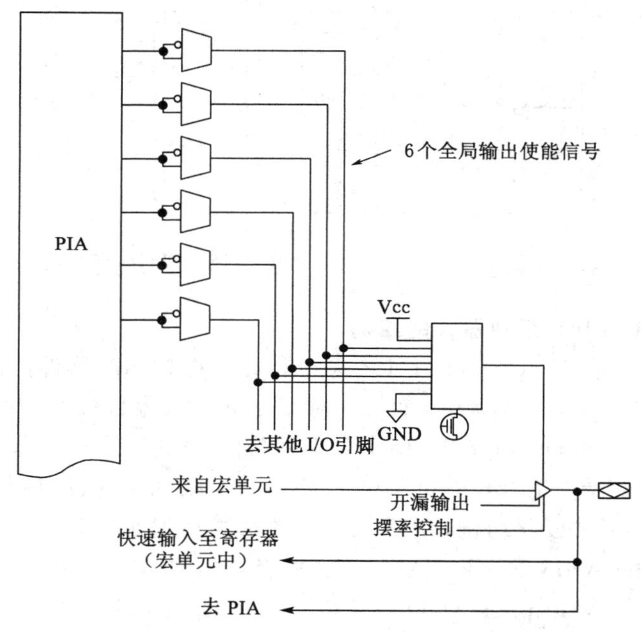

图 2.16　MAX7128S 的 I/O 控制块

三态缓冲器的控制端接 GND 时，其输出为高阻态，I/O 引脚可作为专用输入引脚使用；三态缓冲器的控制端接 Vcc 时，表示是输出使能，I/O 引脚可作为专用输出引脚使用；三态缓冲器的控制端接全局输出使能信号时，通过高低电平的控制，可实现输入输出双向工作方式。

第三节　现场可编程门阵列 FPGA

FPGA 是采用查找表（Look Up Table，LUT）结构的可编程逻辑器件的统称，大部分 FPGA 采用基于 SRAM 的查找表逻辑结构形式。下面首先介绍 SRAM 的查找表的原理，然后再以 Altera 公司的 FLEX10K 系列 FPGA 器件为例介绍其基本结构和工作原理。

一、SRAM 查找表

SRAM 查找表是通过存储方式，把输入与输出关系保存起来，通过输入查找到对应的输出。一个 n 个输入的查找表要实现 n 个输入的逻辑功能，需要 2^n 位存储单元。图 2.17 所示是 4 输入 LUT，其内部结构如图 2.18 所示。如果 n 很大时，存储容量将像 PROM 器件一样增大，因此，n 很大时，要采用几个查找表来分开实现。

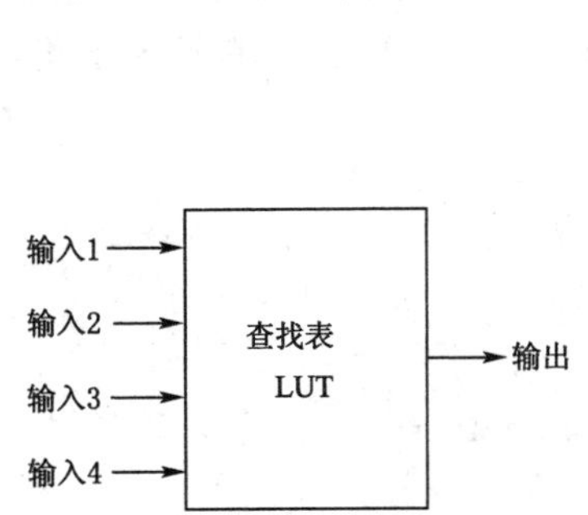

图 2.17　FPGA 查找表单元

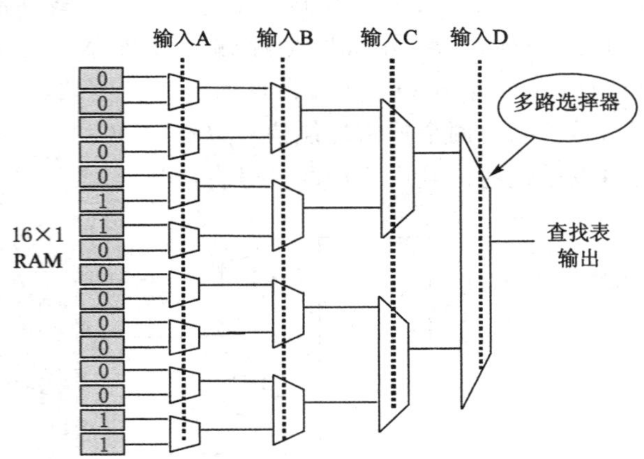

图 2.18　FPGA 查找表内部结构

二、Cyclone 4E/10LP 系列器件的结构

Cyclone 3、Cyclone 4E、Cyclone 10LP 这三个系列的 FPGA 器件的内部机构几乎是完全相同的，只是生产工艺有所区别，下面将针对 Cyclone 4E 器件展开详细描述，事实上大部分描述同样适用于 Cyclone 3、Cyclone 10LP 系列器件。

Cyclone 4E 系列器件是 Intel(原 Altera)公司的一款低功耗、高性价比的 FPGA，它的结构具有典型性，接下来以此为例，介绍 FPGA 的结构和工作原理。Cyclone 4E 器件主要由逻辑阵列块(Logic Array Block，LAB)、嵌入式存储器块(Embedded Memory)、嵌入式硬件乘法器(Embedded Multiplier)、I/O 单元(Input/Output Cell，IOC)和嵌入式 PLL 等模块组成，在各个模块之间存在着丰富的互连线和时钟网络。

Cyclone 4E 系列 FPGA 器件的可编程资源主要来自逻辑阵列块 LAB，而每个 LAB 都由多个逻辑宏单元 LE(Logic Element)构成。LE 是 Cyclone 4E 系列 FPGA 器件的最基本的可编程单元，主要由一个 4 输入的 LUT、进位链逻辑、寄存器链逻辑和一个可编程的寄存器构成。4 输入的 LUT 可以完成所有的 4 输入 1 输出的组合逻辑功能，每个 LE 的输出都能连接到行、列、直连通路、进位链、寄存器链等布线资源，其内部结构图如图 2.19 所示。

每个 LE 中的可编程寄存器可以被配置成 D 触发器、T 触发器、JK 触发器和 RS 寄存器模式。每个可编程寄存器具有数据、时钟、时钟使能、清零输入信号。全局时钟网络、通用 I/O 口以及内部逻辑可以灵活配置寄存器的时钟和清零信号。任何一个通用 I/O 和内部逻辑都可以驱动时钟使能信号。在一些只需要组合电路的应用中，对于组合逻辑的实现，可将该可配寄存器旁路，LUT 的输出可作为 LE 的输出。

LE 有三个输出驱动内部互连，一个驱动局部互连，另两个驱动行或列的互联资源，LUT 和寄存器的输出可以单独控制。可以实现在一个 LE 中，LUT 驱动一个输出，而寄存

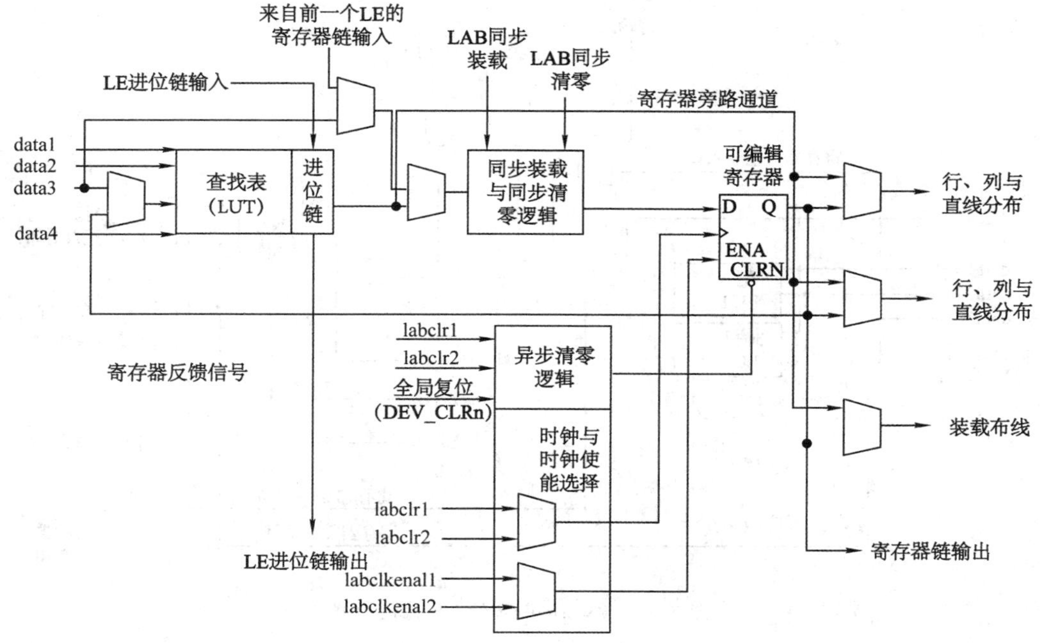

图 2.19 Cyclone 4E 的 LE 内部结构图

器驱动另一个输出(这种技术称为寄存器打包)。因而在一个 LE 中的寄存器和 LUT 能够用来完成不相关的功能,因此能够提高 LE 的资源利用率。

寄存反馈模式允许在一个 LE 中寄存器的输出作为反馈信号,加到 LUT 的一个输入上,在一个 LE 中就完成反馈。

除上述的三个输出外,在一个逻辑阵列块中的 LE 还可以通过寄存器链进行级联。在同一个 LAB 中的 LE 里的寄存器可以通过寄存器链接联在一起,构成一个移位寄存器,那些 LE 中的 LUT 资源可以单独实现组合逻辑功能,两者互不相关。

Cyclone 4E 的 LE 可以工作在下列两种操作模式:普通模式和算术模式。

在不同的 LE 操作模式下,LE 的内部结构和 LE 之间的互连有些差异,图 2.20 和图 2.21分别是 Cyclone 4E 的 LE 在普通模式和算术模式下的结构和连接图。

普通模式下的 LE 适合通用逻辑应用和组合逻辑的实现。在该模式下,来自 LAB 局部互连的四个输入将作为一个 4 输入 1 输出的 LUT 的输入端口。可以选择进位输入(cin)信号或者 data3 信号作为 LUT 中的一个输入信号。每一个 LE 都可以通过 LUT 链直接连接到下一个 LE(在同一个 LAB 中的)。在音通模式下,LE 的输入信号可以作为 LE 中寄存器的异步装载信号,LE 也支持寄存器打包与寄存器反馈。

Cyclone 4E 器件中的 LE 还可以工作在算术模式下,在这种模式下,可以更好地实现加法器、计数器、累加器和比较器。在算术模式下的单个 LE 内有两个 3 输入 LUT,可被配置成一位全加器和基本进位链结构。其中一个 3 输入 LUT 用于计算,另外一个 3 输入 LUT 用来生成进位输出信号 cout。在算术模式下,LE 支持寄存器打包与寄存器反馈。逻辑阵列块 LAB 是由一系列相邻的 LE 构成的。每个 Cyclone 4E 的 LAB 包含 16 个 LE,在 LAB

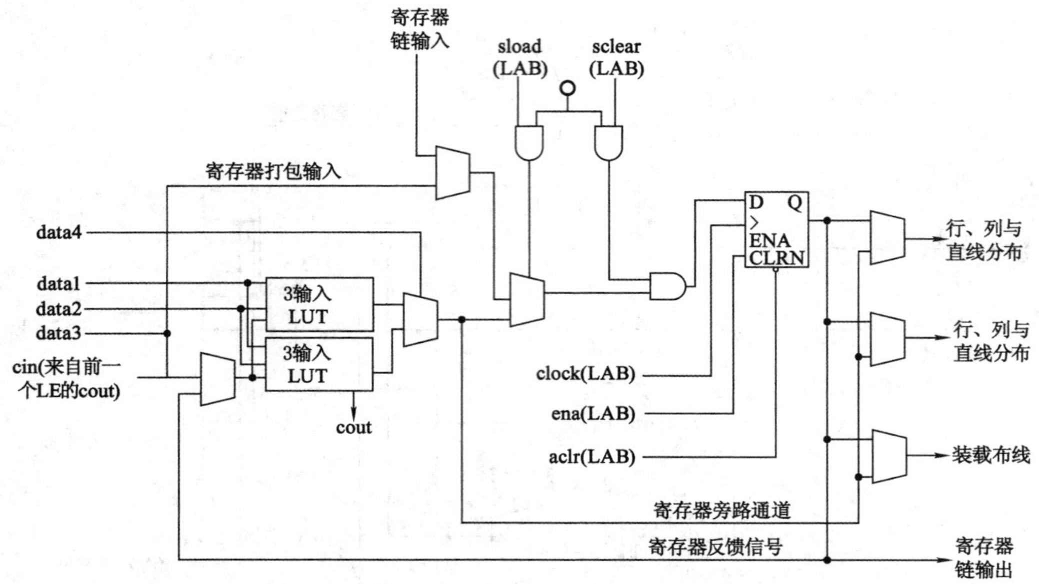

图 2.20　Cyclone 4E 的 LE 普通模式

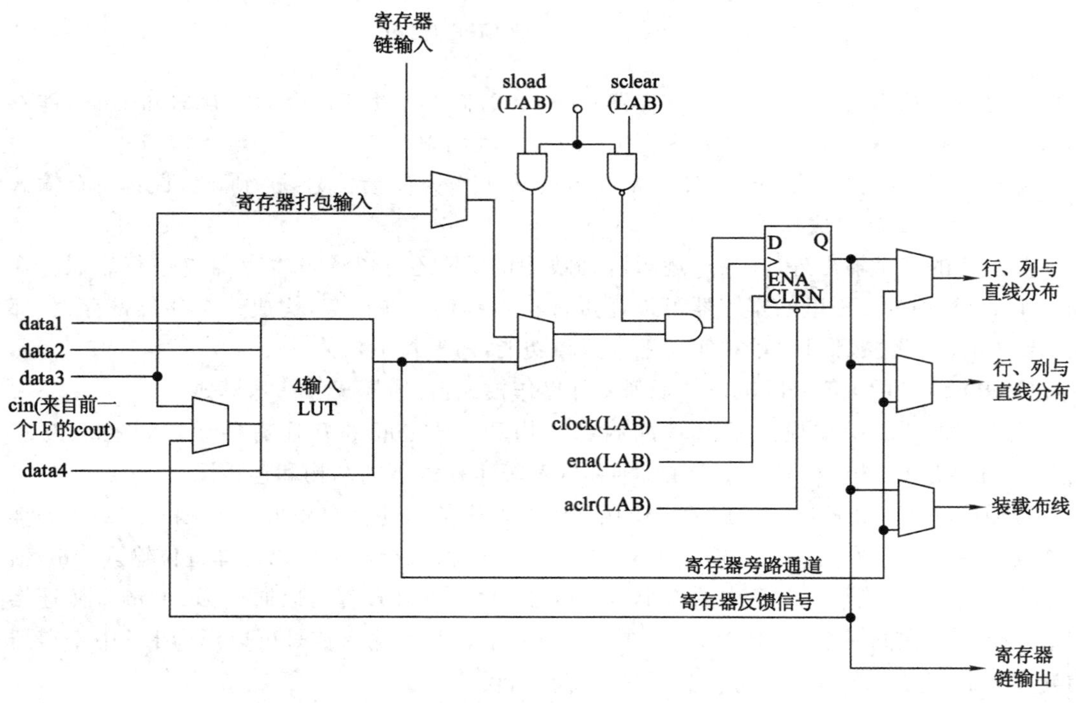

图 2.21　Cyclone 4E 的 LE 动态算术模式

中，LAB 之间存在着行互连、列互连、直连通路互连、LAB 局部互连、LE 进位链和寄存器链。图 2.22 是 Cyclone 4E 的 LAB 结构图。

在 Cyclone 4E 器件里面存在大量 LAB，图 2.22 所示的多个 LE 排列起来构成 LAB，多

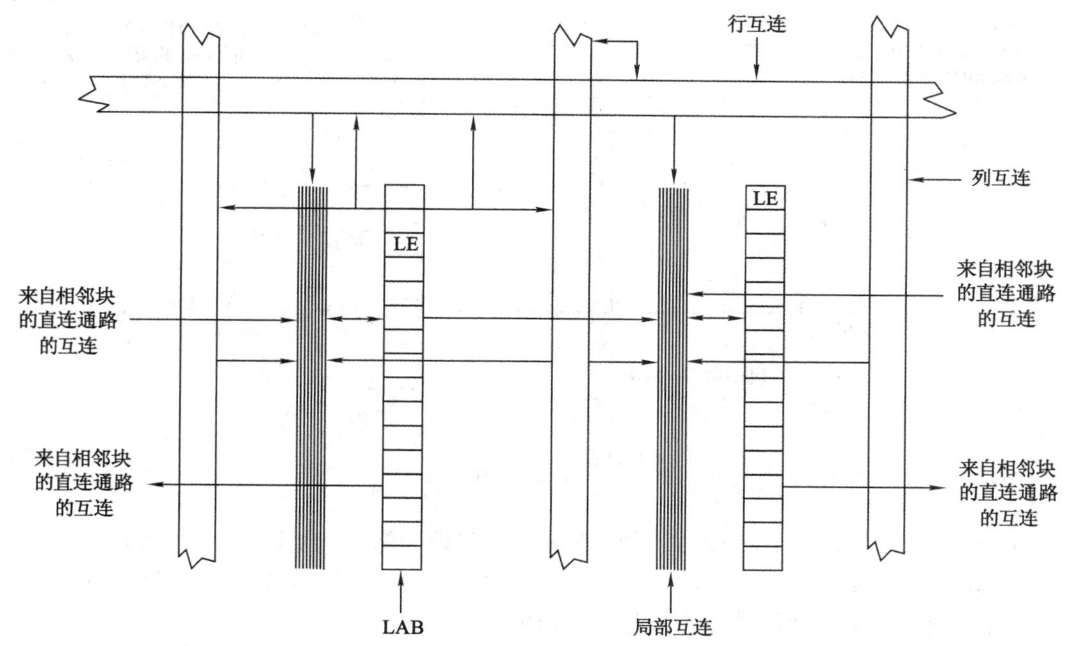

图 2.22　Cyclone 4E 的 LAB 结构图

个 LAB 排列起来成为 LAB 阵列，构成了 Cyclone 4E FPGA 丰富的逻辑编程资源。

局部互连可以用来在同一个 LAB 的 LE 之间传输信号；进位链用来连接 LE 的进位输出和下一个 LE(在同一个 LAB 中)的进位输入；寄存器链用来连接下一个 LE(在同一个 LAB 中)的寄存器输出和下一个 LE 的寄存器数据输入。

LAB 中的局部互连信号可以驱动在同一个 LAB 中的 LE，可以连接行与列互连在同一个 LAB 中的 LE。相邻的 LAB、左侧或者右侧的 PLL(锁相环)和 M9K RAM 块(Cyclone 4E 中的嵌入式存储器)通过直连线也可以驱动一个 LAB 的局部互连，如图 2.23 所示。每个 LAB 都有专用的逻辑来生成 LE 的控制信号，这些 LE 的控制信号包括两个时钟信号、两个时钟使能信号、两个异步清零、同步清零、异步预置/装载信号、同步装载和加/减控制信号。

在 Cyclone 4E FPGA 器件中所含的嵌入式存储器(embedded memory)，由数十个 M9K 的存储器块构成。每个 M9K 存储器块具有很强的伸缩性，可以实现的功能有 8 192 位 RAM(单端口、双端口、带校验、字节使能)、ROM、移位寄存器、FIFO 等。在 Cyclone 4E 中的嵌入式存储器可以通过多种连线与可编程资源实现连接，这大大增强了 FPGA 的性能，扩大了 FPGA 的应用范围。

在 Cyclone 4E 系列器件中还有嵌入式乘法器(embedded multiplier)，这种硬件乘法器可以大大提高 FPGA 在处理 DSP 任务时的能力。这个系列器件的嵌入式乘法器可以实现 9×9 或者 18×18 乘法器，乘法器的输入与输出可以选择是寄存的还是非寄存的(即组合输入输出)。可以与 FPGA 中的其他资源灵活地构成适合 DSP 算法的 MAC(乘加单元)。

在数字逻辑电路的设计中，时钟、复位信号往往需要同步作用于系统中的每个时序逻辑单元，因此在 Cyclone 4E 器件中设置了全局控制信号。由于系统的时钟延时会严重影响系

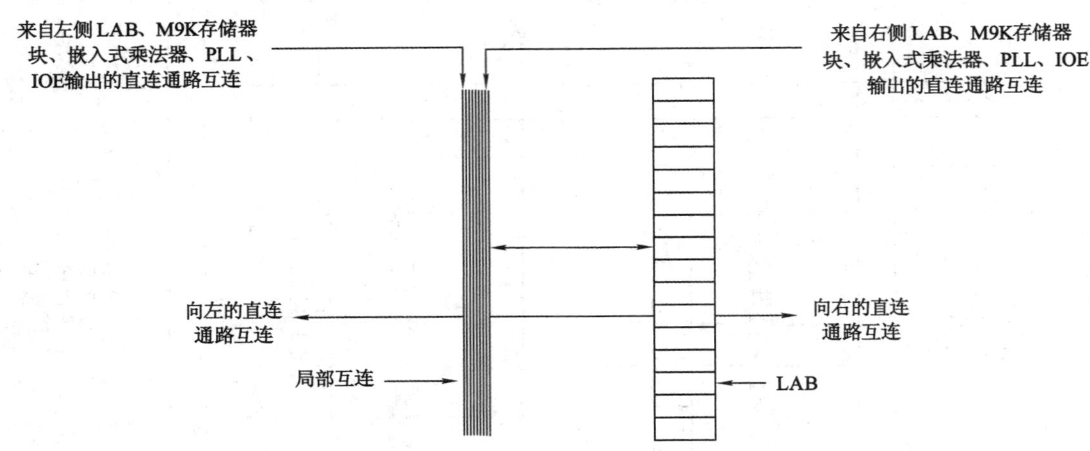

图 2.23　LAB阵列间互连

统的性能，故在 Cyclone 4E 中设置了复杂的全局时钟网络，以减少时钟信号的传输延迟。具体如图 2.24 所示。另外，在 Cyclone 4E FPGA 中还含有 2～4 个独立的嵌入式锁相环 PLL，可以用来调整时钟信号的波形频率和相位。

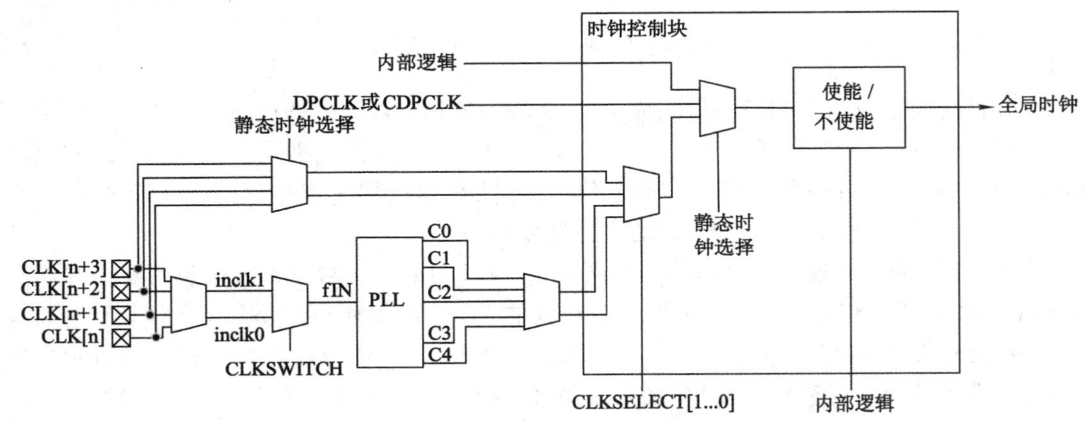

图 2.24　时钟网络的时钟控制

Cyclone 4E 的 I/O 支持多种 I/O 接口，符合多种 I/O 标准，可以支持差分的 I/O 标准：诸如 LVDS（低压差分串行）和 RSDS（去抖动差分信号）、SSTL-2、SSTL-18、HSTL-18、HSTL-15、HSTL-12、PPDS、差分 LVPECL，当然也支持普通单端的 I/O 标准，比如 LVTTL、LVCMOS、PCI 和 PCI-X I/O 等，通过这些常用的端口与板上的其他芯片沟通。

Cyclone 4E 器件还可以支持多个通道的 LVDS 和 RSDS。Cyclone 4E 器件内的 LVDS 缓冲器可以支持最高达 875 Mbps 的数据传输速度。与单端的 I/O 标准相比，这些内置于 Cyelone 4E 器件内部的 LVDS 缓冲器保持了信号的完整性，并具有更低的电磁干扰、更好的电磁兼容性（EMI）及更低的电源功耗。

Cyclone 4E 系列器件除了片上的嵌入式存储器资源外，还可以外接多种外部存储器，比如 SRAM、NAND、SDRAM、DDRSDRAM、DDR2 SDRAM 等。

Cyclone 4E 的电源支持采用内核电压和 I/O 电压（3.3 V）分开供电的方式，I/O 电压取决于使用时需要的 I/O 标准,而内核电压使用 1.2 V 供电,PLL 供电电压为 2.5 V。

三、Cyclone 10GX 系列器件的结构

Intel 公司的 Cyclone 10GX 系列是低成本高性能的 FPGA 器件,其基本逻辑单元没有采用经典的 4 输入 LUT 结构,而采用灵活可变的 8 输入自适应 LUT(ALUT)结构,称为 ALM(adaptive logic modules,自适应逻辑模块)。该结构具有四个专用寄存器、一个 8 输入分段式 LUT,与经典的 4 输入 LUT+1 个寄存器的结构相比,有助于提高多寄存器设计中的时序收敛,甚至比每个 4 输入 LUT 加上两个寄存器结构的性能更高。

Cyclone 10GX 支持部分重新配置等高级功能以及单粒子翻转(SEU)功能,其内嵌模块有支持 12.5 Gbps 收发器 I/O、高性能 1 866 Mbps 外部存储器接口、1.434 Gbps LVDS I/O、符合 IEEE 754 的硬核浮点 DSP 模块、小数时钟合成 PLL 模块等。

四、内嵌 Flash 的 FPGA 器件

Intel 公司的 MAX 10 系列 FPGA 器件在结构原理上非常接近 Cyclone 4E 器件,但增加了内嵌 Flash 模块,该 Flash 模块可以作为 FPGA 配置数据存放的非易失单元,在器件上电时自动完成 FPGA 配置,也可以作为用户数据存放的地方。这种改良后的 FPGA 结构结合了 FPGA 和 CPLD 的优点,正逐渐取代 CPLD。

为了更易于使用,MAX 10 的子系列中还有集成 LDO 和 ADC 的版本。

第四节 FPGA/CPLD 的测试技术

在 FPGA/CPLD 的应用技术中,FPGA/CPLD 的内部测试是很重要的一个方面,测试包括多个部分:逻辑设计的正确性验证、引脚的连接、I/O 功能的测试等。

一、内部逻辑测试

FPGA/CPLD 的内部逻辑测试是为了保证设计的正确性和可靠性。由于设计时总有可能考虑不周,在设计完成后,必须经过测试,而为了对复杂逻辑进行测试,在设计时就必须考虑用于测试的逻辑电路,称可测性设计(Design For Test,DFT)。

可测性设计可以通过硬件电路来实现,如 ASIC 设计中的扫描寄存器,测试时可把 ASIC 中关键逻辑部分的普通寄存器用测试扫描寄存器来代替,从而在测试中可以动态地测试、分析寄存器所处的状态,甚至对某个寄存器加以激励信号,改变该寄存器的状态。而 FPGA/CPLD 中采用这种方式有其特殊性,也即如何在可编程逻辑中设置这些扫描寄存器。

有的 FPGA/CPLD 产品采取软硬结合的方法,在 FPGA/CPLD 器件内部嵌入某种逻辑,再与 EDA 软件相配合,可变成嵌入式逻辑分析仪,以帮助测试工程师发现内部逻辑问题。Altera 的 SignalTap 技术是典型代表之一。

当然,设计人员也可自己利用 FPGA/CPLD 设计测试逻辑,也即用软件方式来完成测试逻辑的设计,但这需要设计人员有经验,并且很费时。

在内部逻辑测试时,应注意测试的覆盖率,覆盖率越高越好,当不能保证必要的覆盖率时,就需要采取别的办法。

二、JTAG 边界测试技术

JTAG 边界测试技术是 20 世纪 80 年代由联合测试工作组(Joint Test Action Group,

JTAG)发布的 IEEE 1149.1—1990 规范中定义的测试技术,是一种边界扫描测试(Board Scan Test,BST)方法,该方法提供了一个串行扫描路径,能够捕获器件中核心逻辑的内容,也可测试器件引脚之间的连接情况。图 2.25 说明了边界扫描测试法结构。该规范推出后,简化了测试程序,受到用户的热烈欢迎,自规范推出后,主流的 FPGA/CPLD 产品都支持它。

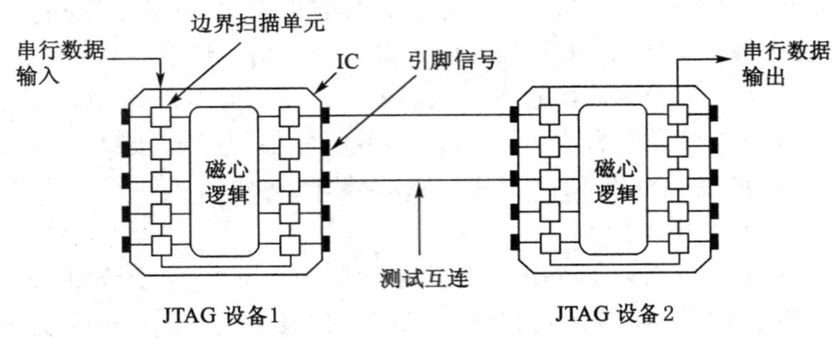

图 2.25　边界扫描电路结构

IEEE 1149.1—1990 规范中定义了 5 个引脚用于 JTAG 边界测试,引脚定义如下:

TCK(Test Clock Input):测试时钟输入引脚,作为 BST 信号的时钟信号。

TDI(Test Data Input):测试信号输入引脚,测试指令和测试数据在 TCK 上升沿到来时输入 BST。

TDO(Test Data Output):测试信号输出引脚,测试指令和测试数据在 TCK 下降沿到来时从 BST 输出。

TMS(Test Mode Select):测试模式选择引脚,控制信号由此输入,负责 TAP 控制器的转换。

TRST(Test Reset Input):测试复位输入引脚,可选,在低电平时有效。

为了实现边界扫描测试,芯片内还必须有 BST 电路,JTAG BST 电路由 TAP 控制器和寄存器组成,内部结构见图 2.26。

TAP 控制器是一个 16 位的状态机,它的作用是接收 TCK、TMS、TRST 输入的信号,产生 UPDATEIR、CLOCKIR、SHIFTIR、UPDATEDR、CLOCKDR、SHIFTDR 等控制信号,控制内部寄存器组完成指定的操作。

内部寄存器组包括以下寄存器。

(1) 指令寄存器(Instruction Register)

指令寄存器用于控制数据寄存器的访问以及测试操作。指令寄存器接收 TAP 控制器产生的 UPDATEIR、CLOCKIR、SHIFTIR 信号,产生控制指令经译码器输出给数据寄存器组。

(2) 旁路寄存器(Bypass Register)

旁路寄存器是个 1 位的寄存器,是用于 TDI 引脚和 TDO 引脚之间的旁路通道。

(3) 边界扫描寄存器(Board Scan Register)

边界扫描寄存器是一个串行移位寄存器,由所有边界扫描单元构成。利用 TDI 引脚作输入,TDO 引脚作输出。设计者可以用它来测试外部引脚的连接,也可以在器件运行时利

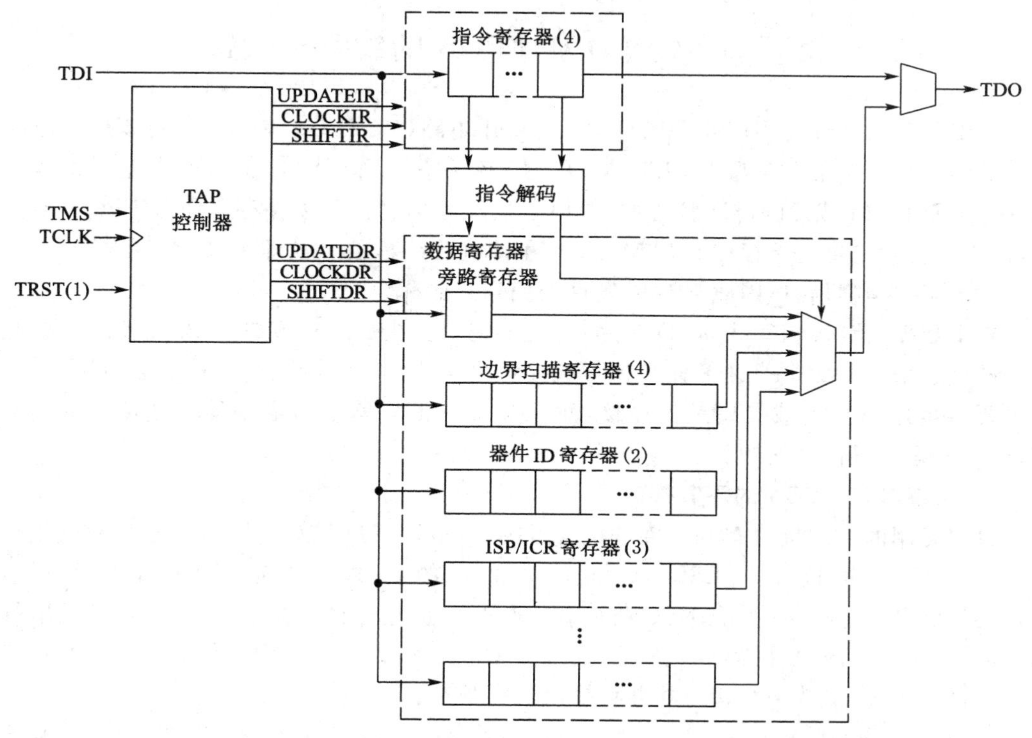

图 2.26　JTAG BST 电路内部结构图

用它捕获内部数据。

(4) 器件 ID 寄存器

(5) ISP/ICR 寄存器

(6) 其他寄存器

上电后，TAP 控制器处于复位状态，指令寄存器初始化，BST 电路无效，器件正常工作。利用 TMS 引脚输入控制信号，TAP 控制器可完成状态转换，当 TAP 控制器前进到 SHIFTIR 状态时，由 TDI 输入相应指令，进入 TAP 控制器的相应命令模式，并以 SAMPLE/PRELOAD、EXTEST、BYPASS 三种模式之一进行测试数据的串行移位。TAP 控制器这三种命令模式的含义如下。

(1) BYPASS 模式

BYPASS 模式是 TAP 控制器缺省的测试数据的串行移位模式，数据信号在 TCK 上升沿进入，通过 Bypass 寄存器，在 TCK 下降沿输出。

(2) EXTEST 模式

EXTEST 模式用于器件外部引脚的测试。

(3) SAMPLE/PRELOAD 模式

SAMPLE/PRELOAD 模式用于在不中断器件正常工作状态的情况下捕获器件内部数据。

第五节 CPLD 和 FPGA 的编程与配置

可编程逻辑器件在利用开发工具设计好应用电路(VHDL 文本)后，要将该应用电路写入 PLD 芯片，将应用电路写入 PLD 芯片的过程就称为编程。对 CPLD 来说，它的编程工艺是基于 EEPROM 或 FLASH 技术的，掉电以后编程信息仍可以保存。而对 FPGA 器件来讲，由于其编程信息是保存在 SRAM 中的，在掉电后编程信息立即丢失，在下次上电后，还需要重新载入编程信息，因此 FPGA 器件的编程一般称为配置。

要把数据由计算机写入 PLD 芯片，首先要把计算机的通信接口和 PLD 的编程或配置引脚连接起来。一般是通过下载线和下载接口来实现的，也有专用的编程器。CPLD 的编程主要要考虑编程下载接口及其连接，而 FPGA 的配置除了考虑编程下载接口及其连接外，还要考虑配置器件问题。

一、CPLD 和 FPGA 的下载接口

目前可用的下载接口有专用接口和通用接口，串行接口和并行接口之分。专用接口如 Lattice 早期的 ISP 接口(ispLSI 1000 系列)，Altera 的 PS 接口等，通用接口如 JTAG 接口。串行接口和并行接口不仅针对 PC 机而言，对 PLD 也是这样。显然，JTAG 接口是串行接口。但在 PLD 内部，数据都是串行写入的，使用并行接口在 PLD 内部数据有一个并行格式转串行格式的过程，故串行接口和并行接口速度基本相同。

Altera 的 ByteBlaster 接口是一个 10 芯的混合接口，有 PS 和 JTAG 两种模式，都是串行接口。接口信号排列见图 2.27，名称见表 2.1。

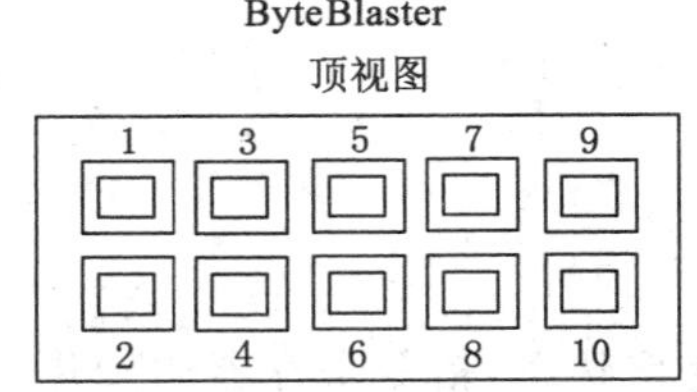

图 2.27 ByteBlaster 接口信号排列

表 2.1 ByteBlaster 接口信号名称表

引脚	1	2	3	4	5	6	7	8	9	10
PS 模式	PCK	GND	CONF_DONE	Vcc	nCONFIG	—	nSTATUS	—	DATA0	GND
JATG 模式	TCK	GND	TDO	Vcc	TMS	—	—	—	TDI	GND

PLD 芯片，尤其是 FPGA 芯片，有几种下载模式，分别对应于不同格式的数据文件，不同的配置模式又要有不同的接口，如 Xilinx 公司的 FPGA 器件有 8 种配置模式，Altera公司的 FPGA 器件有 6 种配置模式。配置模式的选择是通过 FPGA 器件上的模式选择引脚来实现的，Xilinx 公司的 FPGA 器件有 M_0、M_1、M_2 三只配置引脚，Altera 公司的 FFGA 器件有 $MSEL_0$、$MSEL_1$ 两只配置引脚。但各系列也有差别，设计时要查阅相关数据手册。

二、CPLD 器件的下载接口连接

现在的 CPLD 器件基本上都采用 ISP 编程，大都可以利用 JTAG 接口下载。JTAG 接

口原是为 BST 设计的,后用于编程接口,形成了 IEEE 1532,对 JTAG 编程进行了标准化。JTAG 编程接口减少了系统引出线,便于编程接口的统一。

JTAG 编程接口使用 JTAG 引脚中的 TCK、TMS、TDI、TDO 来实现。

采用 JTAG 编程接口还可使用 JTAG 链接一次对多个 CPLD 器件进行编程。所谓 JTAG 链接实际上是把一个器件的 TDO 接在后一个器件的 TDI 上,实现同时编程。

Lattice 早期的 ISP 接口(ispLSI 1000 系列)也支持多器件下载。

以上具体连接电路请查阅相关公司的数据手册。

三、FPGA 器件的配置模式

FPGA 器件的下载接口有串行和并行之分,有多种下载模式可选。

1. Altera 公司的 FPGA 器件配置

Altera 公司的 FPGA 器件有 6 种配置模式。

(1) PS(Passive Serial)模式

PS 模式即被动串行模式,用 $MSEL_1=0$、$MSEL_0=0$ 选定,可直接利用 PC 机,通过 10 芯的 ByteBlaster 下载电缆对 FPGA 进行配置。该模式使用的是 ByteBlaster 混合接口(理论上也可做成 PS 专用接口)。PS 模式也支持多个器件同时下载。

(2) PPS(Passive Parallel Synchronous)模式

PPS 模式即被动并行同步模式,用 $MSEL_1=1$、$MSEL_0=0$ 选定。

(3) PPA(Passive Parallel Asynchronous)模式

PPA 模式即被动并行异步模式,用 $MSEL_1=1$,$MSEL_0=1$ 选定。

(4) PSA(Passive Serial Asynchronous)模式

PSA 模式即被动串行异步模式,用 $MSEL_1=0$,$MSEL_0=1$ 选定。

(5) JTAG 模式

JTAG 模式,其实也是被动串行模式的一种,也用 $MSEL_1=0$、$MSEL_0=0$ 选定。与 PS 模式一样,也可直接利用 PC 机,通过 10 芯的 ByteBlaste 下载电缆对 FPCA 进行配置。JTAG 模式与 PS 模式的区别在于使用的引脚与信号不同。

(6) 配置器件配置

使用配置器件配置实际上是一种上电自动重配置,不是计算机下载配置。使用二位模式选择位,实际上只有 4 种模式,其他模式都是通过其他方式加以区分的。

2. Xilinx 公司的 FPGA 器件配置

Xilinx 公司的 FPGA 器件有 M_0、M_1、M_2 三只配置引脚,可区分 8 种模式。

(1) 主串 (Master Serial)模式

主串模式输出 CCLK 信号,并以串行方式从配置器件如 EPROM 中接收配置数据。该模式一般用 $M_0=M_1=M_2=0$ 来选择。

(2) 主并升(Master Parallel Up)模式

与主串模式的不同点在于从配置器件是并行读入数据,然后在内部变成串行的数据格式,主并升模式从 0000H 开始由低到高读数据。该模式一般用 $M_0=M_1=0$ 和 $M_2=1$ 来选择。

(3) 主并降(Master Parallel Down)模式

与主并升模式的不同点在于从高地址开始由高到低读入数据,一般用 $M_0=0$、$M_1=1$、

$M_2=1$来选择。

(4) 从串(Slave Serial)模式

该模式在 CCLK 输入的上升沿接收串行数据,再在 CCLK 的下降沿输出,同时配置的多个从属器件用并行的 DIN 输入连接,可同时配置多个器件。该模式一般用 $M_0=M_1=M_2=1$来选择。

(1)～(4)几种模式都不是计算机下载配置模式。

(5) 外设同步(Peripheral Synchronous)模式

外设模式把 FPGA 器件当成是 PC 机的外设来加载,同步模式由外部输入时钟 CCLK 来使并行数据串行化。该模式一般用 $M_0=M_1=1$ 和 $M_2=0$ 来选择。

(6) 外设异步(Peripheral Asynchronous)模式

外设异步模式与外设同步模式的不同点在于:FPGA 器件输出 CCLK 信号使并行数据串行化。该模式一般用 $M_0=M_2=1$ 和 $M_1=0$ 来选择。

(5)、(6)两种模式都是计算机下载配置模式。

(7) 菊花链(Daisy Chained)模式

菊花链模式不用进行设置,是任何模式都支持的一种多器件同时加载的方法。

(8) 现在的 FPGA 都支持 JTAG 配置

四、使用配置器件配置 FPGA 器件

使用 PC 机可方便地对 PLD 实行配置,但每次上电都要重新配置,很费时,且有时是不可能的。这时,需要使用配置器件配置(重配置)FPGA 器件。配置器件可以是 PROM 等存储器件(大都为串行接口),如 PROM、EPROM、EEPROM 等,如 Altera 公司的 EPC 系列器件,也可用单片机等对 FPGA 器件进行配置。下面对常见的 5 种方法进行比较:

① 用 OTP 配置器件配置,只适用于工业化大生产。

② 使用具备 ISP 功能的专用芯片配置,编程次数有限,成本较高,只适合科研等场合。

③ 使用 AS 模式可多次编程的专用芯片,可无限次编程,但品种有限。

④ 使用单片机配置,可用配置模式多,配置灵活,同时可解决设计的保密与可升级问题,但容量有限,可靠性不高,适用于可靠性要求不高的场合。

⑤ 使用 ASIC 芯片配置,是目前较好的一种选择。

以上配置电路参见有关专著和数据手册。

第六节　FPGA/CPLD 产品概述

一、常用 CPLD/FPGA 简介

CPLD/FPGA 的生产厂家较多,其名称又不规范一致,因此,在使用前必须加以详细了解。本节主要介绍几个主要厂家的几个典型产品,介绍它们的系列、品种、性能指标。这些公司的详细产品介绍可登录其公司网站查看,如 Lattice 公司的中文网站:HTTP://WWW.LATTICESEMI.COM.CN/。

(一) Lattice 公司 CPLD 器件系列

Lattice 公司始建于 1983 年,是最早推出 PLD 的公司之一,GAL 器件是其成功推出并得到广泛应用的 PLD 产品。20 世纪 80 年代末,Lattice 公司提出了 ISP(在系统可编程)的概念，并首次推出了CPLD器件，其后，将ISP与其拥有的先进的EECMOS技术相结合，推出了一系列具ISP功能的CPLD器件。使CPLD器件的应用领域又有了巨大的扩展。所谓ISP技术，就是不用从系统上取下PLD芯片，就可进行编程的技术。ISP技术大大缩短了新产品研制周期，降低了开发风险和成本。因而推出后得到了广泛的应用，几乎成了CPLD的标准。

Lattice公司的CPLD器件主要有ispLSI系列、ispMACH系列。

下面主要介绍常用的ispLSI/MACH系列。

ispLSI系列是Lattice公司于20世纪90年代推出的，集成度为1 000门至60 000门，引脚到引脚之间(Pin To Pin)延时最小3 ns，工作速度可达300 MHz，支持ISP和JTAG边界扫描测试功能，适宜于在通信设备、计算机、DSP系统和仪器仪表中应用。ispLSI/MACH速度更快，可达400 MHz。

ispLSI系列主要有六个系列，分别适用于不同场合，前三个系列是基本型，后三个系列是1996年后推出的新产品。

1. ispLSI 1000系列

ispLSI 1000系列又包括ispLSI 1000/1000E/1000EA等品种，属于通用器件，集成度为2 000门至8 000门，引脚到引脚之间的延时不大于7.5 ns，集成度较低，速度较慢，但价格便宜，如ispLSI 1032E是目前市场上最便宜的CPLD器件之一，因而在一般的数字系统中使用较多，如网卡、高速编程器、游戏机、测试仪器仪表中均有应用。ispLSI 1000是基本型，ispLSI 1000E是ispLSI 1000的增强型(Enhanced)。

2. ispLSI 2000系列

ispLSI 2000系列又包括ispLSI 2000/2000A/2000E/2000V/2000VL/2000VE等品种，属于高速型器件，集成度与ispLSI 1000系列大体上相当，引脚到引脚之间延时最小3 ns，适用于对速度要求高、需要较多I/O引脚的电路中使用，如移动通信、高速路由器等。

3. ispLSI 3000系列

ispLSI 3000系列是第一个上万门的ispLSI系列产品，采用双GLB，集成度可达2万门，可单片集成逻辑系统、DSP功能及编码压缩电路。适用于集成度要求较高的场合。

以上系列工作电压为5 V，引脚输入/输出电压为5 V。

4. ispLSI 5000系列

ispLSI 5000系列又包括ispLSI 5000V/5000 VA等品种，其整体结构与ispLSI 3000系列相类似，但GLB和宏单元结构有了大的差异，属于多I/O口宽乘积项型器件，集成度10 000门至25 000门，引脚到引脚之间的延时大约5 ns，集成度较高，工作速度可达200 MHz，适用于在宽总线(32位或64位)的数字系统中使用，如快速计数器、状态机和地址译码器等。ispLSI 5000系列工作电压为3.3 V，但其引脚能够兼容5 V、3.3 V、2.5 V等多种电压标准。

5. ispLSI 6000系列

ispLSI 6000系列的GLB与ispLSI 3000系列相同，但整体结构中包含了FIFO或RAM功能，是FIFO或RAM存储模块与可编程逻辑相结合的产物，集成度可达25 000门。

6. ispLSI8000系列

ispLSI 8000系列包括ispLSI 8000/8000V等品种，是在ispLSI 5000系列的基础上更

新整体结构而来的，属于高密度型器件，集成度可达 60 000 门，引脚到引脚之间的延时大约 5 ns，集成度最高，工作速度可达 200 MHz，适用于较复杂的数字系统中，如外围控制器、运算协处理器等。

7. ispMACH 4000 系列

ispMACH 4000 系列又包括 ispMACH 4000/4000B/4000C/4000V/4000Z 等品种，主要是供电电压不同，ispMACH 4000V、ispMACH 4000B 和 ispMACH 4000C 器件系列供电电压分别为 3.3 V、2.5 V 和 1.8 V，Lattice 公司还基于 ispMACH 4000 的器件结构开发出了世界最低静态功耗的 CPLD 系列 ispMACH 4000Z。

ispMACH 4000 系列产品提供 Super Fast（400 MHz，超快）的 CPLD 解决方案。ispMACH 4000V和 ispMACH 4000Z 均支持的温度范围为－40～130 ℃。ispMACH 4000系列支持介于 3.3 V 和 1.8 V 之间的 I/O 标准，既有业界领先的速度性能，又能提高最低的动态损耗。

ispMACH 4000V/B/C 系列器件的宏单元个数从 32 个到 512 个不等，ispMACH 4000Z 的宏单元数为 32～256 个，ispMACH 系列提供 44～256 个引脚、具有多种密度 I/O 组合的 TQFP、fpBGA 和 caBGA 封装。

8. ispLSI 5000VE/ispMACH 5000 系列

ispLSI 5000VE 是后来设计的新产品，Lattice 公司推荐用于替代 ispLSI 3000/5000V。

ispLSI 5000VE 整体结构与 ispLSI 3000 系列相类似，但 GLB 和宏单元结构有了大的差异，属于多 I/O 口宽乘积项器件，引脚到引脚之间延时大约 5 ns，集成度最大 1 024 个宏单元，工作速度可达 180 MHz，适用于宽总线（32 位或 64 位）的数字系统，如快速计数器、状态机和地址译码器等。系列速度更快，可达 275 MHz，集成度最大 512 个宏单元。

ispLSI/ispMACH 5000 系列器件的可编程结构为各种复杂的逻辑应用系统提供了业界领先的系统性能。器件的每个逻辑块拥有 68 个输入，可以在单位逻辑上轻松实现包括 64 位应用系统的复杂逻辑功能，而用传统的 CPLD 器件却需要两层或更多的逻辑层才能实现相同的功能，因为它们的逻辑块输入只相当于 ispLSI/ispMACH 5000 器件的一半。所以，对于需要 36 个以上输入的“宽”逻辑功能，ispLSI/ispMACH 5000 的性能表现比传统的 CPLD 器件结构高出 60%。

9. ispXPLD™ 5000MX 系列

ispXPLD™ 5000MX 系列包括 ispXPLD™ 5000MB/5000MC/5000MV 等品种。

ispXPLD™ 5000MX 系列代表 Lattice 公司全新的 XPLD（Expanded Programmable Logic Devices）器件系列。这类器件采用了新的构建模块——MFB（Multi Function Block）。这些 MFB 可以根据用户的应用需要，被分别配置成超宽（Super Width，136 个输入）逻辑、单口或双口存储器、先入先出堆栈或 RAM。

ispXPLD 5000MX 器件将 PLD 出色的灵活性与接口结合了起来，能够支持 LVDS、HSTL 和 SSTL 等最先进的接口标准，以及用户比较熟悉的 LVCMOS 标准。System Clock PLL 电路简化了时钟管理。ispXPLD 5000MX 器件采用拓展了的系统编程技术，也就是ispXP 技术，因而具有非易失性和无限可重构性。编程可以通过 IEEE 1532 业界标准接口进行，配置可以通过 Lattice System Configuration 微处理器接口进行。该系列器件有3.3 V、2.5 V 和 1.8 V 供电电压的产品可供选择（对应 MV、MB 和 MC 系列），最大规模1 024 个宏单元，最快 300 MHz。

ispLSI/MACH 器件都采用 EECMOS 和 EEPROM 工艺结构，能够重复编程万次以上，内部带有升压电路，可在 5 V、3.3 V 逻辑电平下编程，编程电压和逻辑电压可保持一致，给使用带来很大方便；具有保密功能，可防止非法拷贝；具有短路保护功能，能够防止内部电路自锁和 SCR 自锁。推出后，受到了极大欢迎，曾经代表了 CPLD 的最高水平，但现在公司推出了新一代的扩展系统可编程技术(ispX)，在新设计中推荐采用 ispMACH 系列产品和 iscLSI 5000VE，全力打造 ispXPLD 器件，并推出采用扩展系统可编程技术的ispXPGA 系列 FPGA 器件，改变了只生产 CPLD 的状况。

(二) Xilinx 公司的 CPLD 器件系列

Xilinx 公司以其提出现场可编程的概念和生产出世界上首片 FPGA 而著名，但其 CPLD 产品也很不错。

Xilinx 公司的 CPLD 器件系列主要有 XC 7200 系列、XC 7300 系列、XC 9500 系列。

下面主要介绍常用的 XC 9500 系列。

XC 9500 系列有 XC 9500/9500XV/9500XL 等品种，主要是芯核电压不同，分别为 5 V/2.5 V/3.3 V。

XC 9500 系列采用快速闪存(Fast Flash)存储技术，能够重复编程万次以上，相对于 ultraMOS工艺速度更快，功耗更低，引脚到引脚之间的延时最小 4 ns，宏单元数可达 288 个，可用门数达 6 400 个，系统时钟 200 MHz，支持 PCI 总线规范，支持 ISP 和 JTAG 边界扫描测试功能。

该系列器件的最大特点是引脚作为输入可以接受 3.3 V/2.5 V/1.8 V/1.5 V 等多种电压标准，作为输出可配置成 3.3 V/2.5 V/1.8 V 等多种电压标准，工作电压低，适应范围广，功耗低，编程内容可保存 20 年。

(三) Altera 公司的 CPLD 器件系列

Altera 公司是著名的 PLD 生产厂家，虽然它既不是 FPGA 的首创者，也不是 CPLD 的首创者，但在这两个领域都有非常强的实力，多年来一直占据行业领先地位。其 CPLD 器件系列主要有 Flash Logic 系列、Classic 系列和 MAX(Multiple Array Matrix)、MAX Ⅱ 系列。

下面主要介绍常用的 MAX 系列。

MAX 系列包括 MAX 3000/5000/7000/9000 等品种，集成度在几百门至数万门之间，采用 EPROM 和 EEPROM 工艺，所有 MAX 7000/9000 系列器件都支持 ISP 和 JTAG 边界扫描测试功能。

MAX 7000 宏单元数可达 256 个(12 000 门)，价格便宜，使用方便。E、S 系列工作电压为 5 V，A、AE 系列工作电压为 3.3 V 混合电压，B 系列为 2.5 V 混合电压。

MAX 9000 系列是 MAX 7000 的有效宏单元和 FLEX 8000 的高性能、可预测快速通道互连相结合的产物，具有 6 000～12 000 个可用门(12 000～24 000 个有效门)。

MAX 系列的最大特点是采用 EEPROM 工艺，编程电压与逻辑电压一致，编程界面与 FPGA 统一，简单方便，在低端应用领域有优势。

(四) Xilinx 公司的 FPGA 器件系列

Xilinx 公司是最早推出 FPGA 器件的公司，1985 年首次推出 FPGA 器件，有 XC 2000/

3000/3100/4000/5000/6200/8100、Virtex、Spartan、Virtex-Ⅱ Pro 等系列 FPGA 产品。

下面主要介绍常用的 Virtex 系列和 Spartan-Ⅱ系列。

1. Virtex 器件系列 FPGA

Virtex 器件系列 FPGA 是高速、高密度的 FPGA，采用 0.22 μm、5 层金属布线的 CMOS 工艺制造，最高时钟频率 200 MHz，集成度在 5 万门至 100 万门之间，工作电压2.5 V。

2. Virtex-E 和 Virtex-Ⅱ Pro 器件系列 FPGA

Virtex-E 器件系列 FPGA 是在 Virtex 器件基础上改进的。采用 0.18 μm、6 层金属布线的 CMOS 工艺制造，时钟频率高于 200 MHz，集成度在 5.8 万门至 400 万门之间，工作电压 1.8 V。

该系列的主要特点是：内部结构灵活，内置时钟管理电路，支持 3 级存储结构；采用 Selec I/O技术。支持 20 种接口标准和多种接口电压，支持 ISP 和 JTAG 边界扫描测试功能；采用 Selet RAM 存储体系，内嵌 1 Mbit 的分成式 RAM 和最高 832 Kbit 的块状 RAM，存储器带宽 1.66 Tbps。

2001 年，Xilinx 公司推出了集成度更高（可达 1 000 万系统门级），时钟管理更先进的 Virtex-Ⅱ Pro 等系列 FPGA 产品。可以说 Virtex 系列产品代表了 Xilinx 公司在 FPGA 领域的最高水平。

3. Spartan-Ⅱ器件系列 FPGA

Spartan-Ⅱ器件系列 FPGA 是在 Virtex 器件结构的基础上发展起来的，采用 0.22 μm/0.18 μm、6 层金属布线的 CMOS 工艺制造，最高时钟频率 200 MHz，集成度可达 15 万门，工作电压 2.5 V。

（五）Altera 公司的 FPGA 器件系列

Altera 公司的 FPGA 器件系列产品按推出的先后顺序有 FLEX（Flexible Logic Element Matrix）系列、APEX（Advanced Logic Element Matrix）系列、ACEX（Advanced Communication Logic Element Matrix）系列和 Stratix 系列。

1. FLEX 器件系列 FPGA

FLEX 器件系列 FPGA 是 Altera 公司为 DSP 应用设计最早推出的 FPGA 器件系列，包括 FLEX10K/10A/10KE/8000/6000 等品种，采用连续式互连和 SRAM 工艺制造，集成度可达 25 万门，内部结构灵活，内嵌存储块，能够实现较复杂的逻辑功能，但其速度不快，是目前在较低端领域的一种不错的选择。

2. APEX 和 APEX Ⅱ器件系列 FPGA

APEX 器件系列 FPGA 采用多核结构，是为系统级设计而推出的 FPGA 器件系列，包括 APEX20K/20KE 等品种，采用先进的 SRAM 工艺制造，集成度在数万门到数百万门之间。

2001 年，Altera 公司推出了在 APEX 器件基础上改进的 APEX Ⅱ器件系列 FPGA，采用更先进的 0.15 μm 全铜工艺制造（以前采用的是铝互连工艺），且 I/O 结构进行了很大改进，是高速数据通信的不错选择。

3. ACEX 器件系列 FPGA

ACEX 器件系列 FPGA 是 Altera 公司专门为通信、音频信号处理而设计的，采用先进的 0.18 μm、6 层金属连线的 SRAM 工艺制造，集成度在数万门到数十万门之间，内嵌 Nios 处理器，有数字信号处理能力，存储容量、速度适中，价格低，是性价比较高的产品。工作电压 2.5 V，兼容 5 V。

4. Stratix 器件系列 FPGA

Stratix 器件系列 FPGA 包括 Stratix、Stratix GX 和 Stratix Ⅱ 等品种，是 Altera 公司 2002 年推出的新一代 FPGA，采用先进的 0.13 μm 全铜工艺制造，集成度可达数百万门以上，工作电压 1.5 V。

该系列的特点是：内部结构灵活，增强的时钟管理和锁相环(PLL)，支持三级存储结构；内嵌三级存储单元：可配置为移位寄存器的 512 bit RAM，4 Kbit 的标准 RAM 和 512 Kbit 带奇偶校验位的大容量 RAM；内嵌乘加结构的 DSP 块；增加片内终端匹配电阻，简化 PCB 布线；增加配置错误纠正电路；增强远程升级能力，采用全新的布线结构。其中，Stratix Ⅱ 是 Altera 公司所提供产品中密度最高、性能最好的产品，内嵌 Nios 处理器，有最好的 DSP 处理模块，大容量存储器，高速 I/O 口、存储器接口，1 Gbps DPA (Dynamic Phase Alignment)，带同步信号源。

Stratix 器件系列 FPGA 是 Altera 公司可与 Xilinx 公司推出的 Virtex-Ⅱ Pro 系列相媲美的 FPGA 产品。

除了以上 3 家公司的 FPGA/CPLD 产品外，还有 Actel 公司、Atmel 公司、AMD 公司、AT&T 公司、TI 公司、Intel 公司、Motorola 公司、Cypress 公司、Quicklogic 公司等提供的带有不同特点的产品供用户选用。它们有的价格低，有的与主流厂家产品兼容，读者可上网查阅或查阅这些公司的数据手册(Data Book)，在此不再介绍。

(六) 国产的 FPGA 器件

国产 FPGA 起步较晚，加之国外企业在技术和专利方面的壁垒，国内在整个 FPGA 产业链上与国外差距依然较大，包括在技术积累、专利数量、人才储备、制程工艺、逻辑规模、性能指标、生产和供应链能力、研发投入、生态和行业整合能力等多个方面。但仍然涌现出了一批国产 FPGA 产品。

1. Titan 系列 FPGA

Titan 系列 FPGA 由紫光国芯微电子股份有限公司推出，Titan 系列芯片是该公司推出的国内第一款千万门级高性能 FPGA 产品，它采用了完全自主产权的体系结构和 40 nm 主流工艺，可编程逻辑资源最高达 18 万个，拥有创新的可配置逻辑单元(CLM)、专用的 18 Kb 存储单元(DRM)、算术处理单元(APM)、高速串行接口模块(HSST)、多功能高性能 IO 以及丰富的片上时钟资源等模块，支持 PCIE 1.0/2.0、DDR3、以太网等高速接口。可广泛应用于通信网络、视频图像、信息安全等市场领域。

2. FMP100T8 型 FPGA

FMP100T8 型 FPGA 是由上海复旦微电子集团股份有限公司推出，采用 28 nm CMOS 工艺制程，主要面向 5G 通信、视频图像处理、工业控制以及各类消费电子市场等的需求。FMP100T8 可为用户提供 133 200 个 LUT5 查找表，等效逻辑单元可达 106 K，集成了 320 个 DSP 资源，BRAM 容量可达 6.3 Mb，支持 8 通道 6.6 Gbps 的高速 Serdes 接口，支持 72 bit 位宽 1 066 MbpsDDR3 接口，支持硬核 PCIe Gen2×4，集成 6 个时钟管理单元，可支持 300 个大范围用户 IO。FMP100T8 可支持安全性更高的位流加密，防止侧信道攻击和

Starbleed 漏洞，加密方式可选择 SM4 和 AES，为用户提供更加可靠的安全防护。

3. GW3AT-100 型 FPGA

GW3AT-100 型 FPGA 由广东高云半导体科技有限公司推出，GW3AT-100 采用台积电 28 nm 工艺制造，优化了 FPGA Fabric 速度和功耗，支持 PCIe 2.0/5Gbps、XAUI/3.125 Gbps、RXAUI/6.25Gbps、CEI-6G/6.25Gbps 和自定协议/250M-6.8Gbps 等多种协议，另外还有支持 x1、x2、x4、x8 和 Root Poot/ Endpoint 多种协议的 PCIe2.0 硬核。多协议 SERDES 250Mbps-6.8Gbps 是 GW3AT-100 对标 Xilinx K7 的独有亮点。

4. 钛金系列 FPGA

钛金系列 FPGA 是由易灵思(深圳)科技有限公司推出，该公司是国内第一家量产 16 nm 的 FPGA 公司。钛金系列 FPGA 采用 16nm 工艺制造，用最低功耗和较小的面积尺寸提供极高性能。

它们具有 Quantum™ 计算结构，并具有增强的计算能力，使钛金系列 FPGA 非常适合嵌入式硬件的加速应用。它的逻辑单元(LE)密度范围从 35 K 到 1 KK，并且与易灵思 RISC-V SoC 内核兼容，它们可以将微型芯片变成加速的嵌入式计算系统，适用于机器学习、神经网络、AIoT 等领域。

可以看到，尽管我国 FPGA 企业正在发力中，但客观上，现有国产 FPGA 的性能实力和市场占有率均与国际先进水平暂时还存在差距。

二、常用 CPLD/FPGA 标识的含义

CPLD/FPGA 生产厂家多，系列、品种更多，各生产厂家命名、分类不一，给 CPLD/FPGA 的应用带来了一定的困难，但其标识是有一定的规律的。

下面对常用 CPLD/FPGA 标识进行说明。

(一) CPLD/FPGA 标识概述

CPLD/FPGA 产品上的标识大概可分为以下几类。

① 用于说明生产厂家的，如：Altera，Lattice，Xilinx 是其公司名称。

② 注册商标，如：MAX 是 Altera 公司为其 CPLD 产品 MAX 系列注册的商标。

③ 产品型号，如 EPM7128LC84，是 Altera 公司的一种 CPLD(EPLD)的型号，这是需要重点掌握的。

④ 产品序列号，是说明产品生产过程中的编号，是产品身份的标志，相当于人的身份证。

⑤ 产地与其他说明，由于跨国公司跨国经营，世界日益全球化，有些产品还有产地说明，如：made in China(中国制造)。

(二) CPLD/FPGA 产品型号标识组成

CPLD/FPGA 产品型号标识通常由以下几部分组成。

① 产品系列代码：如 Altera 公司的 FLEX 器件系列代码为 EPF。

② 品种代码：如 Altera 公司的 FLEX10K，10K 即是其品种代码。

③ 特征代码：也即集成度，CPLD 产品一般以逻辑宏单元数描述，而 FPGA 一般以有效逻辑门来描述。如 Altera 公司的 EPF10K10 中后一个 10，代表产品集成度是 10K。要注意有效门与可用门不同。

④ 封装代码：如 Altera 公司的 EPM 7128SLC84 中的 LC，表示采用 PLCC(Plastic

Leaded Chip Carrier，塑料方形扁平封装）封装。PLD 封装除 PLCC 外，还有 BGA（Ball Grid Array，球形网状阵列）、C/JLCC（Ceramic/J-leaded Chip Carrier）、C/M/P/TQFP（Ceramic/Metal/Plastic/Thin Quard Flat Package）、PDIP/DIP（Plastic Double In line Package）、PGA（Ceramic Pin Grid Array）等多以其缩写来描述，但要注意各公司稍有差别，如 PLCC，Altera公司用 LC 描述，Xilinx 公司用 PC 描述，Lattice 公司用 J 来描述。

⑤ 参数说明：如 Altera 公司 EPM7128SLC84-15 中的 LC84-15，84 代表有 84 个引脚，15 代表速度等级为 15 ns。但有的产品直接用系统频率来表示速度，如 ispLSI 1016-60，60 代表最大频率 60 MHz。

⑥ 改进型描述：一般产品设计都在后续进行改进设计，改进设计型号一般在原型号后用字母表示，如 A、B、C 等按先后顺序编号，有些不从 A、B、C 按先后顺序编号，则有特定的含义，如 D 表示低成本型（Down）、E 表示增强型（Enhanced）、L 表示低功耗型（Low）、H 表示高引脚型（High）、X 表示扩展型（Extended）等。

⑦ 适用的环境等级描述：一般在型号最后以字母描述，C（Commercial）表示商用级（0～85 ℃），I（Industrial）表示工业级（－40～100 ℃），M（Material）表示军工级（－55～125 ℃）。

（三）几种典型产品型号

1. Altera 公司的 CPLD 产品和 FPGA 产品

Altera 公司的产品一般以 EP 开头，代表可重复编程。

① Altera 公司的 MAX 系列 CPLD 产品，系列代码为 EPM，典型产品型号如下：

EPM7128SLC84-15：MAX7000S 系列 CPLD，逻辑宏单元数 128，采用 PLCC 封装 84 个引脚，引脚间延时为 15 ns。

② Altera 公司的 FPGA 产品系列代码为 EP 或 EPF，典型产品型号含义如下：

EPF10K10：FLEX10K 系列 FPGA，典型逻辑规模是 10 K 有效逻辑门。

EPF10K30E：FLEX10KE 系列 FPGA，逻辑规模是 EPF10K10 的 3 倍。

EPF20K200E：APEX20KE 系列 FFGA，逻辑规模是 EPF10K10 的 20 倍。

EP1K30：ACEX1K 系列 FPGA，逻辑规模是 EPF10K10 的 3 倍。

EPlS30：STRATIX 系列 FPGA，逻辑规模是 EPF10Kl0 的 3 倍。

③ ALTERA 公司的 FPGA 配置器件系列代码为 EPC，典型产品型号含义如下：

EPC1：为 1 型 FPGA 配置器件。

2. Xilinx 公司的 CPLD 和 FPGA 器件系列

Xilinx 公司的产品一般以 XC 开头，代表 Xilinx 公司的产品。典型产品型号含义如下：

XC 95108-7PQ160C：XC 9500 系列 CPLD，逻辑宏单元数 108，引脚间延时为 7 ns，采用 PQFP 封装，160 个引脚，商用。

XC 2064：XC 2000 系列 FPGA，可配置逻辑块（Configurable Logic Block ，CLB）为 64 个（只此型号以 CLB 为特征）。

XC 2018：XC 2000 系列 FPGA，典型逻辑规模是有效门 1 800。

XC 3020：XC 2000 系列 FPGA，典型逻辑规模是有效门 2 000。

XC 4002A：XC 4000A 系列 FPGA，典型逻辑规模是 2 K 有效门。

XCS 10：Spartan 系列 FPGA，典型逻辑规模是 10 K 有效门。

XCS 30：Spartan 系列 FPGA，典型逻辑规模是 XCS 10 的 3 倍。

3. Lattice 公司 CPLD 产品

Lattice公司的 CPLD、FPGA 产品以其发明的 isp 开头，系列代号有 ispLSI、ispMACH、ispPAC 及新开发的 ispXPGA、ispXPLD，其中 ispPAC 为模拟可编程器件，下面以 ispLSI、ispXPGA 系列产品型号为例说明如下。

ispLSI 1016-60：ispLSI 1000 系列 CPLD，通用逻辑块 GLB 数（只 1000 系列以此为特征）为 16 个，工作频率最大 60 MHz。

ispLSI 1032E-125LJ：ispLSI 1000E 系列 CPLD，通用逻辑块 GLB 数为 32 个（相当于逻辑宏单元数为 128），工作频率最大 125 MHz，PLCC84 封装，低电压型商用产品。

ispLSI 2032：ispLSI 2000 系列 CPLD，逻辑宏单元数 32。

ispLSI 3256：ispLSI 3000 系列 CPLD，逻辑宏单元数 256。

ispLSI 6192：ispLSI 6000 系列 CPLD，逻辑宏单元数 192。

ispLSI 8840：ispLSI 8000 系列 CPLD，逻辑宏单元数 840。

ispXPGA 1200：ispXPGA 1200 系列 FPGA，典型逻辑规模是 1 200 K 系统门。

三、芯片应用选型

在 FPGA 和 CPLD 的开发应用中选型，必须从以下几个方面来考虑。

（一）应用需要的逻辑规模

应用需要的逻辑规模，首先可以用于选择 CPLD 器件还是 FPGA 器件。CPLD 器件的规模在 10 万门级以下，而 FPGA 器件的规模已达 1 000 万门级，两者差异巨大。10 万门级以上不用考虑，只有选择 FPGA 器件；在万门级以下，CPLD 器件是首选，因为它不需配置器件，应用方便，成本低，结构简单，可靠性高；在上万门级，CPLD 器件和 FPGA 器件逻辑规模都可用的情况下，需要考虑其他因素，在 CPLD 器件和 FPGA 器件之间考虑速度、加密、芯片利用率、价格等因素作出权衡。

其次，可用于器件系列和品种的选择。典型厂家的系列和品种规模各有不同，应用的逻辑规模确定之后，对应的器件系列和品种也就大致有了范围，再结合其他参数和性能要求，就可筛选确定器件系列和品种。

（二）应用的速度要求

速度是 PLD 的一个很重要的性能指标。各机种都有一个典型的速度指标，每个型号都有一个最高工作速度，在选用前，都必须了解清楚。设计要求的速度要低于其最高工作速度，尤其是 Xilinx 公司的 FPGA 器件，由于其采用统计型互连结构，时延存在不确定性，设计要求的速度要低于其最高工作速度的 2/3。

（三）功耗

功耗通常由电压也可反映出来，功耗越低，电压也越低，一般来说，要选用低功耗、低电压的产品。

（四）可靠性

可靠性是产品最关键的特性之一，结构简单，质量水平高，可靠性就高。CPLD 器件构造的系统，不用配置器件，具有较高的可靠性；质量等级高的产品，具有较高的可靠性；环境等级高的产品，如军用（M 级）产品具有较高的可靠性。

（五）价格

要尽量选用价格低廉，易于购得的产品。

（六）开发环境和开发人员熟悉程度

应选择开发软件成熟，界面良好，开发人员熟悉的产品。

习　　题

2-1　什么是基于乘积项的可编程逻辑结构？什么是基于查找表的可编程逻辑结构？

2-2　就逻辑宏单元而言，GAL 中的 OLMC、CPLD 中的 LC、FPGA 中的 LUT 和 LE 的含义和结构特点是什么？

2-3　标志 FPGA/CPLD 逻辑资源的逻辑宏单元包含哪些结构？

2-4　分别解释编程和配置的概念。

第三章 VHDL 语言设计基础

VHDL 语言是可以实现从系统的数学模型到门级元件电路的程序，具有多层次描述系统硬件功能的能力。本章通过介绍 VHDL 程序设计基础及实例应用，使读者能够对用 VHDL 语言进行数字电路设计有完整的认识。

第一节 VHDL 代码结构

无论 VHDL 描述的电路复杂还是简单，一个完整的 VHDL 语言程序通常包含实体(Entity)、结构体(Architecture)、配置(Configuration)、包集合(Package)和库(Library)5 个部分。实体、结构体、配置和包集合是可以进行编译的源程序单元，库用于存放已编译的实体、构造体、包集合和配置。在五个组成部分中，实体和结构体是必不可少的，其余的部分可以根据需要选用。

我们通过一个组合逻辑电路——二选一多路选择器的设计示例，使读者能迅速地从整体上把握 VHDL 代码的基本结构。

图 3.1 是一个二选一的多路选择器逻辑图，a 和 b 分别是两个数据输入端，s 为通道选择控制信号输入端，y 为输出端。其实现的逻辑功能为：若 s=0，则 y=a；若 s=1，则 y=b。

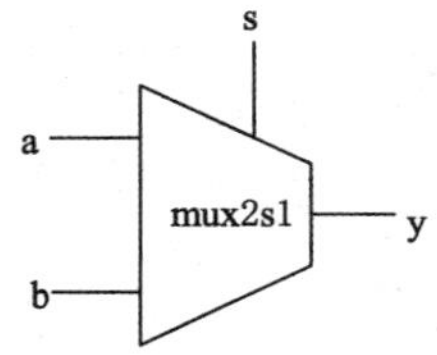

图 3.1 二选一多路选择器

[例 3.1] 二选一多路选择器 VHDL 代码 mux2s1.vhd。

IEEE 库使用声明：

```
LIBRARY IEEE;
USE IEEE.STD_LOGIC_1164.ALL;
```

实体说明：

```
ENTITY mux2s1 IS
    PORT(a,b: IN STD_LOGIC;
           s: IN STD_LOGIC;
           y: OUT STD_LOGIC);
END ENTITY mux2s1;
```

（端口说明，用以描述器件的端口及其基本性质）

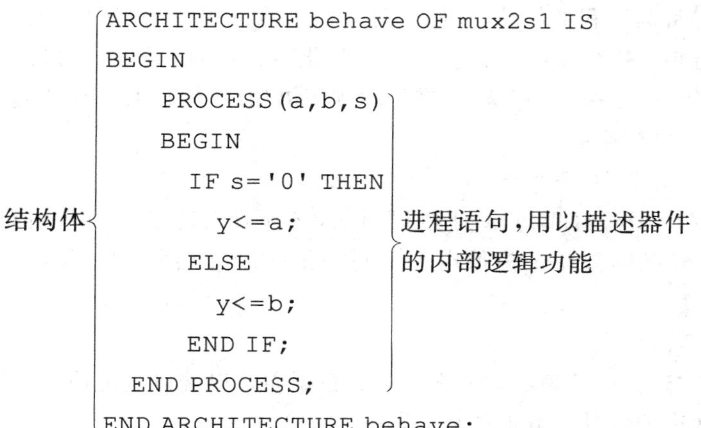


```
ARCHITECTURE behave OF mux2s1 IS
BEGIN
    PROCESS(a,b,s)
    BEGIN
      IF s='0' THEN
        y<=a;
      ELSE
        y<=b;
      END IF;
  END PROCESS;
END ARCHITECTURE behave;
```

这是一个可综合的完整的 VHDL 代码，我们可以选用任何特定的 CPLD/FPGA 芯片和厂家提供的综合适配工具对它进行综合、适配并下载到芯片中，从而实现这个二选一多路选择器，其电路功能仿真波形如图 3.2 所示。

图 3.2　二选一多路选择器功能仿真波形

从上面的例子可以看出，VHDL 代码至少包含了三个基本的结构：库(Library)声明、实体(Entity)说明和结构体(Architecture)。该代码中涉及的程序编写要点主要有：

一、库(Library)声明

库是一些常用代码的集合，将电路设计中经常使用的一些代码存放在库中有利于设计的重用和代码共享。由于该例中数据类型为标准逻辑矢量(STD_LOGIC)，所以库声明使用了一个 IEEE 正式认可的标准程序包 STD_LOGIC_1164。

二、实体(Entity)说明

用来描述实体(电路)的外部端口(输入/输出引脚)及其基本性质，此时实体被视为“黑盒”，而不管其内部结构功能如何。PORT 端口说明语句是对实体外部端口的描述，也可以说是端口信号的名称、端口模式和数据类型的描述。例 3.1 中 a、b、s 为输入(IN)模式，y 为输出(OUT)模式，数据类型均为标准逻辑矢量(STD_LOGIC)。

三、结构体(Architecture)

结构体就是打开“黑盒”，解释实体内部的具体细节。结构体是一个实体的组成部分，是对实体行为和功能的具体描述。

1. PROCESS 进程语句

进程语句由 PROCESS 引导，以 END PROCESS 结束。在一个结构体中可以包含任意一个进程语句，所有的进程语句都是并行语句，而进程语句内部却引导顺序结构，即所有的顺序语句必须放在进程语句中。

PROCESS 的(a,b,s)称为进程的敏感信号表,通常要求将进程中所有的输入信号都放在敏感信号表中。进程语句的执行依赖于敏感信号的变化,当敏感信号表中的某一信号发生变化时,将启动进程语句,而在执行一遍整个进程的顺序语句后,便返回进程的起始端,进入等待状态,直到进程再一次被激活。

2. IF_THEN_ELSE_END IF 条件语句

IF_THEN_ELSE_END IF 条件语句属于顺序语句,必须放入进程中。IF 语句的执行顺序类似于软件语言,首先判断如果 s 为低电平,则执行 y<=a 语句,否则(当 s 为高电平),执行语句 y<=b。

3. 赋值语句

例 3.1 中的赋值语句"y<=a;"表示输入端口 a 的数据向输出端口 y 传输,这里要注意的是赋值操作符"<="两边的信号的数据类型必须一致。

四、VHDL 程序设计约定

(1) 每条 VHDL 语句由一个分号(;)结束。

(2) VHDL 语言对字母大小写不敏感,对空格不敏感,增加了可读性。

(3) 程序中的注释使用双横线"--",在 VHDL 程序的任何一行中,双横线"--"后的文字都不参于编译和综合。

(4) 为了便于程序的阅读与调试,书写和输入程序时,使用层次缩进格式,同一层次的对齐,低层次的较高层次的缩进两个字符。

另外,在 VHDL 中使用的标识符,如实体名、端口名、结构体名等,需遵从 VHDL 标识符的命名规则,具体将在本章第三节讨论。

第二节 VHDL 结构

一、实体

接口描述即为实体说明,任何一个 VHDL 程序必须包含一个且只能有一个实体说明。实体说明定义了 VHDL 所描述的数字逻辑电路的外部接口,它相当于一个器件的外部视图,有输入端口和输出端口,也可以定义参数。电路的具体实现不在实体说明中描述,而是在结构体中描述的。相同的器件可以有不同的实现,但只对应唯一的实体说明。

实体说明的一般格式如下:

```
ENTITY 实体名 IS
        [GENERIC(类属表);]
          [PORT(端口表);];
END [ENTITY] [实体名];
```

其中,类属表是可选项。实体说明用来描述实体(电路)的外部端口(输入/输出引脚)及其基本性质,此时实体被视为"黑盒",而不管其内部结构功能如何。在层次化系统设计中,实体说明是整个模块或整个系统的输入输出(I/O)。在一个器件级的设计中,实体说明是一个芯片的输入/输出(I/O)。

端口表(PORT)是对设计实体外部接口的描述,即定义设计实体的输入端口和输出端口,说明端口对外部引脚信号的名称、数据类型和输入输出方向。在使用时,每个端口必须定义为信号(signal),并说明其属性,每个端口的信号名必须唯一,并在其属性表中说明数据传输通过该端口的方向和数据类型。

(1) 端口信号名是赋给每个输入输出端口信号的名称。

在 VHDL 程序中有一些已有固定意义的关键字。除了这些关键字,端口名可以是任何以字母开头的包含字母、数字和下画线的一串字符。

(2) 端口模式用于说明端口信号的输入输出方向,有 IN、OUT、BUFFER、INOUT 4 种类型,对应的引脚符号表示如图 3.3 所示。

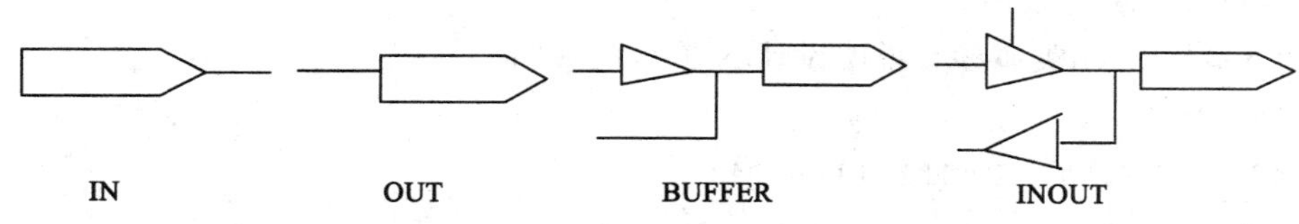

图 3.3 端口模式对应的引脚符号

在实际的数字电路中,IN 相当于只可输入的引脚,OUT 相当于只可输出的引脚。BUFFER 相当于带输出缓冲器并可以回读的引脚,而 INOUT 相当于双向引脚。表 3.1 列出了各端口模式的区别。

表 3.1 端口模式说明

端口模式	端口模式说明(以设计实体为主体)
IN	输入,只读模式,即只能作赋值源,出现在赋值语句的右边
OUT	输出,单向赋值模式,即只能作赋值目标,出现在赋值语句的左边
BUFFER	具有回读功能的输出模式,可以读或写,但只能有一个驱动源
INOUT	双向,可以读或写,可以有多个驱动源

(3) 数据类型则是端口信号的取值类型,本章第 3 节将对此进行详细讨论。VHDL 中有多种数据类型。常用的有布尔代数型(BOOLEAN),取值可为真(true)或假 (false);位型(BIT)取值可为“0”或“1”;位矢量型(Bit-vector);整型(INTEGER),它可作循环的指针或常数,通常不用于 I/O 信号;无符号型(UNSIGNED);实型(REAL)等。另外还定义了一些常用类型转换函数,如 CONV_STD_LOGIC_VECTOR(x,y)。

一般,由 IEEE std_logic_1164 所约定的 EDA 工具支持和提供的数据类型为标准逻辑(Standard Logic)类型。标准逻辑类型也分为布尔型、位型、位矢量型和整数型。为了使 EDA 工具的仿真、综合软件能够处理这些逻辑类型,这些标准必须从实体的库中或 USE 语句中调用标准逻辑型(STD_LOGIC)。在数字系统设计中,实体中最常用的数据类型就是位型和标准逻辑型。

(4) 类属参数。

在实体说明中,除了端口(PORT)说明外还有可选项-类属参数。类属参数是一种端口界面常数,其说明必须放在端口说明之前,用于指定参数。类属参数说明语句是以关键词 GENERIC 引导一个类属参数表,在表中提供时间值或数据线的宽度等静态信息,类属参数表说明用于设计实体和其外部环境通信的参数和传递信息,类属在所定义的环境中的地位与常数相似，但性质不同。常数只能从设计实体内部接受赋值，且不能改变，但类属参数却能从设计实体外部动态地接受赋值，其行为又类似于端口 PORT，设计者可以从外面通过类属参数的重新定义，改变一个设计实体或一个元件的内部电路结构和规模。

类属参数说明的一般书写格式：

generic([常量]名字表:[in]类属标识[:=初始值];…);

例如：generic(wide:integer:=32);　　　——说明 wide 为常数，其数值为整数 32

例 3.2 给出了类属参数说明语句的一种典型应用，它为迅速改变数字逻辑电路的结构和规模提供了便利的条件。

[例 3.2]　利用类属参数说明设计 N 输入的或门。

```
LIBRARY IEEE;
  USE IEEE.STD_LOGIC_1164.ALL;
  ENTITY nor IS
    GENERIC (n:INTEGER );--定义类属参量及其数据类型
     PORT(a:IN STD_LOGIC_VECTOR(n-1 DOWNTO 0);--用类属参量限制矢量
长度
            c:OUT STD_LOGIC);
   END;
   ARCHITECTURE behav OF nor IS
      BEGIN
        PROCESS (a)
           VARIABLE int:STD_LOGIC;
        BEGIN
           int:= '0';
              FOR I IN a'LENGTH - 1 DOWNTO 0 LOOP
                IF a(i)= '1' THEN int:= '1';
                END IF;
              END LOOP;
                c< = int;
        END PROCESS;
   END;
```

二、结构体(Structure)

实体的名称和外部端口已经在实体说明中定义，下一步就是打开“黑盒”，解释实体内部的具体细节，这就是结构体所要描述的内容。结构体是一个实体的组成部分，用于描述系统的行为、系统数据的流程或者系统组织结构形式。

结构体的语法结构如下所示：

```
ARCHITECTURE 结构体名 OF 实体名 IS
[声明语句]
BEGIN
功能描述语句;
```

```
END ARCHITECTURE 结构体名;
```

在实际综合中，一个实体中一般只具有一个结构体，其实体名必须与实体说明中的实体名相同。结构体的命名可以自由命名，但通常按照设计者使用的描述方式命名。每个结构体有着不同的名称，使得阅读 VHDL 程序的人能直接从结构体的描述方式了解功能，定义电路行为。因为用 VHDL 写的文档不仅是 EDA 工具编译的源程序，而且最初主要是项目开发文档供开发商、项目承包人阅读的。这就是硬件描述语言与一般软件语言不同的地方之一。

结构体中的声明语句位于 ARCHITECTURE 和 BEGIN 之间，用于对结构体内部所使用的信号(SIGNAL)、常数(CONSTANT)、元件(COMPONENT)等进行声明，声明语句不是必需的，可以没有声明语句。结构体中必须给出相应的电路功能描述语句，可以是并行语句、顺序语句或它们的混合。

结构体对基本设计单元具体的输入输出关系可以用三种方式进行描述，即行为(Behavioral)描述、寄存器传输 RTL(Register Transfer Level)描述、结构(Structure)描述。不同的描述方式，只体现在描述语句上，而结构体的结构是完全一样的。

1. 行为描述

行为描述就是基本设计单元的数学模型描述，采用进程(PROCESS)语句顺序描述被称为设计实体的行为。行为描述不包括任何电路的结构信息，仅描述输入输出间的逻辑关系(如真值表)。

[例 3.3]　行为描述举例。

```
LIBRARY IEEE;
USE IEEE.STD_LOGIC_1164.ALL;
ENTITY fadd_1 IS
PORT(Ci,Ai,Bi:IN STD_LOGIC;
     S,Co:OUT STD_LOGIC);
END fadd_1;
ARCHITECTURE behavior OF fadd_1 IS
signal te_sum: STD_LOGIC_VECTOR(2 downto 0);
BEGIN
te_sum<=Ci&Ai&Bi;
process(te_sum)
  begin
    CASE te_sum is
      when "000"=>S<='0';Co<='0';
      when "001"=>S<='1';Co<='0';
…
      when "111"=>S<='1';Co<='1';
      when others=>null;
   end case;
end process;
```

```
END ARCHITECTURE behavior;
```

2. 寄存器传输 RTL 描述

寄存器传输 RTL 描述即数据流描述，采用进程语句顺序描述数据流在控制流作用下被加工、处理、存储的全过程。寄存器传输描述侧重电路的具体行为，也隐含了结构信息。

[**例 3.4**] 寄存器传输描述举例。

```
LIBRARY IEEE;
USE IEEE.STD_LOGIC_1164.ALL;
ENTITY fadd_2 IS
PORT(Ci,Ai,Bi:IN STD_LOGIC;
     S,Co:OUT STD_LOGIC);
END fadd_2;
ARCHITECTURE logicrtl OF fadd_2 IS
signal x:STD_LOGIC;
BEGIN
s<=Ai XOR Bi XOR Ci;          --全加器逻辑表达式
x<=(Ai AND Bi);
Co<=x OR(Ci AND Ai)OR(Ci AND Bi);
END logicrtl;
```

例 3.4 的描述方式即为寄存器描述方式。寄存器描述方式是一种明确规定寄存器的描述方法。相比于行为描述方式，寄存器描述方式接近电路的物理实现，因此是可以进行逻辑综合的。而目前，只有一部分行为描述方式是可以进行逻辑综合的，很多在行为描述方式中大量使用的语句不能进行逻辑综合。

3. 结构描述

结构描述即逻辑元器件连接描述，采用并行处理语句描述设计实体内的结构组织和元件互连关系。结构体的结构化描述法是层次化设计中常用的一种方法，图 3.4 是一个由半加器构成的一位全加器的逻辑电路图，对于该逻辑电路，其对应的结构化描述程序如例 3.5 所示。

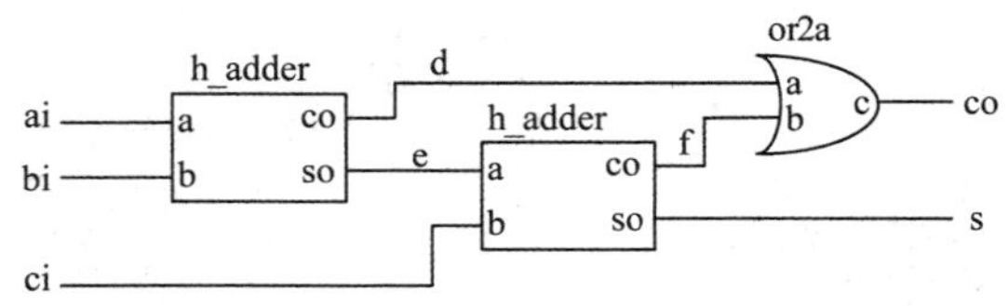

图 3.4 由半加器和逻辑门构成全加器电路

[**例 3.5**] 结构描述举例。

```
LIBRARY IEEE;
USE IEEE.STD_LOGIC_1164.ALL;
ENTITY fadd_3 IS
PORT(ci,ai,bi:IN STD_LOGIC;
```

```
      s,co:OUT STD_LOGIC);
END fadd_3;
ARCHITECTURE struct OF fadd_3 IS
  COMPONENT h_adder
  PORT(a,b:IN STD_LOGIC;
        So,Co:OUT STD_LOGIC);
  END COMPONENT;
COMPONENT or2a
  PORT(a,b:IN STD_LOGIC;
        C:OUT STD_LOGIC);
  END COMPONENT;
SIGNAL d,e,f:STD_LOGIC;
BEGIN
u0: h_adder  PORT MAP(ai,bi,e,d);
u1: h_adder  PORT MAP(e,ci,s,f);
u2:OR2a  port map(d,f,co);
END ARCHITECTURE struct;
```

在例 3.5 中，实体说明仅说明了该实体的 I/O 关系，而设计中采用的标准元件 2 输入或门 OR2a 和用户自己定义的 H_ADDER 库元件。通过元件例化语句 COMPONENT 将设计好的实体定义为一个元件。元件的例化不仅仅是常规门电路，任何一个用户设计的实体，无论功能多么复杂，复杂到一个数字系统，如一个 CPU，还是多么简单，简单到一个门电路，如一个反相器，都可以标准化成一个更加复杂的文件系统。在 EDA 工程中，工程师们把复杂的模块程序叫作软核(Softcore 或 IP Core)并将其写入芯片中，调试仿真通过的软核称为硬核。而简单通用的模块程序，称为元件，任何用户都可以共享使用。

对于一个复杂的电子系统，可以将其分解成许多子系统，子系统再分解成模块。多层次设计可以并行同时进行多人设计协作。多层次设计中的每个层次都可以作为一个元件，再构成一个模块或构成一个系统，每个元件可以分别仿真，然后再整体调试。结构化描述不仅是一个设计方法，而且是一种设计思想，是大型电子系统设计高层主管人员必须掌握的。

三、VHDL 库和程序包

（一）VHDL 库(Library)

库由一个或多个性质相近、功能类似的程序包构成。主要是一些常用代码的集合，将电路设计中经常使用的一些代码存放在库中有利于设计的重用和代码共享。代码通常以函数(FUNCTION)、过程(PROCEDURE)和元件(COMPONENT)等标准形式存放在程序包中，用户可以根据需要对其进行编译使用。

1. 库的种类

库有两种，一种是用户自行生成的 IP 库，也叫设计库，有些集成电路设计中心开发了大量的工程软件，有不少好的设计范例，可以重复引用，所以用户自行建库是专业 EDA 公司的重要任务之一。另一类是 PLD、ASIC 芯片制造商提供的库，也叫资源库。比如常用的 74 系列芯片、RAM 和 ROM 控制器、计数器、寄存器、IO 接口等标准模块，用户可以直接引用，而不必从头编写。

设计库对当前项目是可见默认的。无须用 LIBRARY 子句、USE 子句声明，所有当前所设计的资源都自动存放在设计库中。资源库是常规元件和标准模块存放库。使用资源库需要声明要使用的库和程序包，资源库只可以被调用，但不能被用户修改。

(1) 设计库

STD 库和 WORK 库属于设计库的范畴。STD 库是 VHDL 设计环境的标准资源库，包括数据类型和输入/输出文本等内容。STD 库存放有程序包 STANDARD 和 TEXTIO。STD 库是默认可见的，不需要进行声明。STD 库为所有的设计单元所共享、隐含定义、默认和“可见”。STD 库中存放有“STANDARD”和“TEXTIO”两个程序包。在用 VHDL 编程时，“Standard”程序包已被隐含地全部包含进来，故不需要“USE std. standard. all;”语句声明；但在使用“Textio”包中的数据时，应先说明库和包集合名，然后才可使用该包集合中的数据。例如：

```
LIBRARY std;
USE std.textio.all;
```

(2) WORK 库

WORK 库是 VHDL 语言的工作库，用户在项目设计中设计成功、正在验证、未仿真的中间文件都放在 WORK 库中，使用 WORK 库不需要进行任何声明。

(3) 资源库

STD 库和 WORK 库之外的其他库均为资源库，它们是 IEEE 库、ASIC 库和用户自定义库。要使用某个资源库，必须在使用该资源库的每个设计单元的开头用 LIBRARY 子句显示说明。应用最广的资源库为 IEEE 库，在 IEEE 库中包含有程序包 STD_LOGIC_1164，它是 IEEE 正式认可的标准包集合。ASIC 库存放的是与逻辑门相对应的实体，用户自定义库是为自己设计所需要开发的共用程序包和实体的汇集。

VHDL 工具厂商与 EDA 工具专业公司都有自己的资源库，如 INTEL 公司 Quartus Ⅱ 的资源库为：MEGAFUNCTIONS 库、MAXPLUS2、PRIMITIVES 库、EDIF 库等。

在 IEEE 库中有一个 IEEE 正式认可的标准程序包 STD_LOGIC_1164。实际上，IEEE 库包含了许多程序包，列举如下。

STD_LOGIC_1164：定义了 STD_LOGIC 和 STD_LOGIC_VECTOR 多值逻辑数据类型。

STD_LOGIC_arith：定义了 SIGNED 和 UNSIGNED 数据类型以及相关的运算操作。它包含许多数据类型转换函数，可以实现数据类型的转换。

STD_LOGIC_signed：内部包含一些函数，可以使 STD_LOGIC_VECTOR 类型的数据像 SIGNED 类型的数据一样进行运算操作。

STD_LOGIC_unsigned：内部包含一些函数，可以使 STD_LOGIC_VECTOR 类型的数据像 UNSIGNED 类型的数据一样进行运算操作。

2. 库的使用

VHDL 库是经编译后的数据的集合，在 VHDL 程序中，库的说明总是放在设计单元的最前面。

(1) 库的说明

除 STD 库和 WORK 库外，库在使用前都要首先进行显式声明。在 VHDL 中，库的说明语句总是放在实体单元前面，即第一条语句应该是："LIBRARY 库名；"，库语句关键词 LIBRARY 声明使用什么库。另外，库声明后还应该用 USE 语句开放库中的资源，具体说明设计者要使用的是库中哪一个程序包以及程序包中的项目(如过程名、函数名等)，使其可见，其一般格式如下：

LIBRARY 库名；

USE 库名.程序包名.项目名；

其中，LIBRARY 语句指明所使用的库；USE 语句指明开放库中某个程序包的特定资源，使得所说明的程序包中的项目对于紧随其后所描述的设计实体可见。如果需要开放所有的项目，项目名用"ALL"代替，如：

```
LIBRARY IEEE;
USE IEEE.STD_LOGIC_1164.ALL;                -- 开放该程序包的所有项目
USE IEEE.STD_LOGIC_UNSIGNED.'+';            -- 只开放"+ "运算操作符
```

(2) 库说明的作用范围

库使用声明总是放在每一项设计实体的最前面，成为这项设计最高层次的设计单元。一旦作了库使用声明，并用 USE 语句开放了资源的可见性，整个设计实体都可以对库的可见资源进行调用，但其作用范围仅限于紧随其后的当前所说明的设计实体(从实体说明开始到该实体所属的结构体为止)。当一个 VHDL 源程序中出现两个及以上的实体时，每一个实体的前面都必须有自己完整的库使用声明语句和 USE 语句。即库说明语句的作用范围是从一个实体说明开始到它所属的构造体、配置为止。当一个源程序中出现两个以上的实体时，两条作为使用的库的说明语句应在每个实体说明语句前重复书写。

[例 3.6]　库的使用示例。

```
LIBRARY ieee;
  USE ieee.std_logic_1164.all;
ENTITY aern IS
…
END aern;
ARCHITECTURE lib OF aern IS
…
END lib;
```

(二) 程序包

程序包说明像 C 语言中的 INCLUDE 语句一样，用来单纯地包含设计中经常要用到的信号定义、常数定义、数据类型、元件语句、函数定义和过程定义等，是一个可编译的设计单元，也是库结构中的一个层次。程序包常用来封装属于多个设计单元分享的信息，常用的预定义的程序包有：STD_LOGIC_1164 程序包；STD_LOGIC_ARITH 程序包；STANDARD 和 TEXTIO 程序包；STD_LOGIC_UNSIGNED 和 STD_LOGIC_SIGNED 程序包。

程序包由两部分组成：程序包说明和程序包体。程序包说明也叫程序包首，为程序包定义接口，声明包中的数据类型、元件、函数和子程序，其方式与实体定义模块接口非常相似。程序包体规定程序的实际功能，存放说明中的函数和子程序，程序包说明部分和程序包体单元的一般格式为：

定义程序包的一般语句结构如下：

```
  PACKAGE  程序包名  IS              -- 程序包首
程序包含说明部分
  END  程序包名;
  PACKAGE BODY 程序包名  IS        -- 程序包体
程序包体说明部分以及包体内容
  END 程序包名;
```

[例 3.7] 程序包示例 1。

```
PACKAGE HANDX IS  -- 程序包首
      SUBTYPE BITVECT3 IS BIT_VECTOR(0 TO 2);-- 定义子类型
      SUBTYPE BITVECT2 IS BIT_VECTOR(0 TO 1);
      FUNCTION MAJ3(X:BIT_VECTOR(0 TO 2)) RETURN BIT; -- 定义函数首
END HANDX;
PACKAGE BODY HANDX IS     -- 程序包体
      FUNCTION MAJ3(X:BIT_VECTOR(0 TO 2)) -- 定义函数体
         RETURN BIT IS
      BEGIN
         RETURN (X0 AND X1) OR (X0 AND X2) OR (X1 AND X2);
      END MAJ3;
END HANDX; -- 程序包结束
```

[例 3.8] 程序包示例 2。

```
PACKAGE pacl IS                        -- 程序包首开始
TYPE byte IS RANGE 0 TO 255 ;  -- 定义数据类型 byte
SUBTYPE nibble IS byte RANGE 0 TO 15 ; -- 定义子类型 nibble
CONSTANT byte_ff:byte :=  255 ;    -- 定义常数
SIGNAL addend:nibble ;         -- 定义信号 addend
COMPONENT byte_adder              -- 定义元件
PORT( a, b:IN byte ;
          c:OUT byte ;
overflow:OUT BOOLEAN) ;
END COMPONENT ;
FUNCTION my_function (a:IN byte) Return byte ; -- 定义函数
END pacl ;                                     -- 程序包首结束
```

[例 3.9] 程序包示例 3。

```
  PACKAGE five IS
     SUBTYPE ment is BIT_VECTOR(0 TO 5) ;
     TYPE bee IS RANGE 0 TO 4 ;
  END five ;
```

```
USE WORK.five.ALL ; --  WORK 库默认是打开的，
ENTITY decoder IS
    PORT (input: bee; drive:out ment) ;
END decoder ;
ARCHITECTURE sim OF decoder IS
BEGIN
    WITH input SELECT
      drive <=B"111110"  WHEN 0 ,
              B"010100"  WHEN 1 ,
              B"101101"  WHEN 2 ,
              B"110100"  WHEN 3 ,
              B"011011"  WHEN 4 ,
              B"000000"  WHEN  OTHERS ;
END sim ;
```

第三节　VHDL 语言要素

VHDL 具有计算机编程语言的一般特性，其语言要素是编程语句的基本元素。准确无误地理解和掌握 VHDL 语言要素的基本含义和用法，对正确地完成 VHDL 程序设计十分重要。

一、VHDL 文字规则

任何一种程序设计语言都规定了自己的一套符号和语法规则，程序就是这些符号按照语法规则写成的。在程序中使用的符号若超出规定的范围或不按语法规则书写，都视为非法，计算机不能识别。与其他计算机高级语言一样，VHDL 也有自己的文字规则，在编程中需要认真遵循。

1. 数字

数字包括整数、实数、以数制基数表示的文字和物理量文字。

(1) 整数

整数由十进制数字和下画线组成。例如 5、678、156E2 和 45_234_287(相当 45,234,287)都是整数。其中，下画线用来将数字分组，以便于阅读。

(2) 实数

实数由十进制数字、小数点和下画线组成。例如 188.993 和 88_670_551.453_909(相当 88670551.453909)都是实数。

(3) 以数制基数表示的文字

在 VHDL 中允许使用十进制、二进制、八进制和十六进制等不同基数的数制文字。以数制基数表示的文字格式为：

数制＃数值＃

例如：

```
10＃170＃;                -- 十进制数值文字
```

```
16#FE#;              -- 十六进制数值文字
2#11010001#;         -- 二进制数值文字
8#376#;              -- 八进制数值文字
```

(4) 物理量文字

物理量文字是指用来表示时间、长度等物理量。例如,60 s、100 m 都是物理量文字。注意,VHDL 综合器不接受此类文字。

2. 字符串

字符串包括字符和字符串,字符是以单引号括起来的数值、字母和符号。例如,'0','1','A','B','a','b'都是字符。字符串是用双引号括起来的一维字符数组,包括文字字符串和数值字符串。

(1) 文字字符串

文字字符串都是用双引号括起来的一串文字。例如"ABC","ERROR","EQUAL"都是文字字符串。

(2) 数值字符串

数值字符串也称作矢量,是预定义数据 BIT 的一维数组。其格式为:

数制基数符号"数值字符串"

例如:

```
B"111011110"; -- 二进制数数组,位矢量组长度是 9
O"15";        -- 八进制数数组,等效 B"001101",位矢量组长度是 6
X"AD0";       -- 十六进制数数组,等效 B"101011010000",位矢量组长度是 12
```

其中,B 表示二进制基数符号,O 表示八进制基数符号,X 表示十六进制基数符号。

3. 关键词

关键词是 VHDL 预定义的单词,它们在程序中有不同的使用目的,例如,ENTITY(实体)、ARCHITECTURE(结构体)、TYPE(类型)、IS、END 等都是 VHDL 的关键词。VHDL 的关键词允许用大写或小写字母书写,也允许大、小字母混合书写。

4. 标识符

标识符是用户给常量、变量、信号、端口、子程序或参数定义的名字。标识符命名规则是:

(1) 可使用的有效字符为英文字母(A~Z 和 a~z)、数字(0~9)以及下画线"_"。

(2) 任何标识符必须以英文字母开头,以字母或数字结尾。

(3) 必须是单一下画线"_",不能有两个或两个以上的下画线"_"紧连在一起。

(4) 不能与 VHDL 中的关键字同名。

(5) 标识符中的英文字母不分大小写。

以下是一些标识符的使用示例。

合法的标识符:

```
        mcu,sn74ls20,decoder_8
```

非法的标识符:

```
mux2sl#     -- 含有无效字符"#"
741s138_    -- 以非英文字母开头,且不是以字母或数字结尾
```

```
data__bus    -- 两个下画线紧连在一起
entity       -- 与关键字同名
```

5. 下标名

下标名用于指示数组型变量或信号的某一元素。下标名的格式为：

标识符(表达式)

其中，“标识符”必须是数组型变量或信号的名字，“表达式”所代表的值必须是数组下标范围中的一个值，这个值将对应数组中的一个元素。例如，b(3)，a(4)都是下标名。

6. 段名

段名是多个下标名的组合，用于指示数组型变量或信号的某一段元素。段名的格式为：

标识符(表达式 方向 表达式)

其中，方向包括：

```
TO        -- 表示下标序号由低到高
DOWNTO    -- 表示下标序号由高到低
```

例如：

```
D(7 DOWNTO 0);   -- 可表示数据总线 D7～D0
D(0 TO 7);       -- 可表示数据总线 D0～D7
```

二、数据类型

VHDL 有非常严格的数据类型的规定。每个信号、变量、常量或表达式都必须有唯一的数据类型，以确定它能保持哪一类数据。一般来说，为数据对象或表达式分配数据时，不同类型的数据不能混用；每个数据对象和表达式的类型在仿真之前便确定下来，不再改变。VHDL 这种注重数据类型的特点，使得 VHDL 编译和综合工具能很容易地找出程序设计中常见的错误。

VHDL 的数据类型包括标量型、复合型、存取型和文件型。

(1) 标量型(Scalar Type)

标量型是单元素的最基本数据类型，通常用于描述一个单值的数据对象。标量型包括实数类型、整数类型、枚举类型和时间类型。

(2) 复合型(Composite Type)

复合型可由最基本数据类型(如标量型)复合而成。它包括数组型(Array)和记录型(Record)。

(3) 存取型(Access Type)

存取型为给定数据类型的数据对象提供存取方式。

(4) 文件型(Files Type)

文件型用于提供多值存取型。

上述数据类型又可分成在现成程序包中可以随时获得的预定义数据类型和用户自定义数据类型两大类别。预定义的 VHDL 数据类型是 VHDL 最常用、最基本的数据类型。这些数据类型都已在 VHDL 的标准程序包 STANDARD 和 STD_LOGIC_1164 及其他的标准程序包中做了定义，并可在设计中随时调用。此外，VHDL 允许用户定义其他的数据类型以及子类型。通常，新定义的数据类型和子类型的基本元素一般仍属 VHDL 的预定义类型。注意，VHDL 综合器只支持部分可综合的预定义和用户自定义的数据类型，对于其他类型不予支持，如 TIME、FILE 等类型。

(一) VHDL 的预定义数据类型

VHDL 的预定义数据类型是 VHDL 最常用、最基本的数据类型，这些数据类型已在 STD 库的标准程序包 STANDARD 中作了定义，可以在设计中随时调用。

1. BOOLEAN(布尔)数据类型

布尔数据类型的取值包括 FALSE(假)和 TRUE(真)。它是一个二值枚举型数据类型，其在程序包 STANDARD 中定义的源代码为：

```
TYPE BOOLEAN IS (FALSE,TRUE);
```

布尔量不属于数值，因此不能用于运算，只能通过关系运算符获得。例如，当 a>b 时，在 IF 语句中的关系运算表达式(a>b)的结果是布尔量 TRUE，反之为 FALSE。综合器将其变为 1 或 0 信号值。

2. BIT(位)数据类型

位数据类型的取值包括'0'和'1'，它们是二值逻辑中的两个值。其在程序包 STANDARD 中定义的源代码为：

```
TYPE BIT IS ('0','1');
```

位数据类型的数据对象，如信号、变量等，可以参与逻辑运算，运算结果仍为位数据类型。VHDL 综合器用一个二进制位表示 BIT。

3. BIT_VECTOR(位矢量)数据类型

位矢量是基于位数据类型的数组，其在程序包 STANDARD 中定义的源代码为：

```
TYPE BIT_VECTOR IS ARRAY(Natural Range< > ) OF BIT;
```

其中，“<>”表示数据范围未定界。在使用位矢量时，必须注明位宽，例如：

```
SIGNAL a:BIT_VECTOR(7 DOWNTO 0);
```

在此语句中，声明 a 是由 a(7)～a(0)构成矢量，左为 a(7)，权值最高；右为 a(0)，权值最低。

4. CHARACTER(字符)数据类型

字符是用单引号括号的 ASCII 码字符，如'A'，'a'，'0'，'1'等。字符数据类型在程序包 STANDARD 中定义的源代码为：

```
TYPE CHARACTER IS (…,'0','1',…,'A','B',…,);
```

其中，圆括号中是用单引号括起来的 ASCII 码字符表中的全部字符，这里没有全部列出。

5. INTEGER(整数)数据类型

整数数据类型的数包括正整数、负整数和零。整数是 32 位的有符号数，它的数值范围是－2 147 483 647～＋2 147 483 647，即 $-(2^{31}-1)\sim+(2^{31}-1)$。

实际应用中，VHDL 仿真器通常将整数类型作为有符号数处理，而 VHDL 综合器则将整数作为无符号数处理。在使用整数时，VHDL 综合器要求用 RANGE 子句为所定义的数限定范围，然后根据所限定的范围来决定表示此信号或变量的二进制数的位数，VHDL 综合器无法综合未限定范围的整数类型的信号或变量。

6. REAL(实数)数据类型

VHDL 实数类型类似于数学上的实数，或称浮点数。它由正号、负号、小数点和数字组成，例如，—1.0，+2.5，—1.0E38都是实数。实数的范围是：(—1.0E38)～(+1.0E38)。

7. STRING(字符串)数据类型

字符串数据类型是用双引号括起来的字符序列，也称字符矢量或字符串数组。VHDL综合器支持字符串数据类型。例如：

```
VARIABLE string_var: STRING(1 TO 3);
string_var:= "abc";
```

8. TIME(时间)数据类型

时间是VHDL中唯一的预定义物理量数据类型。时间由整数数据和单位两部分组成，如55 ms，20 ns。时间在程序包STANDARD中定义的源代码为：

```
TYPE TIME IS RANGE -2147483647  TO  2147483647
units
fs;              -- 飞秒，VHDL中的最小时间单位
ps=1000 fs;      -- 皮秒
ns=1000 ps;      -- 纳秒
μs=1000 ns;      -- 微秒
ms=1000 μs;      -- 毫秒
sec=1000 ms;     -- 秒
min=60 sec;      -- 分
hr=60 min;       -- 时
end units;
```

9. SEVERITY LEVEL(严重级别)数据类型

严重级别数据类型用于表征系统的状态以及编译源程序时的提示。严重级别包括NOTE(注意)、WARNING(警告)、ERROR(出错)和FAILURE(失败)。

(二) IEEE的预定义数据类型

在IEEE标准库的程序包STD_LOGIC_1164中，定义了两个非常重要的数据类型，即标准逻辑位STD_LOGIC和标准逻辑矢量STD_LOGIC_VECTOR。在数字逻辑电路的描述中，经常用到这两种数据类型。此外，在IEEE库STD_LOGIC_arith程序包中，定义了有符号数SIGNED和无符号数UNSIGNED数据类型。

1. STD_LOGIC(标准逻辑位)数据类型

在VHDL中，标准逻辑位数据有9种逻辑值(即九值逻辑)，它们是'U'(未初始化的)、'X'(强未知的)、'0'(强0)、'1'(强1)、'Z'(高组态)、'W'(弱未知的)、'L'(弱0)、'H'(弱1)和'—'(忽略)。它们在STD_LOGIC_1164程序包中定义的源代码为：

```
TYPE STD_LOGIC IS('U','X','0','1','Z','W','L','H','- ');
```

注意：STD_LOGIC数据类型中的数据是用大写字母定义的，使用中不能用小写字母代替。在仿真和综合中，STD_LOGIC值是非常重要的，它可以使设计者精确模拟一些未知和高阻态的线路情况。例如，高阻态'Z'和忽略态'—'可用于三态的描述，但就综合而言，STD_LOGIC型数据能够在数字器件中实现的只有其中的4种值，即'0'，'1'，'Z'和'—'。当然，这并不表明其余的5种值不存在，这9种值对于VHDL的行为仿真都有重要意义。由于标准逻辑位数据类型的多值性，在编程时应当特别注意。因为在条件语句中，如果未考

虑到 STD_LOGIC 的所有可能的取值情况，综合器可能会插入不希望出现的锁存器。

2. STD_LOGIC_VECTOR(标准逻辑矢量)数据类型

标准逻辑矢量数据类型在数字电路中常用于表示总线，其中每一个元素的数据类型都是以上定义的标准逻辑位 STD_LOGIC。STD_LOGIC_VECTOR 数据类型的数据对象赋值的原则是:同位宽、同数据类型的矢量才能进行赋值。

标准逻辑矢量数据类型在 STD_LOGIC_1164 程序包中定义的源代码为：

```
TYPE STD_LOGIC_VECTOR IS ARRAY  (Natural Range< > ) OF STD_LOGIC;
```

3. SIGNED(有符号数)和 UNSIGNED(无符号数)数据类型

SIGNED 和 UNSIGNED 在 STD_LOGIC_arith 程序包中定义。UNSIGNED 只能表示大于等于零的数，例如，“0101”表示十进制数 5，“1101”表示十进制数 13。而 SIGNED 则可以表示正数和负数，例如，“0101”表示十进制数 5，“1101”表示十进制数－3。

从外在形式上看，SIGNED、UNSIGNED 的定义与 STD_LOGIC_VECTOR 相同，但只能够支持与整型变量类似的算术运算，不能支持逻辑运算。例如：

```
SIGNAL x:SIGNED(7 DOWNTO 0);
SIGNAL y:UNSIGNED(7 DOWNTO 0);
v<=x+y;   -- 合法(支持算术运算)
w=x AND y;   -- 非法(不支持逻辑运算)
```

相反地，对于上面提到的 STD_LOGIC_VECTOR 数据类型的数据不能直接进行算术运算。为了解决这个问题，IEEE 库提供了 STD_LOGIC_singed 和 STD_LOGIC_unsinged 程序包。声明了这两个程序包以后，STD_LOGIC_VECTOR 类型的数据可以像 SIGNED 和 UNSIGNED 类型的数据一样进行算术运算。具体的数据类型说明见表 3.2。

表 3.2　数据类型说明

数据类型定义	数据类型说明
STD_LOGIC	工业标准的逻辑位类型，可以描述三态及不定状态，由 IEEE 库的 STD_LOGIC_1164 程序包定义
STD_LOGIC_VECTOR	工业标准的逻辑向量类型，是 STD_LOGIC 的组合
BIT	位类型，取值用“0”或“1”表示
BIT_VECTOR	位向量类型，是 BIT 的组合
INTEGER	整数类型，可用作循环计数或常量，通常不用作 I/O 口信号
BOOLEAN	布尔类型，取值 TRUE/ FALSE

(三) 用户自定义数据类型

除了上述一些标准的预定义数据外，VHDL 还允许用户自己定义新的数据类型。用户自定义数据类型分为基本数据类型定义和子类型数据定义两种格式。基本数据类型定义的语句格式为：

```
TYPE 数据类型名 IS 数据类型定义；
TYPE 数据类型名 IS 数据类型定义 OF 基本数据类型；
```

子类型数据定义格式为：

SUBTYPE 子类型名 IS 类型名 RANGE 低值 TO 高值;

1. 用户自定义整型

```
TYPE integer IS RANGE -2147483647 TO +2147483647;
-- 用户定义的整数类型,与预定义的整数类型是相同的。
TYPE my_integer IS RANGE -32 TO 32;
-- 用户定义的整数类型的子集。
TYPE student_grade IS RANGE 0 TO 100;
-- 用户定义的自然数类型的子集。
```

2. 用户定义的枚举类型

```
TYPE my_logic IS('0','1','Z');
-- 用户定义的 STD_LOGIC 类型的子类。
TYPE state IS(idle,forward,backward,stop);
--有限状态机的定义。
```

一般来说,枚举类型的数据自动按顺序编码。例如,上述自定义的枚举类型 state 会采用两位按顺序编码的方式:"00"表示第一个状态(idle),"01"表示第二个状态(forward),"10"表示第三个状态(backward),"11"表示第四个状态(stop)。

3. 用户自定义子类型

```
SUBTYPE small_integer IS INTEGER RANGE -32 TO 32;
-- 定义整数类型的子类型。
SUBTYPE my_logic IS STD_LOGIC RANGE '0' TO 'Z';
-- 定义 STD_LOGIC 的子类型 my_logic,my_logic=('0','1','Z')。
SUBTYPE my_state IS state RANGE idle TO backward;
-- 定义 state 的子类型 my_state,my_state=(idle,forward,backward)。
```

(四) 数组类型

数组类型属于复合类型,是将一组具有相同数据类型的元素集合在一起,作为一个数据对象来处理的数据类型。数组可以是一维数组或多维数组。VHDL 仿真器支持多维数组,但综合器只支持一维数组。

数组类型的定义语句如下:

TYPE 数组名 IS ARRAY(数组范围)OF 数据类型;

```
TYPE row IS ARRAY(7 DOWNTO 0) OF STD_LOGIC;
-- 定义一个一维数组 row。
TYPE matrix IS ARRAY(0 TO 3) OF row;
-- 定义一个 1×1 维的数组 matrix。
TYPE matrix2d IS ARRAY(0 TO 3,7 DOWNTO 0) OF STD_LOGIC;
-- 定义一个二维数组 matrix2d。
```

(五) 数据类型的转换

在 VHDL 语言中,数据类型的定义是非常严格的,不同数据类型的数据不能进行运算和直接代入。为了进行运算和代入操作,必要时需要进行数据类型之间的转换,以实现正确的赋值操作。VHDL 语言中,用函数法进行数据类型转换,由 VHDL 语言标准中的程序包

提供的变换函数来完成这个工作。这些程序包有3种,每种程序包的变换函数也不一样。现列举如下:

1. STD_LOGIC_1164 程序包定义的转换函数

(1) 函数 TO_STD_LOGIC_VECTOR(A) ——由位矢量 BIT_VECTOR 转换为标准逻辑矢量 STD_LOGIC_VECTOR

(2) 函数 TO_BIT_VECTOR(A); ——由标准逻辑矢量 STD_LOGIC_VECTOR 转换为位矢量 BIT_VECTOR

(3) 函数 TO_STD_LOGIC(A); ——由 BIT 转换为 STD_LOGIC

(4) 函数 TO_BIT(A); ——由标准逻辑 STD_LOGIC 转换为 BIT

2. STD_LOGIC_ARITH 程序包定义的函数

(1) 函数:CONV_STD_LOGIC_VECTOR(A,位长); ——由 INTEGER,SINGED,UNSIGNED 类型转换成 STD_LOGIC_VECTOR 类型

(2) 函数:CONV_INTEGER(A); ——由 signed,unsigned,STD_LOGIC,STD_LOGIC_VECTOR 等类型转换成 INTEGER 类型

3. STD_LOGIC_UNSIGNED 程序包定义的转换函数

函数:CONV_INTEGER(A); ——由 STD_LOGIC_VECTOR 转换成 INTEGER

数据类型的转换函数如表 3.3 所示,转换函数通常由 VHDL 包集合提供,因此在使用转换函数之前,使用 LIBRARY 和 USE 语句,使包集合可以使用。

表 3.3 数据类型转换

包集合	函数名	功能
std_logic_1164	to_stdlogicvector (a)	由 bit_vector 转换为 std_logic_vector
	to_bitvector (a)	由 std_logic_vector 转换为 bit_vector
	to_stdlogic (a)	由 bit 转换为 std_logic
	to_bit (a)	由 std_logic 转换为 bit
std_logic_arith	conv_std_logic_vector (a,位长)	由 integer, unsigned, signed 转换为 std_logic_vector
	conv_integer (a)	由 unsigned,signed 转换为 integer
std_logic_unsigned	conv_integer	由 std_logic_vector 转换为 integer

[例 3.10] 由 std_logic_vector 转换为 integer 的 VHDL 程序。

```
library IEEE;
use IEEE.Std_logic_1164.all;- - 使用 std_logic_1164 包集合
use IEEE.Std_logic_unsigned.all;- - 使用 std_logic_unsigned 包集合
entity cov1 is
port (data1:in std_logic_vector (2 downto 0);
...
);
end cov1;
architecture cat of  cov1 is
```

```
signal data: integer range 0 to 7;
…
begin
data < =  con_integer (data1); -- 数据类型的转换
…
end cat;
```

[例 3.11]　利用转换函数 CONV_INTEGER(A)设计 3—8 译码器。

```
LIBRARY IEEE;
USE IEEE. STD_LOGIC _1164.ALL;
USE IEEE.STD_LOGIC_UNSIGNED.ALL;
ENTITY decode3to8 IS
PORT(abc: IN std_logic_vector(2 downto 0);
       y: OUT std_logic_vector(7 downto 0);
END decode3to8;
ARCHITECTURE behavioral OF decode3to8 IS
BEGIN
  PROCESS(abc)
    BEGIN
     y< = (others = > '0');
     y (CONV_INTEGER(abc)) < = '1';
    END process ;
  END behavioral;
```

三、运算操作符

在 VHDL 语言中共有 6 类操作符可以分别进行逻辑运算、关系运算、算术运算、移位运算、赋值运算和并置运算。需要注意的是，被操作符操作的对象是操作数，且操作数的类型应该和操作符所要求的类型一致，如表 3.4 所示。另外，运算操作符是有优先级的，例如，在所有操作符中，逻辑运算符 NOT 优先级最高。当我们需要改变运算的顺序时，可以通过加“()”来实现。表 3.5 给出了所有操作符的优先次序。

表 3.4　VHDL 操作符列表

类　型	操作符	功　能	操作数数据类型
算术运算符	+	加	INTEGER,SIGNED,UNSIGNED
	—	减	INTEGER,SIGNED,UNSIGNED
	*	乘	INTEGER,SIGNED,UNSIGNED
	/	除	INTEGER,SIGNED,UNSIGNED
	MOD	取模	INTEGER,SIGNED,UNSIGNED

表 3.4(续)

类　型	操作符	功　能	操作数数据类型
算术运算符	REM	取余	INTEGER,SIGNED,UNSIGNED
	**	乘方	INTEGER,SIGNED,UNSIGNED
	ABS	取绝对值	INTEGER,SIGNED,UNSIGNED
	+	正	INTEGER,SIGNED,UNSIGNED
	−	负	INTEGER,SIGNED,UNSIGNED
关系运算符	=	等于	任何数据类型
	/=	不等于	任何数据类型
	<	小于	任何数据类型
	>	大于	任何数据类型
	<=	小于等于	任何数据类型
	>=	大于等于	任何数据类型
逻辑运算符	AND	与	BIT,STD_LOGIC 及其矢量
	OR	或	BIT,STD_LOGIC 及其矢量
	NAND	与非	BIT,STD_LOGIC 及其矢量
	NOR	或非	BIT,STD_LOGIC 及其矢量
	XOR	异或	BIT,STD_LOGIC 及其矢量
	XNOR	异或非	BIT,STD_LOGIC 及其矢量
	NOT	非	BIT,STD_LOGIC 及其矢量
移位运算符	SLL	逻辑左移	BIT_VECTOR
	SRL	逻辑右移	BIT_VECTOR
	SLA	算术左移	BIT_VECTOR
	SRA	算术右移	BIT_VECTOR
	ROL	逻辑循环左移	BIT_VECTOR
	ROR	逻辑循环右移	BIT_VECTOR
赋值运算符	<=	信号赋值	任何数据类型
	:=	变量和常量赋值	任何数据类型
	=>	省略赋值	任何数据类型
并置运算符	&	并置	BIT,STD_LOGIC 及其矢量

表 3.5　操作符的优先级

运　算　符	优　先　级
NOT,ABS,**	最高优先级
*,/,MOD,REM	↑
+(正号),−(负号)	
+,−,&	
SLL,SLA,SRL,SRA,ROL,ROR	
=,/=,<,<=,>,>=	
AND,OR,NAND,NOR,XOR,XNOR	最低优先级

1．逻辑运算符

如表 3.4 所示，VHDL 语言中的逻辑运算符共有 7 种。分别为：

AND（与）　　OR（或）

NAND（与非）　　NOR（或非）

XOR（异或）　　XNOR（异或非）

NOT（取反）

这几种逻辑运算符可以对“STD_LOGIC”和“BIT”等逻辑位数据类型和由它们组成的矢量数组进行逻辑运算。必须注意的是，如果没有对这些运算符进行重载，则运算符的左边和右边，以及赋值目标的数据类型必须是相同的，否则编译时会出错。

当一个语句中存在两个以上的逻辑表达式时，在 C 语言中，运算有自左向右的优先级顺序的规定，而在 VHDL 语言中，左、右没有优先级差别。例如，在下例中，如去掉式中的括号，那么从语句上来说是错误的：

```
x<=(a AND b) OR(NOT c AND d);
```

当然也有例外，如果一个逻辑表达式中只有“AND”，或“OR”，或“XOR”运算符，那么改变运算的顺序不会导致逻辑的改变。此时括号就可以省略掉。例如：

```
x<=a AND b AND c AND d;
```

2．算术运算符

VHDL 语占有如下 10 种算术运算符：

求和操作符：+（加）、-（减）

求积操作符：*（乘）、/（除）、MOD（取模）、REM（取余）

符号操作符：+（正）、-（负）

混合操作符：* *（乘方）、ABS（取绝对值）

算术运算符用来执行算术运算操作。操作数可以是 INTEGER，SIGNED，UNSIGNED 或 REAL 数据类型。其中 REAL 数据类型是不可综合的。若需要对 STD_LOGIC_VECTOR 类型的数据进行算术运算，可以将 STD_LOGIC_VECTOR 处理为无符号数或有符号数，打开如下的程序包：

```
USE IEEE.STD_LOGIC_UNSIGNED.ALL;
USE IEEE.STD_LOGIC_SIGNED.ALL;
```

实际上真正能够被综合的算术运算符只有“+”“-”和“*”。对于除法运算，只有在除数为 2 的 n 次幂时才有可能进行综合，此时除法操作对应的是将被除数向右进行 n 次移位。加法运算时要注意保护进位。在数据位较长的情况下，使用乘法运算符进行运算应非常慎重。因为对于双 16 位的乘法运算，综合后电路占用的资源会超过 2 000 门。另外，乘法运算赋值目标的位长要求与运算符“*”两边的操作数的位长之和相同，否则会因编译出错而不能通过。

3．移位运算符

移位运算符用于对数据进行移位操作，其语法结构为：

<左操作数><移位运算符><右操作数>

其中，左操作数必须是 BIT_VECTOR 类型，右操作数必须是 INTEGER 类型。VHDL 中的移位运算符有以下几种：

SLL(逻辑左移)——数据左移,右端空出的位置补“0”

SRL(逻辑右移)——数据右移,左端空出的位置补“0”

SLA(算术左移)——数据左移,同时复制最右端的位,在数据左移后填充在右端空出的位置。

SRA(算术右移)——数据右移,同时复制最左端的位,在数据右移后填充在左端空出的位置。

ROL(逻辑循环左移)——数据左移,同时从左端移出的位依次填充到右端空出的位置。

ROR(逻辑循环右移)——数据右移,同时从右端移出的位依次填充到左端空出的位置。

例:令 x< = "01001",那么:

```
y<=x sll 2;  -- 逻辑左移两位:y<="00100"
y<=x sra 3;  -- 算术右移三位:y<="00001"
y<=x rol 2;  -- 循环逻辑左移两位:y<="00101"
```

4. 关系运算符

VHDL 语言中有如下 6 种关系运算符:

= (等于)　　/= (不等于)

<(小于)　　> (大于)

>=(大于等于)　　<=(小于等于)

关系运算返回一个布尔类型的值(TURE 或者 FALSE),它往往用于控制程序的转向。在进行关系运算时,左、右两边的操作数的类型必须相同。关系运算符中的小于等于运算符与信号赋值的符号是相同的。读者在阅读 VHDL 程序时,应按照上下文关系来判断此符号到底是关系运算符还是信号赋值符号。

5. 赋值运算符

赋值运算符用来给信号、常量和变量赋值。赋值运算符包括以下 3 种:

<=　用于对信号的赋值。

:=　用于对变量和常量的赋值。

=>　省略赋值运算符,用于给矢量中的某些位赋值。例如:

```
SIGNAL w: STD_LOGIC_VECTOR(0 TO 7);
w<="10000000";
w<=(0=> '1', OTHERS=> '0');
```

6. 并置运算符

并置运算符“&”用于位的连接,其操作数可以是支持逻辑运算的任何数据类型。例:

```
z<=x&"10000000";  -- 如果 x<='1',那么 z<= "110000000"
```

四、属性

VHDL 语言中的属性(ATTRIBUTE)语句可以从指定的客体或对象中获得关心的数据或信息,因此可以使 VHDL 代码更灵活。VHDL 中的预定义属性可以划分为两大类:数值类属性和信号类属性。

1. 数值类属性

数值类属性用来得到数组、块或一般数据的相关信息,例如可以用来获取数组的长度和数值范围等。下面是 VHDL 中预定义的可综合的数值类属性:

d'LOW　-- 返回数组索引的下限值

d'HIGH　-- 返回数组索引的上限值

d'LEFT　-- 返回数组索引的左边界值

d'RIGHT　-- 返回数组索引的右边界值

d'LENGTH　-- 返回矢量的长度值

d'RANGE　-- 返回矢量的位宽范围

d'REVERSE_RANGE　-- 按相反的次序，返回矢量的位宽范围

例：定义信号：

SIGNAL d: STD_LOGIC_VECTOR(7 DOWNTO 0);

则有：d'LOW=0，d'HIGH=7，d'LEFT=7，d'RIGHT=0，d'LENGTH=8，d'RANGE=(7 DOWNTO 0)，d'REVERSE_RANGE=(0 0TO 7)。

2. 信号类属性

对于信号 s，有如下预定义的属性：

s'EVENT　-- 如果 s 的值发生了变化，则返回值为 TRUE，否则返回 FALSE

s'STABLE　-- 如果 s 保持稳定，未发生变化，则返回值为 TRUE，否则返回 FALSE

s'ACTIVE　-- 如果当前 s= '1'，则返回值为 TRUE，否则返回 FALSE

s'QUIET< time>　-- 如果在指定的时间内 s 没有发生变化，则返回值为 TRUE，否则返回 FALSE

s'LAST_EVENT　-- 计算上一次事件发生到现在所经历的时间，并返回这个时间值

s'LAST_ACTIVE　-- 返回最后一次 s= '1'到现在所经历的时间长度值

s'LAST_VALUE　-- 返回最后一次变化前 s 的值

大部分信号属性仅用于仿真，但上面给出的前两个信号属性（s'EVENT 和 s'STABLE）是可以综合的，其中 s'EVENT 最常用。

五、示例

［例 3.11］　4 位加法器电路。

图 3.5 是一个 4 位加法器电路，它有两个输入端（a 和 b）和一个输出端（sum）。为了实现这个电路，给出了两种解决方法。在第一种方法中，所有信号都是 signed 数据类型，故在代码开始部分声明了 std_logic_arith 程序包；第二种方法中，所有信号都是 std_logic_vector 数据类型，故在代码部分声明了 std_logic_1164 和 std_logic_signed 程序包。

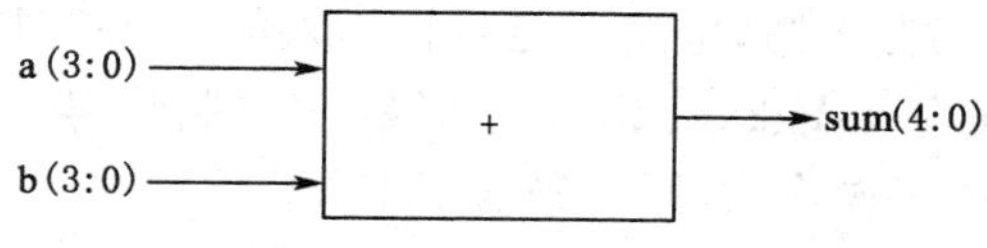

图 3.5　4 位加法器

方案 1：

```
LIBRARY ieee;
USE ieee.std_logic_1164.all;
USE ieee.std_logic_arith.all;
```

```
ENTITY adder1 IS
  PORT(a,b: IN SIGNED(3 DOWNTO 0);
         sum: OUT SIGNED(4 DOWNTO 0));
END ENTITY adder1;
ARCHITECTURE behave OF adder1 IS
  BEGIN
      sum<=('0'&a)+('0'&b);
END ARCHITECTURE behave;
```

方案 2：

```
LIBRARY ieee;
USE ieee.std_logic_1164.all;
USE ieee.std_logic_signed.all;
ENTITY adder2 IS
  PORT(a,b: IN STD_LOGIC_VECTOR(3 DOWNTO 0);
         sum: OUT STD_LOGIC_VECTOR(4 DOWNTO 0));
END ENTITY adder2;
ARCHITECTURE behave OF adder2 IS
  BEGIN
      sum<=('0'&a)+('0'&b);
END ARCHITECTURE behave;
```

图 3.6 给出了两种解决方案的仿真结果。注意，图中的数值是用十六进制的补码表示的。

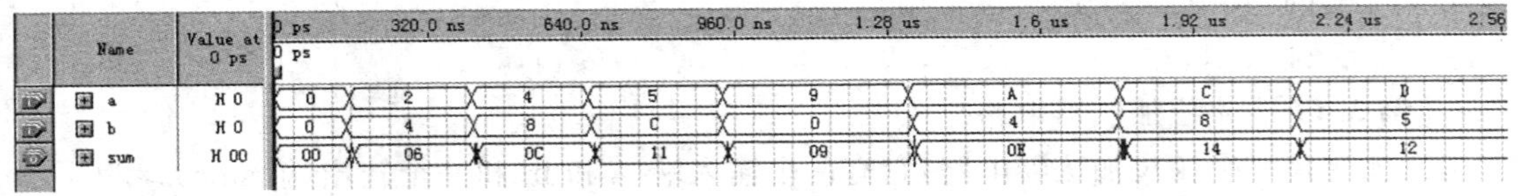

图 3.6 4 位加法器的仿真结果

[例 3.12] 3-8 译码器电路。

图 3.7 是一个 3-8 译码器电路，电路功能是把输入的 3 位二进制信号转换成 8 个代表代码原意的状态信号。其中 g1，g2a，g2b 是译码器的控制信号，当 g1＝'1'，g2a＝'0'，g2b＝'0'时，译码器进行译码操作；否则译码器不工作。

```
LIBRARY IEEE;
USE IEEE.STD_LOGIC_1164.ALL;
ENTITY decoder3_8 IS
  PORT(a,b,c,g1,g2a,g2b: IN STD_LOGIC;
         y: OUT STD_LOGIC_VECTOR(7 DOWNTO 0));
END ENTITY decoder3_8;
ARCHITECTURE behave OF decoder3_8 IS
```

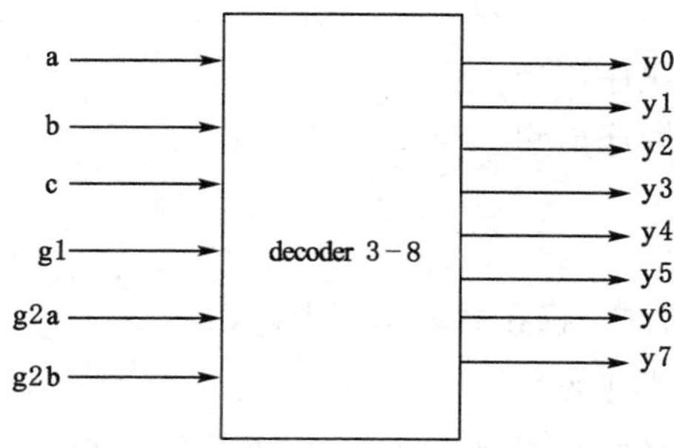

图 3.7　3-8 译码器

```
  SIGNAL indata: STD_LOGIC_VECTOR(2 DOWNTO 0);
  BEGIN
    indata<=c&b&a;
    PROCESS(indata, g1,g2a,g2b)
      BEGIN
        IF(g1='1' and g2a="0" and g2b='0') THEN
        CASE indata IS
          WHEN"000"=>y<= "11111110";
          WHEN"001"=>y<= "11111101";
          WHEN"010"=>y<= "11111011";
          WHEN"011"=>y<= "11110111";
          WHEN"100"=>y<= "11101111";
          WHEN"101"=>y<= "11011111";
          WHEN"110"=>y<= "10111111";
          WHEN"111"=>y<= "01111111";
          WHEN others=> null;
        END CASE;
      ELSE
        y<= "11111111";
    END IF;
  END PROCESS;
END ARCHITECTURE behave;
```

相关语法说明：

(1) 信号

代码中关键字 SIGNAL 用来定义实体中的内部信号。内部信号在定义时，数据的进出不像端口信号那样受限制，所以不必定义其端口模式，只需给出数据类型。

(2) CASE 语句

关键字 CASE 引导的多分支选择语句用来描述译码过程。CASE 语句属于顺序语句，必须放在进程语句中使用。CASE 语句的一般表达式为：

```
CASE<表达式>   IS
WHEN<选择值 1>=><顺序语句 1>;
WHEN<选择值 2>=><顺序语句 2>;
……
END CASE;
```

CASE 语句的具体使用说明将在后续章节中讲述。

3-8 译码器电路的仿真波形如图 3.8 所示。

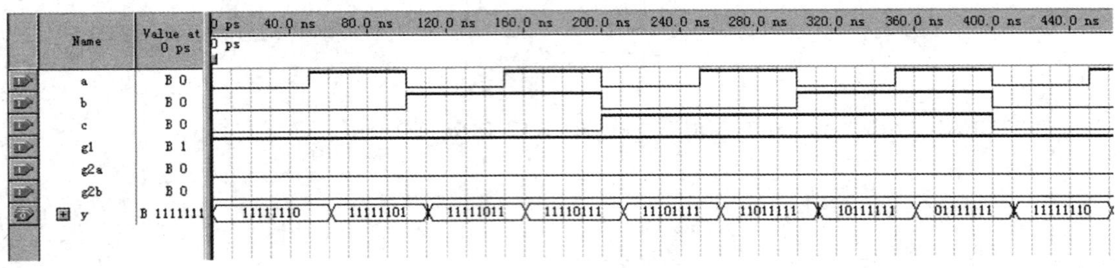

图 3.8　3-8 译码器的仿真波形

[例 3.13]　十进制加法计数器。

图 3.9 是一个十进制加法计数器，图中的 clk 是时钟信号，en 是同步使能信号，rst 是异步复位信号，cq 是计数输出信号，cout 是进位信号。

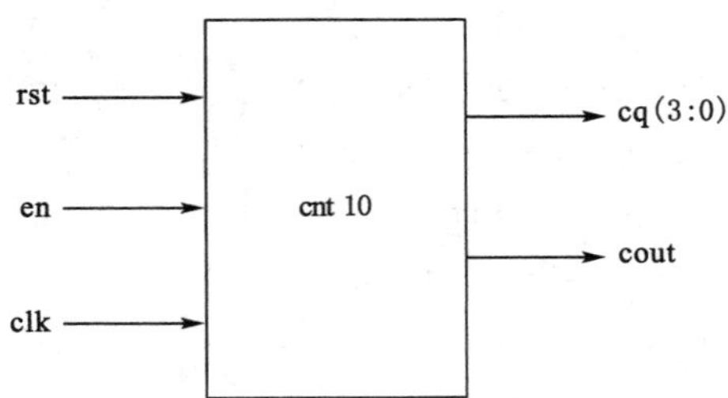

图 3.9　十进制加法计数器

```
LIBRARY IEEE;
USE IEEE.STD_LOGIC_1164.ALL;
USE IEEE.STD_LOGIC_UNSIGNED.ALL;
ENTITY cnt10 IS
    PORT (clk, en, rst:IN STD_LOGIC;
           cq:OUT STD_LOGIC_VECTOR (3 DOWNTO 0);
           cout:OUT STD_LOGIC);
END ENTITY cnt10;
ARCHITECTURE behave OF cnt10 IS
BEGIN
  PROCESS(clk,rst,en)
```

```
    VARIABLE cqi:STD_LOGIC_VECTOR (3 DOWNTO 0);
  BEGIN
      IF rst ='1' THEN
         cqi:="0000";   -- 异步清零
      ELSIF clk' EVENT AND clk = '1' THEN
        IF en = '1' then   -- 检测是否允许计数
          IF cqi<9 THEN  -- 允许计数,检测是否小于 9
            cqi:=cqi+ 1;
          ELSE
            cqi:="0000";      -- 大于 9,计数值清零
          END IF;
        END IF;
      END IF;
    IF cqi=9  THEN
      cout<='1';           -- 计数大于 9,输出进位信号
    ELSE
      cout<='0';
    END IF;
      cq<=cqi;           -- 将计数值向端口输出
    END PROCESS;
END behave;
```

相关语法说明：

(1) 变量

变量 VARIABLE 与信号 SIGNAL 一样，都属于数据对象，在代码中作为临时的数据存储单元。信号的赋值符号是“<=”，变量的赋值符号是“:=”。

(2) 运算符重载

VHDL 不允许在不同数据类型的操作数之间进行操作或运算。而在 cqi:=cqi + 1 中，cqi(逻辑矢量)和 1(整数)分属两个不同的数据类型，且 cqi(逻辑矢量)+1(整数)不满足算术操作符“+”对应的操作数必须是整数类型，且相加和也为整数类型的要求。因此，代码中的“USE IEEE.STD_LOGIC_UNSIGNED.ALL;”对原有的运算操作符进行的重新定义，允许不同数据类型之间进行运算操作，这就是所谓的运算符重载。

十进制加法计数器的仿真结果如图 3.10 所示。

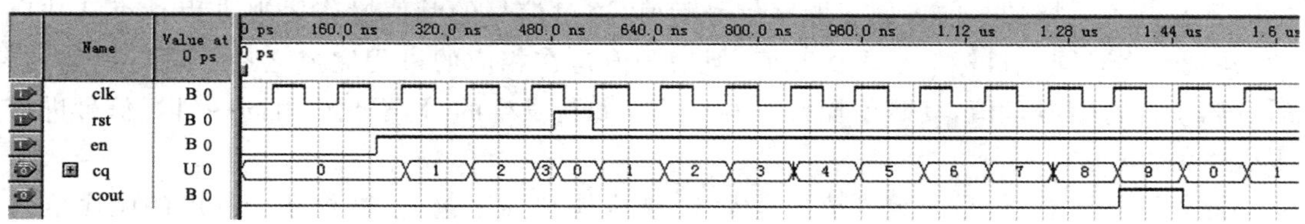

图 3.10　十进制加法计数器的仿真结果

第四节　VHDL 数据对象

具有值的信息载体称为数据对象。它类似于一种容器,可接受不同数据类型的赋值。VHDL 中的数据对象主要有三种:常量(CONSTANT)、信号(SIGNAL)、变量(VARIABLE)。其中信号和变量这两种对象处理非静态数据,常量处理静态数据。

常量和信号是全局的,既可以用在顺序执行的代码中,也可以用在并发执行的代码中。相比较而言,变量是局部的,只能用在顺序代码中(包括进程、函数和过程的内部),并且它们的值是不能直接向外传递的。

一、常量

常量用来确定默认值,其格式如下所示:

CONSTANT 常量名:数据类型:=值;

例:

```
CONSTANT size:INTEGER:=8;
CONSTANT set_bit:BIT:= '1';
```

常量可以在程序包、实体和结构体中声明。在程序包中声明的常量是真正全局的,可以被所有调用该程序包的实体使用。定义在实体中的常量对于该实体的所有结构体而言是全局的。类似地,定义在结构体中的常量仅仅在该结构体内部是全局的。

二、信号

VHDL 中的信号代表的是逻辑电路中的"硬"连线,既可以用于电路单元的输入/输出端口,也可以用于电路内部各单元之间的连接。

信号作为一种数值容器,不但可以容纳当前值,也可以保持历史值。这一属性与触发器的记忆功能有很好的对应关系,只是不必注明信号上数据流动的方向。信号定义的一般格式如下所示:

SIGNAL 信号名:数据类型[:= 初始值];

例:

```
SIGNAL control:BIT:= '0';
SIGNAL temp:STD_LOGIC_VECTOR(7 DOWNTO 0);
```

信号初始值的设置并不是必需的,而且初始值仅在 VHDL 的行为仿真中有效,对信号赋初始值的操作是不可综合的。

当信号定义之后,在 VHDL 设计中就能对信号进行赋值了,信号的赋值符号是"<="。信号的赋值可以出现在一个进程中,也可以直接出现在结构体的并行语句结构中,但它们运行的含义是不一样的。前者属于顺序信号赋值,这时信号的赋值操作要视进程是否已被启动,并且允许对同一目标信号多次赋值,但信号值是在相应的进程完成之后才进行更新的;后者属于并行信号赋值,其赋值操作是各自独立并行发生的,且不允许对同一目标信号进行多次赋值。

此外还需注意,信号的定义范围是实体、结构体和程序包,在进程和子程序的顺序语句中不允许定义信号。此外,在进程中只能将信号列入敏感表,而不能将变量列入敏感表。可见进程只对信号敏感,而对变量不敏感,这是因为只有信号才能把进程外的信息带入进程内部，或将进程内的信息带出进程。

三、变量

与信号和常量相比，变量是一个局部量，只能在进程(PROCESS)、函数(FUNCTION)和过程(PROCEDURE)中声明和使用。变量不能将信息带出对它定义的当前设计单元。变量的赋值是一种理想化的数据传输，即传输是立即发生的，不存在任何延时的行为。

变量定义的语法格式为：

```
VARIABLE 变量名:数据类型 [:= 初始值];
```

例：

```
VARIABLE a:INTEGER:= 2;
VARIABLE b:STD_LOGIC_VECTOR(7 DOWNTO 0);
```

变量的赋值使用的符号是“:=”。与信号一样，对变量赋初始值是不可综合的，仅能用在仿真中。

变量作为一个局部量，其适用范围仅限于定义了变量的进程或子程序的顺序语句中。在这些语句结构中，同一变量的值将随变量赋值语句前后顺序的运算而改变，因此，变量赋值语句的执行与软件描述语言中的完全顺序执行的赋值操作十分类似。

例如，下面在变量定义语句后，列出的都是变量赋值语句。

```
VARIABLE x,y:INTEGER;
VARIABLE a,b:BIT_VECTOR(0 TO 7);
x:=100;
y:=15+x;
a:="10101011";
a(3 TO 6):= ('1','1','0','1');
a (0 TO 5):= b(2 TO 7);
```

四、信号与变量的比较

准确理解和把握信号和变量这两种数据对象在赋值行为的特点，对利用 VHDL 正确的设计电路十分重要。信号与变量的主要区别如表 3.6 所示。这里再次强调对变量的赋值是立刻生效的，而信号的赋值则不能立刻生效。一般情况下，只有当信号所在的 PROCESS 内的操作完成一遍后，信号值的更新才会生效。下面通过例 3.14 具体说明信号和变量在进程中赋值行为的区别。

表 3.6 信号与变量的比较

	信号	变量
赋值符号	<=	:=
功能	表示电路内部连接	表示局部信息
范围	全局	局部(进程、函数和过程)
行为	在顺序代码中，信号值的更新不是即时的，新的值要在进程、函数或过程完成以后才有效	即时更新(新的值在代码的下一行就生效)
用途	用于程序包、实体或结构体中。在实体中，所有端口默认为信号	仅用于顺序描述代码中(进程、函数或过程中)

[**例 3.14**] 四选一的多路选择器。

图 3.11 为四选一的多路选择器，用于对比采用信号实现与采用变量实现的区别。

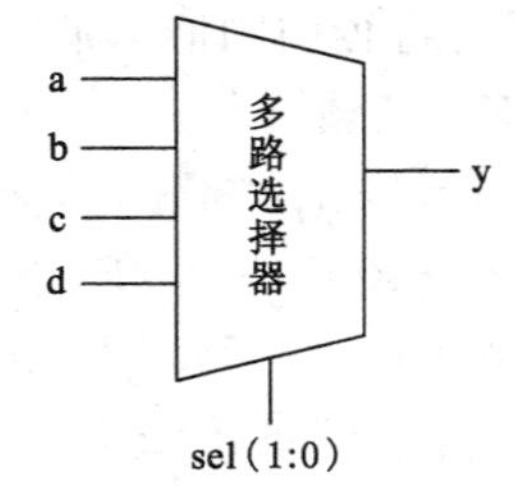

图 3.11 四选一的多路选择器

方案 1：使用信号

```
LIBRARY IEEE;
USE IEEE.STD_LOGIC_1164.ALL;
ENTITY mux4 IS
  PORT(a,b,c,d,s0,s1:IN STD_LOGIC;
         y:OUT STD_LOGIC);
END ENTITY mux4;
ARCHITECTURE body1_mux4 OF mux4 IS
  signal sel:integer range 7 downto 0;
BEGIN
  process(a,b,c,d,s0,s1)
  begin
    sel<= 0;
    if(s0= '1')then sel<=sel+1;
    end if;
    if(s1= '1')then sel<=sel+2;
    end if;
    case sel is
         when 0=>y<=a;
         when 1=>y<=b;
         when 2=>y<=c;
         when 3=>y<=d;
         when others=>null;
    end case;
  end process;
END ARCHITECTURE body1_mux4;
```

方案 2：使用变量。

```
LIBRARY IEEE;
USE IEEE.STD_LOGIC_1164.ALL;
ENTITY mux4 IS
  PORT(a,b,c,d,s0,s1:IN STD_LOGIC;
         y:OUT STD_LOGIC);
END ENTITY mux4;
ARCHITECTURE body2_mux4 OF mux4 IS
BEGIN
  process(a,b,c,d,s0,s1)
```

```
    variable sel:integer range 7 downto 0;
    begin
      sel:= 0;
      if(s0= '1')then sel:=sel+1;
      end if;
      if(s1= '1') then sel:=sel+2;
      end if;
      case sel is
          when 0=>y<=a;
          when 1=>y<=b;
          when 2=>y<=c;
          when 3=>y<=d;
          when others => null;
      end case;
    end process;
END ARCHITECTURE body2_mux4;
```

两种设计方案的仿真结果分别如图 3.12 和图 3.13 所示。可以看出，图 3.12 的仿真结果是错误的，而图 3.13 给出了正确的仿真结果。在方案 1 的代码中，sel 被定义为信号，首先 sel 被赋值为'0'，但它不能立刻生效，此时 sel 的值是不确定的，此后代码中又执行了 sel＜＝sel＋1 和 sel＜＝sel＋2 的操作，这相当于对信号 sel 进行了多次赋值，结果同样也是不确定的。而在方案 2 的代码中，sel 被定义为变量，其值的更新是立刻生效的，因而得到了确定的结果。

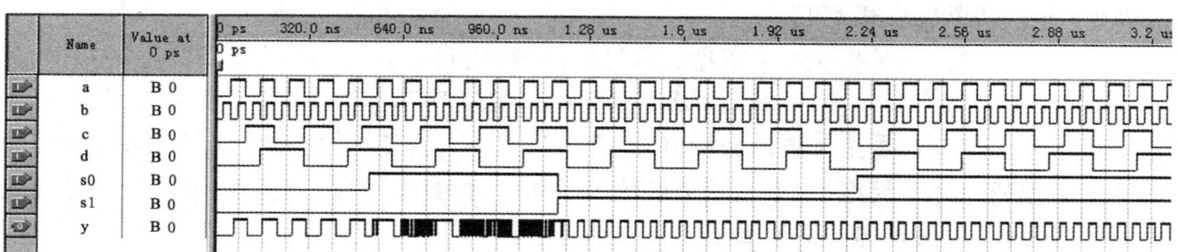

图 3.12　方案 1 的仿真结果

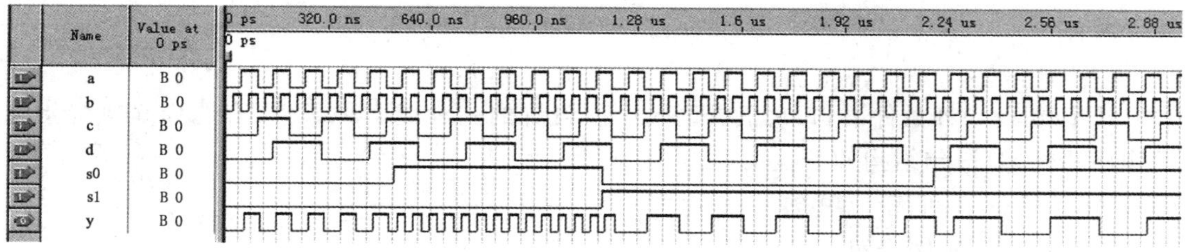

图 3.13　方案 2 的仿真结果

这里要注意的是，在进程中对信号进行多次赋值操作，有些综合工具软件只考虑其最后一次赋值，而有些综合软件不支持对同一信号的多次赋值，会给出错误信息，结束编译。

第五节　VHDL 语句

在 VHDL 中，一个设计实体的行为和结构是通过结构体来实现的，而结构体的处理部分则是采用 VHDL 提供的一些基本描述语句来组合实现的。在 VHDL 的代码中，通常按照语句的执行顺序将其分为并行描述语句和顺序描述语句。

并行描述语句是指在语句的执行过程中，语句的执行顺序与语句的书写顺序无关，所有语句都是并发执行的；顺序描述语句是指在语句的执行过程中，语句的执行顺序是按照语句的书写顺序依次执行的。

从本质上讲，VHDL 代码是并发执行的，即结构体中的各个功能模块之间是并发执行的，因而要采用并行语句来描述；而各个功能模块内部的语句则需要根据描述方式来决定，既可以采用并行描述语句，也可以采用顺序描述语句或是它们的组合。

一、顺序代码

顺序代码只能出现在进程（PROCESS）、函数（FUNCTION）和过程（PROCEDURE）内部，功能是用来实现进程、函数和过程的具体算法或者控制代码流程。VHDL 中的顺序代码主要包括变量赋值语句、顺序信号赋值语句、IF 语句、WAIT 语句、CASE 语句、LOOP 语句。

（一）变量赋值语句与顺序信号赋值语句

赋值语句的功能就是将一个值或一个表达式的运算结果传递给某一数据对象，如信号或变量，或由此组成的数组（矢量）。VHDL 设计实体内的数据传递以及对端口界面外部数据的读写都必须通过赋值语句的运行来实现。赋值语句有两种，即变量赋值语句和顺序信号赋值语句，其语法格式如下：

```
变量赋值目标:= 赋值源;
信号赋值目标< = 赋值源;
```

从本章上一节对数据对象的分析可知，变量只有局部特征，它的有效性只局限于所定义的一个进程或一个子程序中，它是一个局部的、暂时性的数据对象。变量的值只能在进程或子程序中使用，无法传递到进程或子程序之外。

信号则不同，信号具有全局性特征。如果需要将变量的值传递到进程之外，则必须把这个值赋给一个信号，然后由信号将变量的值传递到 PROCESS 外部。所以，信号是一种能够体现功能模块间联系的全局性的数据对象，可以作为一个设计实体内部各单元之间数据传送的载体。

（二）IF 语句

IF 语句是一种条件语句，它根据语句中所设置的一种或多种条件，有选择地执行指定的顺序语句，其语句结构如下：

```
IF 条件句  THEN
    顺序语句;
[ELSIF 条件句 THEN
    顺序语句;]
```

```
……
[ELSE
    顺序语句;]
END IF;
```

IF 语句至少应有一个条件句,条件句必须由布尔表达式构成。IF 语句根据条件句产生的判断结果 TURE 或 FALSE,有条件地选择执行其后的顺序语句。如果某个条件句的布尔值为 TURE,则执行该条件句后的关键词 THEN 后面的顺序语句,否则结束该条件句的执行,或执行 ELSEIF 或 ELSE 后面的顺序语句后,结束该条件句的执行……直到执行到最外层的 END IF 语句,才完成全部 IF 语句的执行。

[例 3.15]　带有并行置位的移位寄存器。

图 3.14 是一个带有同步并行预置功能的 8 位右移移位寄存器。CLK 是移位时钟信号,DIN 是 8 位并行预置数据端口,LOAD 是并行数据预置使能信号,QB 是串行输出端口。

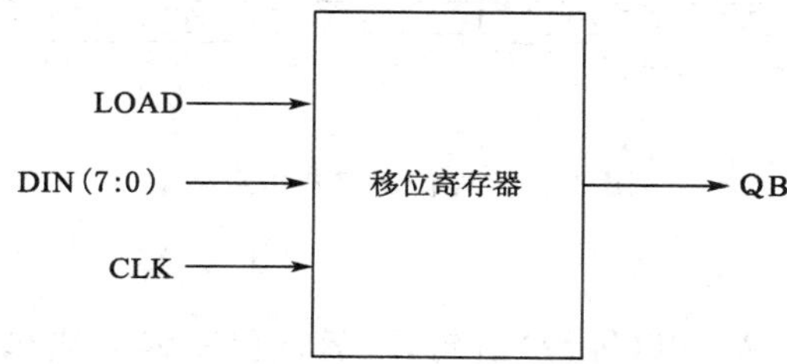

图 3.14　移位寄存器顶层电路

```
LIBRARY IEEE;
USE IEEE.STD_LOGIC_1164.ALL;
ENTITY SHIFT8 IS                    -- 8 位右移寄存器
    PORT(CLK, LOAD:IN STD_LOGIC;
                DIN:IN STD_LOGIC_VECTOR(7 DOWNTO 0);
                QB:OUT STD_LOGIC);
END ENTITY SHIFT8;
ARCHITECTURE BEHAVE OF SHIFT8 IS
BEGIN
    PROCESS(CLK, LOAD)
      VARIABLE REG8:STD_LOGIC_VECTOR(7 DOWNTO 0);
    BEGIN
        IF CLK'EVENT AND CLK= '1' THEN
            IF LOAD= '1' THEN       -- 装载新数据
                REG8:=DIN;
            ELSE
              REG8(6 DOWNTO 0):=REG8(7 DOWNTO 1);
            END IF;
        END IF;
```

```
  QB<=REG8(0);
   END PROCESS;          -- 输出最低位
END ARCHITECTURE BEHAVE;
```

例 3.15 中的进程含有两个独立的 IF 语句。第一个 IF 语句是不完整的条件语句，用于产生移位寄存器所需的寄存器单元；第二个 IF 语句是完整的条件语句，用于装载或移位操作。移位寄存器的仿真结果如图 3.15 所示。在第一个时钟到来时，LOAD 信号为高电平，此时 DIN 端口的数据 88 被锁入 REG8 中，此时 QB 输出被加载数据 88 的最低位"0"；在第二个时钟及后续时钟到来时，LOAD 信号为低电平，REG8 依次完成右移操作，直到第 8 个时钟到来时，右移出所有的 8 位二进制数。

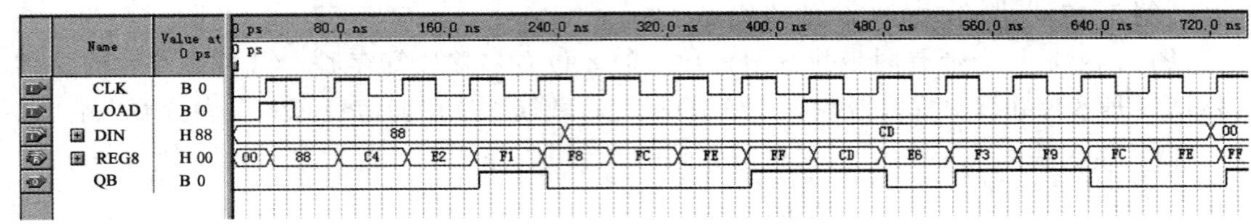

图 3.15　移位寄存器仿真结果

（三）WAIT 语句

在进程中，当执行到 WAIT(等待)语句时，运行程序将被挂起(Suspension)，直到满足此语句设置的结束挂起条件后，才重新开始执行进程中的程序。对于不同的结束挂起条件的设置，WAIT 语句有以下三种不同的语句格式：

```
WAIT UNTIL 条件表达式;        第一种语句格式，条件等待语句
WAIT ON 信号表;              第二种语句格式，敏感信号等待语句
WAIT FOR 时间表达式;          第三种语句格式，超时等待语句
```

如果在进程中使用了 WAIT 语句，就不需要再使用敏感信号列表了。需要说明的是，WAIT FOR 语句只能用于仿真，是不能综合的。

例：带有同步复位端的 8 位寄存器。

使用 WAIT UNTIL 语句

```
PROCESS  -- 没有敏感信号列表
BEGIN
   WAIT UNTILL(CLK'EVENT AND CLK= '1');
   IF RST= '1'  THEN
     OUTPUT<= "00000000";
   ELSIF(CLK'EVENT AND CLK= '1') THEN
     OUTPUT<=INPUT;
   END IF;
END PROCESS;
```

使用 WAIT ON 语句

```
PROCESS
BEGIN
```

```
    WAIT ON CLK, RST;
    IF RST= '1'  THEN
      OUTPUT<= "00000000";
    ELSIF (CLK'EVENT AND CLK= '1')THEN
      OUTPUT<=INPUT;
    END IF;
END PROCESS;
```

（四）CASE 语句

CASE 语句根据满足的条件直接选择多项顺序语句中的一项执行，从而依据条件表达式的不同取值实现程序流的多股分支。CASE 语句的结构如下：

```
CASE 表达式 IS
  WHEN 选择值=>顺序语句;
  WHEN 选择值=>顺序语句;
……
END CASE;
```

当执行到 CASE 语句时，首先计算表达式的值，然后按条件语句的书写先后顺序查找与之相同的选择值，当查找到与表达式相等的选择值时，执行后面对应的顺序语句，然后结束 CASE 语句。表达式可以是一个整数类型或枚举类型的值，可以是由这些数据类型的值构成的数组。需注意的是，CASE 条件句中的“=>”并不是操作符，它只相当于 IF 语句中的“THEN”，起分隔作用，可视为一个分隔符。

选择值可以有四种不同的表达方式：① 单个普通的数值，如 3；② 数值选择范围，如(2 TO 4)，表示取值 2，3 或 4；③ 并列数值，如 3/5，表示取值为 3 或者 5；④ 混合方式，以上三种方式的混合。

使用 CASE 语句需注意以下几点：

① 条件句中的选择值必须在表达式的取值范围内。

② 除非所有条件句中的选择值能完整覆盖 CASE 语句中表达式的取值，否则最末一个条件句中的选择值必须用“OTHERS”表示。它代表已给的所有条件中未能列出的其他可能的取值，这样可以避免综合器插入不必要的寄存器。这一点对于定义为 STD_LOGIC 和 STD_LOGIC_VECTOR 数据类型的值尤为重要，因为这些数据类型的取值除了 0 和 1 以外，还可能有其他的取值，如高阻态 Z、不定态 X 等。

③ CASE 语句中每一条件句的选择只能出现一次，不能有相同选择值的条件语句出现。

④ CASE 语句执行时必须选中，且只能选中所列条件语句中的一条。这表明 CASE 语句中至少包含一个条件语句。

[例 3.16]　7 段数码显示译码器。

图 3.16 是一个共阴极七段数码管。下面的代码实现了一个把 BCD 码转换成 7 段数码显示的译码器。注意，七段译码器的输出与数码管的连接关系是 gfedcba。

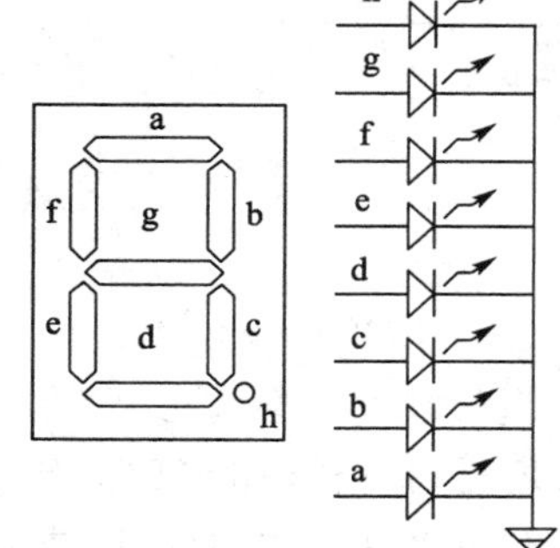

图 3.16　共阴极七段数码管

```
LIBRARY IEEE ;
USE IEEE.STD_LOGIC_1164.ALL ;
ENTITY DECL7S IS
  PORT(A:IN  STD_LOGIC_VECTOR(3 DOWNTO 0);
      LED7S:OUT STD_LOGIC_VECTOR(6 DOWNTO 0)) ;
END ENTITY DECL7S;
ARCHITECTUREBEHAVE OF DECL7S IS
BEGIN
  PROCESS(A)
  BEGIN
    CASEAIS
    WHEN"0000"=>LED7S>= "0111111";
    WHEN"0001"=>LED7S>= "0000110";
    WHEN"0010"=>LED7S>= "1011011";
    WHEN"0011"=>LED7S>= "1001111";
    WHEN"0100"=>LED7S>= "1100110";
    WHEN"0101"=>LED7S>= "1101101";
    WHEN"0110"=>LED7S>= "1111101";
    WHEN"0111"=>LED7S>= "0000111";
    WHEN"1000"=>LED7S>= "1111111";
    WHEN"1001"=>LED7S>= "1101111";
    WHEN OTHERS=>NULL;
  END CASE ;
 END PROCESS ;
END ARCHITECTURE BEHAVE;
```

例 3.16 的代码中，WHEN OTHERS => NULL 表示当出现上述未能列出的其他可能取值时，执行空操作。在 VHDL 中，NULL 表示空操作语句。例 3.16 的仿真结果如图 3.17 所示。

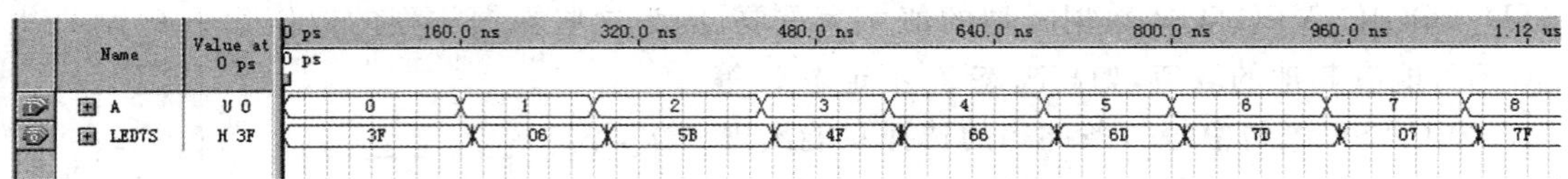

图 3.17　七段译码器仿真结果

（五）LOOP 语句

当一段代码需要多次重复执行时，LOOP 语句就显得非常有效。与 IF、WAIT 和 CASE 语句一样，LOOP 语句也是顺序描述语句，所有只能用于进程、函数和过程中。LOOP 有多种形式，其语法结构如下。

1. FOR/LOOP：循环固定次数

```
[循环体标号]:FOR 循环变量 IN 循环变量取值范围 LOOP
                    顺序语句;
                    [顺序语句;]
                END LOOP[循环体标号];
```

FOR 循环的循环次数由循环变量取值范围决定，循环变量取值范围在编译前就应该是可计算的，即循环次数在编译前就是可以计算得到的一个固定数值。执行该循环时，由循环变量从指定范围中依次每取一值进行一次循环，取尽范围中所有指定值，即结束循环。循环变量不需另外说明，其作用范围仅限于当前循环体内，且只可读不可写。

2. WHILE/LOOP：循环执行直到某个条件不再满足

```
[循环体标号]:WHILE 条件表达式 LOOP
                    顺序语句;
                    [顺序语句;]
                END LOOP[循环体标号];
```

执行此循环时，先判别条件表达式的取值，条件为真，则完成本轮循环，并转入下一轮循环的条件判别；条件为假，则结束循环。

3. EXIT：结束整个循环操作

```
EXIT[循环体标号]WHEN 条件表达式;
```

当条件表达式为真时退出循环。循环可以嵌套。当需要从多层循环的内层越过多层循环退出的时候，需要给出最终越过的循环体的标号，而退出语句后面不加循环体标号时，则仅退出当前循环层次。

4. NEXT：跳出本次循环

```
NEXT[循环体标号]WHEN 条件表达式;
```

当条件表达式为真时进行转向。转向时，若 NEXT 后面跟有循环体标号，则转入标号指定循环体的下一轮循环；当不带标号时，则转入当前循环体的下一轮循环。当转入下一轮循环时，对 FOR 循环，循环变量重新取值；对 WHILE 循环，重新判别条件表达式的真假。

例：FOR/LOOP

```
FOR i IN 0 TO 5 LOOP
  x(i)<=enable and w(i+2);
END LOOP;
```

在上面的代码中，LOOP 循环会无条件执行，直到 i 等于 5(即执行了 6 次)。

例：WHILE/LOOP

```
WHILE(i<10)LOOP
   tmp:=tmp XOR datain(i);
END LOOP;
```

当满足 i< 10 时，LOOP 循环会一直执行。

例：EXIT

```
FOR i IN 0 TO data'RANGE  LOOP
  CASE data(i) IS
```

```
        WHEN '0'=>count:=count+1;
        WHEN OTHERS=>EXIT;
    END CASE;
END LOOP;
```

在上面的代码中，EXIT 不是表示跳出当前的循环，而是表示跳出整个循环体。在这种情况下，只要矢量 data 的第 i 位不等于零，循环就会结束。

[例 3.17] 奇偶校验检测器电路。

图 3.18 给出了一个奇偶校验检测器的顶层电路图。当输入矢量中 1 的个数是偶数时，电路输出 0。

图 3.18 奇偶校验检测器

```
LIBRARY IEEE;
USE IEEE.STD_LOGIC_1164.ALL;
ENTITY oddcheck IS
  PORT (datain: IN STD_LOGIC_VECTOR (7 DOWNTO 0);
         checkout: OUT STD_LOGIC);
END ENTITY oddcheck;
ARCHITECTURE behave OF oddcheck IS
BEGIN
  PROCESS(datain)
    VARIABLE tmp:STD_LOGIC;
  BEGIN
    tmp:= '0';
    FOR i IN 0 TO 7 LOOP
      tmp:=tmp XOR datain(i);
    END LOOP;
    checkout<=tmp;
  END PROCESS;
END ARCHITECTURE behave;
```

奇偶校验检测器的仿真结果如图 3.19 所示。

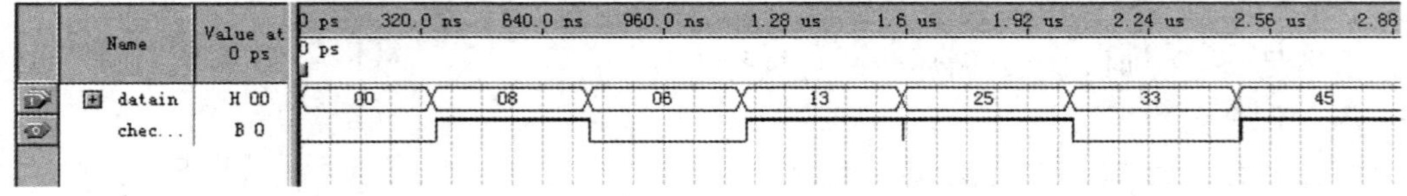

图 3.19 奇偶校验检测器的仿真结果

［例 3.18］　连 0 检测器。

在下面的设计中将对输入矢量中连续出现的零的个数进行统计。在检测和统计开始后，只要在输入矢量中发现了 1，LOOP 循环就会结束，因此整个电路检测的是输入矢量中从左端开始第一个 1 之前连续 0 的个数。

```
LIBRARY IEEE;
USE IEEE.STD_LOGIC_1164.ALL;
ENTITY leadingzeros IS
  PORT(data:IN STD_LOGIC_VECTOR(7 DOWNTO 0);
          zeros:OUT INTEGER RANGE 0 TO 8);
END ENTITY leadingzeros;
ARCHITECTURE behave OF leadingzeros IS
BEGIN
  PROCESS(data)
    VARIABLE count:INTEGER RANGE 0 TO 8;
  BEGIN
    count:=0;
    FOR i IN data'RANGE  LOOP
      CASE data(i) IS
        WHEN'0'=>count:=count+1;
        WHEN OTHERS=>EXIT;
      END CASE;
    END LOOP;
    zeros<=count;
  END PROCESS;
END ARCHITECTURE behave;
```

连 0 检测器的仿真结果如图 3.20 所示，当数据为“0000000”时，电路检测到 8 个 0；当数据为“00000001”时，电路检测到 7 个 0。类似地，可以看出后面的仿真结果也是正确的。

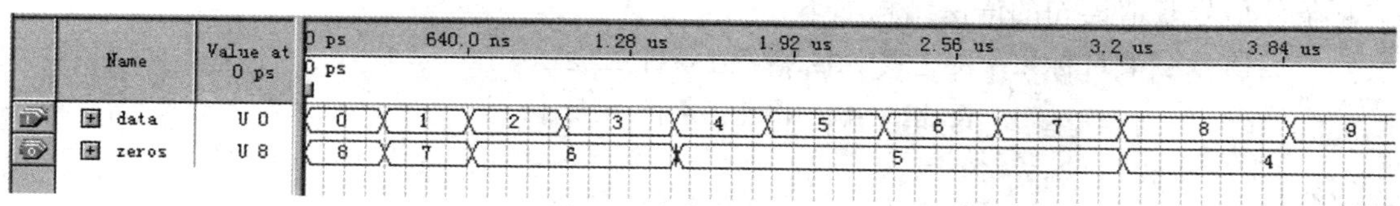

图 3.20　连‘0’检测器的仿真结果

二、并发代码

在 VHDL 中，与顺序代码相区别的是并发代码。并发代码在结构体中的执行是同步进行的，或者说是并行运行的，其执行方式与书写的顺序无关。在执行中，并发代码之间可以有信息往来，也可以是互为独立、互不相关的。VHDL 中的并发代码主要包括并行信号赋值语句、进程语句和元件例化语句。

（一）并行信号赋值语句

并行信号赋值语句有三种形式：简单信号赋值语句、条件信号赋值语句和选择信号赋值语句。

这三种信号赋值语句的共同点是：赋值目标必须都是信号；所有赋值语句与其他并行语句一样，在结构体内的执行是同时发生的，与它们的书写顺序无关；每一信号赋值语句都相当于一条缩写的进程语句，而这条语句的所有输入信号都被隐性地列入此进程的敏感信号列表中。因此，任何信号的变化都将启动相关并行语句的赋值操作，而这种启动完全是独立于其他语句的，它们都可以直接出现在结构体中。

1. 简单信号赋值语句

简单信号赋值语句的格式如下：

信号赋值目标<＝表达式；

式中，信号赋值目标的数据类型必须与赋值符号右边表达式的数据类型一致。

下面给出了半加器结构体的描述，其中，使用了两条简单信号赋值语句，并且这两条赋值语句的执行是并行发生的，其对应的电路原理图如图 3.21 所示。

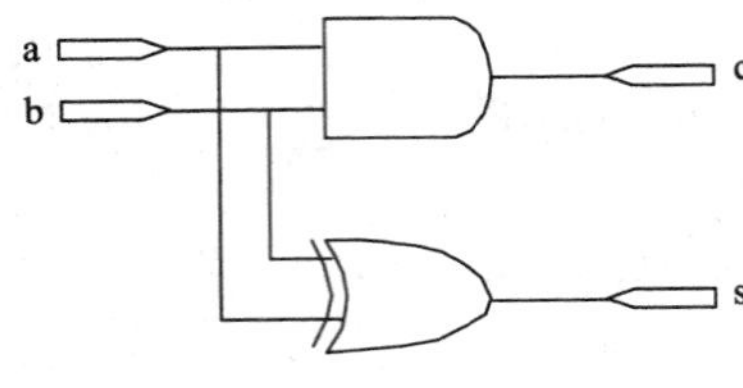

图 3.21　半加器

```
ARCHITECTURE behave OF h_adder IS
  BEGIN
      s<=a XOR b;
      c<=a AND b;
END ARCHITECTURE behave;
```

2. 条件信号赋值语句

条件信号赋值语句的语法结构如下：

```
信号赋值目标<＝表达式 WHEN 赋值条件 ELSE
                表达式 WHEN 赋值条件 ELSE
                ……
                表达式 WHEN 赋值条件 ELSE
                表达式；
```

在结构体中的条件信号赋值语句的功能与在进程的 IF 语句相似。在执行条件信号赋值语句时，每一赋值条件是按书写的先后关系逐项判定，一旦发现赋值条件为 TRUE，立即将表达式的值赋给赋值目标。

对于例 3.1 描述的二选一的多路选择器，也可以用条件信号赋值语句来描述，其对应的结构体代码如下所示：

```
ARCHITECTURE behave OF mux2s1 IS
  BEGIN
    y<=a WHEN s= '0' ELSE
       b;
END ARCHITECTURE behave;
```

3. 选择信号赋值语句

选择信号赋值语句的语法结构如下：

```
WITH 选择表达式 SELECT
信号赋值目标<=表达式 WHEN 选择值,
              表达式 WHEN 选择值,
              ……
              表达式 WHEN 选择值;
```

在结构体中的选择信号赋值语句与进程中的 CASE 语句作用相似。CASE 语句的执行依赖于进程中敏感信号的改变而启动进程，而且要求 CASE 语句中各子句的条件不能有重叠，必须包容所有的条件。选择信号赋值语句也有敏感量，即关键词 WITH 右边的选择表达式。每当选择表达式的值发生变化时，就将启动此语句对于各子句的选择值进行测试对比，当发现有满足条件的子句的选择值时，就将此子句表达式的值赋给信号赋值目标。与 CASE 语句作相类似，选择赋值语句不允许有条件重叠的现象，也不允许存在条件涵盖不全的情况。可用 OTHERS 代表所列选择值以外的其他所有的选择值。

对于例 3.14 描述的四选一的多路选择器，用选择信号赋值语句描述的代码如下所示：

```
LIBRARY IEEE;
USE IEEE.STD_LOGIC_1164.ALL;
ENTITY mux4 IS
  PORT(a,b,c,d: IN STD_LOGIC;
       sel:IN STD_LOGIC_VECTOR(1 DOWNTO 0);
       y:OUT STD_LOGIC);
END ENTITY mux4;
ARCHITECTURE behave OF mux4 IS
  BEGIN
     WITH sel SELECT
       y<=a WHEN "00",   -- 注意使用","而不是";"
          b WHEN "01",
          c WHEN "10",
          d WHEN OTHERS;   -- 不能是 d WHEN "11"
   END ARCHITECTURE behave;
```

(二) 进程(PROCESS)语句

进程语句是最具 VHDL 语言特色的语句。进程语句本身属于并行描述语句，但它内部却由一系列顺序描述语句组成。尽管设计中的所有进程同时执行，可每个进程中的顺序描述语句却是按顺序执行的。

需要注意的是，在 VHDL 中，所谓顺序仅仅是指语句在仿真时是按先后次序执行的，但这并不意味着 PROCESS 语句结构所对应的硬件逻辑行为也具有相同的顺序性。PROCESS 结构中的顺序语句及其所谓的顺序执行过程只是相对于计算机中的软件行为仿真的模拟过程而言的，这个过程与硬件结构中实现的对应的逻辑行为是不相同的。PROCESS 结构中既可以有时序逻辑的描述，也可以有组合逻辑的描述，它们都可以用顺序语句来表达。然而，硬件中的组合逻辑只有最典型的并行逻辑功能，而硬件中的时序逻辑也并非都是以顺序方式工作的。

进程语句的语法结构如下：

```
[进程标号:]  PROCESS [(敏感信号表)]  [IS]
[进程说明部分]
BEGIN
        顺序描述语句;
END PROCESS [进程标号];
```

每一个进程语句结构可以赋予一个进程标号，但这个标号不是必需的。

所谓进程对信号敏感，就是指当这个信号发生变化时，能触发进程中顺序语句的执行。当进程中定义的任一敏感信号发生更新时，由顺序语句定义的行为就要立即重复执行一次。当进程中最后一个语句执行完成后，执行过程将返回到进程的第一个语句，以等待下一次敏感信号变化。一般综合后的电路需要对所有进程中要读取的信号敏感，为了保证 VHDL 仿真器和综合后的电路具有相同的结构，进程敏感表就要包括所有对进程产生作用的信号。下面给出了建立敏感表的一些注意事项：

(1) 同步进程

是指仅在时钟边沿求值的进程，必定对时钟信号敏感。

(2) 异步进程

是指当异步条件为真时可在时钟边沿求值的进程，必定对时钟信号敏感，同时还对影响异步行为的输入信号敏感。

通常情况下，VHDL 编译器将检查敏感信号表的完备性，对任何进程内要读取而敏感信号表中没有列出的信号要给出警告信息。如果进程中时钟信号被当作数据读取，则会产生错误。

当然我们可以把敏感表中的敏感信号转移到进程内部用 WAIT 语句来描述，WAIT 语句可以看成是一种隐式的敏感信号表。当进程执行到 WAIT 语句时，将会被挂起，当满足 WAIT 语句的条件后(如敏感信号发生变化)，进程才结束 WAIT 语句并继续下面语句的运行。

进程说明部分主要定义一些局部变量，可包括变量、常数、子程序、数据类型、属性等。但需注意的是，在进程说明部分不允许定义信号。

[例 3.19] 数控分频器。

数控分频器的顶层电路如图 3.22 所示，CLK 是输入频率，D 是预置数据，FOUT 是分频输出。其功能是当在输入端给定不同的输入数据时，将对输入的时钟信号有不同的分频比。

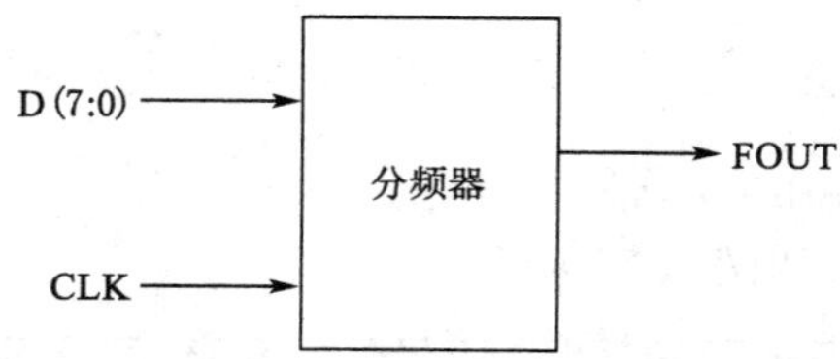

图 3.22　数控分频器顶层电路

```
LIBRARY IEEE;
USE IEEE.STD_LOGIC_1164.ALL;
USE IEEE.STD_LOGIC_UNSIGNED.ALL;
ENTITY FREQ_DIVIDER IS
        PORT(CLK:IN STD_LOGIC;
                 D:IN STD_LOGIC_VECTOR(7 DOWNTO 0);
              FOUT:OUT STD_LOGIC);
END ENTITY FREQ_DIVIDER;
ARCHITECTURE BEHAVE OF FREQ_DIVIDER IS
SIGNAL FULL:STD_LOGIC;
BEGIN
  P_REG:PROCESS(CLK)      -- P_REG 进程用于实现计数控制
  VARIABLE CNT8:STD_LOGIC_VECTOR(7 DOWNTO 0);
  BEGIN
        IF CLK'EVENT AND CLK= '1'THEN
            IF CNT8= "11111111"THEN
              CNT8:=D;
              FULL<= '1';
         ELSE CNT8:=CNT8+1;
              FULL<= '0';
    END IF;
  END IF;
  END PROCESS P_REG ;
  P_DIV:PROCESS(FULL)      -- P_DIV 进程用于实现分频输出
  VARIABLE CNT2:STD_LOGIC;
  BEGIN
      IF FULL'EVENT AND FULL= '1'THEN
          CNT2:= NOT CNT2;
        IF CNT2= '1'THEN
          FOUT<= '1';
        ELSE FOUT<= '0';
      END IF;
```

```
    END IF;
  END PROCESS P_DIV;
END ARCHITECTURE BEHAVE;
```

数控分频器的仿真结果如图 3.23 所示。

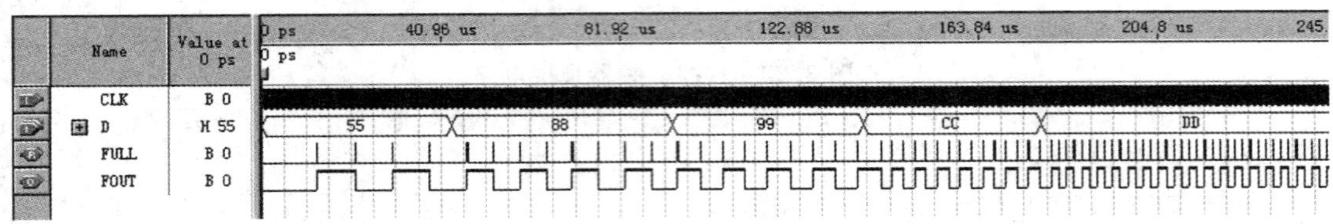

图 3.23　数控分频器的仿真结果

（三）元件例化（COMPONENT）语句

为了达到连接底层元件形成更高层次的电路设计结构，VHDL 结构体可以采用结构化的描述方法。对一个设计实体进行结构化描述，就是要描述它由哪些子元件组成以及各个子元件之间的互联关系。元件例化就是引入一种连接关系，将预先设计好的设计实体定义为一个元件，然后利用特定的语句将此元件与当前的设计实体中的指定端口相连接，从而为当前设计实体引入一个新的低一级的设计层次。在这里，当前设计实体相当于一个较大的电路系统，所定义的例化元件相当于一个要插入这个电路系统板上的芯片，而当前设计实体中指定的端口则相当于这块电路板上准备接收此芯片的一个插座。元件例化是使 VHDL 设计实体构成自上而下层次化设计的一种重要途径。

元件例化可以是多层次的，一个调用了较低层次元件的顶层设计实体也可以被更高层次设计实体所调用，成为该设计实体中的一个元件。任何一个被例化语句声明并调用的设计实体可以以不同的形式出现，它可以是一个设计好的 VHDL 设计文件，可以是来自 FPGA元件库中的元件，还可以是 IP 核。

元件例化语句由两部分组成，包括元件声明（COMPONENT）语句和元件调用（PORT MAP）语句。元件声明语句是对被调用的元件作出调用声明，其语法格式为：

```
COMPONENT 元件名 IS
  PORT (端口信号名[,端口信号名…]:端口模式 端口类型;
        ……
        端口信号名[,端口信号名…]:端口模式 端口类型);
END COMPONENT 元件名;
```

元件声明语句相当于对一个现有的实体进行封装，使其只留出对外的接口界面。它既可以出现在结构体中，又可以出现在程序包中。

元件调用语句又称为元件例化语句，是对此元件与当前设计实体（顶层实体）中元件间及端口的连接说明。其语法格式为：

```
例化名:元件名 PORT MAP([端口名=>] 连接端口名,…,[端口名=>] 连接端口名);
```

例化名类似于当前设计系统中的一个插座名。元件名就是在 COMPONENT 语句中声明的元件名。PORT MAP 是端口映射的意思，其中“端口名”是在元件声明语句中已定义好的元件端口的名字，而“连接端口名”是顶层实体中准备与接入的元件端口相连接的通信线名。“＝＞”是连接符号。

元件例化语句中所定义的元件的端口名与当前系统的连接端口名可以有两种映射方法。

(1) 名称映射法

名称映射方法就是将例化元件的端口名称，通过“＝＞”符号，与当前设计实体中的连接端口名称相对应。这时，端口名与连接端口名的对应式，在 PORT MAP 句中的位置可以是任意的。

(2) 位置映射方法

若使用这种方法，端口名和连接符号都可以省去，在 PORT MAP 句中只要列出当前设计实体中的连接端口名即可，但要求连接端口名的排列方式与例化元件端口名的排列方式相对应。

[例 3.20]　8 位十六进制频率计。

8 位十六进制频率计的顶层原理图如图 3.24 所示，分为测频控制模块 FTCTRL、计数模块 COUNTER32B 和锁存模块 REG32B。根据频率测量的基本原理，FTCTRL 产生一个 1 秒脉宽的周期信号 CNT_EN，高电平时允许计数模块计数，低电平时停止计数。在停止计数期间，由锁存信号 LOAD 的上跳沿将计数器在前一秒的计数值锁存进锁存模块 REG32B 中，并由外部七段译码器译码，显示计数值。锁存计数值后，FTCTRL 产生的清零信号 RST_CNT 对计数器进行清零，为下一秒的计数操作作准备。

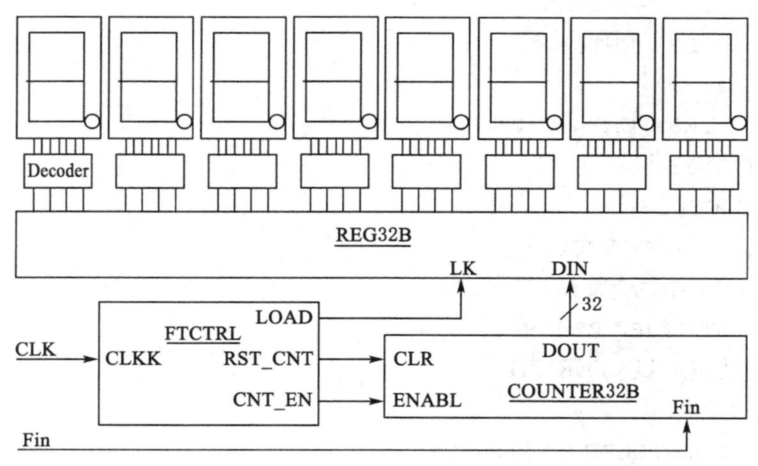

图 3.24　8 位十六进制频率计的顶层原理图

8 位十六进制频率计的 VHDL 代码分成四个实体，其中一个是顶层实体，另外三个是底层实体。三个底层实体分别描述测频控制模块 FTCTRL、计数模块 COUNTER32B 和锁存模块 REG32B，而顶层实体 FREQTEST 通过元件例化语句对三个底层实体进行调用来完成频率计的设计。

(1) 测频控制模块 FTCTRL

```
LIBRARY IEEE;
```

```
USE IEEE.STD_LOGIC_1164.ALL;
USE IEEE.STD_LOGIC_UNSIGNED.ALL;
ENTITY FTCTRL IS
    PORT (CLKK:IN STD_LOGIC;                        -- 1 Hz 时钟
          CNT_EN:OUT STD_LOGIC;                     -- 计数器使能
          RST_CNT:OUT STD_LOGIC;                    -- 计数器清零
          LOAD:OUT STD_LOGIC );                     -- 锁存信号
END ENTITY FTCTRL;
ARCHITECTURE BEHAVE OF FTCTRL IS
    SIGNAL DIV2CLK:STD_LOGIC;
BEGIN
    PROCESS(CLKK)
      BEGIN
        IF CLKK'EVENT AND CLKK= '1'THEN  -- 1 Hz 时钟 2 分频
          DIV2CLK<=NOT DIV2CLK;
        END IF;
    END PROCESS;
    PROCESS(CLKK, DIV2CLK)
      BEGIN
        IF CLKK= '0'AND DIV2CLK= '0'THEN
            RST_CNT<= '1';
          ELSE
            RST_CNT<= '0';
        END IF;
    END PROCESS;
    LOAD<=NOT DIV2CLK;
    CNT_EN<=DIV2CLK;
END ARCHITECTURE BEHAVE;
```

(2) 计数模块 COUNTER32B

```
LIBRARY IEEE;
USE IEEE.STD_LOGIC_1164.ALL;
USE IEEE.STD_LOGIC_UNSIGNED.ALL;
ENTITY COUNTER32B IS
    PORT (FIN:IN STD_LOGIC;                 -- 时钟信号
          CLR:IN STD_LOGIC;                 -- 清零信号
          ENABL:IN STD_LOGIC;               -- 计数使能信号
          DOUT:OUT STD_LOGIC_VECTOR(31 DOWNTO 0));    -- 计数结果
END ENTITY COUNTER32B;
ARCHITECTURE BEHAVE OF COUNTER32B IS
```

```
    SIGNAL CQI:STD_LOGIC_VECTOR(31 DOWNTO 0);
BEGIN
    PROCESS(FIN, CLR, ENABL)
      BEGIN
        IF CLR= '1'THEN
          CQI<=(OTHERS=> '0');
        ELSIF FIN'EVENT AND FIN= '1'THEN
          IF ENABL= '1'
          THEN CQI<=CQI+1;
          END IF;
      END IF;
    END PROCESS;
  DOUT<=CQI;
END ARCHITECTURE BEHAVE;
```

(3) 锁存模块 REG32B

```
LIBRARY IEEE;
USE IEEE.STD_LOGIC_1164.ALL;
ENTITY REG32B IS
    PORT(LK:IN STD_LOGIC;
           DIN:IN STD_LOGIC_VECTOR(31 DOWNTO 0);
           DOUT:OUT STD_LOGIC_VECTOR(31 DOWNTO 0));
END ENTITY REG32B;
ARCHITECTURE BEHAVE OF REG32B IS
BEGIN
    PROCESS(LK, DIN)
      BEGIN
       IF LK'EVENT AND LK= '1'THEN
         DOUT<=DIN;
       END IF;
    END PROCESS;
END ARCHITECTURE BEHAVE;
```

(4) 顶层实体 FREQTEST

```
LIBRARY IEEE;
USE IEEE.STD_LOGIC_1164.ALL;
ENTITY FREQTEST IS
    PORT(CLK1HZ:IN STD_LOGIC;
           FSIN:IN STD_LOGIC;
           DOUT:OUT STD_LOGIC_VECTOR(31 DOWNTO 0));
END ENTITY FREQTEST;
```

```
ARCHITECTURE STRUCT OF FREQTEST IS
COMPONENT FTCTRL
    PORT(CLKK:IN STD_LOGIC;              -- 1 Hz 时钟
         CNT_EN:OUT STD_LOGIC;           -- 计数器使能
        RST_CNT:OUT STD_LOGIC;           -- 计数器清零
         LOAD:OUT STD_LOGIC);            -- 输出锁存信号
END COMPONENT FTCTRL;
COMPONENT COUNTER32B
    PORT(FIN:IN STD_LOGIC;               -- 时钟信号
           CLR:IN STD_LOGIC;             -- 清零信号
        ENABL:IN STD_LOGIC;              -- 计数使能信号
         DOUT:OUT STD_LOGIC_VECTOR(31 DOWNTO 0)); -- 计数结果
END COMPONENT COUNTER32B;
COMPONENT REG32B
    PORT(LK:IN STD_LOGIC;
           DIN:IN STD_LOGIC_VECTOR(31 DOWNTO 0);
           DOUT:OUT STD_LOGIC_VECTOR(31 DOWNTO 0));
END COMPONENT REG32B;
    SIGNAL TSTEN1:STD_LOGIC;
    SIGNAL CLR_CNT1:STD_LOGIC;
    SIGNAL LOAD1:STD_LOGIC;
    SIGNAL DTO1:STD_LOGIC_VECTOR(31 DOWNTO 0);
    BEGIN
  U1:FTCTRL PORT MAP(CLKK=>CLK1HZ,CNT_EN=>TSTEN1,
     RST_CNT =>CLR_CNT1,LOAD=>LOAD1);
  U2:REG32B PORT MAP(LK=>LOAD1, DIN=>DTO1, DOUT=>DOUT);
  U3:COUNTER32B PORT MAP(FIN=>FSIN, CLR=>CLR_CNT1,
     ENABL=>TSTEN1, DOUT=>DTO1);
END ARCHITECTURE STRUCT;
```

习　　题

3-1　全程编译包括哪几个功能模块？这些功能模块的作用分别是什么？

3-2　数据对象有哪几种？其区别是什么？

3-3　用 VHDL 语言设计一个具有同步清零和同步置位功能的十进制计数器。

3-4　用 D 触发器构成按循环码(000→001→011→111→101→100→000)规律工作的六进制计数器。

3-5　采用原理图设计方式，用层次化的设计方法，设计一个四位全加器。

第四章　VHDL 设计深入

第一节　有限状态机设计

有限状态机(FSM)是为时序逻辑电路设计创建的特殊模型技术。这种模型对设计任务顺序非常明确的电路(如数字控制模块)具有很大的优越性。尽管到目前为止,有限状态机的设计理论并没有增加多少新的内容,然而面对先进的 EDA 工具、日益发展的大规模可编程逻辑器件和强大的 VHDL 语言,有限状态机在其具体的设计技术和实现方法上又有了许多新的内容。本节首先回顾有关 FSM 的基本概念,接下来通过一些实例来介绍相应的 VHDL 编码方法。

一、有限状态机的基本结构

图 4.1 是一个有限状态机的基本结构图,其上半部分为组合逻辑电路,下半部分为时序逻辑电路。

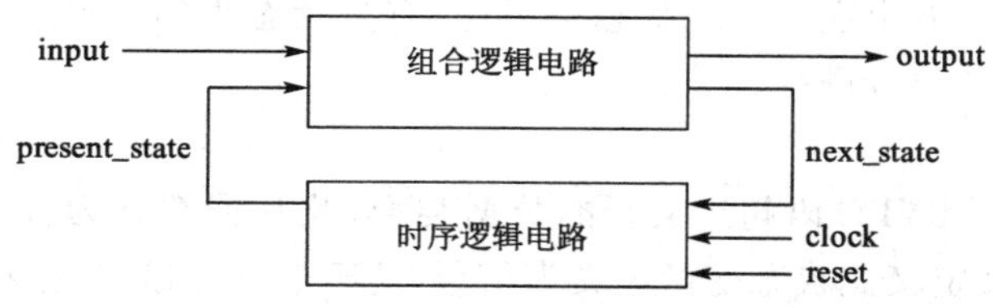

图 4.1　状态机的结构图

组合逻辑电路包含两部分输入:一部分是 present_state(现态),另一部分是外部的输入信号。组合逻辑电路输出两部分信号:next_state(次态)和输出信号。

时序逻辑电路包含 3 个输入信号:clock、reset、next_state,一个输出信号:present_state。因为所有的寄存器都放在这一部分,所以 clock 和 reset 与这部分电路相连。

如果有限状态机的输出信号不仅与电路的当前状态有关,还与当前的输入有关,则这种状态机称为米利型有限状态机。如果状态机的当前输出仅仅由当前状态决定,则称之为摩尔型有限状态机。状态机的控制定序都取决于当前状态和输入信号。当给 FSM 一个新的输入时,它就会产生一个输出,输出由当前状态和当前输入共同决定,同时 FSM 也会转移到下一个新状态。大多数实用的状态机都是同步的时序电路,由时钟信号触发进行状态的转换。

建立有限状态机主要有两种方法:状态转移图(状态图)和状态转移表(状态表)。它们是等价的,相互之间可以转换。状态转移图如图 4.2 所示,图中每个椭圆表示状态机的一个状态,而箭头表示状态之间的一个转换,引起转换的输入信号及当前输出表示在转换箭头上。摩尔型状态机与米利型状态机的表示方法不同，摩尔型状态机的状态译码输出一般写在状态圈内，米利型状态机的状态译码输出写在箭头旁。如果能够画出 FSM 的状态转移图，就可以使用 VHDL 的状态机语句对它进行描述。

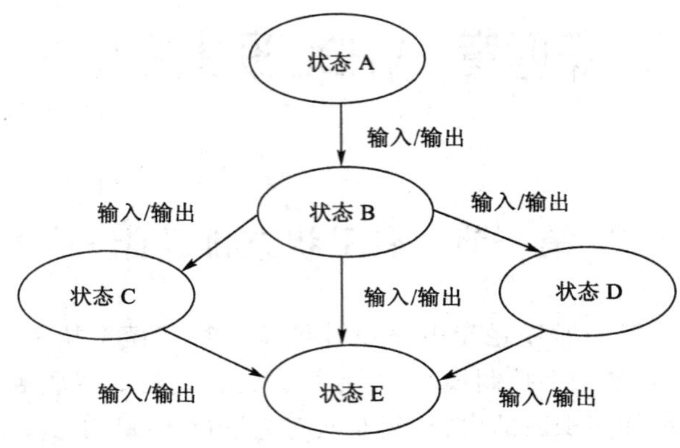

图 4.2　状态转移图

二、有限状态机的 VHDL 编码

我们把有限状态机从结构上划分为组合逻辑电路和时序逻辑电路两个部分，同样在 VHDL 代码结构上也可以将其划分为组合进程和时序进程两个部分。在设计状态机的 VHDL 代码时，通常会在 ARCHITECTURE 的声明部分声明一个用户自定义的枚举数据类型，其中包含所有可能出现的系统状态。因此，有限状态机的 VHDL 代码通常包括状态声明部分、时序进程和组合进程。

1. 声明部分

声明部分中使用 TYPE 语句定义新的数据类型，此数据类型为枚举型，其元素通常都用状态机的状态名来定义。状态变量定义为信号，便于信息传递，并将状态变量的数据类型定义为含有既定状态元素的新定义的数据类型。声明部分一般放在结构体的 ARCHITECTURE 和 BEGIN 之间。

声明部分的典型设计模板如下所示：

```
ARCHITECTURE BEHAVE OF S_MACHINE IS
TYPE STATES IS(STATE0,STATE1,STATE2,STATE3,…);-- 定义 STATES 为枚举
                                                  型数据类型
SIGNAL PRESENT_STATE,NEXT_STATE:STATES;   -- 定义状态变量
BEGIN
```

2. 时序进程

时序进程是指负责状态机运转和在时钟驱动下实现状态机转换的进程。状态机随外部时钟信号以同步方式工作，当时钟的有效跳变到来时，时序进程将代表次态的信号 NEXT_STATE 中的内容送入现态信号 PRESENT_STATE 中，而 NEXT_STATE 中的内容完全由其他进程根据实际情况而定。时序进程中往往也包括异步复位信号，它决定了系统的初始状态。

时序进程的典型设计模板如下所示：

```
REG: PROCESS(RESET,CLK)   -- 时序进程
```

```
  BEGIN
   IF RESET= '1'THEN
      PRESENT_STATE<=STATE0;
   ELSIF CLK'EVENT AND CLK= '1' THEN
      PRESENT_STATE<=NEXT_STATE;
   END IF;
 END PROCESS;
```

3. 组合进程

组合进程根据外部输入的控制信号和当前状态值确定下一状态 NEXT_STATE 的取值内容,以及对外输出控制信号的内容。

组合进程的典型设计模板如下所示:

```
COM: PROCESS(PRESENT_STATE, INPUT)  -- 组合进程
 BEGIN
  CASE PRESENT_STATE IS
    WHEN STATE0=>
      IF(INPUT= …)THEN
        OUTPUT<=<value> ;
        NEXT_STATE<=STATE1;
      ELSE
          ……
      END IF;
    WHEN STATE1=>
      IF(INPUT= …)THEN
        OUTPUT<=<value> ;
        NEXT_STATE<= STATE2;
      ELSE
          ……
      END  IF;
    WHEN STATE2=>
      IF(INPUT= …)THEN
        OUTPUT<=<value> ;
        NEXT_STATE<=STATE3;
      ELSE
          ……
      END IF;
    ……
  END CASE;
END PROCESS;
```

上述的 VHDL 代码中使用的 CASE 语句,这里要注意遵循 CASE 语句的使用规则。

同时，电路中的所有输入信号必须出现在PROCESS的敏感信号表中，并且所有的输入/输出信号组合必须完整列出。在整个代码中，由于没有任何信号的赋值是通过其他信号的跳变来触发的，所以不会生成寄存器。

[例4.1] 设计一个简单的有限状态机，状态转换如图4.3所示。

整个设计包括两个状态(stateA和stateB)，每当d='1'时，它都会从当前状态跳变到另一个状态。当状态机处于stateA时，输出端口x=a；当状态机处于stateB时，有x=b。

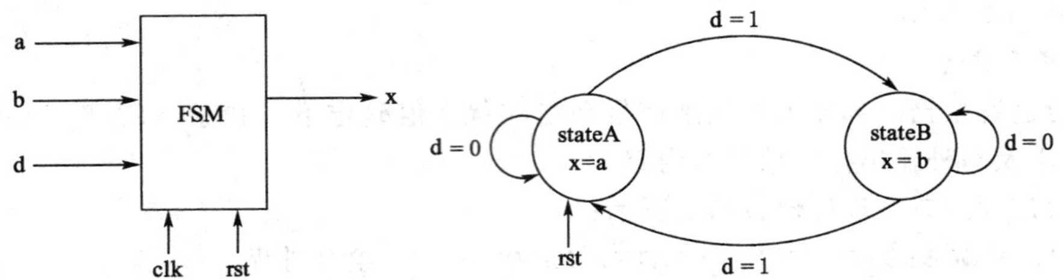

图4.3　例4.1中的状态机

```
LIBRARY IEEE;
USE IEEE.STD_LOGIC_1164.ALL;
ENTITY s_fsm IS
  PORT(a,b,d,clk,rst:IN STD_LOGIC;
        x:OUT STD_LOGIC);
END ENTITY s_fsm;
ARCHITECTURE behave OF s_fsm IS
  TYPE states IS(stateA,stateB);
  SIGNALpr_state, nx_state: states;
BEGIN
  REG:PROCESS(rst, clk)
BEGIN
  IF rst= '1'THEN
    pr_state<=stateA;
  ELSIFclk= '1'AND clk'EVENT THEN
    pr_state<=nx_state;
  END IF;
END PROCESS;
COM:PROCESS(a,b,d, pr_state)
 BEGIN
  CASE pr_state IS
    WHEN stateA=>
      x<=a;
      IF d= '1'THEN
        nx_state<=stateB;
      ELSE
```

```
          nx_state<=stateA;
        END IF;
      WHEN stateB=>
        x<=b;
        IF d= '1'THEN
          nx_state<=stateA;
        ELSE
          nx_state<=stateB;
        END IF;
      END CASE;
    END PROCESS;
END ARCHITECTURE behave;
```

例 4.1 的仿真结果如图 4.4 所示。

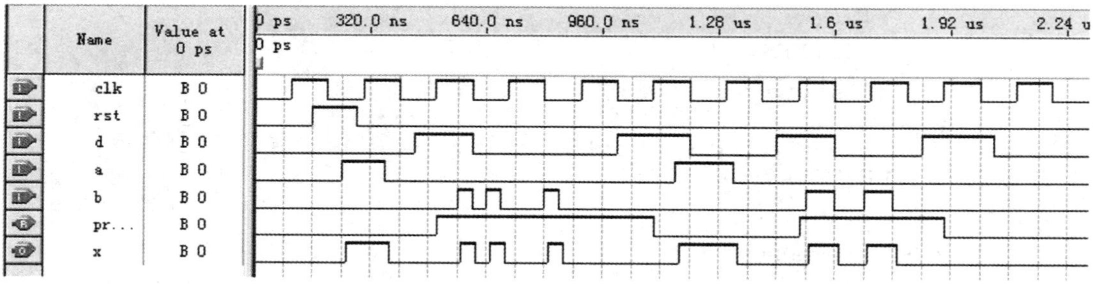

图 4.4　例 4.1 的仿真结果

从仿真图上可以看出，输出 x 只取决于当前所处的状态，而与 clk 的跳变无关，属于异步输出的形式。在大多数应用场合，我们希望状态机的输出是同步的寄存器输出，输出信号只有在时钟边沿出现时才能够更新。要实现这个新的结构，需要对例 4.1 的代码做一定的修改，可以使用内部信号临时保存电路的输出值，在时钟边沿出现时才传递给真正的输出端口。修改后的代码如下所示：

```
LIBRARY IEEE;
USE IEEE.STD_LOGIC_1164.ALL;
ENTITY s_fsm IS
  PORT(a,b,d,clk,rst:IN STD_LOGIC;
        x:OUT STD_LOGIC);
END ENTITY s_fsm;
ARCHITECTURE behave OF s_fsm IS
  TYPE states IS(stateA,stateB);
  SIGNAL pr_state, nx_state: states;
  SIGNAL temp:STD_LOGIC;
BEGIN
```

```
  REG:PROCESS(rst, clk)
    BEGIN
     IF rst='1'THEN
       pr_state<=stateA;
     ELSIF clk='1'AND clk'EVENT THEN
       x<=temp;
       pr_state<=nx_state;
    END IF;
END PROCESS;
COM:PROCESS(a,b,d, pr_state)
  BEGIN
    CASE pr_state IS
      WHEN stateA=>
        temp<=a;
      IF d='1'THEN
          nx_state<=stateB;
      ELSE
          nx_state<=stateA;
      END IF;
      WHEN stateB=>
    temp<=b;
    IF d='1'THEN
        nx_state<=stateA;
      ELSE
        nx_state<=stateB;
      END IF;
    END CASE;
  END PROCESS;
END ARCHITECTURE behave;
```

同步输出的仿真结果如图 4.5 所示。

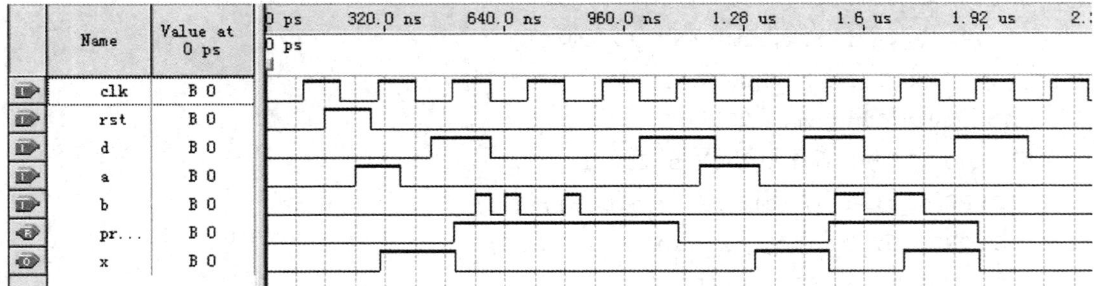

图 4.5　例 4.1 同步输出的仿真结果

三、米利型(MEALY)有限状态机

从信号输出方式上,有限状态机分为 Mealy 状态机和 Moore 状态机。从输出时序上看前者属于同步输出状态机,而后者属于异步输出状态机。如果有限状态机的输出信号不仅与电路的当前状态有关,还与当前的输入有关,则这种状态机称为米利型(Mealy)有限状态机。Mealy 状态机输出是输入和状态的函数,而且输入变化,输出可能在时钟周期中间发生变化,在整个的周期内输出可能不一致。但是,允许输出随着噪声输入而改变。与 Moore 状态机相比,Mealy 状态机输出的变化要领先 Moore 状态机一个周期。

理论上,任何一个 Mealy 状态机,都有一个等价的 Moore 状态机与之对应,实际设计中,可能是 Mealy 状态机,也可能是 Moore 状态机。Mealy 状态机可以用较少的状态实现给定的控制序列,但很可能较难满足时间约束。这是由于计算下一状态的输入到达延时所造成的。

[例 4.2]　设计一个 Mealy 型状态机,该状态机状态转换如图 4.6 所示。

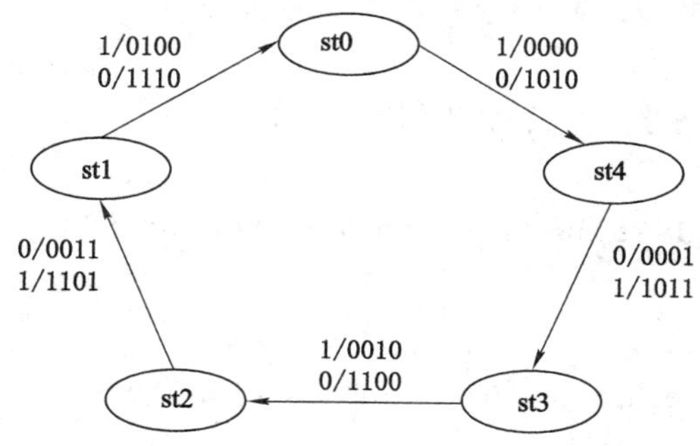

图 4.6　米利型有限状态机的状态转换图

这是一个单端输入、四位输出的状态机,当输入编码顺序为 1→0→1→0→1 时,输出编码的顺序为 0→1→2→3→4,否则,输出编码顺序为 10→11→12→13→14。

```
library ieee;
use ieee.std_logic_1164.all;
entity mealy is

  port( clk ,datain,reset: in std_logic;
        q:out std_logic_vector(3 downto 0));
end mealy;
architecture behav of mealy is
   type states is (st0,st1,st2,st3,st4);- - 状态的枚举类型定义
   signal st:states;- - 状态信号的定义
   signal q1:std_logic_vector(3 downto 0);
begin
reg:process (clk,reset)- - 状态转换进程
begin
```

```
    if reset='1' then     st< = st0;- - 发生 reset 异步复位
    elsif clk'event and clk='1' then- - 发生 clk 时钟上升沿
case st is- - 进行状态转换
        when st0=>st<=st1;- - 现态 st0 时,次态 st1
        when st1=>st<=st2;- - 现态 st1 时,次态 st2
        when st2=>st<=st3;
        when st3=>st<=st4;
        when st4=>st<=st0;
        when others=>st<=st0;
       end case;
end if;
end process reg;
com: process (st,datain)- - 输出信号进程
begin
  case st is- - 根据输入和状态,决定输出

  when st0=>if datain='1' then q1<="0000" ;
else q1<="1010" ;
          end if ;
  when st1=> if datain='0' then q1<="0001" ;
else q1<="1011" ;
          end if;
  when st2=>  if datain='1' then q1<="0010" ;
else q1<="1100" ;
          end if ;
  when st3=>if datain='0' then q1<="0011" ;
else q1<="1101" ;
          end if;
when st4=> if datain='1' then q1<="0100" ;
else q1<="1110" ;
          end if ;
  when others=>   q1<="1111" ;
  end case ;
  if clk'event and clk='1' then    q<= q1;- - 输出信号锁存
  end if;
end process com ;
end behav;
```

仿真波形如图 4.7 所示。

仿真波形分析:在时钟边沿处采集到的输入信号 datain 满足要求 1→0→1→0→1,状态

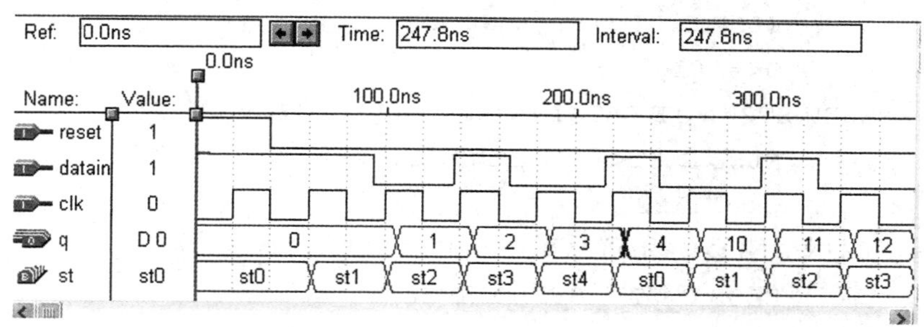

图 4.7　例 4.2 实例仿真结果

变化由 st0→st1→st2→st3→st4，输出编码 q 的顺序为 0→1→2→3→4。如果输入信号 datain为 0→1→0→1→0，状态变化由 st0→st1→st2→st3→st4，输出编码 q 的顺序为 10→11→12→13→14。输出信号经过一次锁存，因此输出信号比状态的变化滞后一个时钟周期。

四、摩尔型(MOORE)有限状态机

如果状态机的当前输出仅仅由当前状态决定，则称之为摩尔型(MOORE)有限状态机。Moore 状态机的输出仅为当前状态函数，这类状态机在输入发生变化时还必须等待时钟的到来，时钟状态发生变化时才导致输出的变化，它比 Mealy 状态要多等一个时钟周期。

Moore 型有限状态机设计过程中，可以使用双进程设计，也可以进行单进程设计。

(1) 单进程摩尔型有限状态机

```
LIBRARY IEEE;
USE IEEE.STD_LOGIC_1164.ALL;
ENTITY MOORE1 IS
  PORT(DATAIN   :IN STD_LOGIC_VECTOR(1 DOWNTO 0);
CLK,RST:IN STD_LOGIC;
                Q:OUT STD_LOGIC_VECTOR(3 DOWNTO 0));
END MOORE1;
ARCHITECTURE behav OF MOORE1 IS
  TYPE ST_TYPE IS (ST0, ST1, ST2, ST3,ST4);
   SIGNAL C_ST:ST_TYPE ;
    BEGIN
    PROCESS(CLK,RST)
     BEGIN
    IF RST='1' THEN  C_ST<=ST0 ; Q<="0000" ;
      ELSIF CLK'EVENT AND CLK= '1' THEN
CASE C_ST IS
         WHEN ST0=> IF DATAIN="10" THEN C_ST<=ST1;
               ELSE C_ST<=ST0; END IF;
               Q<= "1001" ;
         WHEN ST1=> IF DATAIN="11" THEN C_ST<=ST2 ;
```

```
            ELSE C_ST<=ST1;END IF;
            Q<="0101" ;
        WHEN ST2=> IF DATAIN="01" THEN C_ST<=ST3 ;
            ELSE C_ST<=ST0 ;END IF;
            Q<="1100" ;
        WHEN ST3=>IF DATAIN = "00" THEN C_ST<=ST4 ;
            ELSE C_ST<=ST2 ;END IF;
            Q<="0010" ;
        WHEN ST4=>IF DATAIN="11" THEN C_ST<=ST0 ;
            ELSE C_ST<=ST3;END IF;
              Q<="1001" ;
        WHEN OTHERS=>C_ST<=ST0;
      END CASE;
    END IF;
  END PROCESS;
END behav;
```

程序的仿真波形如图 4.8 所示。

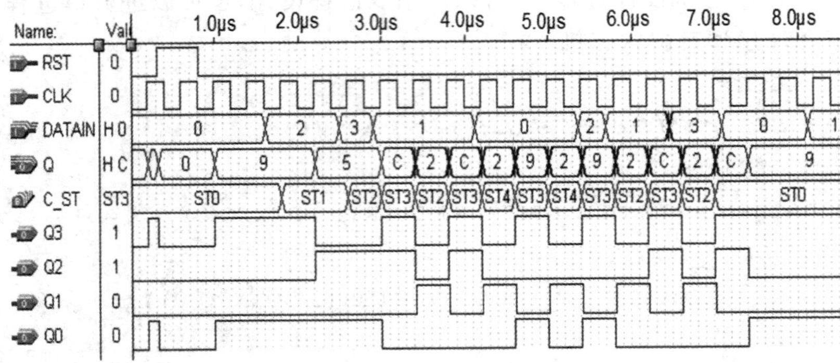

图 4.8　单进程状态机工作时序仿真

(2) 双进程摩尔型有限状态机

```
LIBRARY IEEE;
USE IEEE.STD_LOGIC_1164.ALL;
ENTITY s_machine IS
  PORT( clk,reset: IN STD_LOGIC;
          state_inputs:IN STD_LOGIC_VECTOR (0 TO 1);
          comb_outputs:OUT INTEGER RANGE 0 TO 15 );
END s_machine;
ARCHITECTURE behv OF s_machine IS
  TYPE FSM_ST IS(s0,s1,s2,s3);
  SIGNAL current_state,next_state: FSM_ST;
```

```
BEGIN
REG: PROCESS(reset,clk)
  BEGIN
    IF reset='1' THEN current_state<=s0;
    ELSIF clk='1' AND clk'EVENT THEN
      current_state<=next_state;
    END IF;
  END PROCESS;
COM:PROCESS(current_state, state_Inputs)
BEGIN
    CASE current_state IS
      WHEN s0=>comb_outputs<=5;
        IF state_inputs="00" THEN next_state<=s0;
           ELSE next_state<=s1;
        END IF;
      WHEN s1=>comb_outputs<=8;
        IF state_inputs="00" THEN next_state<=s1;
        ELSE next_state<=s2;
        END IF;
      WHEN s2=>comb_outputs<= 12;
        IF state_inputs="11" THEN next_state<=s0;
        ELSE next_state<=s3;
        END IF;
      WHEN s3=>comb_outputs<=14;
        IF state_inputs="11"THEN next_state<=s3;
        ELSE next_state<=s0;
        END IF;
    END case;
  END PROCESS;
    END behv;
```

双进程摩尔型有限状态机的仿真波形如图 4.9 所示。

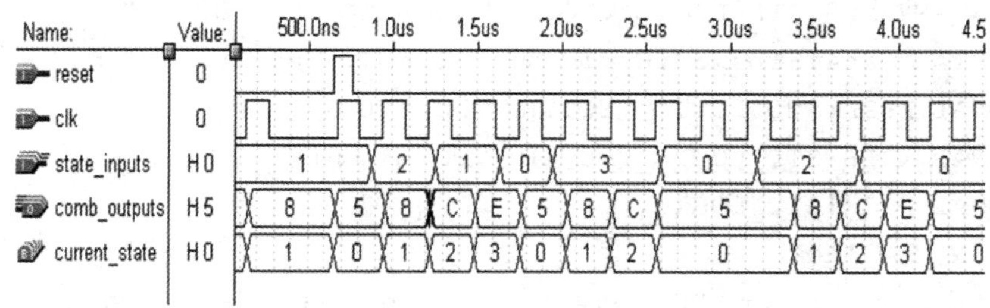

图 4.9　双进程摩尔型有限状态机工作时序仿真

五、状态编码

有限状态机中的状态，可以采用枚举类型进行定义，综合时，综合器会自动分配一组二进制数值，来编码每个状态。常用的编码方式有直接编码、顺序编码和一位热码等。

(1) 状态位直接输出型编码

直接编码根据每一位的状态直接进行编码。对表 4-1 所示信号状态编码，采用直接输出型编码程序如下：

表 4-1 控制信号状态编码表

状态	状态编码					
	START	ALE	OE	LOCK	B	功能说明
ST0	0	0	0	0	0	初始态
ST1	1	1	0	0	0	启动转换
ST2	0	0	0	0	1	EOC=1 时，转下一状态
ST3	0	0	1	0	0	输出转换好的数据
ST4	0	0	1	1	0	LOCK 上升沿时将转换好的数据锁存

[程序]：

```
LIBRARY IEEE;
USE IEEE.STD_LOGIC_1164.ALL;
ENTITY AD0809 IS
...PORT (D: IN STD_LOGIC_VECTOR(7 DOWNTO 0);
        CLK ,EOC:IN STD_LOGIC;
        ALE, START, OE, ADDA:OUT STD_LOGIC;
        c_state: OUT STD_LOGIC_VECTOR(4 DOWNTO 0);
        Q: OUT STD_LOGIC_VECTOR(7 DOWNTO 0));
END AD0809;
ARCHITECTURE behav OF AD0809 IS
SIGNAL  current_state, next_state: STD_LOGIC_VECTOR(4 DOWNTO 0 );
  CONSTANT st0:STD_LOGIC_VECTOR(4 DOWNTO 0):="00000" ;
  CONSTANT st1:STD_LOGIC_VECTOR(4 DOWNTO 0):="11000" ;
  CONSTANT st2:STD_LOGIC_VECTOR(4 DOWNTO 0):="00001" ;
  CONSTANT st3:STD_LOGIC_VECTOR(4 DOWNTO 0):="00100" ;
  CONSTANT st4:STD_LOGIC_VECTOR(4 DOWNTO 0):="00110" ;
  SIGNAL REGL:STD_LOGIC_VECTOR(7 DOWNTO 0);
  SIGNAL REGL:STD_LOGIC_VECTOR(7 DOWNTO 0);
  SIGNAL LOCK:STD_LOGIC;
  BEGIN
   ADDA <='1';Q<=REGL;START<=current_state(4); ALE<=current_
state(3);
```

```
    OE<=current_state(2); LOCK<=current_state(1);c_state <=current
_state;
    COM: PROCESS(current_state,EOC)  BEGIN  - - 规定各状态转换方式
     CASE current_state IS
     WHEN st0=>next_state <=st1; - - 0809 初始化
     WHEN st1=>next_state <=st2; - - 启动采样
     WHEN st2=>IF (EOC= '1') THEN next_state <=st3; - - EOC= 1 表明转换
结束
            ELSE next_state <=st2;          - - 转换未结束,继续等待
      END IF ;
     WHEN st3=>next_state<=st4;- - 开启 OE,输出转换好的数据
     WHEN st4=>next_state<=st0;
     WHEN OTHERS=> next_state<= st0;
     END CASE ;
  END PROCESS COM ;
    REG: PROCESS (CLK)
      BEGIN
        IF (CLK'EVENT AND CLK= '1') THEN current_state<= next_state;
           END IF;
     END PROCESS REG;  - - 由信号 current_state 将当前状态值带出此进程:REG
    LATCH1: PROCESS (LOCK) - - 此进程中,在 LOCK 的上升沿,将转换好的数据锁入
         BEGIN
         IF LOCK='1' AND LOCK'EVENT THEN   REGL<= D ;
         END IF;
        END PROCESS LATCH1 ;
    END behav;
```

（2）顺序编码

顺序编码采用顺序的二进制数编码每个状态。顺序编码的缺点是在从一个状态转换到相邻状态时，有可能有多位同时发生变化，顺变次数多，容易产生毛刺，引发逻辑错误。表 4-2所示状态采用顺序编码的方式如下。

表 4-2　编码方式

状态	顺序编码	一位热码编码
STATE0	000	100000
STATE1	001	010000
STATE2	010	001000
STATE3	011	000100
STATE4	100	000010
STATE5	101	000001

```
...
SIGNAL CRURRENT_STATE,NEXT_STATE: STD_LOGIC_VECTOR(2 DOWNTO 0 );
CONSTANT ST0:STD_LOGIC_VECTOR(2 DOWNTO 0):="000" ;
CONSTANT ST1:STD_LOGIC_VECTOR(2 DOWNTO 0):="001" ;
CONSTANT ST2:STD_LOGIC_VECTOR(2 DOWNTO 0):="010" ;
CONSTANT ST3:STD_LOGIC_VECTOR(2 DOWNTO 0):="011" ;
CONSTANT ST4:STD_LOGIC_VECTOR(2 DOWNTO 0):="100" ;
...
```

(3) 一位热码(One-Hot-Encoding)

一位热码是采用 n 位(或 n 个触发器)来编码具有 n 个状态的状态机。比如对于 state0,state1 两个状态可用码字 10,01 来代表。

(4) 非法状态处理

对于非法状态,可以在语句中对每一个非法状态都作出明确的状态转换指示,如在原来的 CASE 语句中增加诸如以下语句:

```
    WHEN st_ilg1=>next_state<=st0;
    WHEN st_ilg2=>next_state<=st0;
    ...
```

或利用 OTHERS 语句中对未提到的状态作统一处理,此处不再一一说明。

第二节　函数和过程

函数(FUNCTION)和过程(PROCEDURE)统称为子程序。从结构特征上看,它们和进程十分相似,其内部包含的都是顺序描述的 VHDL 代码,如 IF,CASE 和 LOOP。然而从应用的角度来看,进程与函数、过程之间有着本质的区别。进程是直接在主代码段中使用的,而函数和过程主要是为建立库而使用的,它们的目的是存储常用的 VHDL 代码,以达到代码复用和共享的目的。

一、函数

一个函数(FUNCTION)就是一段顺序描述的代码。在代码编写过程中,有很多经常遇到的有共性的问题,如数据类型转换、逻辑运算操作、算术运算操作等。我们希望实现这些功能的代码可以被共享和重用,函数的建立和使用可以达到这个目的。

为了构建和使用函数,需要进行两个必要的步骤:函数体的创建和函数调用。

函数体的表达格式如下:

```
FUNCTION 函数名(参数表)RETURN 数据类型 IS
  [声明部分]
BEGIN
  顺序代码;
END FUNCTION 函数名;
```

函数的参数表用来指明函数的输入参数,参数的个数是任意的,甚至可以不包含参数。输入参数必须是信号或常量,变量不能作为参数。具体描述时,参数名需放在关键词

SIGNAL或 CONSTANT 之后，如没有特别说明，则参数被默认为常量。参数的数据类型可以是任何一种可综合的数据类型，但不能指定它的取值范围。函数只有一个返回值，返回值的类型由 RETURN 后面的数据类型指定。

例：

```
FUNCTION f1(a,b:INTEGER;SIGNAL c:STD_LOGIC_VECTOR)
  RETURN BOOLEAN IS
BEGIN
    (顺序描述代码)
END FUNCTION f1;
```

以上定义了一个函数 f1，f1 接收 3 个输入参数，a 和 b 是常量（主要关键词CONSTANT可以省略），c 是信号。a 和 b 都是 INTEGER 类型的，而 c 是 STD_LOGIC_VECTOR 类型，这里没有使用 RANGE 和 DOWNTO 等来约束输入参数的取值范围。输出参数（只能有一个）是 BOOLEAN 类型。

[例 4.3] conv_integer()函数。

下面定义的 conv_integer()函数可以将 STD_LOGIC_VECTOR 类型的数据转换成 INTEGER 类型。

```
FUNCTION conv_integer(SIGNAL vector:STD_LOGIC_VECTOR)
     RETURN INTEGER IS
  VARIABLE result:INTEGER RANGE 0 TO 2 * * vector'LENGTH-1
BEGIN
   IF(vector(vector'HIGH)='1') THEN result:=1;
   ELSE result:=0;
   END IF;
   FOR i IN(vector'HIGH-1)DOWNTO(vector'LOW)LOOP
    result:=result*2;
    IF(vector(i)='1')THEN result:=result+1;
    END IF;
    END LOOP;
    RETURN result;
END FUNCTION conv_integer;
```

上述代码中使用了 RETURN 语句。RETURN 返回语句有以下两种形式：

```
RETURN;
RETURN 表达式;
```

第一种语句形式只能用于过程，它只是结束过程，并不返回任何值。第二种语句形式只能用于函数，并且返回一个值。返回语句只能用于子程序体中，执行返回语句将结束子程序的执行，无条件地跳转至子程序的结束处 END。每一个函数必须至少包含一个返回语句，并可以拥有多个返回语句，但是在函数调用时，只有其中一个返回语句可以将值返回。

函数被调用时可以单独构成一个表达式，也可以作为表达式的一部分被调用。以下是函数调用的几个例子。

```
x<=conv_integer(a);        -- 将 a 转换成整型
y<=maximum(a,b);           -- 返回 a 和 b 中较大的一个
IF x>maximum(a,b) …        -- 将 x 与 a 和 b 中较大的一个进行比较
```

二、函数的存放

函数经常存放在程序包中，这样可以方便地被所有设计实体所重用和共享。函数也可以直接存放在主代码中(既可以存放在 ENTITY 中，也可以存放在 ARCHITECTURE 中)，但只能为当前设计实体所调用。

当函数存放在程序包(PACKAGE)中，程序包体(PACKAGE BODY)是必需的。程序包体中应存放在程序包中所声明函数的函数体。下面对上述两种情况分别举例说明。

[例 4.4] 函数在主代码中定义。

```
LIBRARY ieee;
USE ieee.std_logic_1164.all;
ENTITY conv_int2 IS
  PORT(a:IN STD_LOGIC_VECTOR(0 TO 3);
       y:OUT INTEGER RANGE 0 TO 15);
END ENTITY conv_int2;
ARCHITECTURE behave OF conv_int2 IS
FUNCTION conv_integer(SIGNAL vector:STD_LOGIC_VECTOR)
    RETURN INTEGER IS
  VARIABLE result:INTEGER RANGE 0 TO 2**vector'LENGTH-1;
BEGIN
   IF(vector(vector'HIGH)= '1')THEN result:=1;
   ELSE result:=0;
   END IF;
   FOR i IN(vector'HIGH-1)DOWNTO(vector'LOW)LOOP
     result:=result*2;
     IF(vector(i)= '1')THEN result:=result+1;
     END IF;
   END LOOP;
   RETURN result;
END FUNCTION conv_integer;
BEGIN
  y<=conv_integer(a);
END ARCHITECTURE behave;
```

[例 4.5] 函数在程序包中定义。

```
LIBRARY ieee;
USE ieee.std_logic_1164.all;
PACKAGE my_package IS
FUNCTION conv_integer(SIGNAL vector:STD_LOGIC_VECTOR)
```

```
        RETURN INTEGER;   -- 声明函数
   END PACKAGE my_package;
   PACKAGE BODY my_package IS
   FUNCTION conv_integer(SIGNAL vector:STD_LOGIC_VECTOR)
        RETURN INTEGER IS   -- 函数体定义
     VARIABLE result:INTEGER RANGE 0 TO 2**vector'LENGTH-1;
   BEGIN
      IF(vector(vector'HIGH)= '1')THEN result:=1;
      ELSE result:=0;
      END IF;
      FOR i IN(vector'HIGH-1)DOWNTO(vector'LOW)LOOP
       result:=result* 2;
       IF(vector(i)='1')THEN result:=result+1;
       END IF;
      END LOOP;
      RETURN result;
   END FUNCTION conv_integer;
   END PACKAGE BODY my_package;
   LIBRARY ieee;
   USE ieee.std_logic_1164.all;
   USE work.my_package.all;
   ENTITY conv_int2 IS
     PORT(a:IN STD_LOGIC_VECTOR(0 TO 3);
            y:OUT INTEGER RANGE 0 TO 15);
   END ENTITY conv_int2;
   ARCHITECTURE behave OF conv_int2 IS
   BEGIN
     y<=conv_integer(a);
   END ARCHITECTURE behave;
```

例 4.5 中包括两段 VHDL 代码，一段用于创建函数（程序包），另一段用于调用该函数。这两段代码可以被分别编译成两个独立的文件，也可以被编译成一个单独的文件。注意，在主代码中包含了 USE work. my_package. all;语句。例 4.5 的仿真结果如图 4.10 所示。

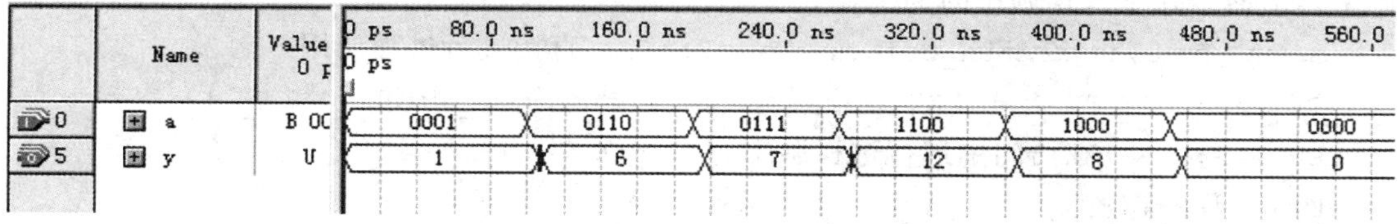

图 4.10　例 4.5 的仿真结果

三、过程

过程与函数相似，其目的也相同，它们的主要差别在于过程可以具有多个返回值。为了构建和使用过程，需要进行两个必要的步骤：过程本身的定义和过程调用。

过程的定义如下：

```
PROCEDURE 过程名(参数表)IS
  [声明部分]
BEGIN
  顺序代码;
END PROCEDURE 过程名;
```

过程中的参数表指出了过程的输入和输出参数。过程的参数可以有任意多个，参数可以是IN、OUT或INOUT模式的信号、变量或常量。对输入模式(IN)的参数，默认情况下为常量，对输出模式(OUT或INOUT)的参数，默认情况下为变量。

例：

```
PROCEDURE my_procedure(a:IN BIT;SIGNAL b,c:IN BIT;
                            SIGNAL x:OUT BIT_VECTOR(7 DOWNTO 0);
                            SIGNAL y:OUT INTEGER RANGE 0 TO 99) IS
BEGIN
  ……
END PROCEDURE my_procedure;
```

上述过程中有3个输入参数，a是BIT类型的常量，b和c是BIT类型的信号；有2个输出参数(返回值)，x是BIT_VECTOR类型的信号，y是INTEGER类型的信号。

[例4.6] 过程定义举例。

下面的代码定义了一个名为sort的过程。sort的输入参数是两个8位的无符号数(in1和in2)，过程对它们进行了比较，数值小的从min输出，数值大的从max输出。

```
PROCEDURE sort(SIGNAL in1,in2:IN INTEGER RANGE 0 TO 255;
                  SIGNAL min,max:OUT INTEGER RANGE 0 TO 255)IS
BEGIN
  IF(in1>in2)THEN max<=in1; min<=in2;
  ELSE max<=in2; min<=in1;
  END IF;
END PROCEDURE sort;
```

函数的调用是作为表达式的一部分出现的，过程的调用相对而言更简单，可以直接进行调用。下面是几个过程调用的例子。

```
sort(inp1,inp2,min_out,max_out);  -- 直接进行过程调用
IF ena= '1' THEN sort(inp1,inp2,min_out,max_out);
END IF;  -- 在语句中进行过程调用
```

四、过程的存放

过程代码的存放位置与函数类似。为了有利于代码的分割、重用与共享，过程经常存放在程序包中，当然过程也可以存放在主代码中。下面举例说明。

[例 4.7]　过程存放在主代码中。

```
LIBRARY ieee;
USE ieee.std_logic_1164.all;
ENTITY min_max IS
PORT(inp1,inp2:IN INTEGER RANGE 0 TO 255;
     ena:IN STD_LOGIC;
     min_out,max_out:OUT INTEGER RANGE 0 TO 255);
END ENTITY min_max;
ARCHITECTURE behave OF min_max IS
PROCEDURE sort(SIGNAL in1,in2:IN INTEGER RANGE 0 TO 255;
               SIGNAL min,max:OUT INTEGER RANGE 0 TO 255)IS
BEGIN
  IF(in1>in2)THEN max<=in1; min<=in2;
  ELSE max<=in2; min<=in1;
  END IF;
END PROCEDURE sort;
BEGIN
  PROCESS(ena)
  BEGIN
    IF ena= '1'THEN sort(inp1,inp2,min_out,max_out);
    END IF;
  END PROCESS;
END ARCHITECTURE behave;
```

[例 4.8]　过程存放在程序包中。

```
LIBRARY ieee;
USE ieee.std_logic_1164.all;
PACKAGE my_package IS
PROCEDURE sort(SIGNAL in1,in2:IN INTEGER RANGE 0 TO 255;
               SIGNAL min,max:OUT INTEGER RANGE 0 TO 255);-- 声明过程
END PACKAGE my_package;
PACKAGE BODY my_package IS
PROCEDURE sort (SIGNAL in1,in2: IN INTEGER RANGE 0 TO 255;
                SIGNAL min,max:OUT INTEGER RANGE 0 TO 255)IS
BEGIN
  IF(in1>in2) THEN max<=in1; min<=in2;
  ELSE max<=in2; min<=in1;
  END IF;
END PROCEDURE sort;   -- 定义过程体
END PACKAGE BODY my_package;
```

```
LIBRARY ieee;
USE ieee.std_logic_1164.all;
USE work.my_package.all;
ENTITY min_max IS
PORT(inp1,inp2:IN INTEGER RANGE 0 TO 255;
     ena:IN STD_LOGIC;
     min_out,max_out:OUT INTEGER RANGE 0 TO 255);
END ENTITY min_max;
ARCHITECTURE behave OF min_max IS
BEGIN
  PROCESS(ena)
  BEGIN
    IF ena= '1' THEN sort(inp1,inp2,min_out,max_out);
    END IF;
  END PROCESS;
END ARCHITECTURE behave;
```

例 4.8 的代码可以编译成两个分开的文件或者一个单一的文件。仿真结果如图 4.11 所示。

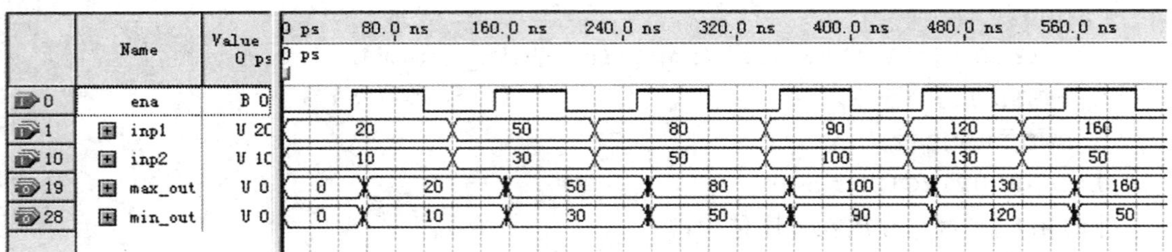

图 4.11 例 4.8 的仿真结果

习　题

4-1 举例说明哪些常用的时序逻辑电路是状态机比较典型的特殊形式，说明属于什么类型的状态机。

4-2 用米利型状态机，写出 ADC0809 采样控制程序。

4-3 运算符重载函数通常需要调用转换函数，以便能够利用已有的数据类型。下面给出一个新的数据类型 AGE，转换函数为：

```
Function CONV_INTEGER(ARG:AGE) return INTEGER;
```

利用此转换函数编写一个“+”运算符重载函数，支持如下运算：

```
SIGNAL a,c;AGE
…
C< = a+ 20;
```

第五章　Quartus Ⅱ软件的使用

本章首先介绍了 QuartusⅡ基本使用方法，包括设计输入、综合、适配、仿真测试和编程下载等；其次对 Quartus Ⅱ中部分常用的优化设置、优化设计方法和时序分析方法进行简单的介绍；最后对 Quartus Ⅱ中部分常用的优化设置、优化设计方法和时序分析方法进行简单的介绍。

第一节　十进制计数器的设计流程

本节通过实现十进制计数器的设计流程，详细介绍 Quartus Ⅱ使用方法、具体实现步骤等。

一、建立工作库文件夹和编辑设计文件

任何一项设计都是一项工程(Project)，都必须首先为此工程建立一个放置与此工程相关的所有设计文件的文件夹。此文件夹将被 EDA 软件默认为工作库(Work Library)。一般地，不同的设计项目最好放在不同的文件夹中，而同一工程的所有文件都必须放在同一文件夹中。注意，不要将文件夹设在计算机已有的安装目录中，更不要将工程文件直接放在安装目录中。

在建立了文件夹后就可以将设计文件通过 Quartus Ⅱ的文本编辑器编辑并存储，步骤如下：

1. 新建一个文件夹

可以利用 Windows 资源管理器，或者打开某个硬盘，新建一个文件夹。这里要注意，文件夹通常不放在 C 盘，文件夹名不能用中文，也最好不要用数字。这里假设本项设计的文件夹取名为 cnt10b，在 E 盘中，路径为 E:/cnt10b。

2. 输入源程序

打开 Quartus Ⅱ，选择菜单 File→New 命令。在 New 窗口中的 Device Design Files 中选择编译文件的语言类型，这里选择 VHDL File(如图 5.1 所示)。然后在 VHDL 文本编译窗中输入十进制计数器的 VHDL 程序。

3. 文件存盘

选择菜单 File→Save As 命令，找到已设立的文件夹 E:/cnt10b，存盘文件名应该与实体名一致，即 cnt10. vhd。当出现文句“Do you want to create…”时，若单击“是”按钮，则直接进入创建工程流程。若单击“否”按钮，则按以下方法进入创建工程流程。

二、创建工程

使用 New Project Wizard 可以为工程指定工作目录、分配工程名称以及指定最高层设计实体的名称还可以指定要在工程中使用的设计文件、其他源文件、用户库和 EDA 工具，以及目标器件系列和具体器件等。

1. 打开建立新工程管理窗

选择菜单 File→New Project Wizard 命令，即弹出工程设置对话框(如图 5.2 所示)。

File
Edit
View
Project
Assignments
Processing
Tools
Window
Project Naviga
Compilatio
New
New Quartus II Project
Design Files
AHDL File
Block Diagram/Schematic File
EDIF File
Qsys System File
State Machine File
SystemVerilog HDL File
Tcl Script File
Verilog HDL File
VHDL File
Memory Files
Hexadecimal (Intel-Format) File
Memory Initialization File

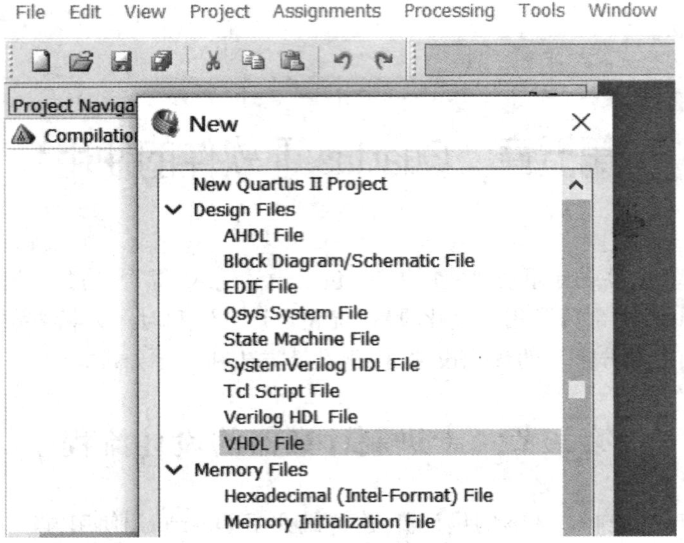

图 5.1　选择文件的语言类型

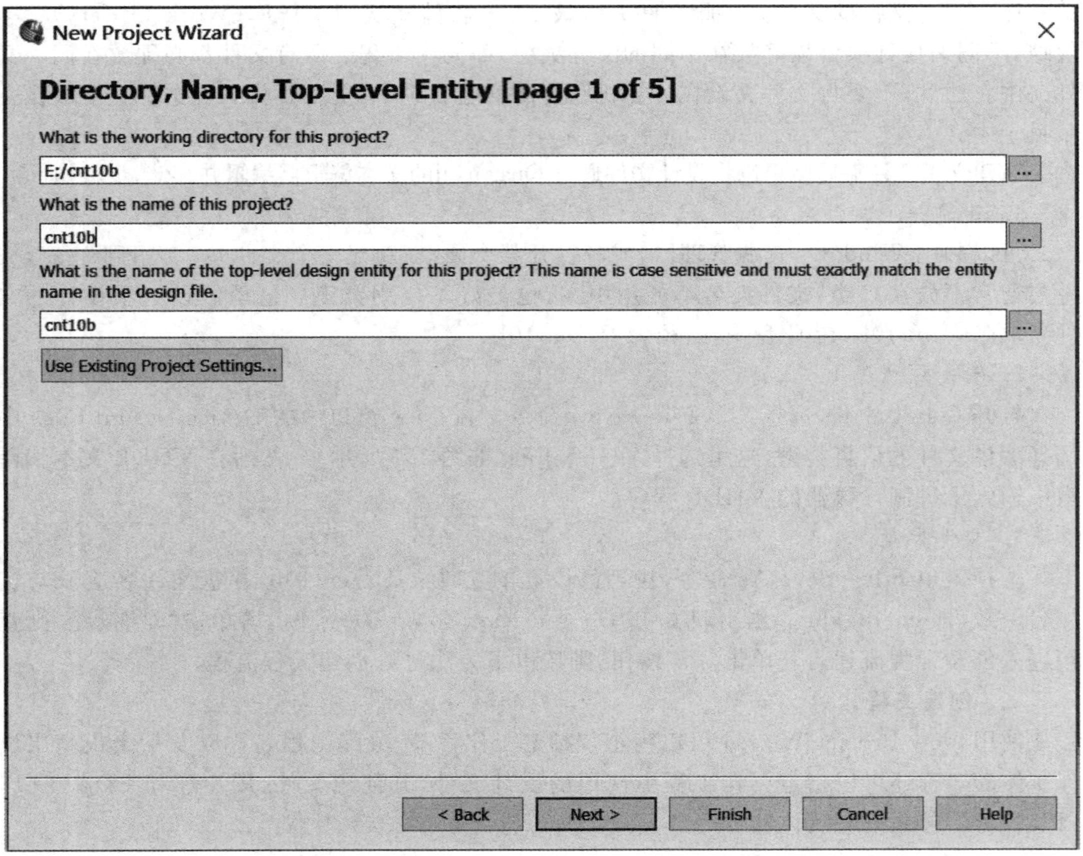

New Project Wizard
Directory, Name, Top-Level Entity [page 1 of 5]
What is the working directory for this project?
E:/cnt10b
What is the name of this project?
cnt10b
What is the name of the top-level design entity for this project? This name is case sensitive and must exactly match the entity name in the design file.
cnt10b
Use Existing Project Settings...
< Back
Next >
Finish
Cancel
Help

图 5.2　利用 New Project Wizard 创建工程 cnt10

单击此对话框最上一栏右侧的“...”按钮，找到文件夹 E:/cnt10b，选中已存储的文件 cnt10.vhd(一般应该设顶层设计文件为工程)，再单击打开按钮，即出现如图 5.2 所示的设置情况。其中第一行的 E:/cnt10b 表示工程所在的工作库文件夹；第二行的 cnt10 表示此项工程的工程名，工程名可以取其他的名，也可直接用顶层文件的实体名作为工程名，在此就是按这种方式取的名；第三行是当前工程顶层文件的实体名，这里即为 cnt10。

2. 将设计文件加入工程中

单击下方的“Next”按钮，在弹出的对话框中单击 File 栏的按钮，将与工程相关的所有 VHDL 文件(如果有的话)加入此工程，即得到如图 5.3 所示界面。此工程文件加入的方法有两种：第一种是单击“Add All”按钮，将设定的工程目录中的所有 VHDL 文件加入到工程文件栏中；第二种方法是单击“Add”按钮，从工程目录中选出相关的 VHDL 文件。

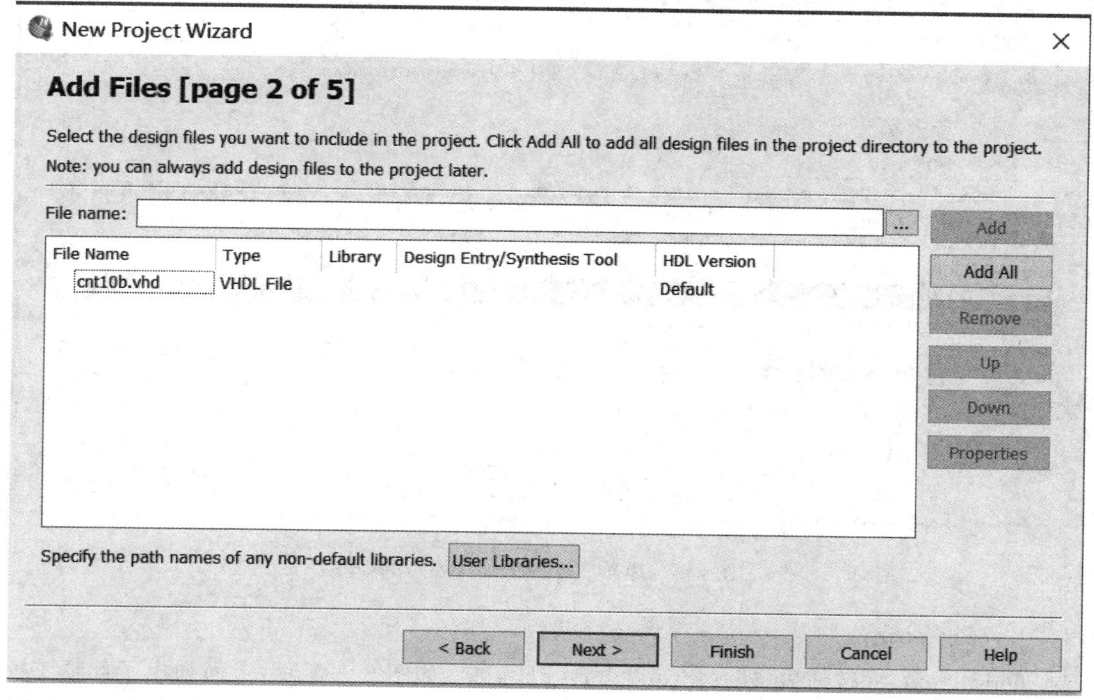

图 5.3　将所有相关的文件夹都加入进此工程

3. 选择仿真器和综合器的类型

单击如图 5.3 所示的 Next 按钮，这时弹出的窗口是选择仿真器和综合器的类型，如果都选默认的 NONE，表示都选 Quartus Ⅱ中自带的仿真器和综合器。在此都选择默认项 NONE。

4. 选择目标芯片

单击 Next 按钮，选择目标芯片。首先在 Family 栏选择芯片系列，在此选 Cyclone 系列，并在此栏下单击 Yes 按钮，即选择一确定目标器件。再次单击 Next 按钮，选择此系列的具体芯片 EP4CE55F23C8。这里 EP4C 表示 Cyclone IV 系列及此器件的规模；E 表示普通逻辑资源丰富的器件；55 表示逻辑单元的数量；F 表示 FBGA 封装；C8 表示速度级别。

便捷的方法是通过图 5.4 所示窗口右边的三个 Filters 窗口“过滤”选择，分别选择 Package（封装）为 FBGA；Pin 为 484；Speed 为 8。

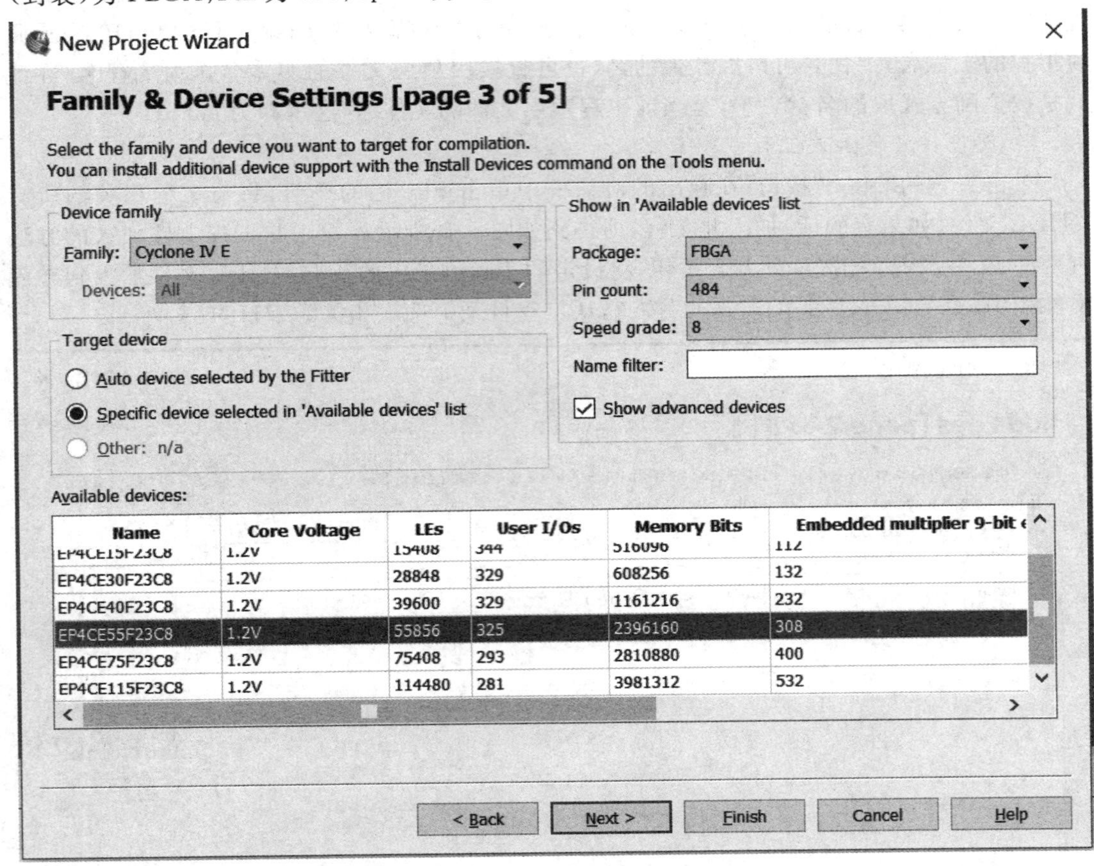

图 5.4　选择目标器件 EP1C3T144C8

5. 结束设置

单击“Next>”按钮后，即弹出工程设置统计窗口，如图 5.5 所示，上面列出了此项工程的相关设置情况。最后单击“Finish”按钮，即已设定好此工程，并出现 cnt10 的工程管理窗，或称 Compilation Hierarchies 窗口，如图 5.6 所示，主要显示本工程项目的层次结构和各层次的实体名。

Quartus Ⅱ将工程信息存储在工程配置文件中。它包含有关 Quartus Ⅱ工程的所有信息，包括设计文件、波形文件、SignalTap Ⅱ文件、内存初始化文件等以及构成工程的编译器、仿真器和软件构建设置。

建立工程后，可以使用 Settings 对话框（Assignments 菜单）的 Add/Remove 页在工程中添加和删除、设计其他文件。在执行 Quartus Ⅱ的 Analysis&Synthesis 期间，Quartus Ⅱ将按 Add/Remove 页中显示的顺序处理文件。

三、全程编译

Quartus Ⅱ编译器是由一系列处理模块构成的，这些模块负责对设计项目的检错，逻辑综合、结构综合、输出结果的编辑配置，以及时序分析。在这一过程中，将设计项目适配到

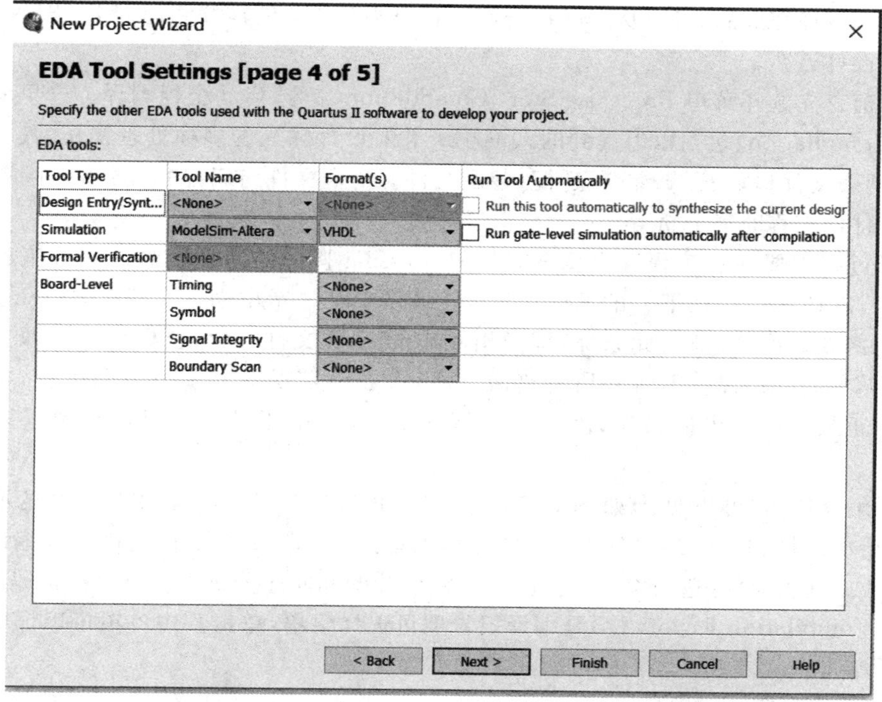

图 5.5 EDA 工具设置页

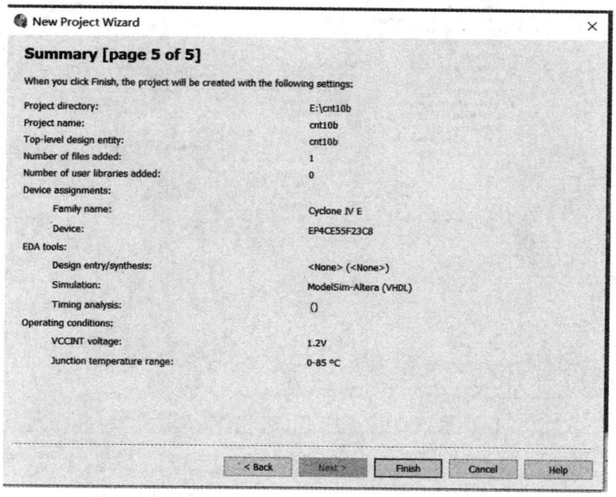

图 5.6 工程的相关设置情况

FPGA/CPLD 目标器中，同时产生多种用途的输出文件，如功能和时序信息文件、器件编程的目标文件等。编译器首先检查出工程设计文件中可能的错误信息，供设计者排除。然后产生一个结构化的以网表文件表达的电路原理图文件。

在编译前，设计者可以通过各种不同的设置，指导编译器使用各种不同的综合和适配技术(如时序驱动技术等),以便提高设计项目的工作速度,优化器件的资源利用率。而且在编译过程中及编译完成后,可以从编译报告窗中获得所有相关的详细编译结果,以利于设计者及时调整设计方案。

编译前首先选择菜单 Process→Start Compilation 命令,启动全程编译。这里所谓的全程编译(Compilation)包括以上提到的 Quartus Ⅱ对设计输入的多项处理操作,其中包括排错、数据网表文件提取、逻辑综合、适配、装配文件,(仿真文件与编程配置文件)生成,以及基于目标器件的工程时序分析等。

编译过程中要注意工程管理窗下方的 Processing 栏中的编译信息。如果工程中的文件有错误,启动编译后在下方的 Processing 处理栏中会显示出来。对于 Processing 栏显示出的语句格式错误,可双击此条文,即弹出对应的 vhdl 文件,在深色标记号处即为文件中的错误,再次进行编译直至排除所有错误。注意,如果发现报出多条错误信息,每次只要检查和纠正最上面报出的错误,因为许多情况下,都是由于某一种错误导致了多条错误信息报告。

如果编译成功,可以见到如图 5.7 所示的工程管理界面,窗口的左上角显示了工程 cnt10 的层次结构和其中结构模块耗用的逻辑宏单元数(共 6LCs);在此栏下是编译处理流程,包括数据网表建立、逻辑综合、适配、配置文件装配和时序分析等。最下栏是编译处理信息,中栏(Compilation Report 栏)是编译报告项目选择菜单,单击其中各项可以详细了解编译与分析结果。

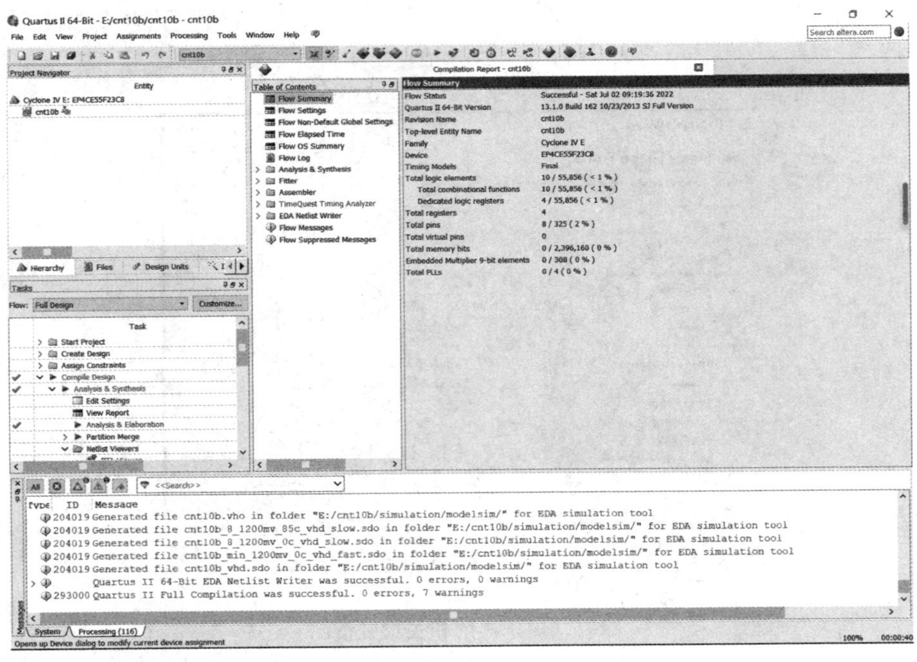

图 5.7　全程编译后界面

例如单击 Flow Summary 项,将在右栏显示硬件耗用统计报告,其中报告了当前工程耗用了 6 个逻辑宏单元、0 个内部 RAM 位等。

如果单击 Timing Analyzer 项的“+”号，则通过单击以下列出的各项目，看到当前工程所有相关时序特性报告。

如果单击 Fitter 项的“+”号，则能通过单击以下列出的各项看到当前工程所有相关硬件特性适配报告。如其中的 Floorplan View，可观察此项工程在 FPGA 器件中的逻辑单元的分布情况和使用情况。

为了更详细地了解相关情况，可以再打开 Floorplan 窗，选择菜单 View→Full Screen 命令，打开全部界面，再单击此菜单的相关项，如 Routing→Show Node Fan-In 等。

四、时序仿真

对工程编译通过后，必须对其功能和时序性质进行仿真测试，以了解设计结果是否满足原设计要求。以 VWF 文件方式的仿真流程的详细步骤如下。

1. 打开波形编辑器

选择菜单 File→New 命令，在 New 窗口中选择 Other Files 中的 Vector Waveform File 选项(如图 5.8 所示)，单击 OK 按钮，即出现空白的波形编辑器(如图 5.9 所示)，注意将窗口扩大，以利观察。

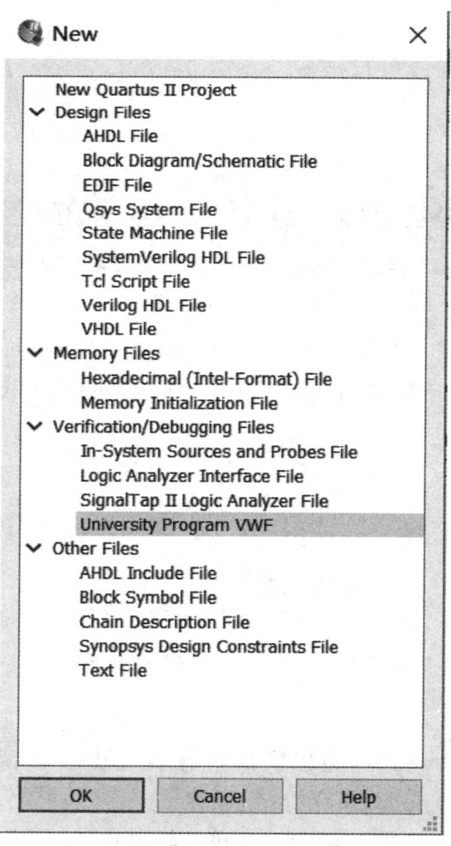

图 5.8　选择编辑矢量波形文件

2. 设置仿真时间区域

对于时序仿真来说，将仿真时间轴设置在一个合理的时间区域上十分重要。通常设置的时间范围在数十微秒间。

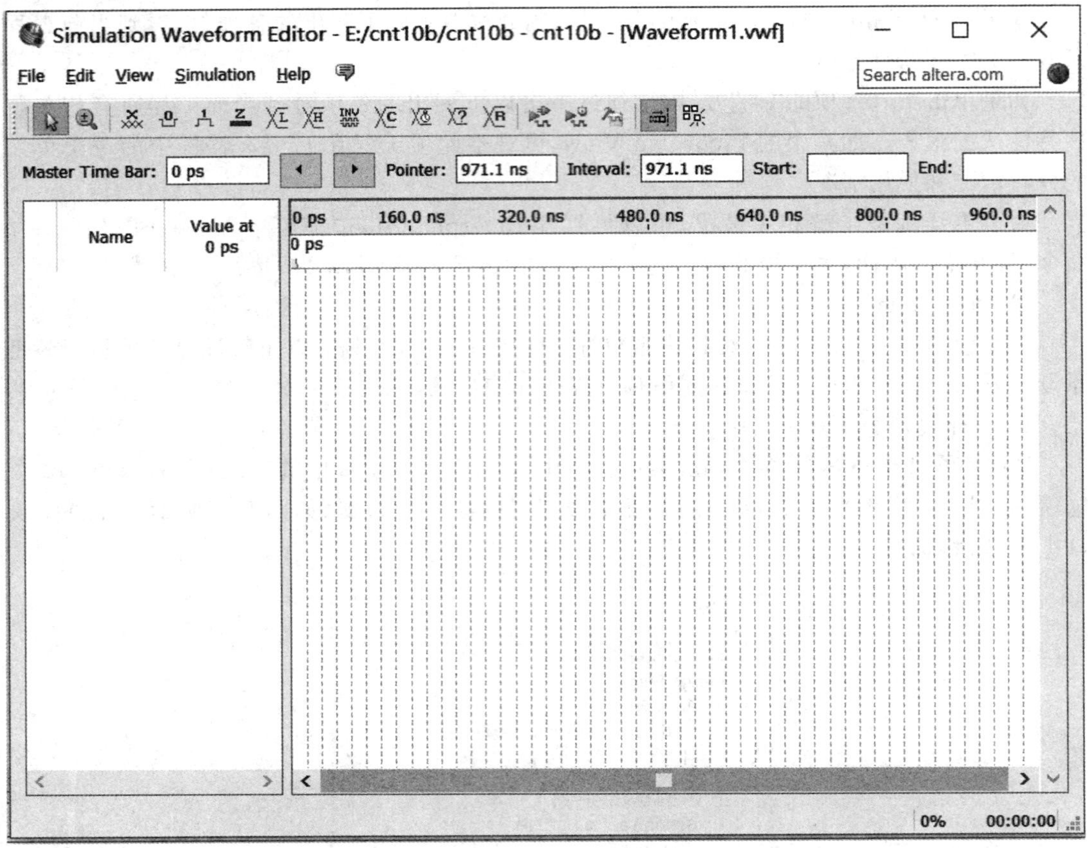

图 5.9　波形编辑器

选择菜单 Edit→End Time 命令，在弹出的窗口中的 Time 文本框输入 50，单位选择 μs，整个仿真域的时间即设定为 50 μs(如图 5.10 所示)，单击 OK 按钮，结束设置。

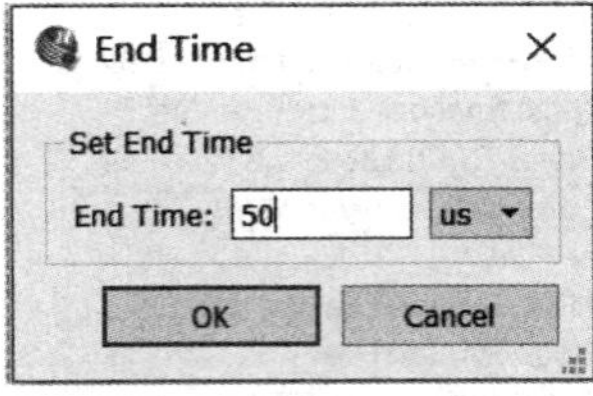

图 5.10　设置仿真时间长度

3. 波形文件存储

选择菜单 File→Save As 命令，将以默认名为 cnt10b.vwf 的波形文件存入文件夹 E:/cnt10b 中(如图 5.11 所示)，点击“保存”按钮保存。

4. 将工程 cnt10 的端口信号节点选入波形编辑器中

双击波形编辑器左侧空白部分。弹出的对话框 Insert Node or Bus，如图 5.12 所示，在 Insert Node or Bus 框中点击 Node Finder，出现右边的对话框。选择 Pins：all(通常已默认选此项)，然后单击 List 按钮，于是在下方的 Nodes Found 窗口中出现设计中的 cnt10 工程的所有端口引脚名。如果希望 Nodes Finder 窗是浮动的，可以用右键单击此窗边框，在弹

图 5.11　vwf 的波形文件存储

出的小窗上删去 Enable Docking 选项。

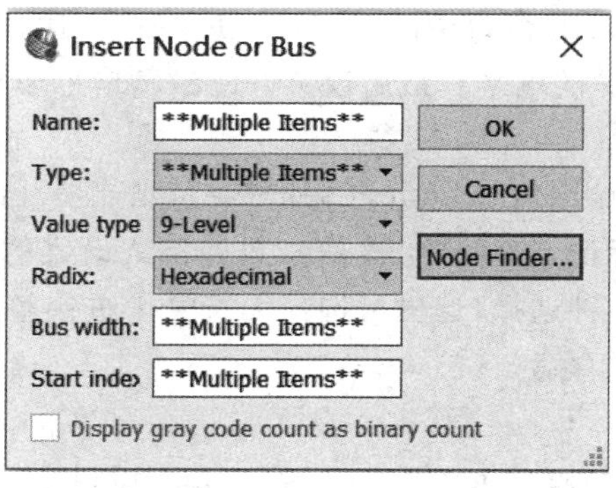

图 5.12　向波形编辑器拖入信号节点

注意：如果此对话框中的 List 不显示 cnt10 工程的端口引脚名，需要重新编译一次，即选择菜单 Processing→Start Compilation 命令，然后再重复以上操作过程。最后，用鼠标将重要的端口节点 clk、en、rst、cout 和输出总线信号 dont 分别拖到波形编辑窗，结束后关闭 Nodes Found 窗口。点击 OK 按钮之后，原先的 Insert Node or Bus 窗口会变成如图 5.12 所示，此时将 Radix 栏改成 Hexadecimal，再点击 OK 按钮，出现如图 5.13 所示界面。单击波形窗左侧的“全屏显示”按钮，使其全屏显示，并单击“放大缩小”按钮后，再用鼠标在波形编辑区域右键单击，使仿真坐标处于适当位置，如图 5.13 上方所示，这时仿真时间横坐标设定在数十微秒数量级。

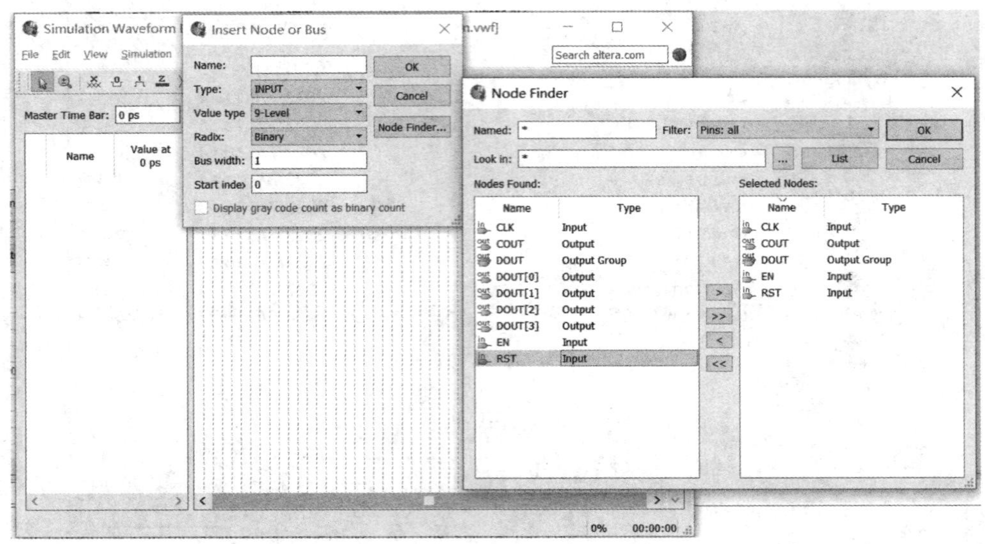

图 5.13　设置时钟 CLK 的周期

5. 编辑输入波形(输入激励信号)

单击图 5.14 所要设置的信号名称,然后再点击菜单栏的 按钮,在 Clock 窗口中设置 CLK 的时钟周期为 10ns;Clock 窗口中的 Duty cycle 是占空比,默认为 50,即 50%占空比。然后再分别设置 EN 和 RST 的电平。最后设置好的激励信号波形如图 5.15 所示。

6. 总线数据格式设置

单击如图 5.16 所示的输出信号 dont 左旁的“>”,则能展开此总线中的所有信号;如果双击此“>”号左旁的信号标记,将弹出对该信号数据格式设置的对话框(如图 5.16 所示)。在该对话框的 Radix 栏有 4 种选择,这里可选择无符号十进制整数 Unsigned Decimal 表达方式。最后对波形文件再次存盘。

7. 仿真器参数设置

寻找菜单 Assignment→Settings 命令,在 Settings 窗口下选择 Category→Fitter Settings→Simulator,在右侧的 Simulation 项下选择 Timing,即选择时序仿真,并选择仿真激励文件名 cnt10. vwf。选择 Simulation options 栏,确认选定 Simulation coverage reporting;毛刺检测 Glitch detection 为 1 ns 宽度;选中 Run simulation until all vector stimuli 全程仿真;选择功耗估计 Power Estimation(设置如图 5.17 所示)。

8. 启动仿真器

现在所有设置进行完毕,选择菜单 Processing→Start Simulation 命令,直到出现 Simulation was successful,仿真结束。

9. 观察仿真结果

仿真波形文件 Simulation Report 通常会自动弹出(如图 5.18 所示)。注意 Quartus Ⅱ 的仿真波形文件中,波形编辑文件(*.vwf)与波形仿真报告文件(Simulation Report)是分开的,而 Maxplus Ⅱ 的激励波形编辑与仿真波形文件是合二为一的。

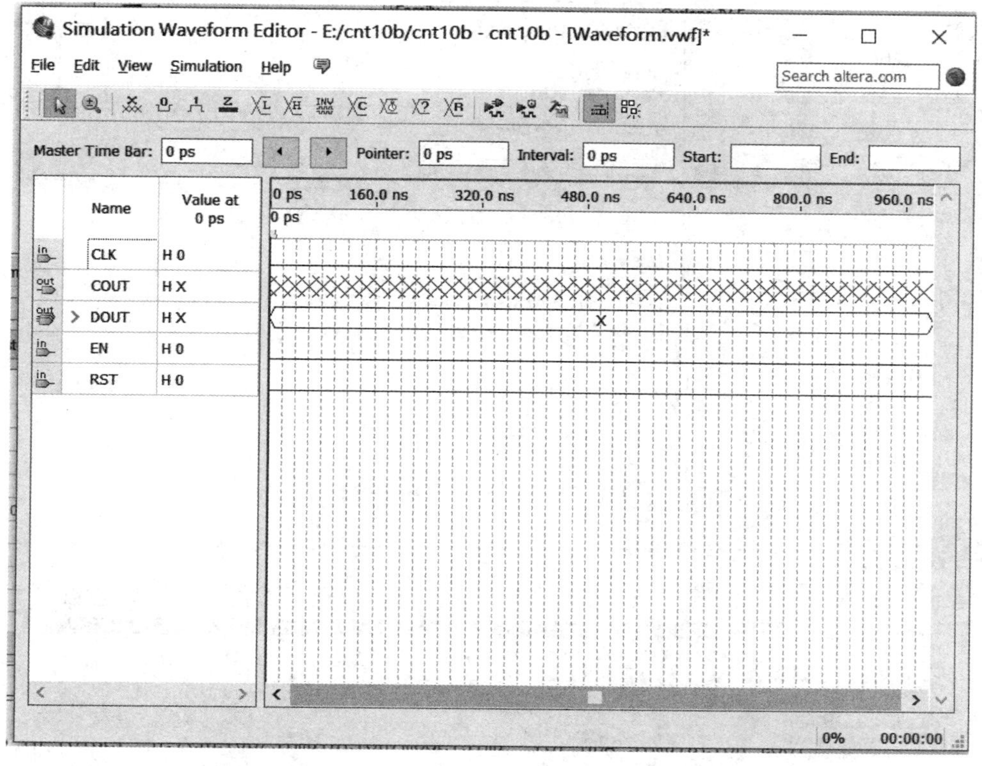

图 5.14　设置时钟 CLK 的周期

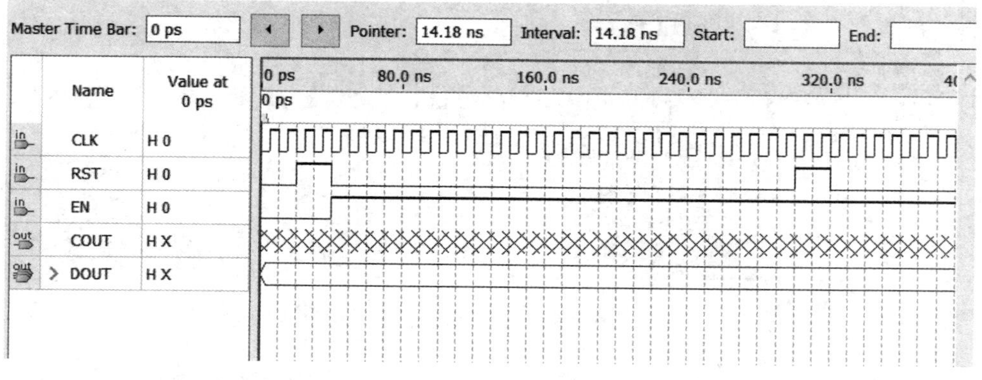

图 5.15　设置好的激励波形图

如果在启动仿真运行(Processing→Run Simulation)后，并没有出现仿真完成后的波形图，而是出现文字“Can't open Simulation Report Window”，但报告仿真成功，则可自己打开仿真波形报告，选择菜单 Processing→Simulation Report 命令。

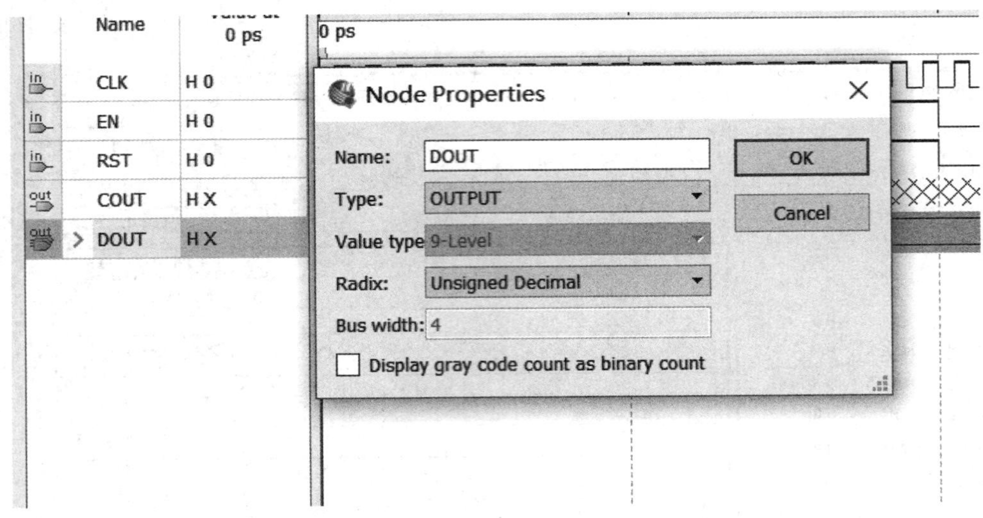

图 5.16　选择总线数据格式

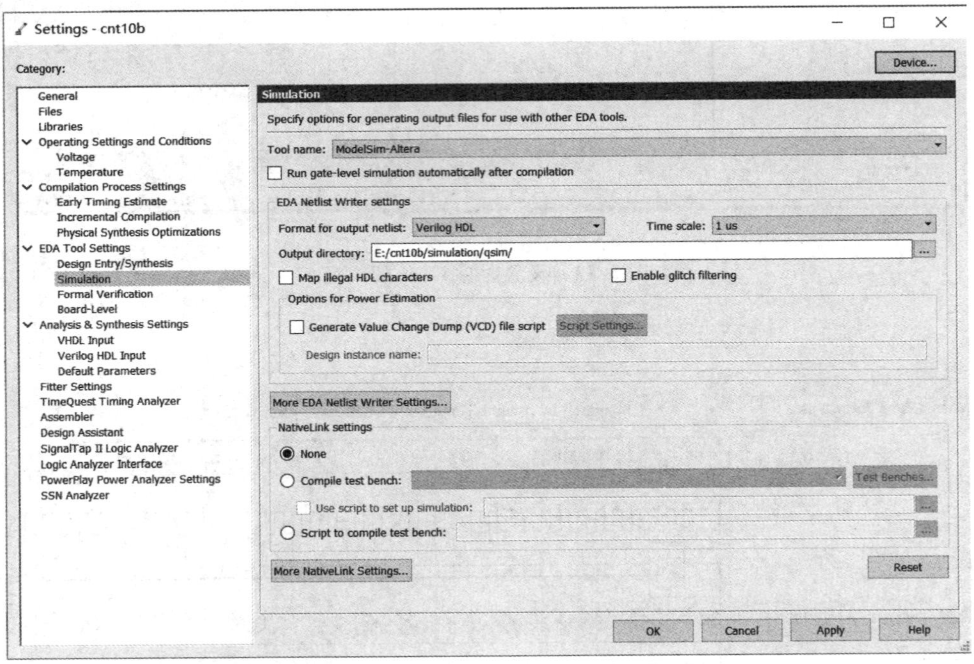

图 5.17　选择仿真控制

如果波形在仿真过程出现 failed to access library 错误，那么点击主界面的 tool 按钮，点击 launch simulation library compiler，然后在弹出的如图 5.19 所示界面设置即可。然后点击 start compilation，就会出现 5.20 所示界面，等待界面运行结束，仿真波形图就会显示出来。

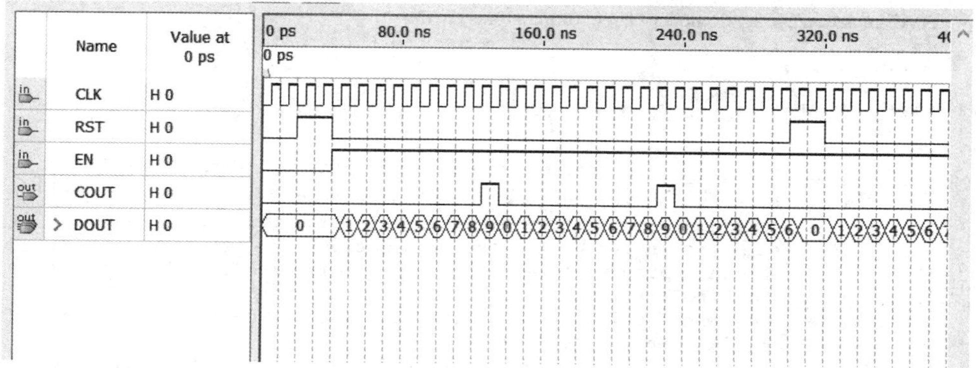

图 5.18　仿真波形输出

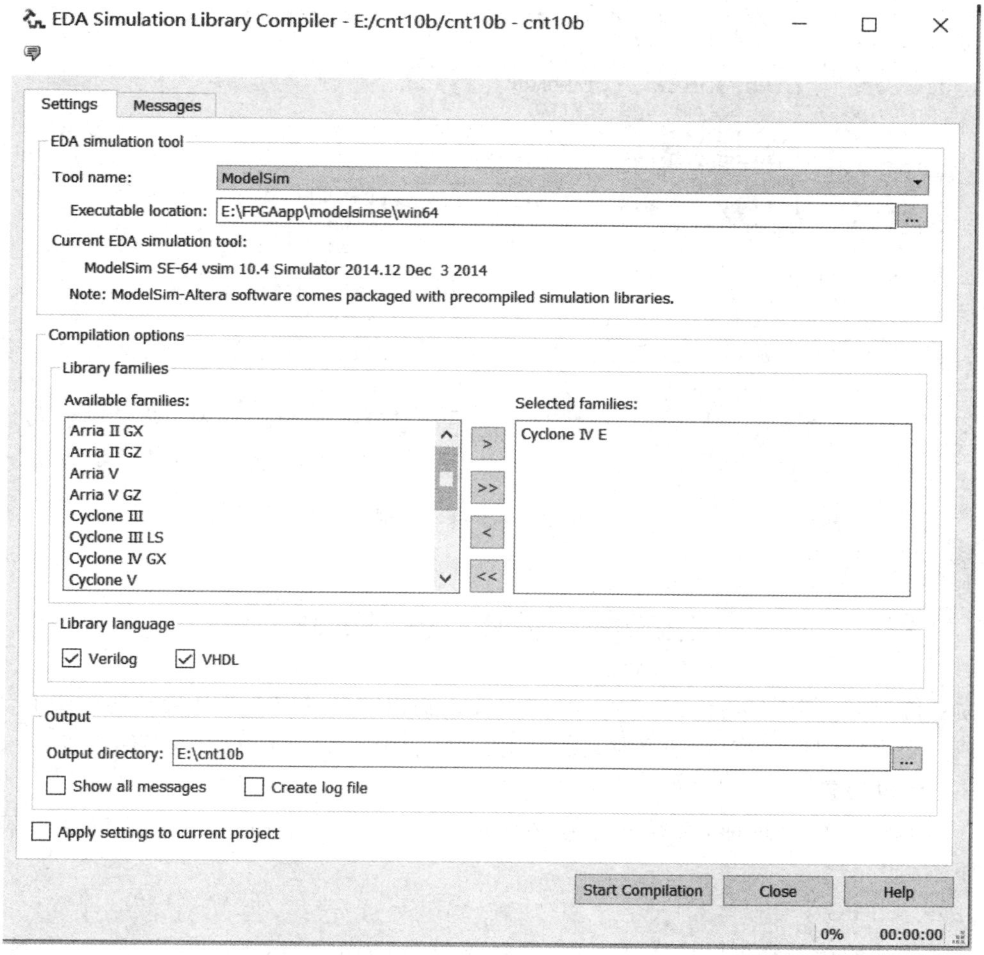

图 5.19　library 设置

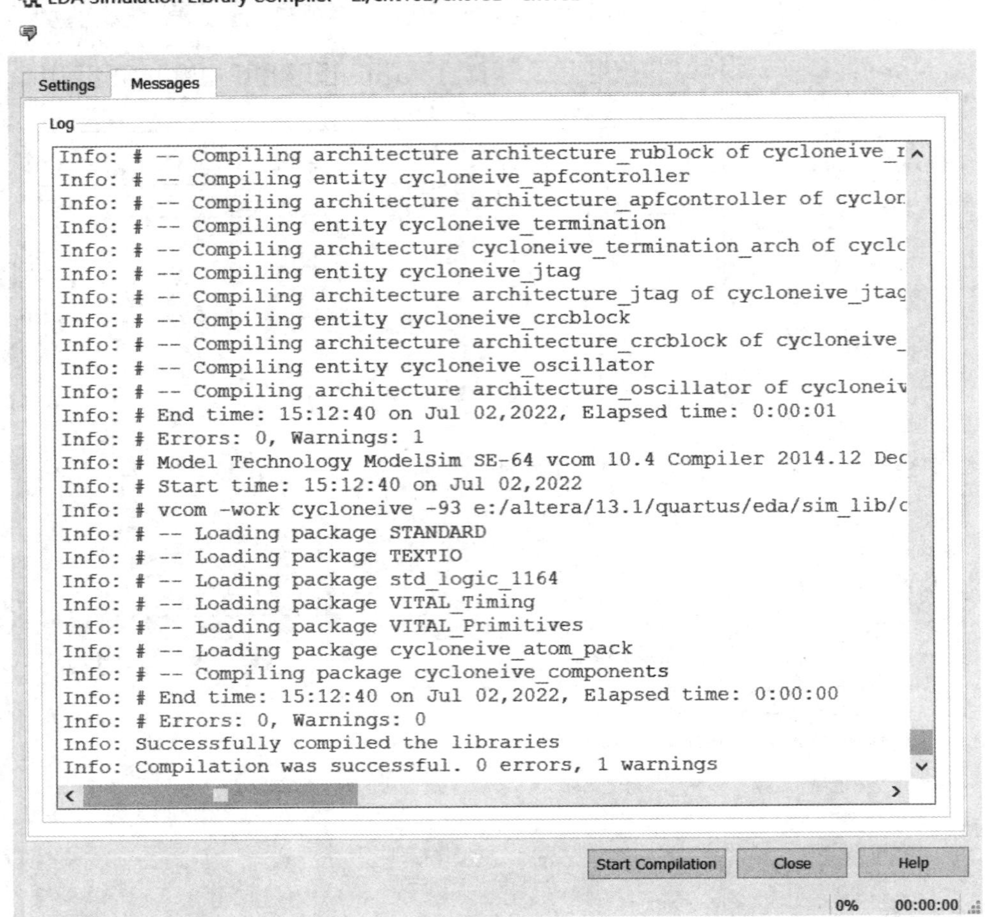

图 5.20　messages 界面

第二节　引脚设置与下载

为了能对此计数器进行硬件测试，应将其输入输出信号锁定在芯片确定的引脚上，编译后下载。当硬件测试完成后，还必须对配置芯片进行编程，完成 FPGA 的最终开发。

一、参数设置

在引脚设置前处理前，必须先做好必要的设置，然后才能进行编译下载等步骤，步骤如下。

1. 选择 FPGA 目标芯片

目标芯片的选择也可以这样来实现：选择菜单 Assignments→settings 命令，在弹出的对话框中（如图 5.21 所示）选择 Category 项下的 Device。首先选择目标芯片为 EP4CE55F23C8（此芯片已在建立工程时选定了）。

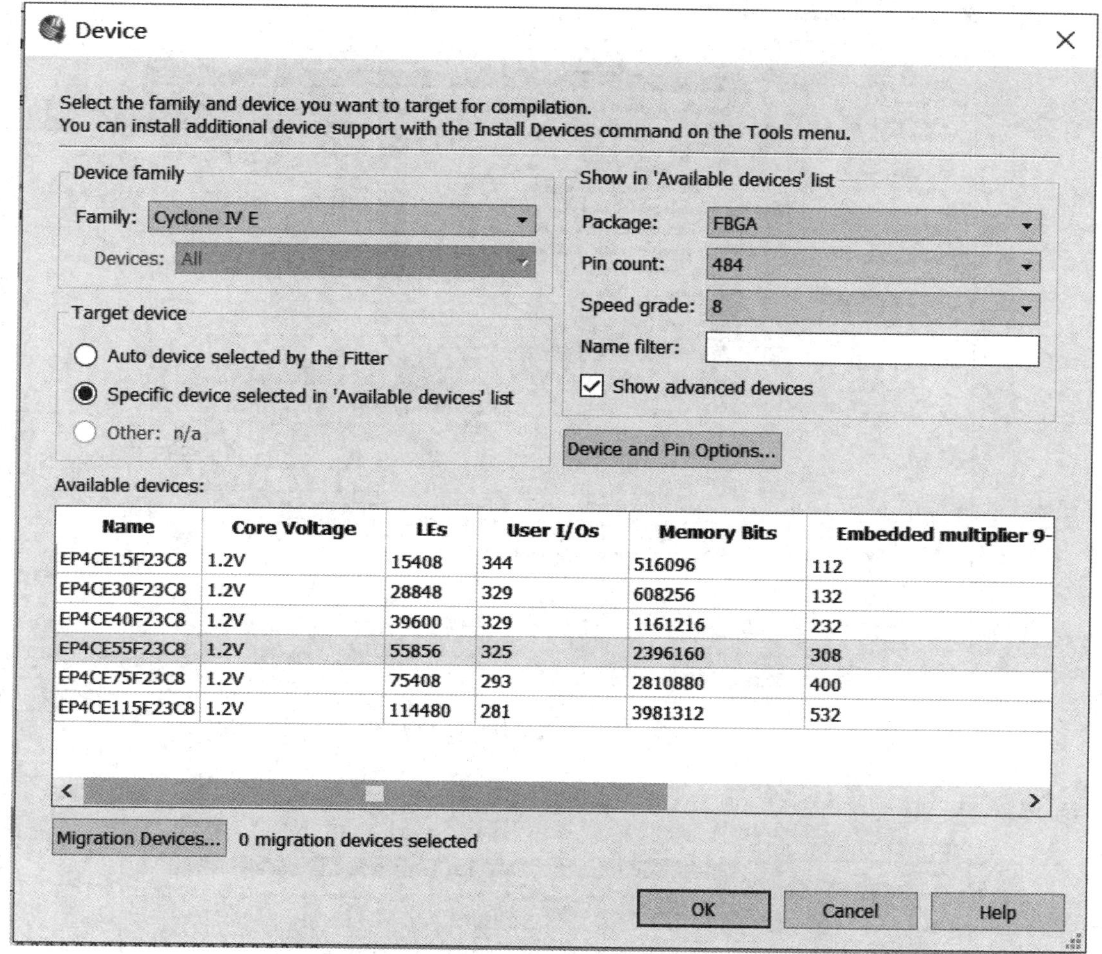

图 5.21　选择目标芯片为 EP4CE55F23C8

2. 选择配置器件的工作方式

单击图 5.21 中的 Device & Pin Options 按钮，进入选择窗，将弹出 Device & Pin Options 窗口，首先单击 General 标签(见图 5.22)。

在 Options 栏中选中 Auto-restart Configuration after error，使对 FPGA 的配置失败后能自动重新配置，并加入 JTAG 用户编码。注意窗口下方，将随鼠标单击的项目名而显示对应的帮助说明，用户可随时参考。

3. 选择配置器件和编程方式

如果希望对编程配置文件能在压缩后下载进配置器件中(当配置器件向 Cyclone 器件配置时，Cyclone 器件能识别压缩过的配置文件，并能对其进行实时解压)，可在编译前做好设置。在此，单击图 5.22 所示的 Configuration 标签，即出现图 5.23 所示窗口。选中 Generate Compressed bitstreams 复选框，就能产生用于 EPCS 的 POF 压缩配置文件。

在 Configuration 标签中，选择配置器件为 EPCS1，其配置模式可选择 Active Serial。这种

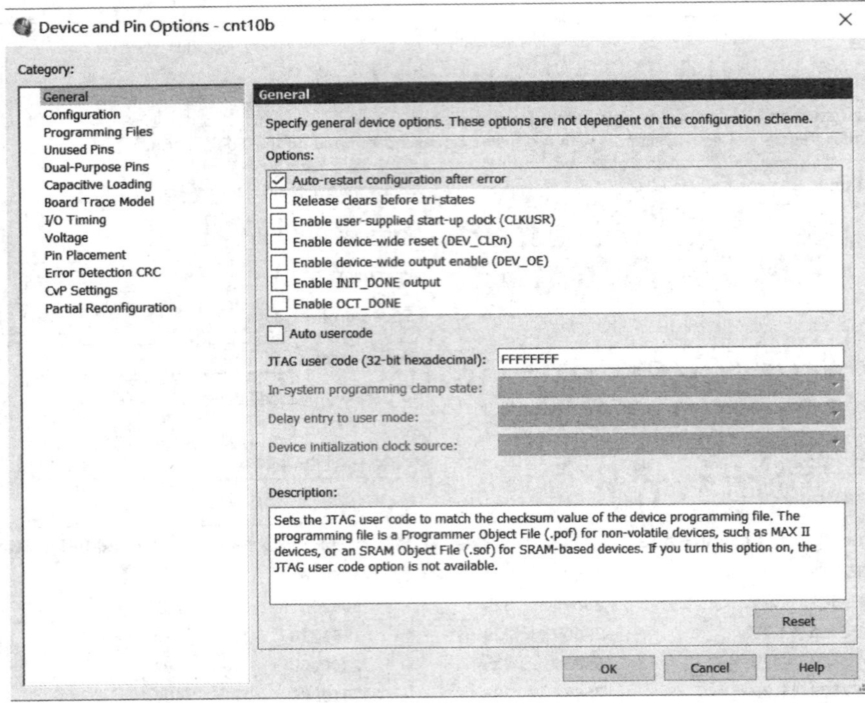

图 5.22　选择配置器件的工作方式

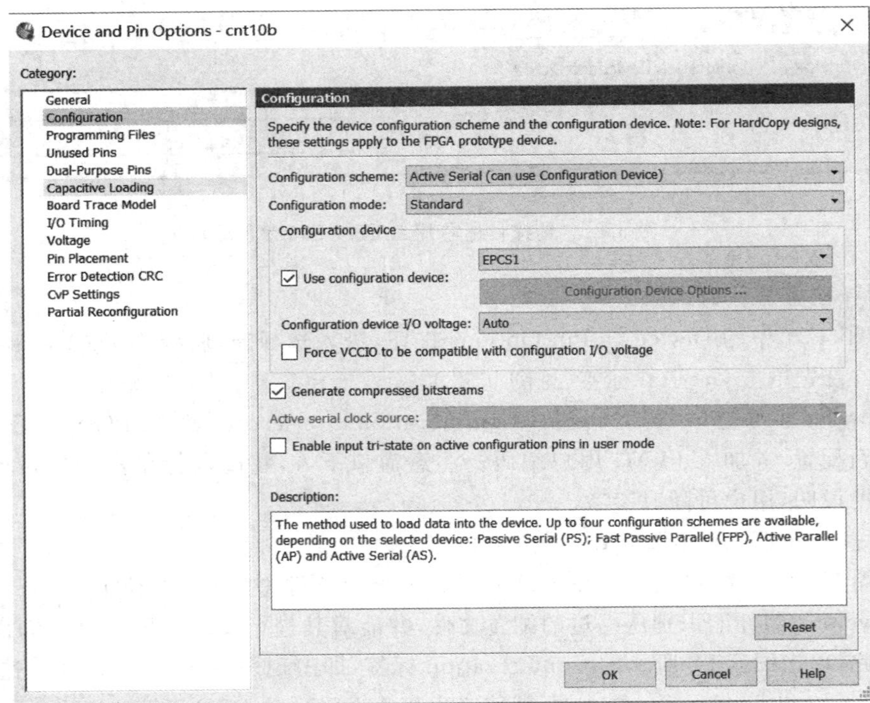

图 5.23　选择配置器件和编程方式

方式只对专业的Flash技术的配置器件(专用于Cyclone系列FPGA的EPCS4和EPCS1等)进行编程。注意,PC机对FPGA的直接配置方式都是JTAG方式,而对于FPGA进行所谓"掉电保护式"编程通常有两种:主动串行模式(AS Mode)和被动串行模式(PS Mode)。

对EPCS4/EPCS1的编程模式必须用AS Mode。所以在选择了AS(Active Serial)模式后,必须在Configuration device项中选择配置器为EPCS4或EPCS1(注意应根据实验系统上目标器件配置的EPCS芯片型号决定)。

4. 选择输出设置(此项操作可不做,即保持默认)

单击Programming Files标签,选中Hexadecimal (Intel-Format) output file,即在生成下载文件的同时,产生2进制配置文件singt. hexout,并设地址起始为0的递增方式。此文件可用于单片机或CPLD与EPROM构成的FPGA配置电路系统。

5. 选择目标器件闲置引脚的状态(此项操作可不做)

单击图5.23所示窗口的Unused Pins标签,此页中可根据实际需要选择目标器件闲置引脚的状态可选择为输入状态(呈高阻态,推荐),或输出状态(呈低电平),或输出不定状态,或不作任何选择。

二、引脚锁定

(1) 假设现在已打开了cnt10工程,选择菜单Tools→Assignments命令,即进入如图5.24所示的Assignment Editor编辑器窗。在Category栏中选择Pin,或直接单击右上侧的Pin按钮,然后取消选中Show assignments for specific nodes复选框。

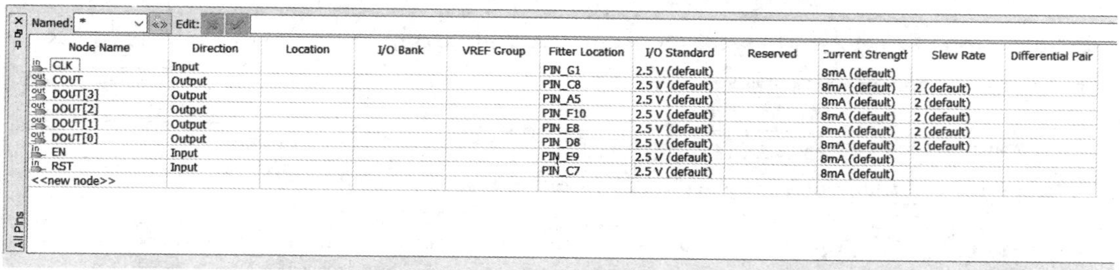

Named: * Edit:

Node Name	Direction	Location	I/O Bank	VREF Group	Fitter Location	I/O Standard	Reserved	Current Strength	Slew Rate	Differential Pair
CLK	Input				PIN_G1	2.5 V (default)		8mA (default)		
COUT	Output				PIN_C8	2.5 V (default)		8mA (default)	2 (default)	
DOUT[3]	Output				PIN_A5	2.5 V (default)		8mA (default)	2 (default)	
DOUT[2]	Output				PIN_F10	2.5 V (default)		8mA (default)	2 (default)	
DOUT[1]	Output				PIN_E8	2.5 V (default)		8mA (default)	2 (default)	
DOUT[0]	Output				PIN_D8	2.5 V (default)		8mA (default)	2 (default)	
EN	Input				PIN_E9	2.5 V (default)		8mA (default)		
RST	Input				PIN_C7	2.5 V (default)		8mA (default)		
<<new node>>										

All Pins

图5.24　Assignment Editor编辑器

(2) 双击TO栏的"new",在出现的如图5.25所示的下拉列表中分别选择本工程要锁定的端口信号名;然后双击对应的Location栏的"new",在出现的下拉列表中选择对应端口信号名的器件引脚号,如对应cq[3],选择42脚。

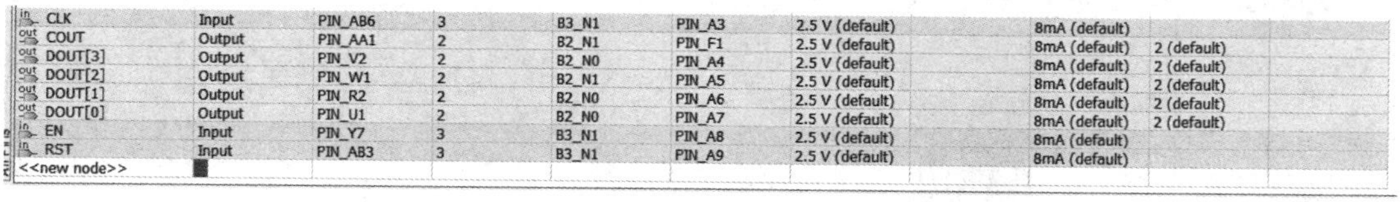

CLK	Input	PIN_AB6	3	B3_N1	PIN_A3	2.5 V (default)		8mA (default)		
COUT	Output	PIN_AA1	2	B2_N1	PIN_F1	2.5 V (default)		8mA (default)	2 (default)	
DOUT[3]	Output	PIN_V2	2	B2_N0	PIN_A4	2.5 V (default)		8mA (default)	2 (default)	
DOUT[2]	Output	PIN_W1	2	B2_N1	PIN_A5	2.5 V (default)		8mA (default)	2 (default)	
DOUT[1]	Output	PIN_R2	2	B2_N0	PIN_A6	2.5 V (default)		8mA (default)	2 (default)	
DOUT[0]	Output	PIN_U1	2	B2_N0	PIN_A7	2.5 V (default)		8mA (default)	2 (default)	
EN	Input	PIN_Y7	3	B3_N1	PIN_A8	2.5 V (default)		8mA (default)		
RST	Input	PIN_AB3	3	B3_N1	PIN_A9	2.5 V (default)		8mA (default)		
<<new node>>										

图5.25　已将所有引脚锁定完毕

Assignment Editor窗口中还能对引脚作进一步的设定,如在I/O Standard栏,配合芯片的不同的I/O Bank上,加载的VCCIO电压,选择每一信号的I/O电压;在Reserved栏,可对某些空闲的I/O引脚的电气特性作设置,而在Signal Probe…等选择栏,可对指定的信号作探测信号的设定。

(3) 最后存储这些引脚锁定的信息后必须再编译(启动 Start Compilation)一次，才能将引脚锁定信息编译进编程下载文件中。此后就可以准备将编译好的 SOF 文件下载到实验系统的 FPGA 中去了。

以上在引脚锁定中使用了 Assignment Editor。事实上 Assignment Editor 还有许多其他功能，它是 Quartus Ⅱ 中建立和编辑设置的界面。分配用于在设计中为逻辑指定各种选项和设置，包括位置、I/O 标准、时序、逻辑选项、参数、仿真、布线布局控制、适配优化和引脚设置等。使用 Assignment Editor 还可以通过 Node Finder 选择要设置的特定节点和实体；显示有关特定设置的信息；添加、编辑或删除选定节点的设置；还可以向设置添加备注，或查看设置和配置文件。

三、配置文件下载

1. 将编译产生的 SOF 格式配置文件配置进 FPGA 中

(1) 打开编程窗和配置文件。首先将实验系统和并口通信线连接好，打开电源。

选择菜单 Too→Programmer 命令，于是弹出如图 5.26 所示的编程窗。在 Mode 栏中有 4 种编程模式可以选择：JTAG、Passive Serial、Active Serial 和 In-Socket。为了直接对 FPGA 进行配置，在编程窗的编程模式 Mode 中选择 JTAG(默认)，并选中打勾下载文件右侧的第一小方框。注意要仔细核对下载文件路径与文件名。如果此文件没有出现或有错，单击左侧“Add File...”按钮，手动选择配置文件 cnt10. sof。

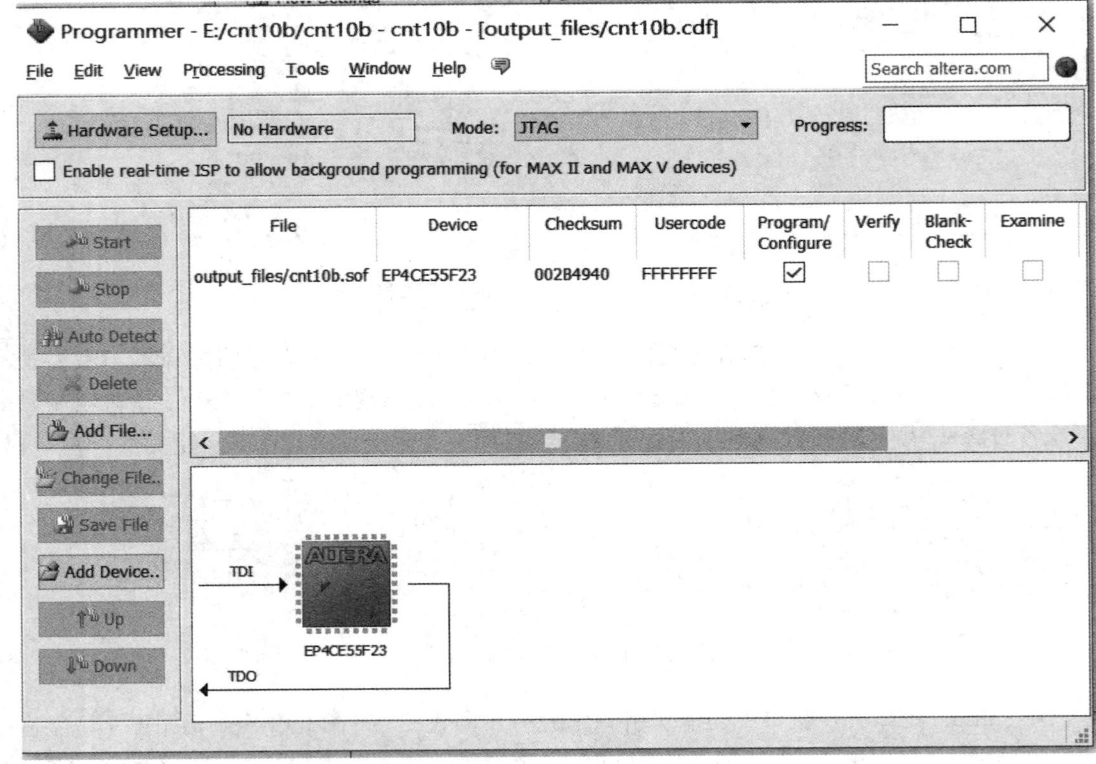

图 5.26　选择编程下载文件

(2) 设置编程器。若是初次安装的 Quartus Ⅱ,在编程前必须进行编程器选择操作。

这里准备选择 ByteBlaster [LPT1]。单击 Hardware Setup 按钮可设置下载接口方式(如图 5.27 所示),在弹出的 Hardware Setup 对话框(如图 5.27 所示),单击 Hardware Settings 标签,再双击此页中的选项 USB-Blaster 之后,单击 Close 按钮,关闭对话框即可。这时应该在编程窗口右上角显示出编程方式:USB-Blaster [LPT1](如图 5.28 所示)。

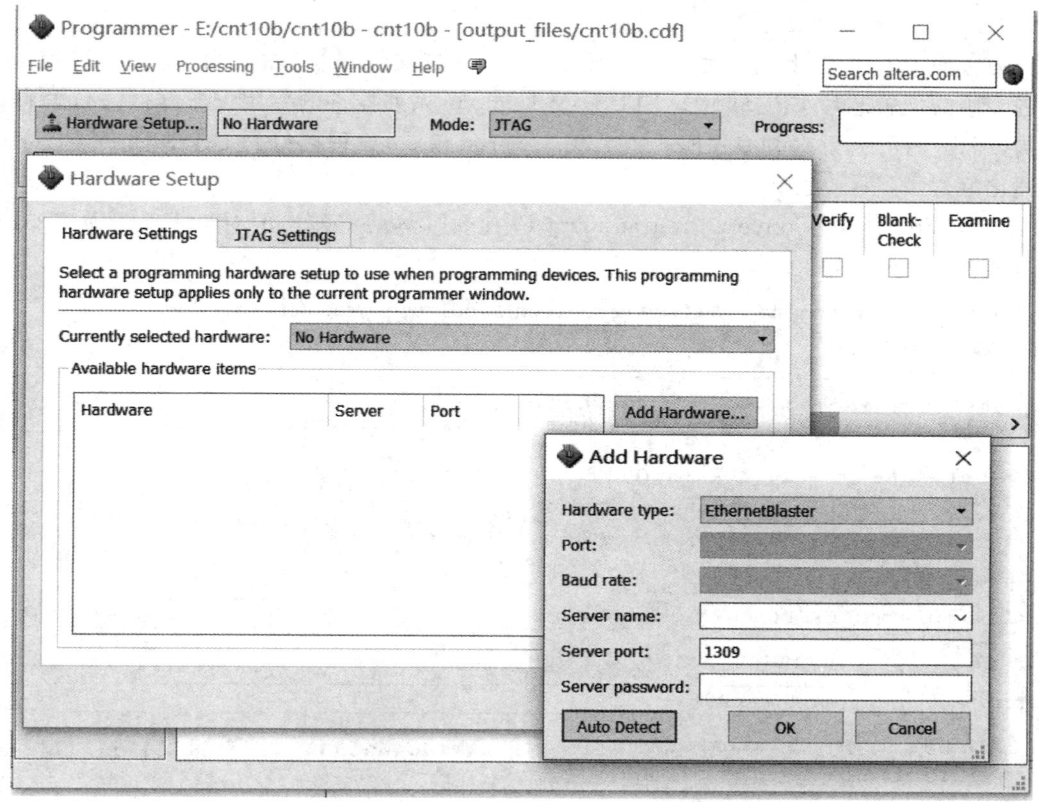

图 5.27 加入编程下载方式

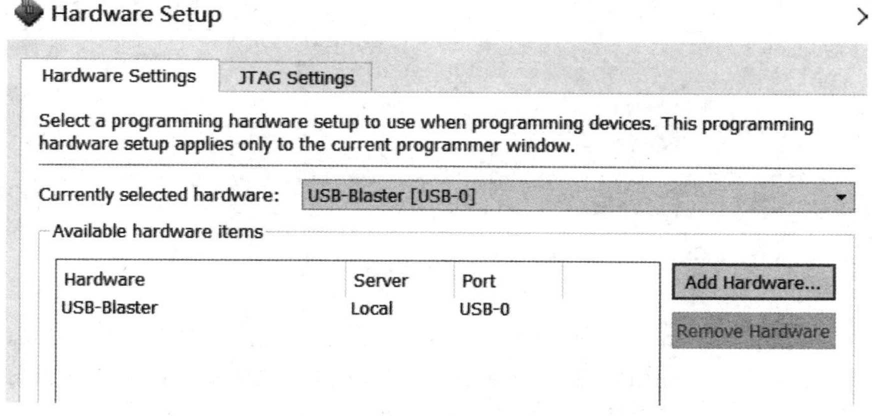

图 5.28 双击选中的编程方式

如果打开图 5.26 所示的窗口内 Currently selectedhardware 右侧显示 No Hardware，则必须加入下载方式，即单击 Add Hardware 按钮，在弹出的窗口中单击 OK 按钮。

(3) 下载配置文件。最后单击图 5.26 中下载 Start 按钮，即进入对目标器件 FPGA 的配置下载操作。当 Progress 显示出 100%，以及在底部的处理栏中出现 Configuration Succeeded时，表示编程成功。注意，如有必要，可再次单击 Start 按钮，直至编程成功。

2. 编程配置文件

为了使 FPGA 在上电启动后仍然保持原有的配置文件并能正常工作，必须将配置文件写进专用的配置芯片 EPCSx 中。EPCSx 是 Cyclone 系列器件的专用配置器件，Flash 存储结构，编程周期 10 万次。编程模式为 Active Serial 模式，编程接口为 ByteBlaster。以下给出固化流程。

点击“File”下的“Convert Programming Files…”，然后将弹出的对话框按照如图 5.29 所示设置：

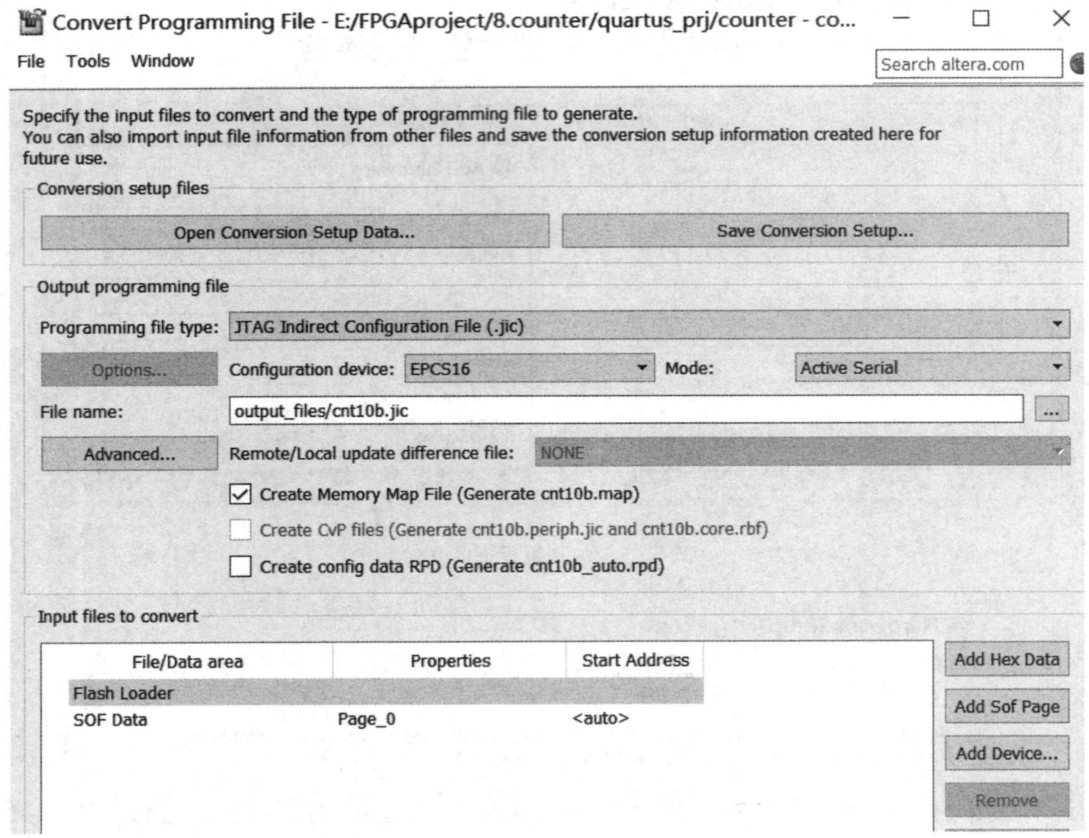

图 5.29　程序的固化(一)

“Programming file type:”栏是选择输出文件的类型，我们选择“JTAG Indirect Conflguration File(.jic)”。“Conflguration device:”栏是 flash 的型号，我们选择“EPCS16”，“File name:”栏是选择输出。Jic 文件的位置，重命名为“output_files/cnt10b.jic”。

然后点击“Input files to convert”框中的“Flash Loader”后会发现“Add Device”可以选

择，然后点击“Add Device”。如图 5.30 所示，选择所使用的芯片型号。

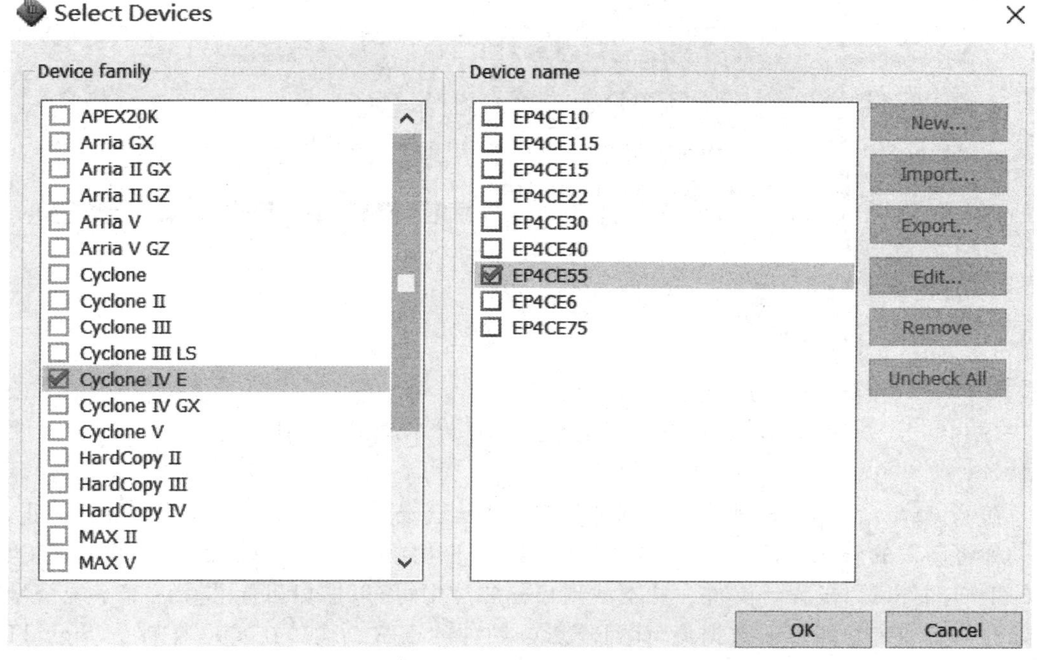

图 5.30 程序的固化(二)

点击 OK 按钮，再点击“Input files to convert”框中 SOF_Data，然后，再选中“Add Device”。然后点击 Generate，出现如图 5.31 所示界面，再点击 OK 按钮。

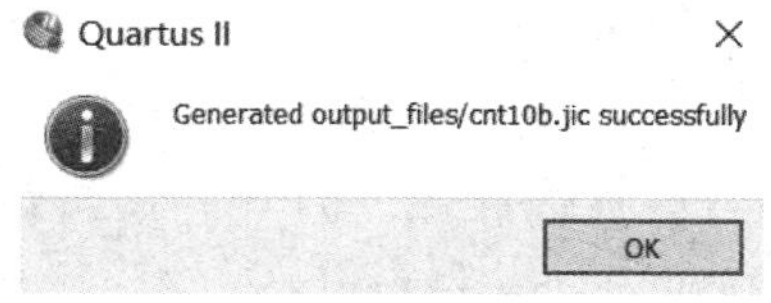

图 5.31 程序的固化(三)

然后点击 close，关闭界面，再回到下载界面，点击“Delete”将其删除。如图 5.32 所示

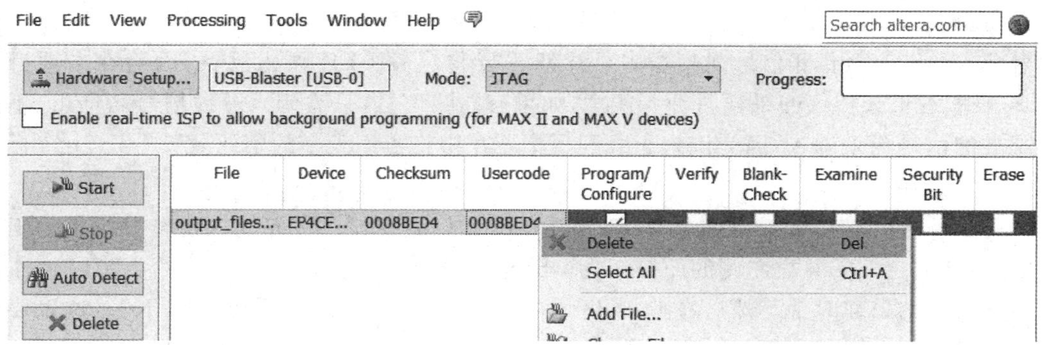

图 5.32 程序的固化(四)

点击“Add File…”将“cnt10b. jic”文件添加进来，如图 5. 33 所示，然后点击“Start”执行程序的固化。

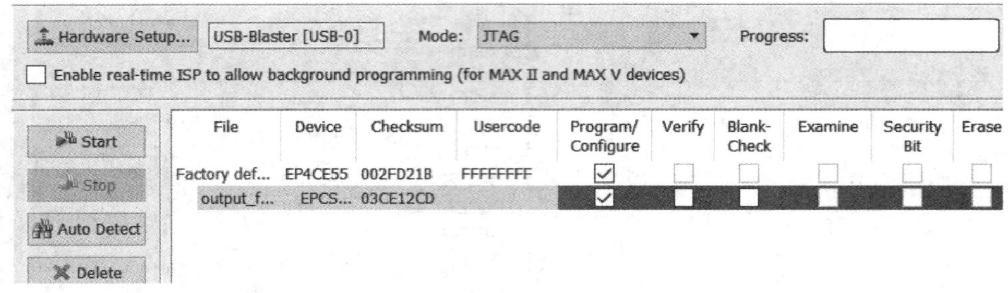

图 5. 33　程序的固化(五)

第三节　SignalTap Ⅱ实时测试

在 Quartus Ⅱ中有一种非常实用的测试工具——嵌入式逻辑分析仪 SignalTap Ⅱ，它是一种将高效的硬件测试手段和传统的系统测试方法结合在一起形成的全新的测试工具。它的采样部件可以随设计文件一并下载到目标芯片中，用以捕捉目标芯片内部系统信号节点处的信息或者总线上的数据流，而且不影响硬件的正常工作。在实际监测中，SignalTap Ⅱ将测得的样本信息暂存于目标器件的嵌入式 RAM 中，然后通过其间的 JTAG 端口将信息读出，送入计算机进行显示和分析。

SignalTap Ⅱ允许对设计中的所有层次的模块信号节点进行测试，可以使用多时钟驱动，而且还能通过设置以确定前后触发捕捉信号信息的比例。

使用 SignalTap Ⅱ的基本流程如下。

1. 打开编辑窗口

选择 File→New 命令，在 New 窗口的 Other Files 中选择 SignalTap Ⅱ File，点击确定，出现图 5. 34 所示窗口，即为 SignalTap Ⅱ编辑窗口。

2. 调入待测信号

首先单击上排 Instance 栏内的 auto_signaltap_0，将名字改为 cnt10，这是其中一组待测信号名。然后在该栏下的空白处双击，弹出 Node Finder 窗口，如图 5. 35 所示。单击 List 按钮，在左栏出现与工程相关的所有信号。选择需要观察的信号，单击 OK 按钮即可将这些信号调入 SignalTap Ⅱ信号观察窗口。注意不要将主频 CLK 调入观察，因为在本项目中 CLK 兼做逻辑分析仪的采样时钟。注意，如果有总线信号，只需调入总线信号名即可，不需要观察的信号无须调入，因为调入下载到目标芯片中将占用太多的资源。

3. 参数设置

单击 setup 选项卡，出现如图 5. 36 所示的参数设置窗口。首先输入逻辑分析仪的工作时钟 clk。单击 Clock 栏左侧的…按钮，弹出 Node Finder 窗口，选中工程的主频时钟作为逻辑分析仪的采样时钟。然后在 Data 区域的 Sample 栏选择采样深度为“1 K”。这里要注意，采样深度一旦确定，则 cnt10 信号组的每一位信号都获得同样的采样深度。所以必须根据待测信号的采样要求、信号组的信号数量以及目标芯片的资源情况综合考虑。

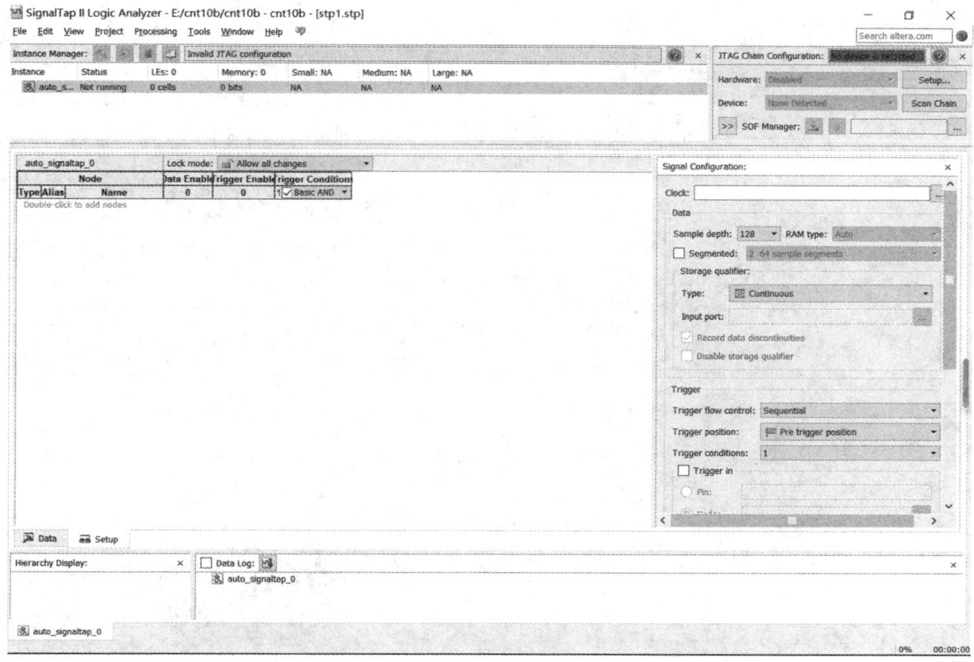

图 5.34　SignalTap Ⅱ编辑窗口

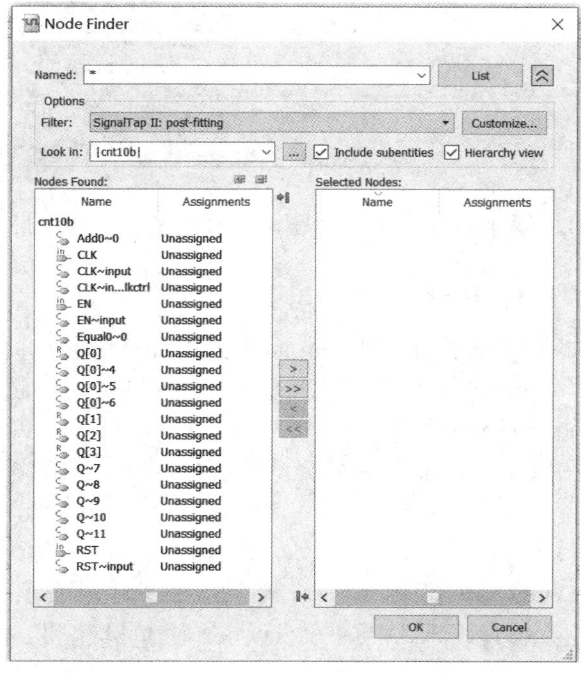

图 5.35　输入 SignalTap Ⅱ测试信号

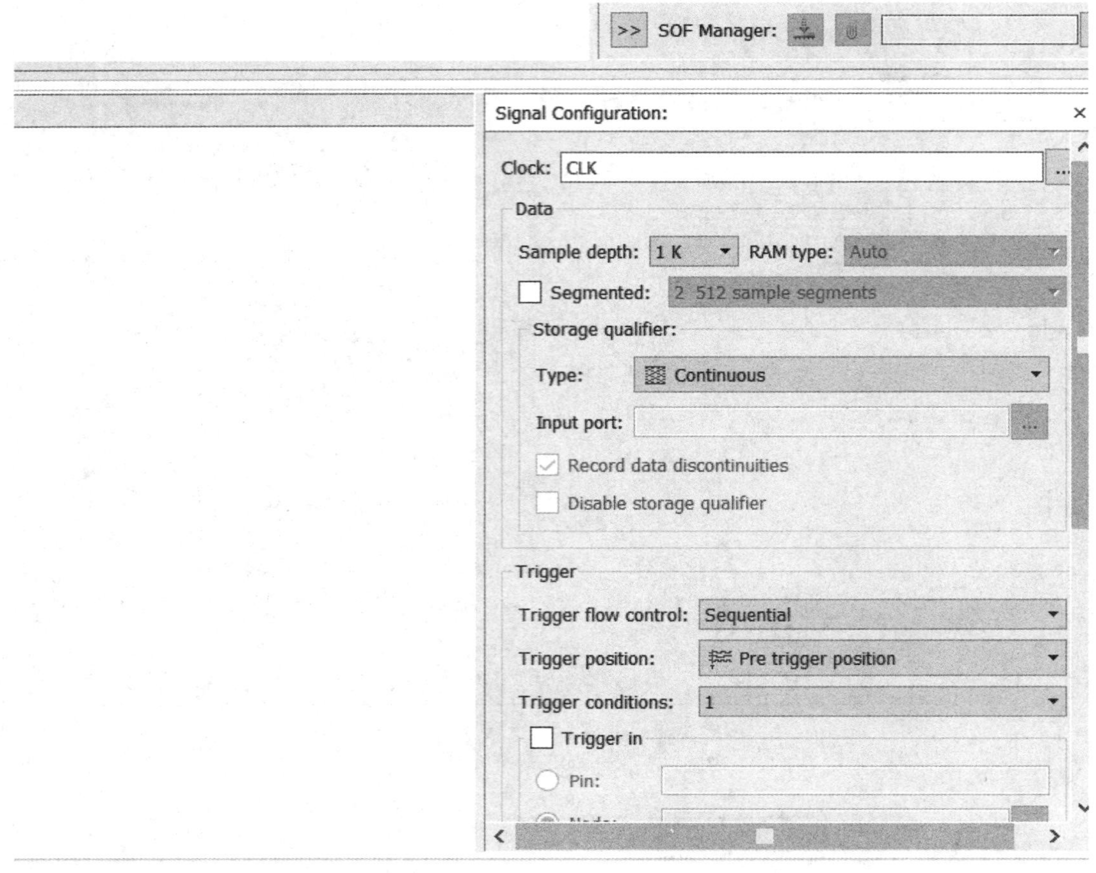

图 5.36 SignalTap Ⅱ参数设置

然后根据待测信号的要求，在 trigger 栏选择开始触发的位置。最后是触发信号和触发方式的选择。可根据具体要求去选定。

4. 文件存盘

选择菜单 File→Save as 命令，输入此 SignalTap Ⅱ的文件名为 stp1. stp，单击保存，出现提示："Do you want to enable ..."，单击"是"，表示同意编译时将此文件与该工程捆绑在一起综合适配，从而一起下载到目标芯片中。

需要注意的是，利用 SignalTap Ⅱ完成测试后，在构成产品前，应该将此文件从芯片中去除。

5. 编译下载

选择 Processing→Start Compilation 命令，启动全程编译。编译结束后，SignalTap Ⅱ的观察窗口自动打开。若没有打开，选择菜单 Tools→SignalTap Ⅱ Analyzer 命令，打开观察窗口。

编译完成后，打开试验箱电源，连接好下载端口，进行下载。

6．启动 SignalTapII 进行采样分析

如图 5.37 所示，单击 cnt10，再单击 Processing→Autorun Analyzer 按钮，启动采样。使能为高电平，就能在 SignalTap Ⅱ的数据窗口观察到来自目标芯片内部的实时信号。如果希望观察到类似模拟波形的数字信号波形，可以右键单击信号名，在下拉菜单中选择总线显示模式为 Line Chart，即可获得如图 5.38 所示的“模拟”信号波形。

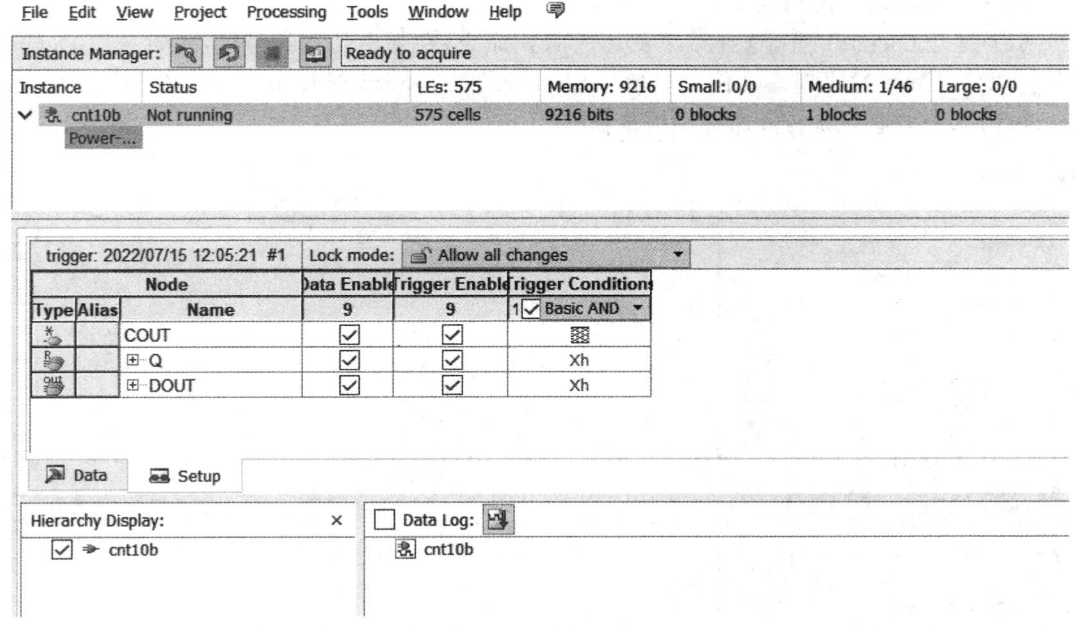

图 5.37　SignalTap Ⅱ监测数据

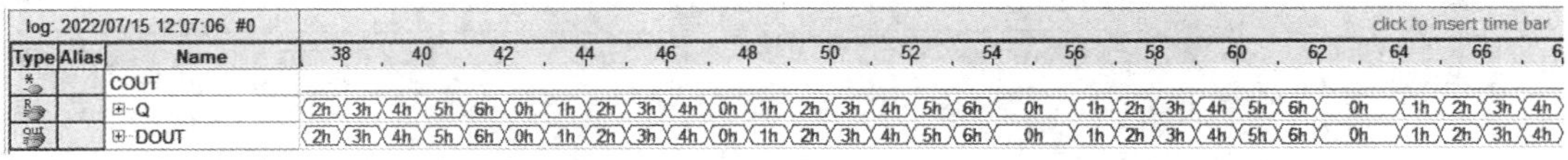

图 5.38　SignalTap Ⅱ数据窗口设置后的波形

在上述实例中，SignalTap Ⅱ采样时钟选用了被测电路的工作时钟，但是在实际应用中多数情况采用独立的采样时钟，这样就能采集被测系统中的慢速信号。

第四节　原理图设计

Quatus Ⅱ提供了功能强大、直观便捷、操作灵活的原理图输入功能，同时还有适用于各种需要的元件库，包含了基本逻辑元件库宏功能元件等。采用原理图设计同样能够使用层次化设计功能，满足用户的更高需求。

在此拟利用原理图输入设计方法完成 1 位全加器的设计。1 位全加器可以用两个半加器及一个或门连接而成，因此需要首先完成半加器的设计。下面将给出使用原理图输入的

方法进行底层元件设计和层次化设计的主要步骤，流程与本章第二节的介绍基本一致。事实上，除了最初的输入方法稍有不同外，与应用 VHDL 的文本输入流程是基本相同的。

1. 为本项工程设计建立文件夹

本项设计的文件夹取名为 adder，路径为 E:/adder。

2. 输入设计项目和存盘

原理图编辑输入流程如下：

(1) 打开 Quartus Ⅱ，选择菜单 File→New 命令，在弹出的 New 对话框中选择 Device Design Files 标签的原理图文件编辑输入项 Block Diagram /Schematic File(如图 5.39 所示)，单击 OK 按钮后将打开原理图编辑窗。

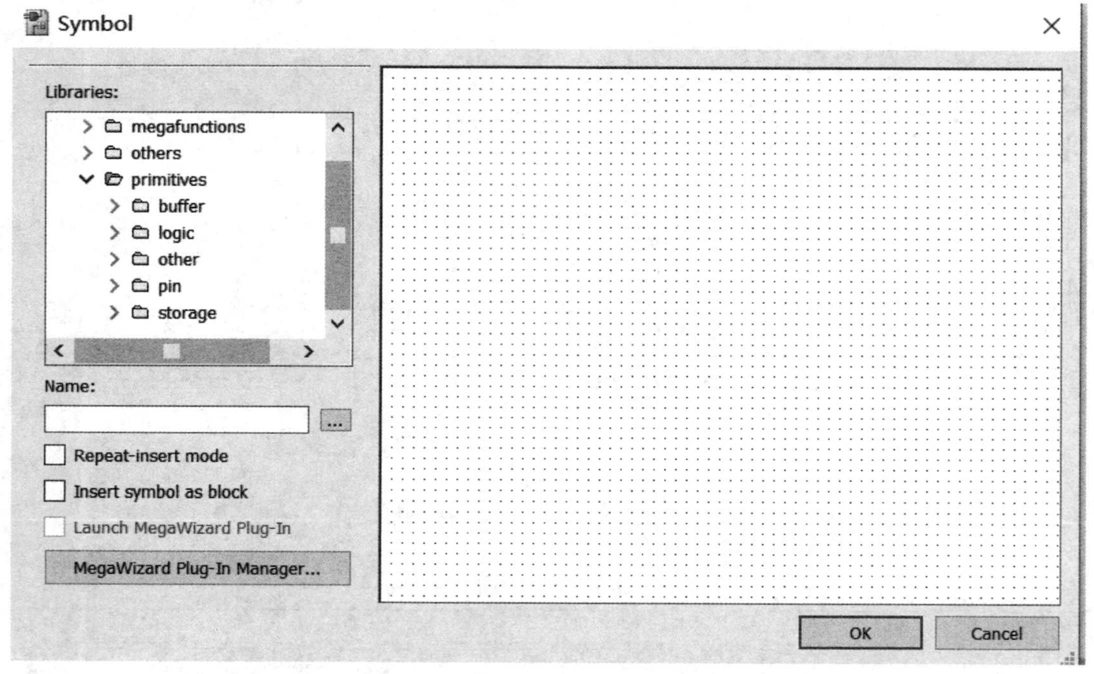

图 5.39　输入元件的对话框

(2) 在编辑窗中的任何一个位置上单击鼠标右键，在弹出的快捷菜单中选择其中的输入元件项 Insert→Symbol，于是将弹出如图 5.39 所示的输入元件的对话框。

(3) 单击…按钮，找到基本元件库路径 D:/altera\quartus41\libraries\primitives\logic 项(假设 Quartus Ⅱ安装在 d 盘 altera 的文件夹)，选中需要的元件，单击打开按钮，此元件即显示在窗口中，然后单击 Symbol 对话框的 OK 按钮，即可将元件调入原理图编辑窗中。例如为了设计半加器，分别调入元件 and2、not、xnor 和输入输出引脚 input 和 output(也可以在图 5.39 窗的左下角栏内分别输入需要的元件名)，并如图 5.40 所示用单击拖动的方法连接好电路，然后分别在 input 和 output 的 PIN NAME 上双击使其变黑色，再用键盘分别输入各引脚名：a、b、co 和 so。

(4) 选择菜单 File→Save As 命令，选择刚才为自己的工程建立的目录 E:/adder，将已设计好的原理图文件取名为：h_adder. bdf(注意默认的后缀是. bdf)，并存盘在此文件夹内。

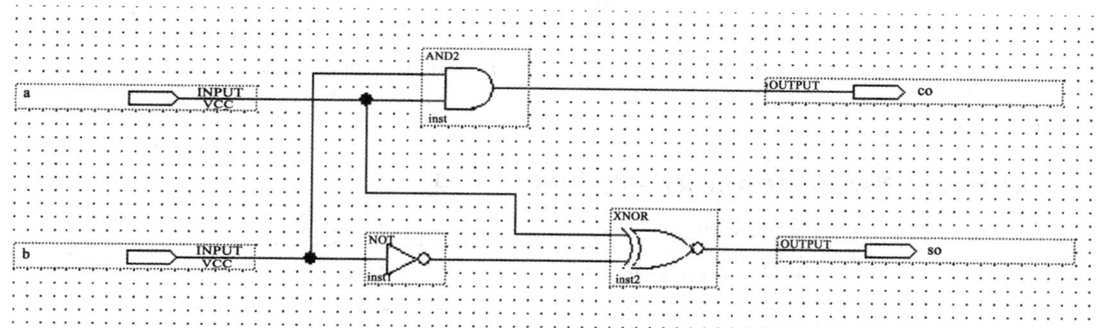

图 5.40 将所需元件全部调入原理图编辑窗并连接好

3. 将设计项目设置成可调用的元件

为了构成全加器的顶层文件，必须将以上设计的半加器 h_adder. bdf 设置成可调用的元件。在打开半加器原理图文件 h_adder. bdf 的情况下，选择菜单 File→Create/ Update→Create Symbol Files for Current File 命令，即可将当前文件 h_adder. bdf 变成一个元件符号存盘，以待在高层次设计中调用。

使用完全相同的方法也可以将 VHDL 文本文件变成原理图中的一个元件符号，实现 VHDL 文件设计与原理图的混合输入设计方法。转换中需要注意以下两点：

(1) 转换好的元件必须存在当前工程的路径文件夹中。

(2) 只能针对被打开的当前文件。

4. 设计全加器顶层文件

为了建立全加器的顶层文件，必须再打开一个原理图编辑窗，方法同前，即再次选择菜单 File→New→原理图文件编辑输入项 Block Diagram/Schematic File 命令。

在新打开的原理图编辑窗双击鼠标，在弹出的如图 5.39 所示的窗中选择 h_adder. bdf 元件所在的路径 E:/adder，调出元件，并连接好全加器电路图(如图 5.41 所示)。

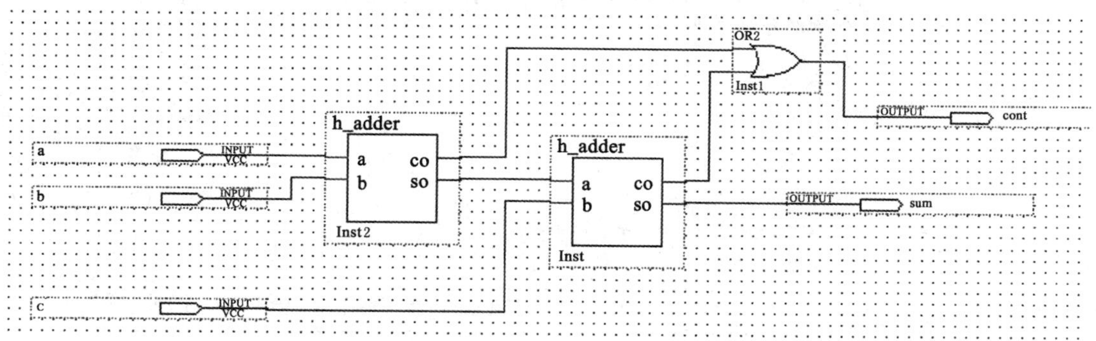

图 5.41 连接好全加器电路图 f_adder. bdf

以 f_adder. bdf 为名将此全加器设计存于同一路径：D:/adder 的文件夹中。

5. 将设计项目设置成工程和时序仿真

将顶层文件 f_adder. bdf 设置为工程的方法与本章第二节给出的方法完全一样。图 5.42所示是 f_adder. bdf 的工程设置窗，其工程名和顶层文件名都是 f_adder。

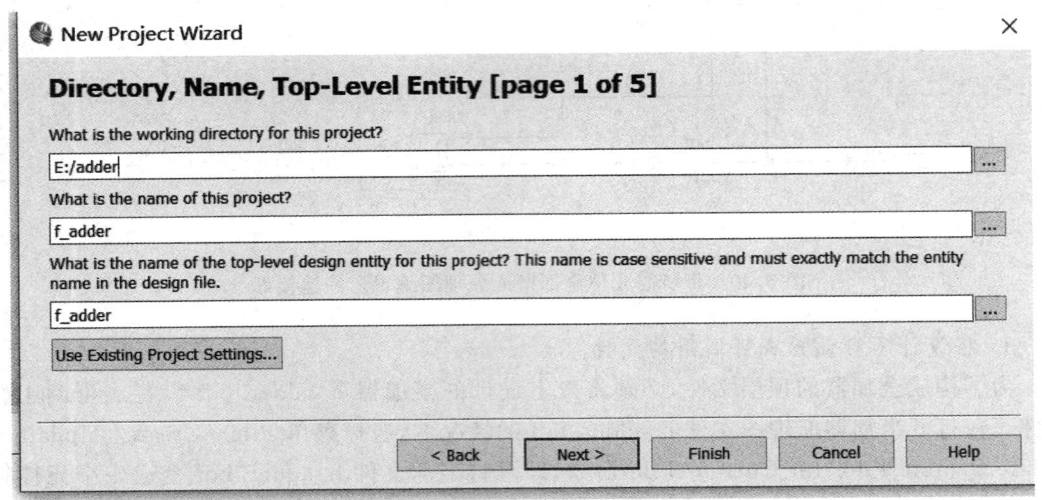

图 5.42 f_adder. bdf 的工程设置窗

图 5.43 是工程文件加入窗，最后还有选择目标器件。工程完成后即可进行全程编译。此后的所有流程都与本章第二节中介绍的相同。

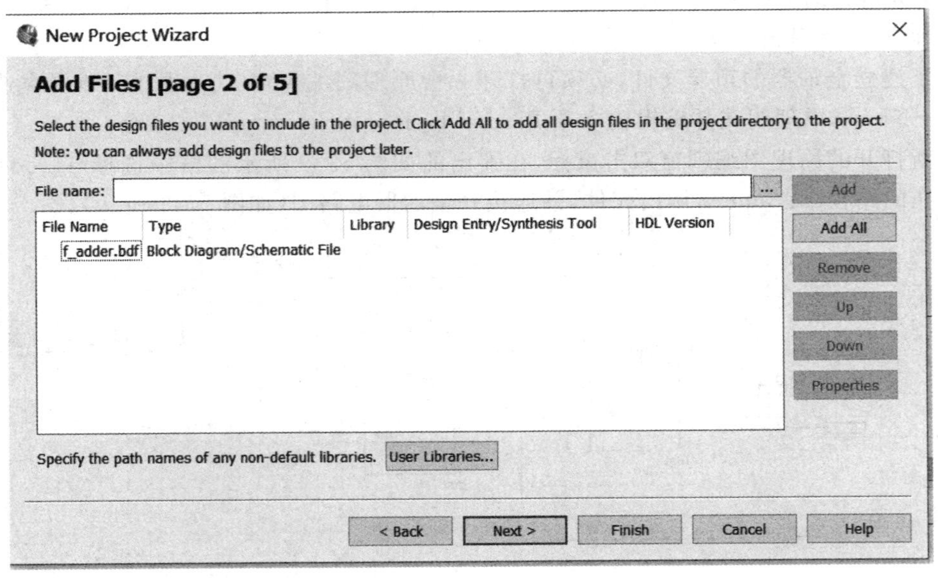

图 5.43 加入本工程的所有文件

图 5.44 所示是全加器工程 f_adder 仿真波形。

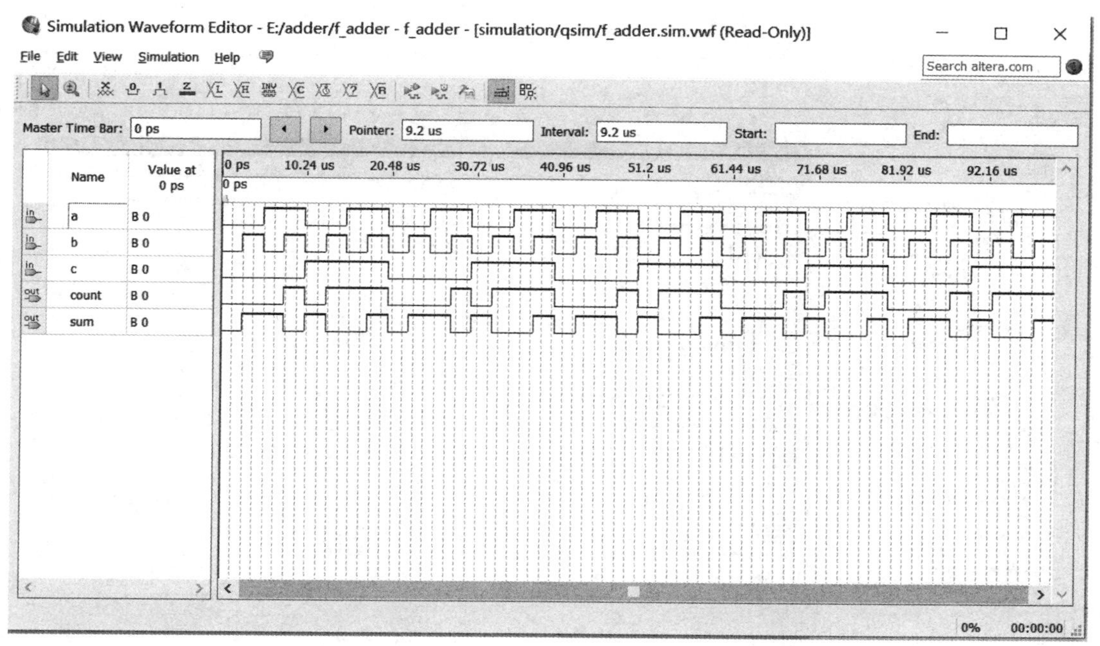

图 5.44 全加器工程 f_adder 仿真波形

第五节 设计优化与时序分析

EDA 设计的优化效果同 EDA 工具、VHDL 的表述方式和可编程逻辑器件之间有着密切的联系，这里着重以 Quartus Ⅱ和 Altera 的器件为例介绍优化和时序分析方法。在其他的 EDA 设计工具和器件的开发中，读者可以以此为例，找到类似的设置和分析方法。

一、Quartus Ⅱ的优化设置

1. Analysis&Synthesis 优化设置

Quartus Ⅱ综合优化选项对标准编译期间出现的优化进行补充，并且仅在全程编译的 Analysis&Synthesis 阶段出现。这些优化对综合网表进行更改，通常有利于区域和速度的改善。Setting 对话框中 Category 中选择 Analysis&Synthesis，则显示分析综合页，如图 5.45所示。

2. 增量布局布线控制设置

如果对整个设计所做的更改仅影响少数节点和局部逻辑，可以通过使用增量布局布线设置避免运行全编译。增量布局布线允许以尽量保留以前编译的布局布线结果的模式运行编译器的 Fitter 模块，使之尽可能地再现以前编译的结果，能较好地保留前面已通过的设计系统的时序与功能特点，从而防止时序结果中出现不必要的变化。而且由于这种设置重新使用以前的编译的结果，因此所需的编译时间通常比标准的布局布线的时间要少一些。

增量布局布线的运行可以通过菜单的 Assignments→Setting→Incremental Compilation 来设置，如图 5.46 所示。之前可以通过反标设置来保留上次编译的资源分配，这个可

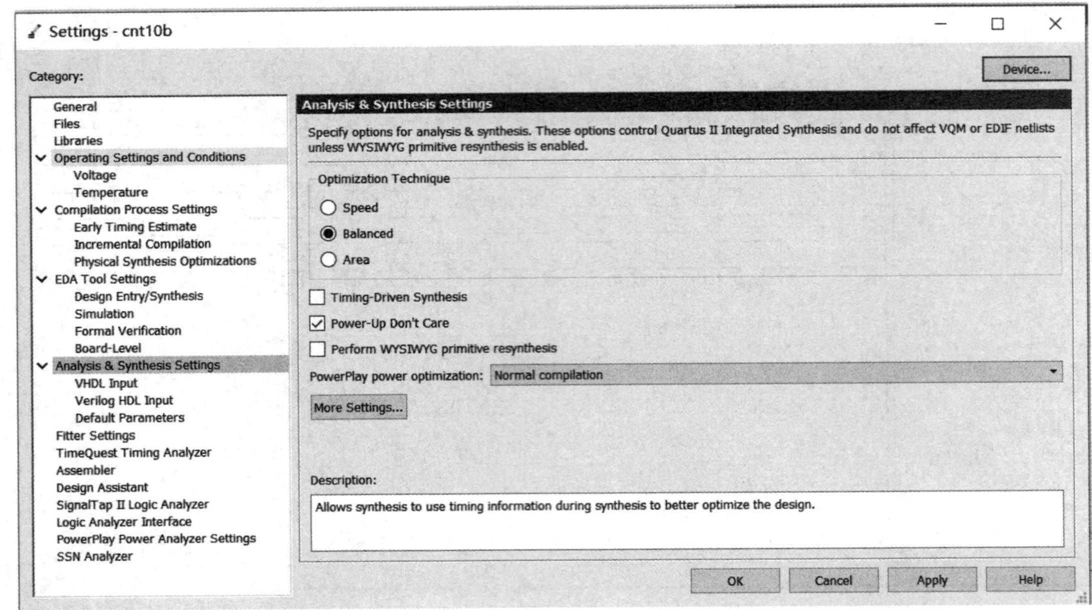

图 5.45 Analysis&Synthesis 窗口

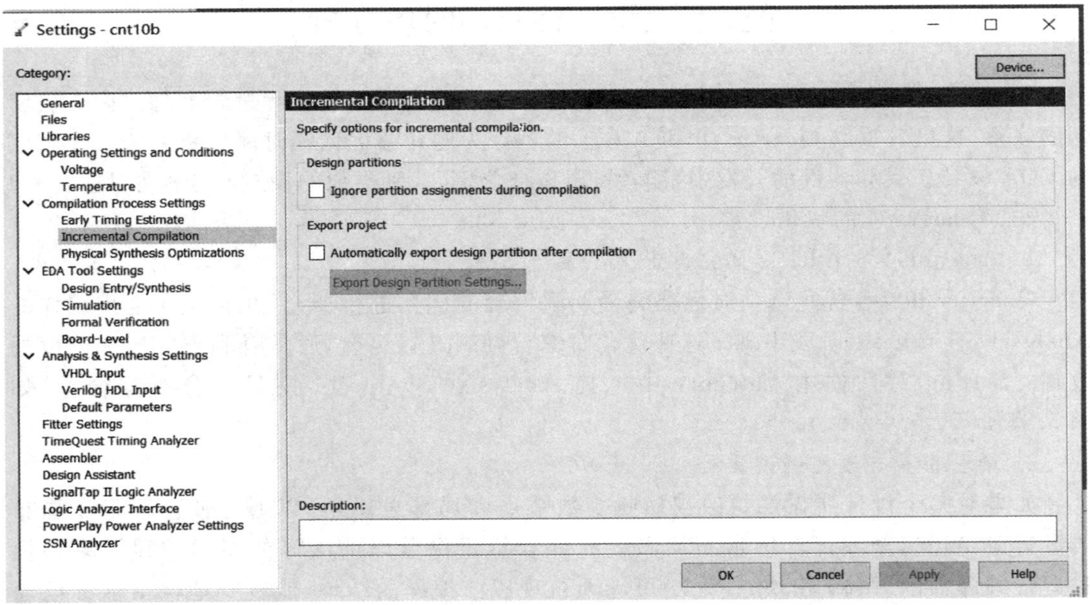

图 5.46 增量布局布线设置窗口

以通过菜单的 Assignments→Back-Annotate Assignments 打开对话框，如图 5.47 所示允许选择反标的类型有默认型和高级型两种。

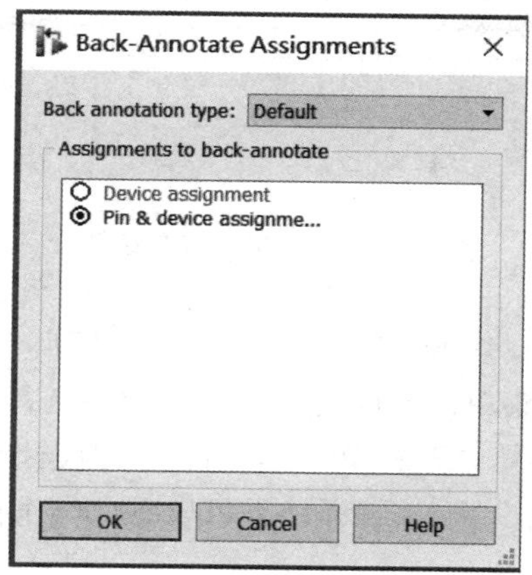

图 5.47　反标设置窗口

3. 适配优化设置

为了使最终获得的设计模块有更好的硬件性能，除了对设计源代码进行最优的程序结构表述外，还应该针对目标器件的硬件特性对适配过程和适配结果有更细致的控制。例如全局自动时钟的设置、I/O 端口的电平的设置、慢摆率的设置、输出延时的设置和对多余逻辑消除的设置等。这里以 ESB(Embedded System Block)中的乘积项逻辑进行资源优化来说明此类设置。

ESB 即嵌入式系统块，如 APEX20KE、Excalibur、Mercury 等系列器件都含有 ESB。1 个ESB 含有 2 048 个可编程 RAM，32 个乘积项及 16 个 D 触发器。可以利用 Quartus Ⅱ将某些特定的设计放在 ESB 中实现，从而达到优化设计、提高速度和降低逻辑资源消耗的目的，其实现步骤如下。

(1) 以十进制计数器为例(器件选用 EP20K30ETC144—2X)，首先以普通方法设计，观察 LC、RAM 的利用情况以及 CLK 速度的情况。

(2) 打开 Assignment Editor 对话框，选中工程管理主窗口左上角 Compilation Hierarchies 的工程名，单击鼠标右键弹出菜单，选择 Locate→Locate in Assignment Editor，如图 5.48所示，将弹出如图 5.49 所示窗口。注意这种优化是有针对性的，可以针对一个工程，也可以针对工程中的某一单元或者某一模块。

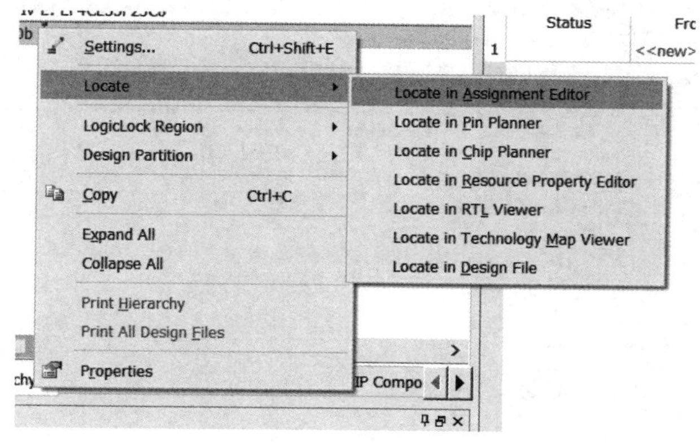

图 5.48　打开 Assignment Editor

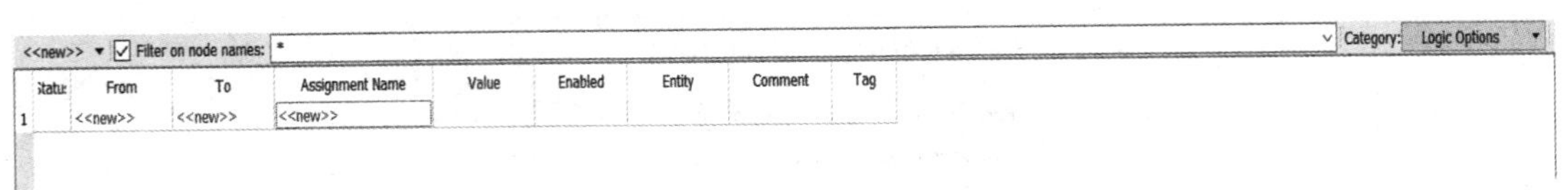

图 5.49　选用乘积项逻辑优化

(3) 选项设置。单击图 5.49 中的 Logic Options 按钮，然后双击下面 EDIT 栏的 Assignment Name，从出现下拉菜单的不同适配控制选项中选择 Technology... 项，然后在右侧的 Value 处双击，在下拉菜单中选择 Product Term，即选择乘积项逻辑优化。然后保存，重新编译，即完成了适配优化设置，从编译结果可以看出与未优化的编译结果的区别。

二、时序设置与分析

在全程编译前可以对系统信号的时序特性进行设置，指定初始工程范围的时序要求和个别时序要求。启动全程编译后，Timing analyzer 即对设计自动进行时序分析。

1. 时序设置

时序设置要求允许为整个工程、特定的设计实体或个别实体、节点和引脚指定所需的速度性能。指定初始时序设置后，可以再次使用定时设置向导 Setting 对话框修改设置，或使用 Assignment Editor 进行个别时序设置。如果未指定时序要求设置选项，Timing Analyzer 将使用默认设置运行分析。使用 Setting 对话框的 Timing Analysis settings 如图 5.50 所示。它可以指定以下时序要求和其他选项。

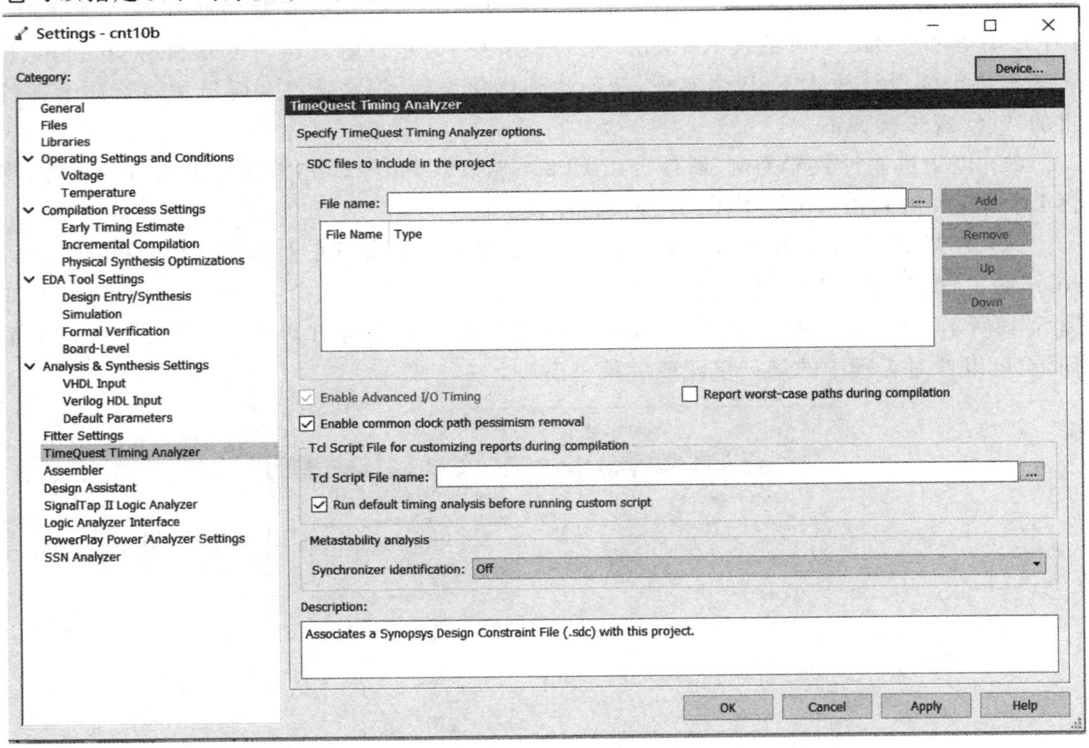

图 5.50　时序设置

（1）工程的总频率要求或各个时钟信号的设置。

（2）延时要求、最短延时要求和路径切割选项。

（3）报告选项。

（4）时序驱动编译选项。

此外，对于当前工程的时序设置还包括最大频率、建立时间、保持时间、时钟至输出延时、引脚到引脚延时等。

指定时序分配和设置后，就可以通过全程编译运行时序分析，最后了解时序分析报告。

时序分析报告中的 Slack 表示设计是否满足时序的一个称呼：正的 Slack 表示满足时序，负的 Slack 表示不满足时序。Clock Slew（时钟偏斜）指一个同源时钟到达两个不同的寄存器时钟端的时间差别。

2. 查看时序分析结果

运行时序分析之后，在弹出的报告中选择 Timing Analyzer，即可查看时序分析结果。然后可以列出时序路径以验证电路性能，确定关键速度路径以及限制设计性能的路径，并进行另外的时序分配。图 5.51 即为时序分析的报告窗口。

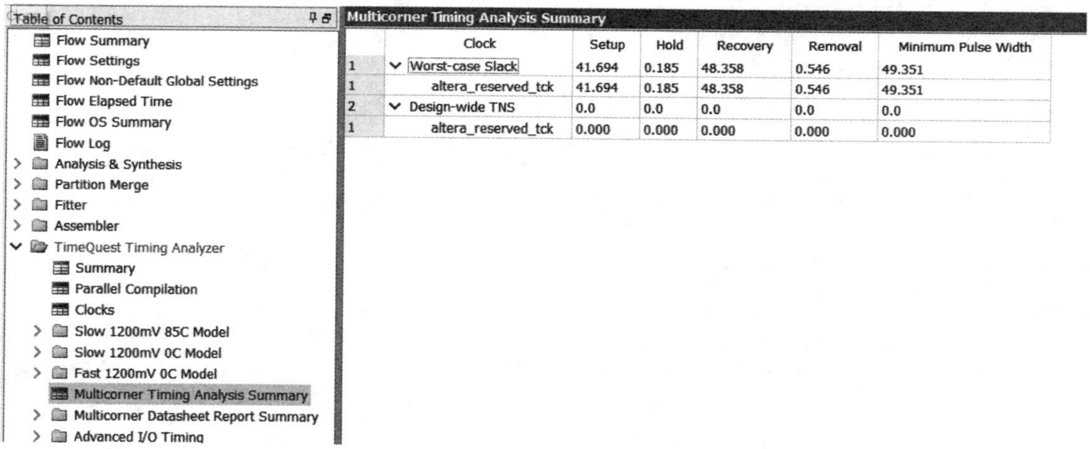

Table of Contents
Flow Summary
Flow Settings
Flow Non-Default Global Settings
Flow Elapsed Time
Flow OS Summary
Flow Log
Analysis & Synthesis
Partition Merge
Fitter
Assembler
TimeQuest Timing Analyzer
Summary
Parallel Compilation
Clocks
Slow 1200mV 85C Model
Slow 1200mV 0C Model
Fast 1200mV 0C Model
Multicorner Timing Analysis Summary
Multicorner Datasheet Report Summary
Advanced I/O Timing

Multicorner Timing Analysis Summary

	Clock	Setup	Hold	Recovery	Removal	Minimum Pulse Width
1	Worst-case Slack	41.694	0.185	48.358	0.546	49.351
1	altera_reserved_tck	41.694	0.185	48.358	0.546	49.351
2	Design-wide TNS	0.0	0.0	0.0	0.0	0.0
1	altera_reserved_tck	0.000	0.000	0.000	0.000	0.000

图 5.51　时序分析报告窗口

报告窗口的时序分析列出了时钟建立和保持的时序信息：tsu，th，tpd，tco，最小脉冲宽度要求，在时序分析期间忽略的时序分配，以及 Timing Analyzer 生成的其他信息。在默认情况下，Timing Analyzer 还报告最佳情况最少时钟至输出时间和最佳情况点到点的延迟。

如果有必要，可以从报告窗口的 Timing Analyzer 部分直接进入 Assignment Editor，List Paths 和 Locate in Timing Closure Floor plan 命令，从而可以进行个别时序分配和查看延时路径信息。此外，还可以使用 list_paths Tcl 命令行列出延时路径信息。

习　题

5-1　全程编译包括哪几个功能模块？这些功能模块的作用分别是什么？

5-2　用 VHDL 语言设计一个具有同步清零和同步置位功能的 10 进制计数器。

5-3　用 D 触发器构成按循环码(000→001→011→111→101→100→000)规律工作的六进制计数器。

5-4　采用原理图设计方式，用层次化的设计方法，设计一个四位全加器。

第六章　LPM 参数化宏模块应用

第一节　LPM 宏模块概述

Altera 提供多种方法来获取 Altera Megafunction Partners Program（AMPP）和 MegaCore 宏功能模块，这些函数经严格的测试和优化，可以在 Altera 特定器件结构中发挥出最佳性能。可以使用这些知识产权的参数化模块减少设计和测试的时机。MegaCore 和 AMPP 宏功能模块包括应用于通信、数字信号处理(DSP)、PCI 和其他总线界面，以及存储器控制器中的宏功能模块。

Altera 提供的宏功能模块与 LPM 函数有以下几方面。

· 算数组件：包括累加器，加法器，乘法器和 LPM 算数函数。

· 门电路：包括多路复用器和 LPM 门函数。

· I/O 组件：包括时钟数据恢复(CDR)，锁相环(PLL)，双数据速率(DDR)，千兆位收发器块(GXB)，LVDS 接收器和发送器，PLL 重新配置和远程更新宏功能模块。

· 存储器编译器：包括 FIFO Partitioner、RAM 和 ROM 宏功能模块。

· 存储组件：包括存储器、移位寄存器宏功能模块和 LPM 存储器函数。

一、知识产权(IP)核的应用

为了使用 OpenCore 和 OpenCore Plus 功能块，可以在获得使用许可和购买之前免费下载和评估 AMPP 和 MegaCore 函数。

Altera 提供以下程序、功能块和函数，协助用户在 Quartus Ⅱ 和 EDA 设计输入工具中使用 IP 函数。

· AMPP 程序：AMPP 程序可以支持第三方供应商，以便建立 Quartus Ⅱ 配用的宏功能模块。AMPP 合作伙伴提供了一系列为 Altera 器件实行优化的现成宏功能模块 AMPP 函数的评估期由各供应商决定。

· MegaCore 函数：MegaCore 函数是用于复杂系统级函数的预验证 HDL 设计文件，并且可以使用 MegaWizard Plug-In Manager 进行完全参数化设置。MegaCore 函数由多个不同的设计文件组成，用于实施设计的综合后 AHDL(Altera 的 HDL)包含文件和为使用 EDA 仿真工具进行设计和调试而提供的 VHDL 或 Verilong HDL 功能仿真模型。

MegaCore 函数通过 Altera 网站上的 IP MegaStore 提供，或通过将 MegaWizard Portal Extension 用于 MegaWizard Plug-In Manager 来提供。

评估 MegaCore 函数无须许可，而且对评估没有时间限制。

· OpenCore 评估功能：OpenCore 宏功能模块是通过 OpenCore 评估功能获取的 MegaCore 函数。Altera OpenCore 功能允许在采购之前评估 AMPP 和 MegaCore 函数。

也可以使用 OpenCore 功能编译,仿真设计并验证设计的功能和性能,但不支持下载文件的生成。

• OpenCore Plus 硬件评估功能:OpenCore Plus 评估功能通过支持免费 RTL 仿真和硬件评估来增强 OpenCore 评估功能。RTL 仿真支持用于在设计中仿真 MegaCore 函数的 RTL 模型。硬件评估支持用于包括 Altera MegaCore 函数的设计生成时限编程文件。可以在决定购买 MegaCore 函数的许可之前使用这些文件,进行板级设计验证。

OpenCore Plus 功能支持的 MegaCore 函数包括标准 OpenCore 版本和 OpenCore Plus 版本。OpenCore Plus 许可用于生成时限编程文件。但不生成输出网表文件(无法编程下载)。

二、使用 MegaWizard Plug-In Manager

MegaWizard Plug-In Manager 可以帮助用户建立或修改包含自定义宏功能模块变量的设计文件,然后可以在顶层设计文件中对这些文件进行例化。这些自定义宏功能模块变量基于 Altera 提供的宏功能模块,包括 LPM、MegaCore 和 AMPP 函数。MegaWizard Plug-In Manager 运行一个向导,帮助用户轻松地为定义宏功能模块变量指定选项。该向导用于为参数和可选端口设计数值。也可以从 Tools 菜单或从原理设计文件中打开 Mega Wizard Plug-In Manager,还可以将它作为独立实用程序来运行。以下列出了 MegaWizard Plug-In Manager 为用户生成的每个自定义宏功能模块变量而生成的文件。

• <输出文件>. bsf:Block Editor 中使用宏功能模块的符号(元件)。

• <输出文件>. cmp:组件申明文件。

• <输出文件>. inc:宏功能模块包装文件中模块的 AHDL 包含文件。

• <输出文件>. tdf:要在 AHDL 设计中实例化的宏功能模块包装文件。

• <输出文件>. vhd:要在 VHDL 设计中实例化的宏功能模块包装文件。

• <输出文件>. v:要在 Verilog HDL 设计中实例化的宏功能模块包装文件。

• <输出文件>. -bb. v:Verilog HDL 设计所用宏功能模块包装文件中模块的空体或 black-box 申明,用于在使用 EDA 综合工具时指定端口方向。

• <输出文件>. -inst. tdf:宏功能模块包装文件中子设计的 AHDL 例化示例。

• <输出文件>. -inst. vhd:宏功能模块包装文件中子模块的 VHDL 例化示例。

• <输出文件>. inst. v:宏功能模块包装文件中子模块的 Verilog HDL 例化示例。

三、在 Quartus Ⅱ 中对宏功能模块进行例化

对宏功能模块进行例化的途径有多种,如可以在 Block Editor 中直接例化;在 HDL 代码中例化(通过端口和参数定义例化,或使用 MegaWizard Plug-In Manager 对宏功能模块进行参数化并建立包装文件),也可以在 Quartus Ⅱ 中对 Altera 宏功能模块和 LPM 函数进行例化。

Altera 推荐使用 MegaWizard Plug-In Manager 对宏功能模块进行例化以及建立自定义宏功能模块变量。此向导将提供一个供自定义和参数化宏功能模块使用的图形界面,并确保正确设置所有宏功能模块的参数。

1. 在 Verilog HDL 和 VHDL 中的例化

可以使用 MegaWizard Plug-In Manager 建立宏功能模块或自定义宏功能模块变量。然后利用 MegaWizard Plug-In Manager 建立宏功能模块实例的 Verilog HDL 和 VHDL 包装文件，然后可以在设计中使用此文件。对于 VHDL 宏功能模块，MegaWizard Plug-In Manager 还建立组文件申明文件。

2. 使用端口和参数定义

可以采用或调用任何其他模块或组建相类似方法调用函数，直接在 Verilog HDL 和 VHDL 设计中对宏功能模块进行例化。在 VHDL 中，还需要使用组件申明。

3. 使用端口和参数定义生成宏功能模块

Quartus Ⅱ Analysis & Synthesis 可以自动识别某些类型的 HDL 代码和生成相应的宏功能模块。由于 Altera 宏功能模块已对 Altera 器件实行优化，并且性能要好于标准的 HDL 代码，因此 Quartus Ⅱ 可以使用生成方法。对于一些体系结构特定的功能，例如 RAM 和 DSP 模块，必须使用 Altera 宏功能模块。Quartus Ⅱ 在综合期间将以下逻辑映射到宏功能模块。

- 计数器。
- 加法/减法器。
- 乘—累加器和乘—加法器。
- RAM。
- 移位寄存器。

第二节　运算模块的调用

Quartus Ⅱ 提供的运算模块包括累加器，加法器，乘法器和 LPM 算数函数等。在此以乘法器为例来说明 LPM 参数化宏模块中运算模块的应用。

(1) 首先建立一个工程，取名为 add8，工程实体的名称也为 add8。其方法与第四章相同。要注意的是这里事先并没有工程所需的文件。

(2) 打开工程，选择菜单 Tools→MegaWizard Plug-In Manager 按钮，出现图 6.1 所示窗口，选中 Create a new custom megafunction variation 选项，即定制一个新的模块。点击 Next 按钮，出现图 6.2 所示对话框。可以看到左栏内有各类功能的 LPM 模块选项目录。单击 Arithmetic 前面的“+”，展开算术模块选项，单击选择 LPM_MULT。右上选择器件系列和所产生的文件语言，这里选择 Cyclone 系列，语言选择 VHDL。再选择产生文件的路径及名称，即该工程的路径和顶层实体的名称，如图 6.2 所示。

(3) 单击 Next 按钮，出现图 6.3 所示界面。可以选择输入数据位数，输出数据位数及 Multiplier configuration 等选项。这里选择输入两路数据，位数为 8 位，输出数据由其结果决定。

(4) 单击 Next 按钮，出现图 6.4 所示对话框，第一行选择被乘数是否为常数，第二行选择数据类型，第三行选择乘法器的实现方式，包括默认的、专用的乘法电路以及逻辑单元三种方式。这里选用无符号数据类型，采用默认的结构实现。

(5) 单击 Next 按钮，出现图 6.5 所示对话框。选择是否采用流水线结构，这里选用 2 级流水线方式。

(6) 点击 Next 按钮，出现的窗口提示需要激励模式的文件，再点击 Next 按钮，出现窗口如图 6.6 所示，显示定制完成后产生的相应文件。选中需要的文件，然后点击 Finish 即可完成乘法器的定制。

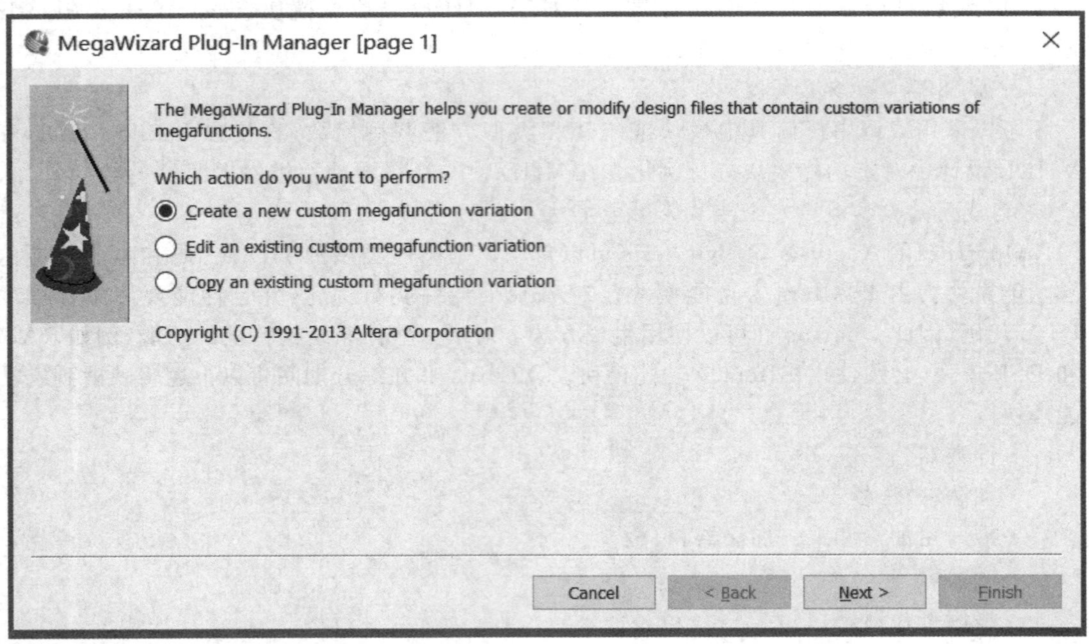

图 6.1　定制新的宏模块

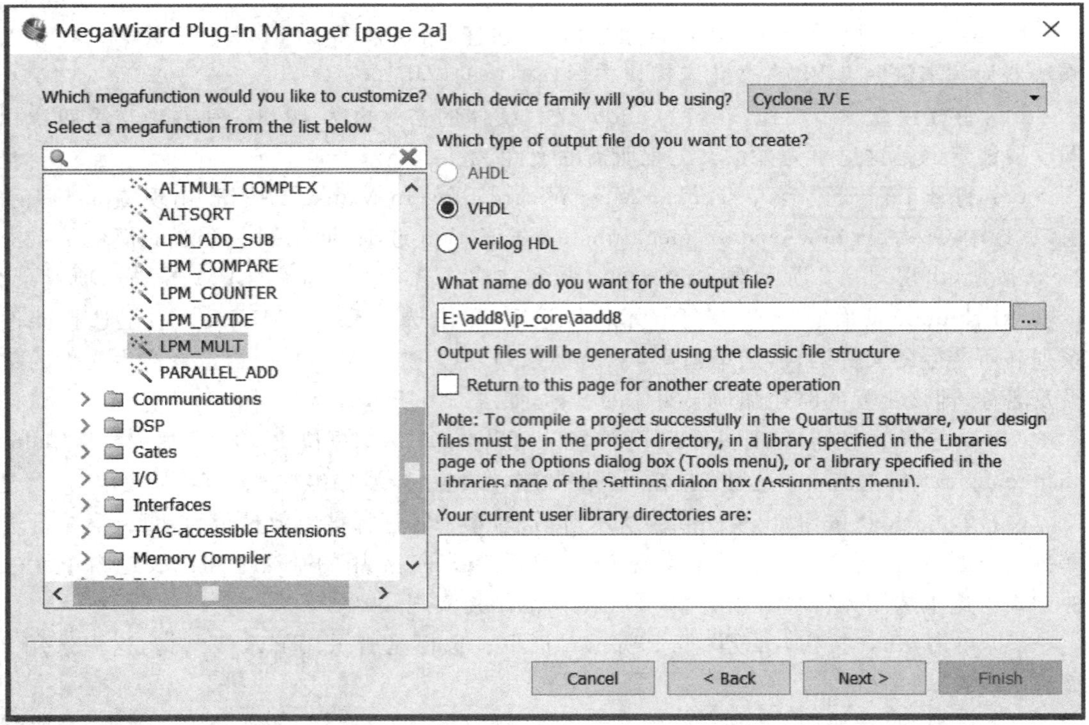

图 6.2　乘法器功能块设定

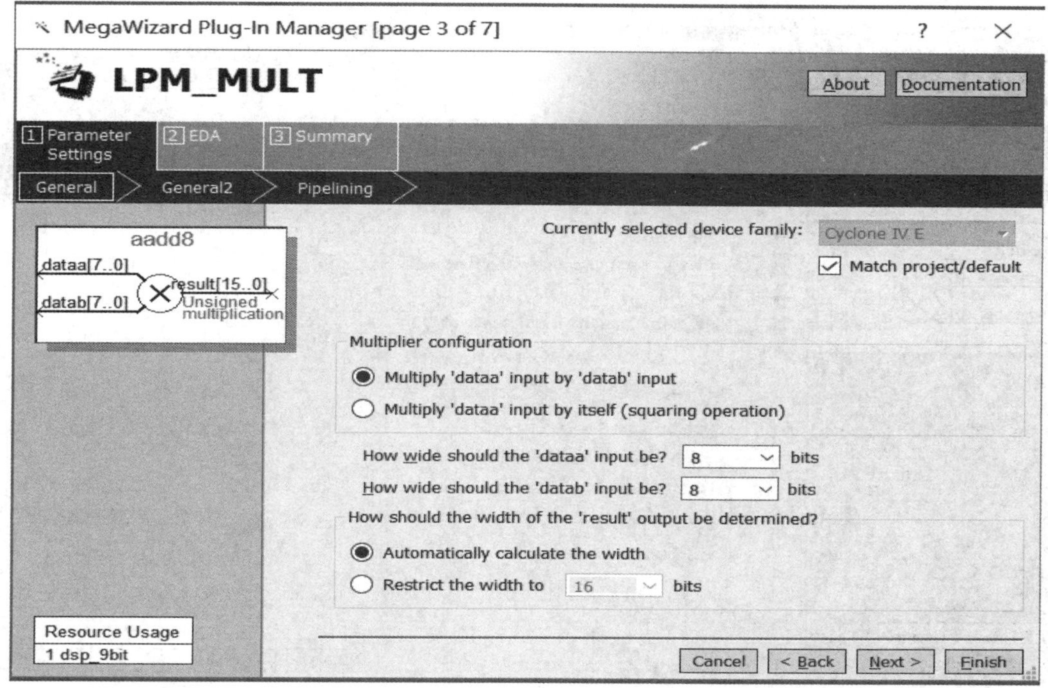

图 6.3　乘法器端口设定

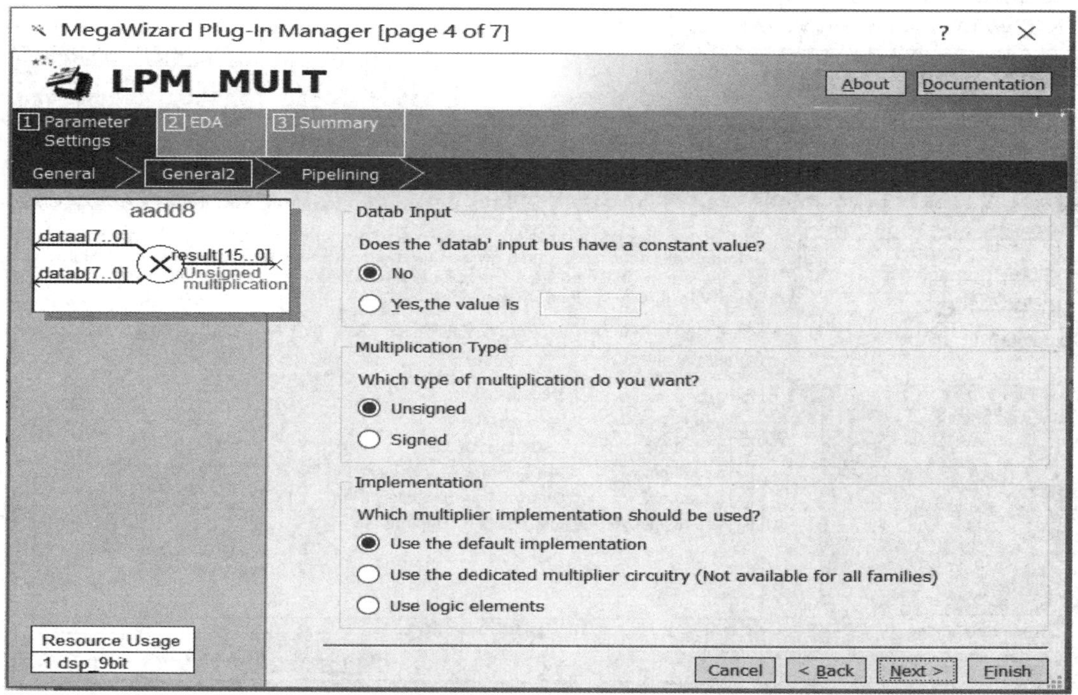

图 6.4　乘法器数据类型及实现方式

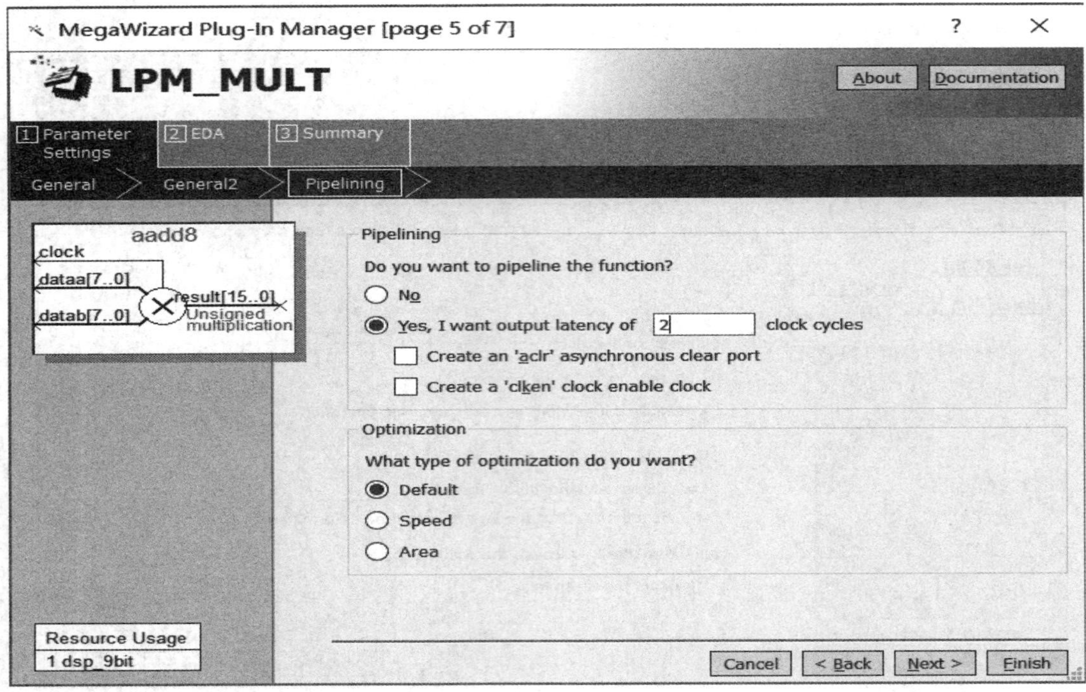

图 6.5　是否采用流水线窗口

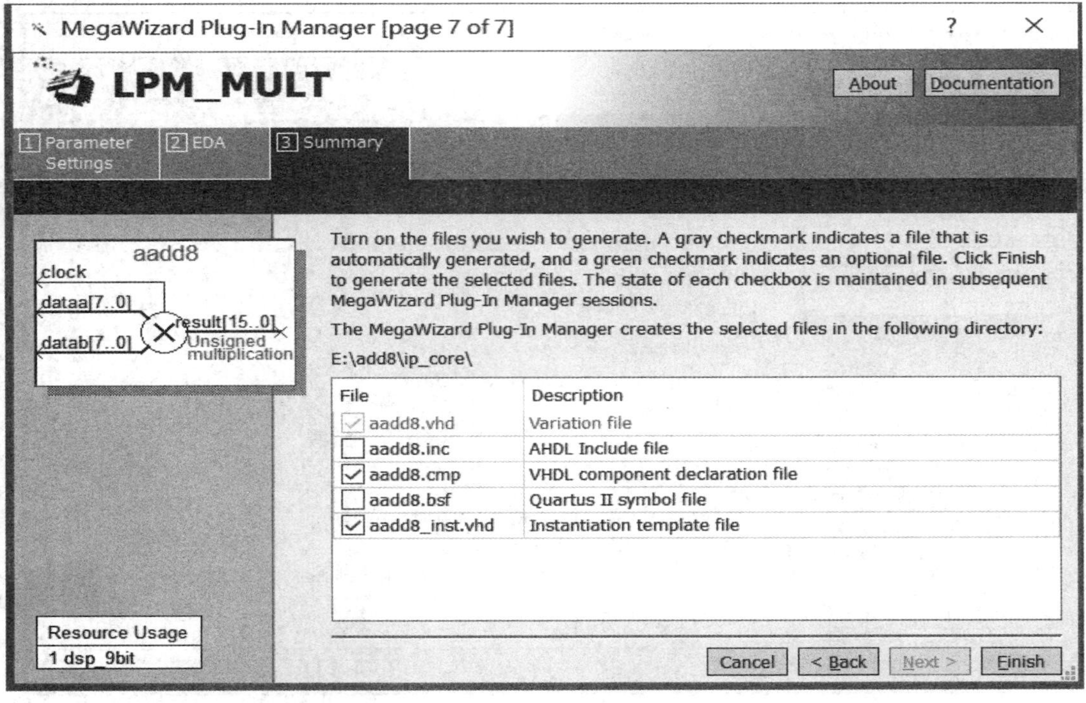

图 6.6　选择需要的文件

完成以上步骤后，乘法器模块的定制就完成了。利用 Quartus Ⅱ 打开生成的 add8. VHD，可以看到该模块的 VHDL 源程序。

［例 6.1］ LPM 生成的乘法器文件 add8. VHD(省略前后注释)。

```
LIBRARY ieee;
USE ieee.std_logic_1164.all;
LIBRARY lpm;
USE lpm.all;
ENTITY add8 IS
  PORT
  (
    clock:IN STD_LOGIC ;
    dataa:IN STD_LOGIC_VECTOR (7 DOWNTO 0);
    datab:IN STD_LOGIC_VECTOR (7 DOWNTO 0);
    result:OUT STD_LOGIC_VECTOR (15 DOWNTO 0)
  );
END add8;
ARCHITECTURE SYN OF add8 IS
  SIGNAL sub_wire0: STD_LOGIC_VECTOR (15 DOWNTO 0);
  COMPONENT lpm_mult
  GENERIC (
    lpm_hint:STRING;
    lpm_pipeline:NATURAL;
    lpm_representation:STRING;
    lpm_type:STRING;
    lpm_widtha:NATURAL;
    lpm_widthb:NATURAL;
    lpm_widthp:NATURAL;
    lpm_widths:NATURAL
  );
  PORT (
      dataa:IN STD_LOGIC_VECTOR (7 DOWNTO 0);
      datab:IN STD_LOGIC_VECTOR (7 DOWNTO 0);
      clock:IN STD_LOGIC ;
      result:OUT STD_LOGIC_VECTOR (15 DOWNTO 0)
  );
  END COMPONENT;
BEGIN
  result<=sub_wire0(15 DOWNTO 0);
  lpm_mult_component:lpm_mult
```

```
    GENERIC MAP (
      lpm_hint=>"MAXIMIZE_SPEED= 5",
      lpm_pipeline=>2,
      lpm_representation=>"UNSIGNED",
      lpm_type=>"LPM_MULT",
      lpm_widtha=>8,
      lpm_widthb=>8,
      lpm_widthp=>16,
      lpm_widths=>1
    )
    PORT MAP(
      dataa=>dataa,
      datab=>datab,
      clock=>clock,
      result=>sub_wire0
    );
  END SYN;
```

对完成的工程进行全程编译,然后进行时序仿真,仿真波形如图 6.7 所示

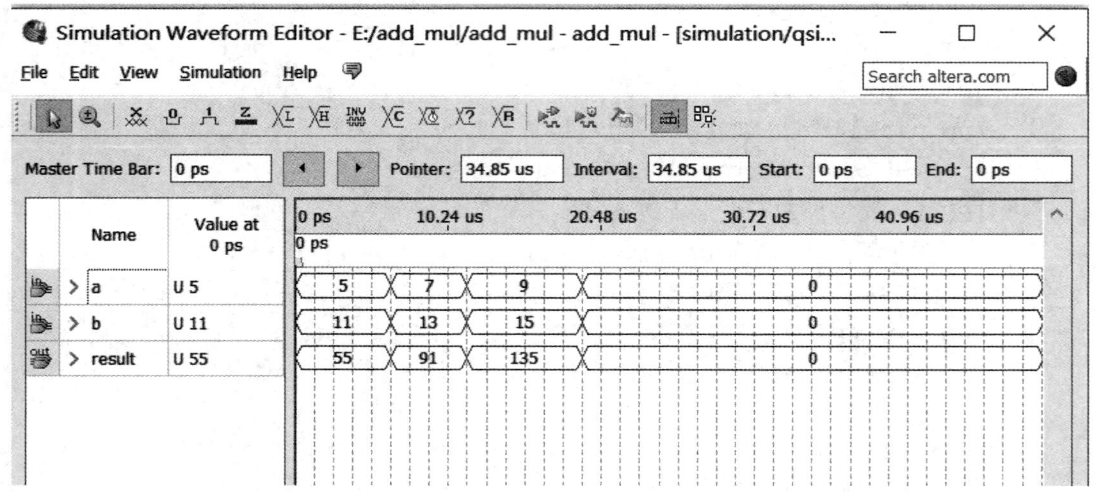

图 6.7 乘法器仿真波形

其他的运算模块亦可以参照此方法定制,在此不再详述。

第三节 存储模块的调用

在 Quartus Ⅱ 中有许多可供调用的存储器模块。使用这些模块可以大大节省设计者的时间和可编程器件的资源。本节介绍几种常用的存储器模块的使用。

一、LPM_RAM 模块

(1) 初始化文件的生成。

所谓的初始化文件就是可配置于 RAM 或者 ROM 中的数据或程序文件代码。在 EDA 设计中，通过 EDA 工具设计或设定的存储器中的代码文件必须由 EDA 软件在统一编译的时候自动调入。Quartus Ⅱ 可以接受两种格式的初始化文件：Memory Initialization File(.mif)格式和 Hexadecimal File(.hex)格式。这里以.mif 格式文件的建立为例说明如何生成这类文件。

直接编辑法。首先在 Quartus Ⅱ 中打开 MIF 文件编辑窗。选择菜单 File→New，在窗口中选择 Memory Initialization File。如图 6.8 所示。点击 OK 项产生 MIF 文件大小的选择窗口，这里选择 64 点 8 位正弦数据，点击 OK 键确定。出现 MIF 文件编辑窗，如图 6.9 所示。双击每个位置可输入该位的数据大小，输入完成后选择 File→Save As 命令，保存此数据位置。取名为 sdata.mif。

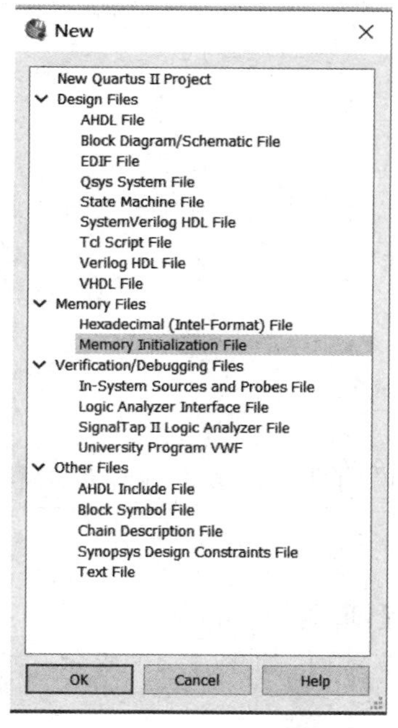

图 6.8 选择 MIF 文件

Addr	+0	+1	+2	+3	+4	+5	+6	+7
0	255	254	252	249	245	239	233	225
8	217	207	197	186	174	162	150	137
16	124	112	99	87	75	64	53	43
24	34	26	19	13	8	4	1	0
32	0	1	4	8	13	19	26	34
40	43	53	64	75	87	99	112	124
48	137	150	162	174	186	197	207	217
56	225	233	239	245	249	252	254	255

图 6.9 MIF 文件编辑窗口

文件编辑法。使用 Quartus Ⅱ 以外的编辑器设计 MIF 文件，其格式如例 6-2 所示。其中地址和数据都为十六进制，冒号左边是地址值，右边是对应的数据，并以分号结尾。

[例 6.2] 使用 Quartus Ⅱ 以外的编辑器设计 MIF 文件。

```
WIDTH=8;
DEPTH=64;
ADDRESS_RADIX=HEX;
DATA_RADIX=HEX;
CONTENT BEGIN
    0:FF;
```

```
    1:FE;
    2:FC;
    3:F9;
    4:F5;
    ……(数据略去)
3D:FC;
3E:FE;
3F:FF;
    END;
```

MIF 文件也可以用程序语言生成,如 C 程序。

[例 6.3] 产生正弦波数据值的 C 程序。

```
# include<stdio.h>
# include "math.h"
main()
  {int i; float s;
  For(i=0; i<1024;i++)
      {s=sin(atan(1) * 8 * i/1024);
       printf("%d:%d;\n",i,(int) ((s+1) * 1023/2));
       }
  }
```

把上述程序编译程序后,可在 DOS 命令行下执行命令:

```
romgen>sdata.mif;
```

将生成 sdata. mif 文件,再加上. mif 文件的头部说明即可。假设编译后的程序名是 romgen。

(2) LPM_RAM 的调用。

基本方法与运算模块的调用类似。首先建立工程,取名为 ram64,选择菜单 Tools→MegaWizard Plug-In Manager 按钮,进入调用 RAM 界面,如图 6.10 所示,文件取名为 ram64。

然后点击 Next。选择需要的宏模块输出文件,点击 Finish 结束。

点击 Next,进入下一界面。如图 6.11 所示。选择数据位 8,数据深度 64,选择单时钟方式,存储器构建方式选择 M9K。单击 Next 按钮,选择自己所需的控制选项。然后再点击 Next 按钮,出现图 6.12 所示界面。需要你选择 RAM 内是否放入数据,这里选择"Yes, use…"一栏。单击 Browse... 按钮,选择指定路径上的初始化文件 SDATA. mif。选择调入此文件后,系统每次上电,将自动向此 RAM 加载此 MIF 文件。

(3) 完成以上调用后,就可以启动全程编译,编译成功后,可以对 RAM 模块进行测试了解其功能和加载初始化文件是否成功。图 6.13 为仿真波形。从仿真结果可以看出,当 wr_en=0 时,可以读出 RAM 中的数据,每一个时钟上升沿读出的数据与 MIF 文件中地址对应的数据一致,初始化数据能够正常调入。当 wr_en=1 时,输入端送入外部输入数据,在每一个时钟上升沿写入,同时读出新的数据。则此 RAM 各个功能符合设计要求。

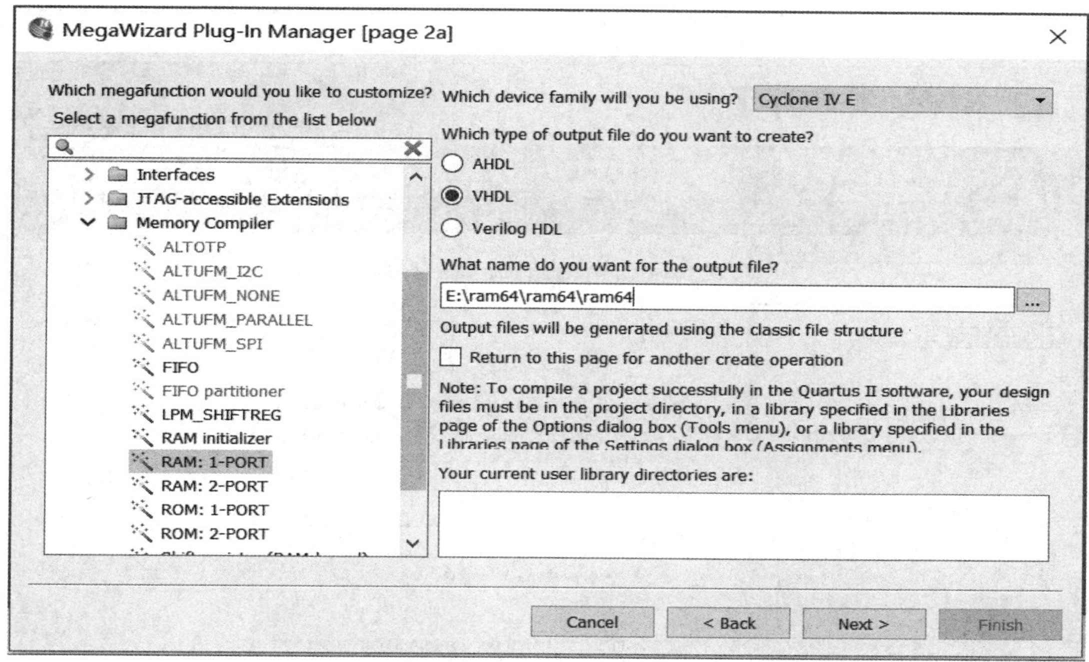

图 6.10　选择调用 RAM

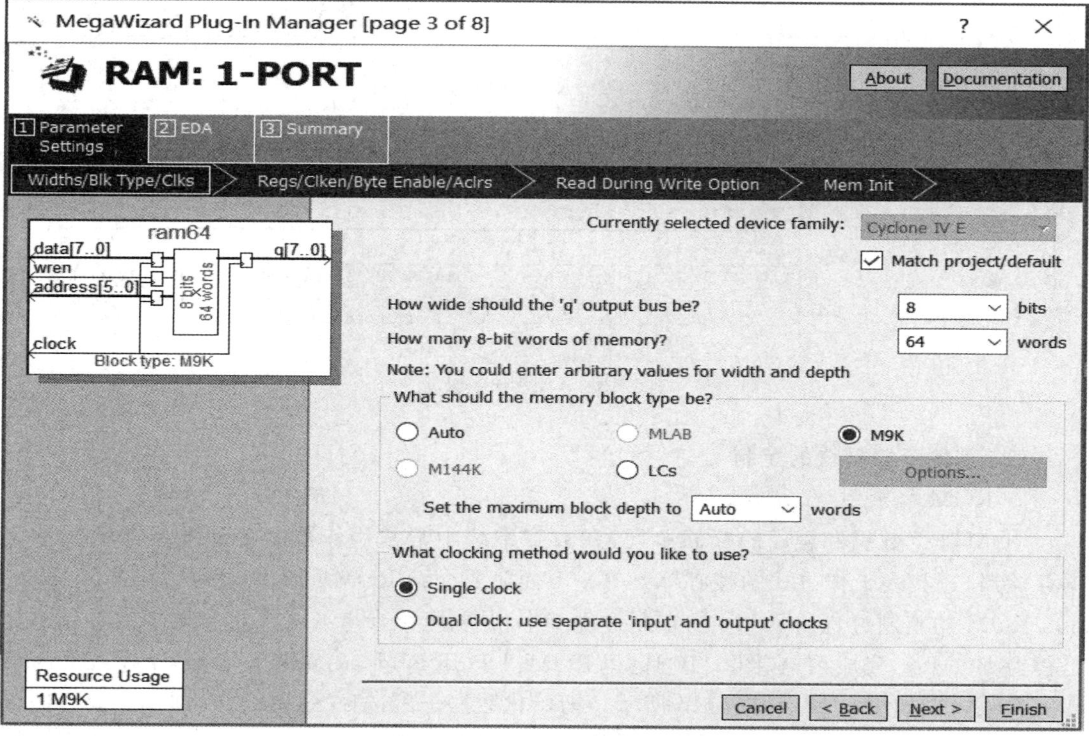

图 6.11　选择 RAM 的数据位数及个数

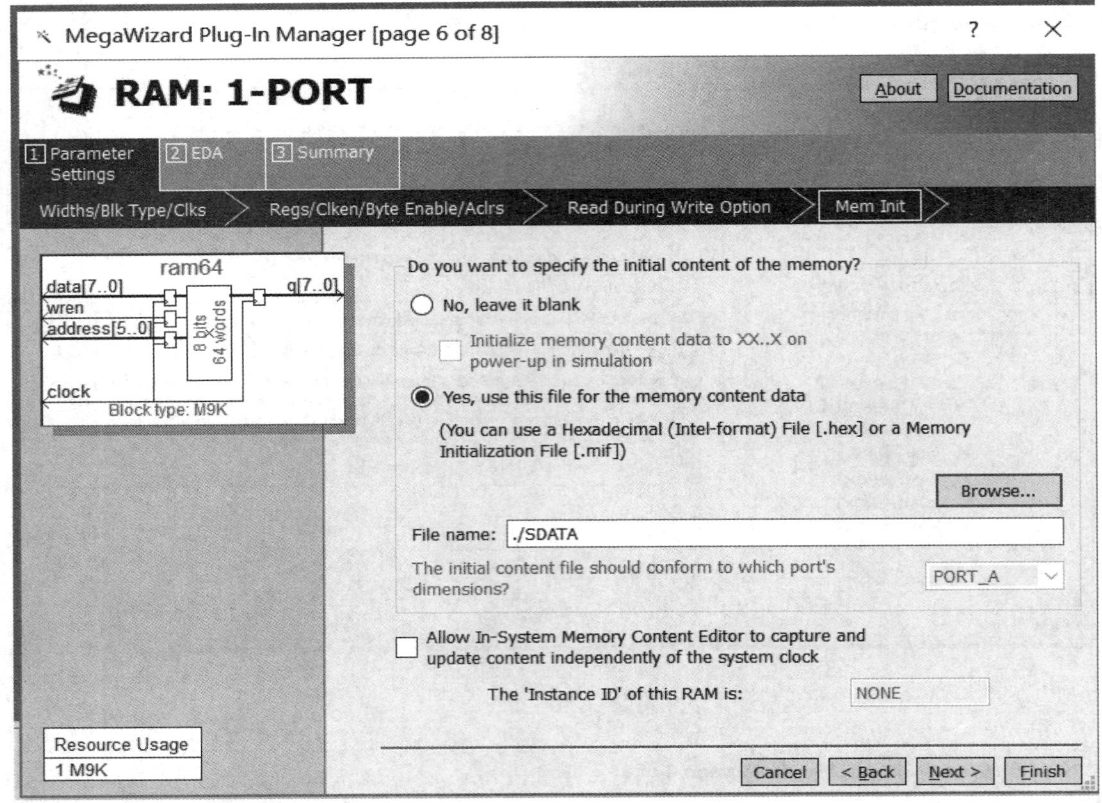

图 6.12　选择 RAM 内的数据文件

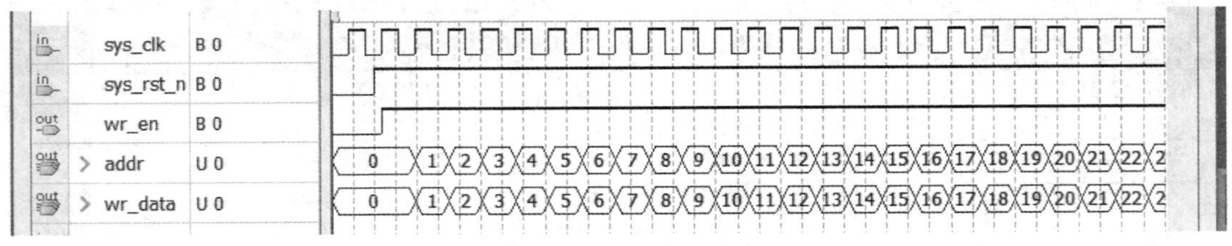

图 6.13　RAM 仿真波形

二、其他存储模块的定制

1. ROM 的定制

ROM 作为数据和程序的存储单元，在数字系统中常常用作数字信号发生器的波形数据存储器、查找表工作方式的核心单元等。下面简要介绍 ROM 的定制过程。

ROM 的定制过程与 RAM 的定制过程基本相同，可以参考 6.3.1 进行调用。首先建立工程为 ROM64，完成后，在图 6.10 选择“ROM：1-PORT”项，文件名为 rom64.vhd，下面步骤的参数设置如图 6.14 和图 6.15 所示。初始化数据仍然选择 Sdata.mif，选择完成后进行全程编译。编译成功后进行时序仿真。仿真结果如图 6.16 所示，读出的数据与初始化文件中的数据完全吻合，实现了 ROM 的功能。

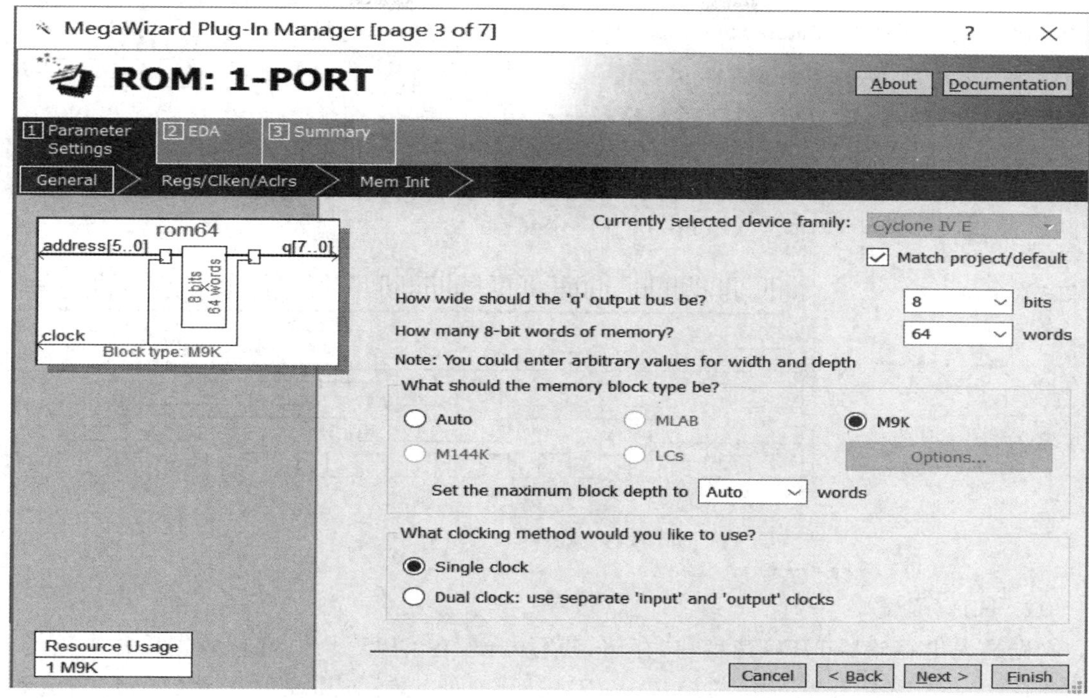

图 6.14　ROM 定制过程

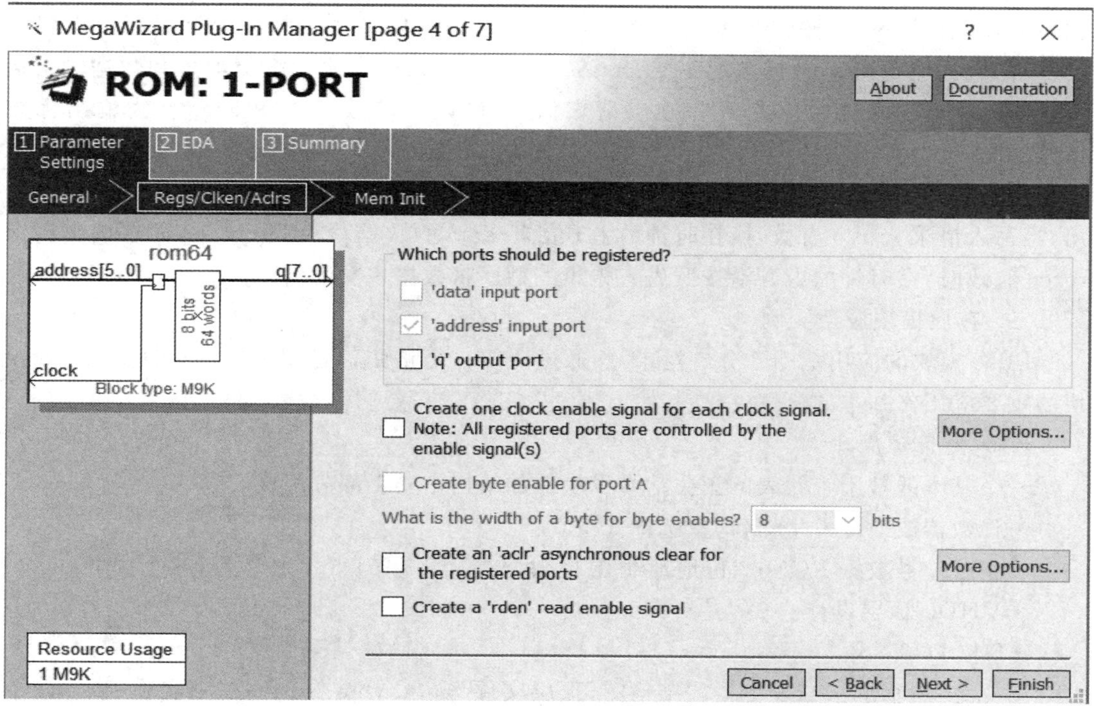

图 6.15　ROM 定制过程 2

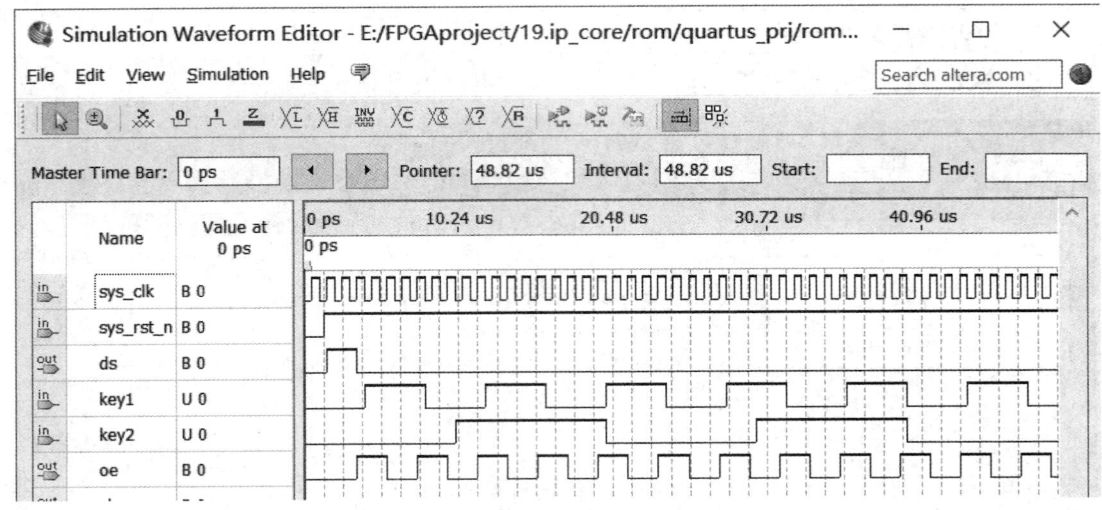

图 6.16　ROM 仿真结果

2. FIFO 的定制

先进先出存储器 FIFO 速度快，存储、读写方便，在 CPU 设计、高速数据采样存储、高速通信缓存等场合有着重要的应用。LPM_FIFO 的定制与其他的存储器的定制流程类似。

首先建立工程为 fifo8，完成后进入宏模块选择界面（图 6.10）选择 FIFO 选项，文件名取为 fifo8，点击 Next 按钮后进入选择窗口，如图 6.17、图 6.18 和图 6.19 所示。设置此 FIFO 的数据位宽为 8，数据深度 64。Data[7..0]和 q[7..0]分别为数据输入和数据输出端口，wrreq 和 rdreq 为数据写入和读出请求信号，高电平有效，full 和 empty 为输出标志信号。

完成后进行全程编译，编译成功后进行仿真，仿真结果如图 6.20 所示。从波形可以看出，当写入请求 wrreq 有效时，在时钟的上升沿将 data 的数据写入 FIFO 中，而在读出请求 rdreq 有效时，在时钟的上升沿按照先入先出的顺序将数据一次读出。

三、存储模块应用实例

LPM 模块的应用范围十分广泛，下面通过介绍一个正弦信号发生器的设计对 LPM 模块的重要应用作基本的概述。

1. 电路设计原理

一个基本的基于查找表的正弦信号发生器的结构由 4 个部分组成。

- 计数器或地址发生器（这里选择 6 位）。
- 正弦信号数据 ROM（6 位地址线，8 位数据线），含有 64 个 8 位数据（一个周期）。
- VHDL 顶层设计。
- 8 位 D/A。

图 6.21 所示的信号发生器的结构图，顶层文件 Singt. vhd 在 FPGA 中实现，包含两个部分：ROM 的地址信号发生器，由 6 位计数器担任；一个正弦数据 ROM，由 LPM-ROM 模块构成。LPM-ROM 底层是 FPGA 中的 EAB、ESB 或 M4K 等模块。地址发生器的时钟

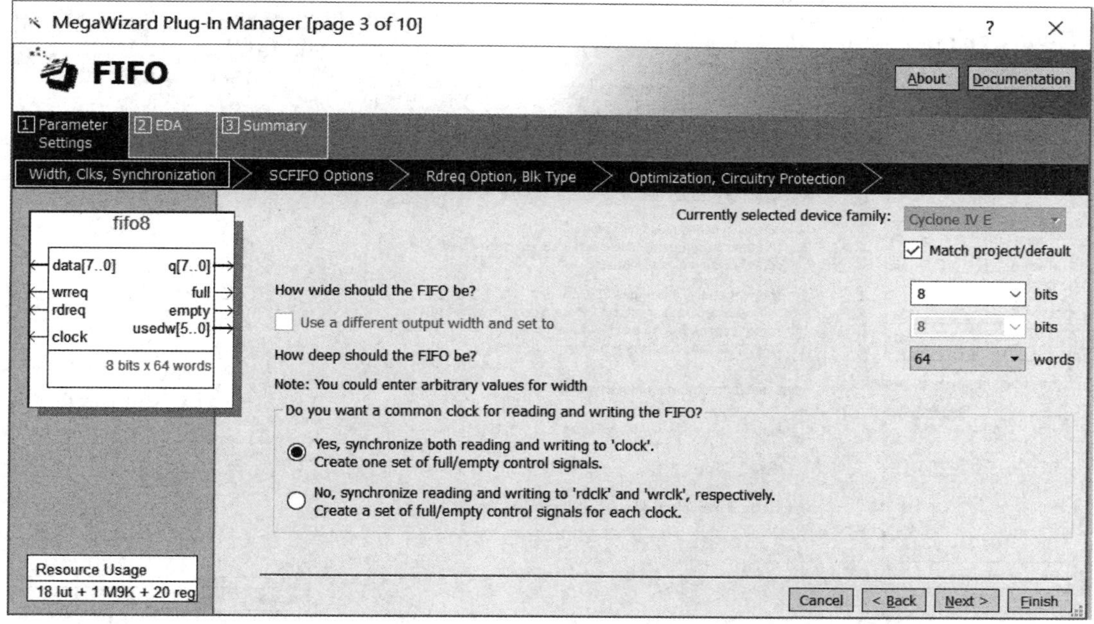

图 6.17　确定 FIFO 的数据深度

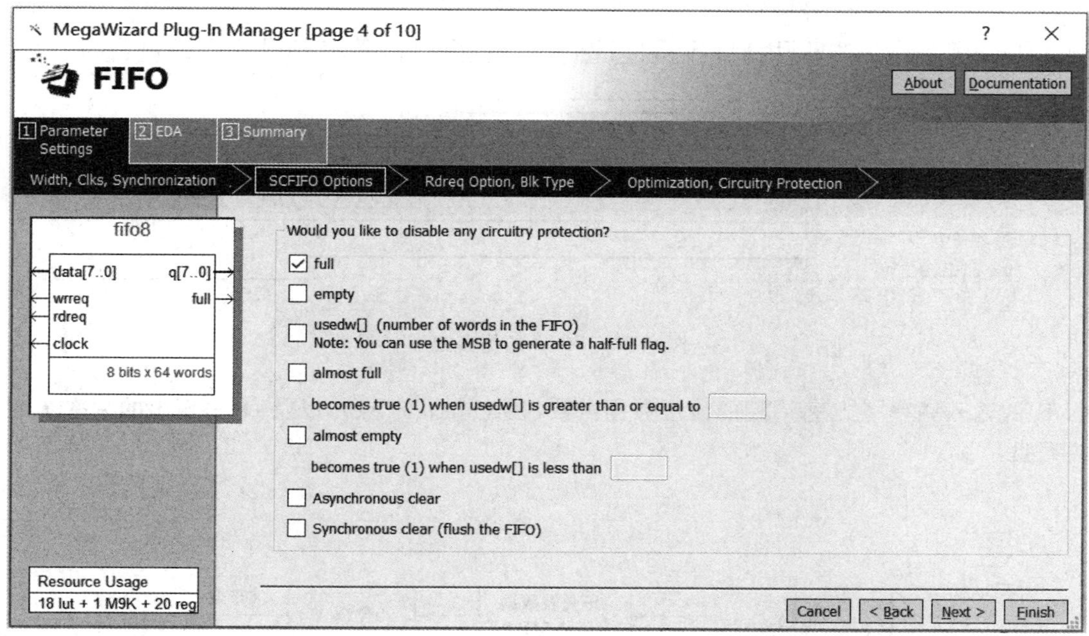

图 6.18　FIFO 的输出控制

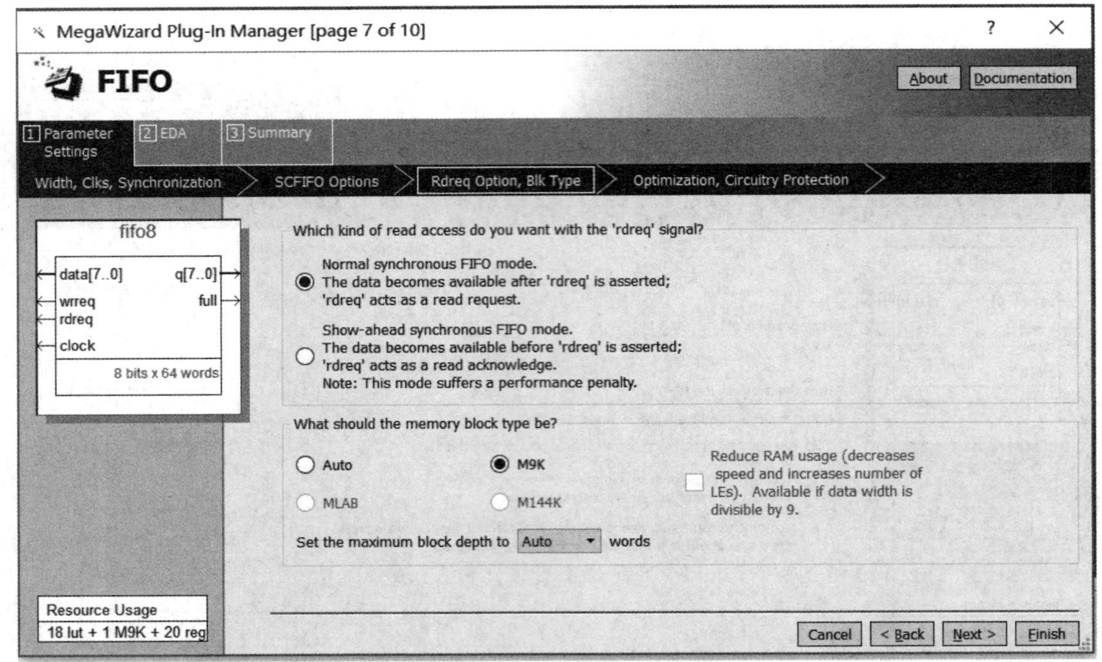

图 6.19　FIFO 的读使能控制

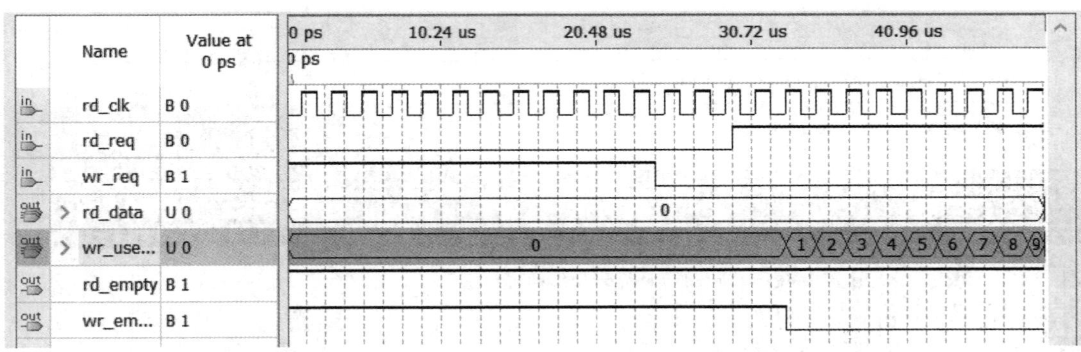

图 6.20　FIFO 的仿真波形

CLK 的输入频率 f_0 与每周期的波形数据点数(在此选择 64 点),以及 D/A 输出的频率 f 的关系是:

$$f=f_0/64$$

图 6.21　正弦信号发生器结构框图

2. ROM 数据建立与 ROM 元件定制

在 EDA 设计中，通过 EDA 工具设计或设定的存储器中的代码文件必须由 EDA 软件在统一编译的时候自动调入。Quartus Ⅱ 可以接受两种格式的初始化文件：Memory Initialization File(.mif)格式和 Hexadecimal File(.hex)格式。6.3.1 对 MIF 文件的生成进行过详细的说明，这里不再赘述。HEX 文件的建立与文件的建立方法类似，图 6.22 给出了 HEX 文件的选择过程。其他步骤与 MIF 文件的设计一样。第二种方法是用普通单片机编译器来产生。方法是利用汇编程序编辑器将此 64 个数据编辑于文本编辑窗口中，然后用单片机 ASM 编译器产生.hex 格式文件。在此取名为 sdata.asm，编译后得到 sdata.hex 文件。

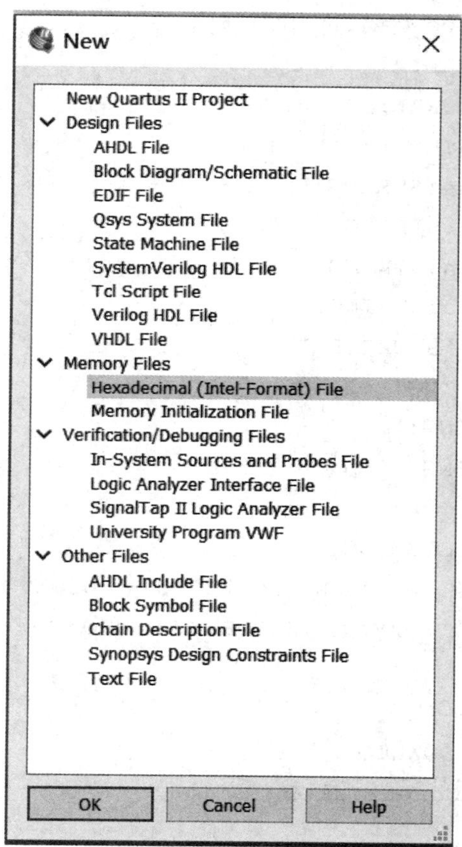

图 6.22　HEX 文件的选择

ROM 元件的定制与此处 ROM 文件的定制步骤一样，这里不再叙述。

[例 6.4]　打开用于例化的波形数据 ROM 文件。

```
LIBRARY ieee;
USE ieee.std_logic_1164.all;
LIBRARY altera_mf;
USE altera_mf.altera_mf_components.all;
ENTITY datarom IS
```

```
    PORT
    (address :IN STD_LOGIC_VECTOR(5 DOWNTO 0);
      inclock:IN STD_LOGIC;
      q:OUT STD_LOGIC_VECTOR(7 DOWNTO 0));
END datarom;
ARCHITECTURE SYN OF datarom IS
    SIGNAL sub_wire0:STD_LOGIC_VECTOR(7 DOWNTO 0);
    COMPONENT altsyncram
    GENERIC(
      intended_device_family:STRING;
      width_a:NATURAL;
      widthad_a:NATURAL;
      numwords_a:NATURAL;
      operation_mode:STRING;
      outdata_reg_a:STRING;
      address_aclr_a:STRING;
      outdata_aclr_a:STRING;
      width_byteena_a:NATURAL;
      init_file:STRING;
      lpm_hint:STRING;
      lpm_type:STRING
    );
    PORT(clock0:IN STD_LOGIC ;
            address_a:IN STD_LOGIC_VECTOR(5 DOWNTO 0);
            q_a:OUT STD_LOGIC_VECTOR(7 DOWNTO 0));
    END COMPONENT;
BEGIN
    q<=sub_wire0(7 DOWNTO 0);
    altsyncram_component:altsyncram
    GENERIC MAP (
      intended_device_family=>"Cyclone",
      width_a=>8,
      widthad_a=>6,
      numwords_a=>64,
      operation_mode=>"ROM",
      outdata_reg_a=>"UNREGISTERED",
      address_aclr_a=>"NONE",
      outdata_aclr_a=>"NONE",
      width_byteena_a=>1,
```

```
    init_file=>"E:/signt/sdata.HEX",
    lpm_hint=>"ENABLE_RUNTIME_MOD= NO",
    lpm_type=>"altsyncram")
  PORT MAP(clock0=>inclock,
         address_a=>address,
         q_a=>sub_wire0);
END SYN;
```

其中调用数据文件的语句为：

```
init_file=>"E:/signt/sdata.HEX",
```

这里要注意两点，一是文件路径的明确表述使得工程难以移动到其他路径上，二是后缀名必须小写才能正确地编译。该句改为：

```
init_file=>".signt/sdata.hex",
```

定制好 LPM 模块后应该将其设置成工程进行仿真模式，以确保其功能的可靠，并熟悉该元件的时序情况。对于 LPM_ROM，通过仿真了解数据文件是否已被加载进去了。

3. 顶层设计及结果分析

此后的设计流程与第四章介绍的基本相同。主要包括编辑顶层设计文件（在此文件中例化以上完成的 LPM_ROM），创建工程全程编译，观察 RTL 电路图，仿真，了解时序分析结果，引脚锁定，再次编译并下载。

以下仅给出一些主要过程和结果，其他设计流程项目的完成留给读者自行完成。

(1) 信号发生器的顶层设计文件如例 6.5 所示。程序中的各重要语句已注释。

[例 6.5]　正弦信号发生器的顶层设计。

```
LIBRARY  IEEE;        -- 正弦信号发生器源文件
USE IEEE.STD_LOGIC_1164.ALL;
USE IEEE.STD_LOGIC_unsigned.ALL;
ENTITY SINGT IS
  PORT(CLK:IN STD_LOGIC;      -- 信号源时钟
    DOUT:OUT STD_LOGIC_VECTOR(7 DOWNTO 0));  -- 8 位波形数据输出
END;
ARCHITECTURE DACC OF SINGT  IS
COMPONENT datarom-- 调用波形数据存储器 LPM_ROM 文件:data-rom.vhd 声明
  PORT(address:IN STD_LOGIC_VECTOR(5 DOWNTO 0);      -- 6 位地址信号
       inclock:IN STD_LOGIC; -- 地址锁存时钟
           q:OUT STD_LOGIC_VECTOR(7 DOWNTO 0));
   END COMPONENT;
  SIGNAL Q1:STD_LOGIC_VECTOR  (5  DOWNTO 0 );
   BEGIN
   PROCESS(CLK)
   BEGIN
   IF  CLK'EVENT AND CLK= '1' THEN
```

```
    Q1<=Q1+1;      -- Q1 作为地址发生器计数器
    END IF;
  END PROCESS;
  u1:datarom PORT MAP(address=>Q1, q=>DOUT,inclock=>CLK);-- 例化
  END;
```

（2）为此，顶层设计创建一项工程，工程名和实体名可以是 singt。FPGA 目标芯片可选择 EP4CE55F23C8，全程编译一次后进入时序仿真测试。

（3）图 6.23 所示的是仿真结果。由波形可见，随着每一个时钟上升沿的到来，输出端口将正弦波数据依次输出。

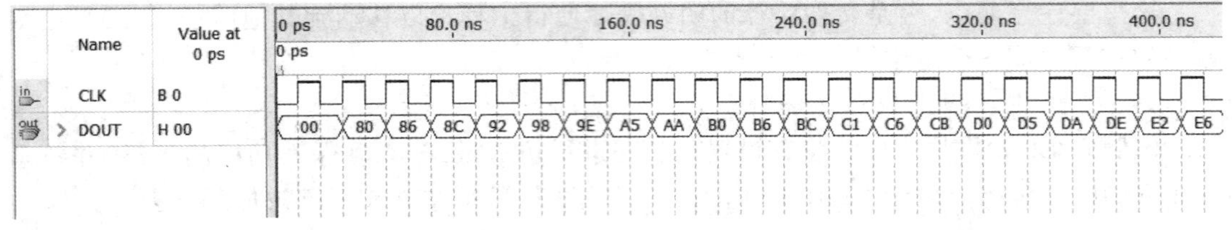

图 6.23　仿真波形输出

第四节　其他模块的调用

一、锁相环 ALTPLL 调用

在 Altera 公司的 Cyclone/Ⅱ/Ⅲ系列的 FPGA 中含有高性能的嵌入式锁相环，它可以与输入的时钟同步，一起作为参考信号实现锁相，从而输出一个或者多个同步倍频或分频时钟。与直接来自外部的时钟相比，片内时钟可以减少时钟延迟和四种变形，减少外部干扰，提高系统的稳定高速工作。以下介绍参数设置。

首先建立一个工程，取名为 pll8。然后进入图 6.10 界面。展开 I/O 前面的"＋"号，点击选择 ALTPLL，在右面的选择项中输出名为 pll8，单击 Next 进入下一页，出现如图 6.24 所示。器件系列选择 Cyclone，输入时钟 inclk0 输入 16 MHz。然后单击 Next 按钮，进入图 6.25所示界面。选择锁相环的控制信号，如使能控制 pllena，异步复位 areset 等。单击 Next 按钮进入图 6.26 界面。

在图 6.26 界面中选中"Use this clock"。选择倍频因子为 4，分频因子为 2，相位和占空比不变。点击 Next 进入下一个窗口，选择的内容与此类似，最后点击 Finish 结束调用。

在设置的过程中注意在窗口的上面提示能够实现，如果变为红色字体，提示"Can't…"则表示不能接受所设置的参数，必须改变为其他参数。

设置完成后进行全程编译，成功后建立激励波形进行时序仿真。注意输入时钟的频率要足够高。仿真的波形如图 6.27 所示，areset 高电平有效。

二、IP 核的使用

在 Quartus Ⅱ开发环境中，有许多 IP 核可以被调用，如 FIR 数字滤波器，FFT 快速傅立叶变换，NCO 数控振荡器等，其使用与 LPM 宏模块的调用方法基本相似。本节通过 FFT 的调用说明使用 IP 核的流程。

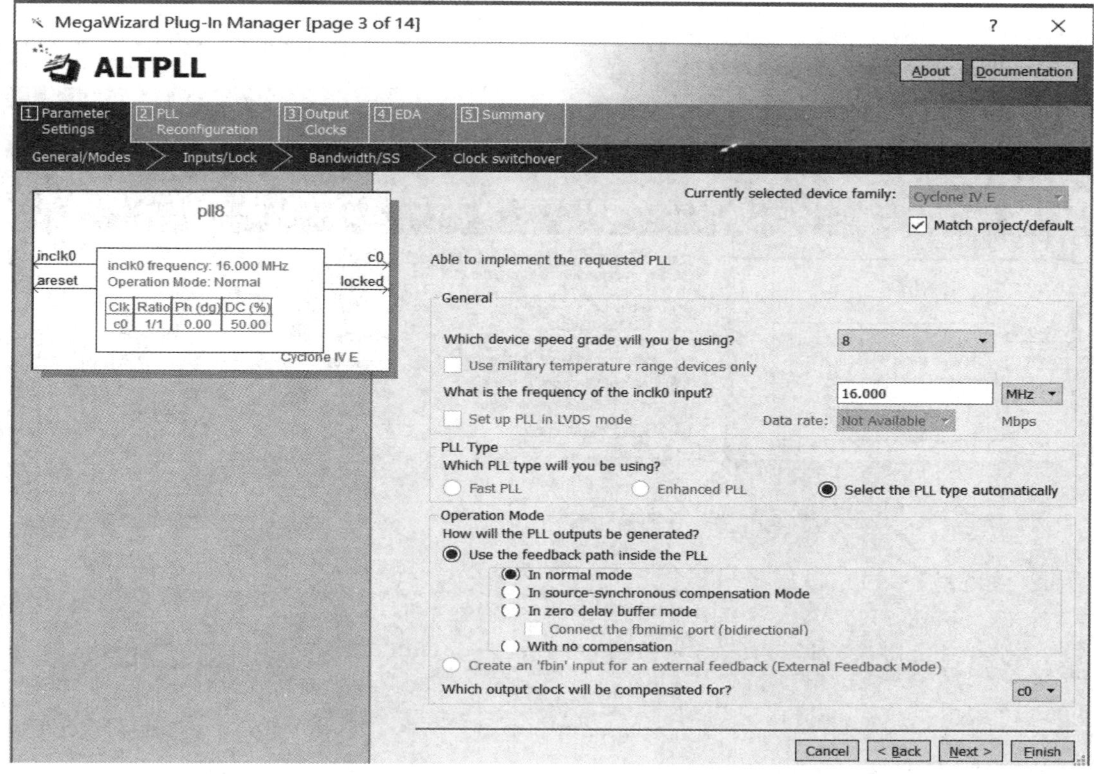

图 6.24　锁相环的输入信号频率

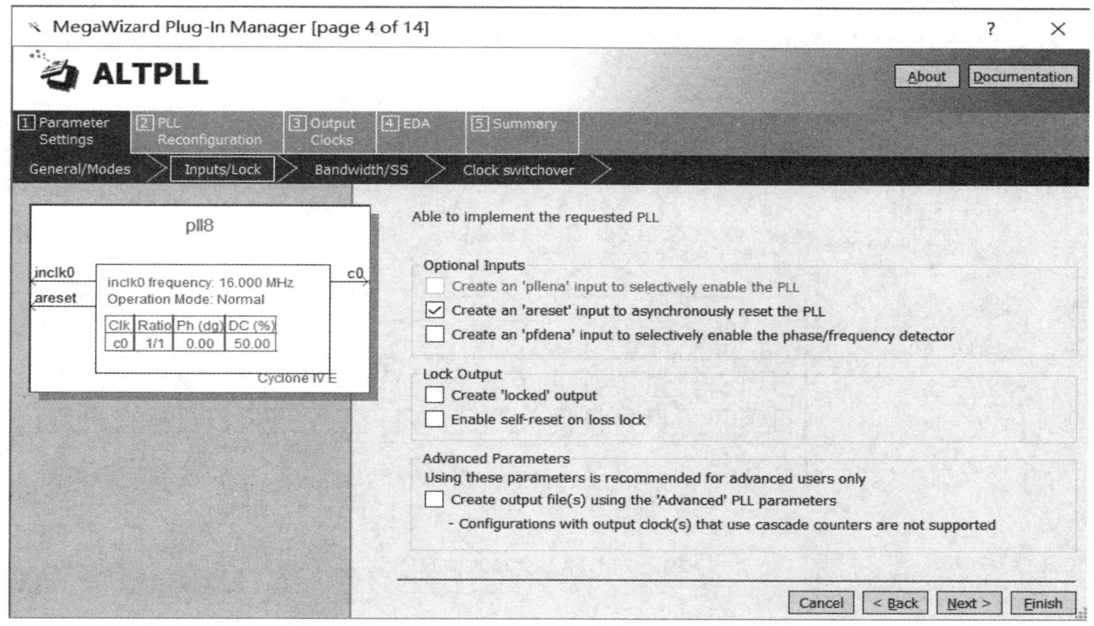

图 6.25　PLL 的控制信号

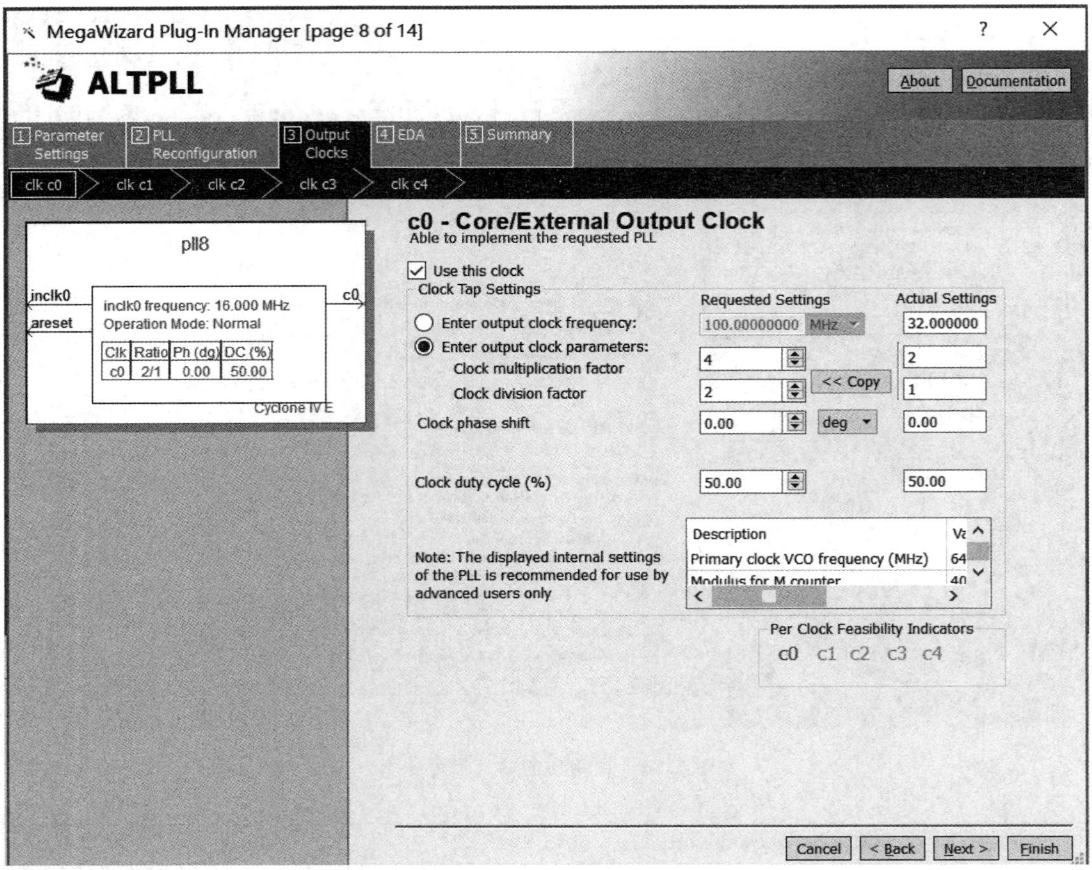

图 6.26　倍频因子的选择

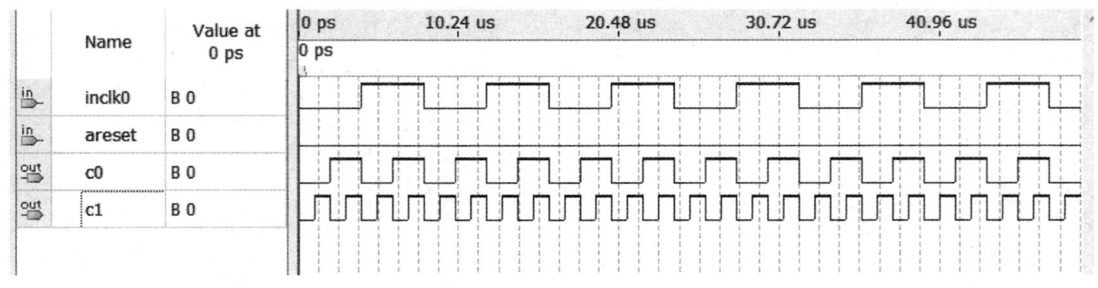

图 6.27　PLL 的仿真波形

可在 FPGA 上实现的 IP 核与 LPM 模块一样，在 Quartus Ⅱ 中利用 MegaWizard Plug-In Manager 命令调入。

（1）选择菜单 Tools→MegaWizard Plug-In Manager 按钮，在打开图 6.28 所示的界面上展开 DSP 栏上的"＋"号，在下一级栏目中展开 Transforms 前的"＋"号，然后选中"FFT13.1"。

选择器件为 Cyclone IV E 系列，在路径中输入文件名 fft13.1，单击 Next 按钮，如图 6.28所示。

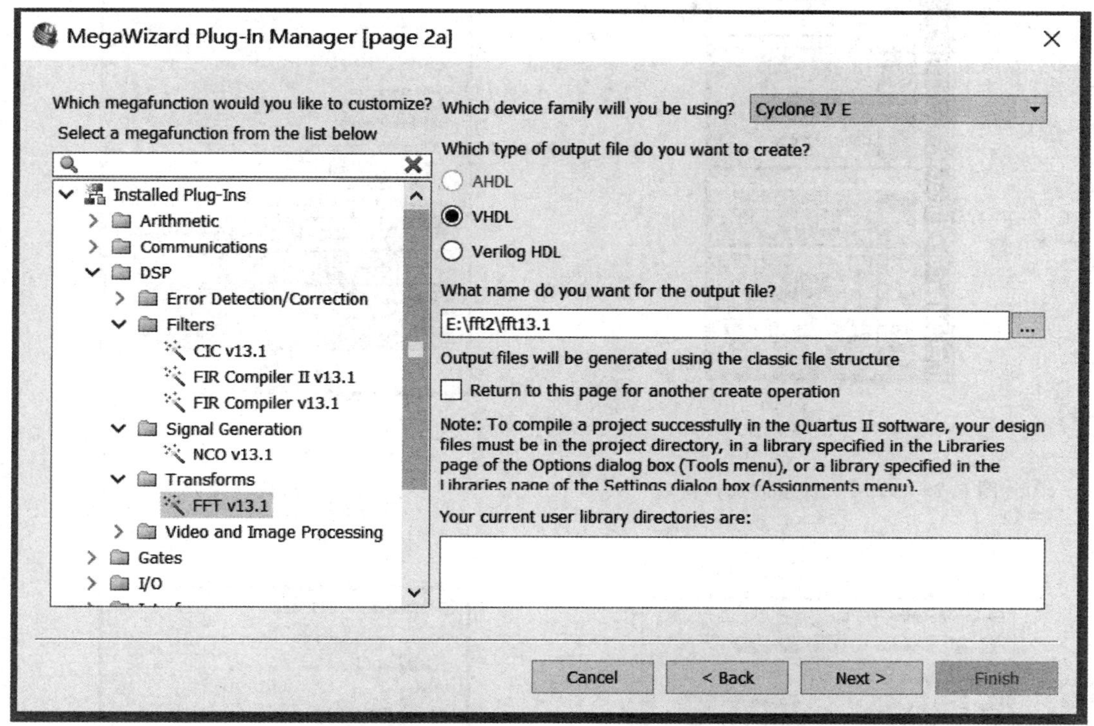

图 6.28　选择核 FFT

（2）进入 Core 文件生成窗口，如图 6.29 所示。可以通过 Documentation 了解此 IP 核的功能、使用方法、使用注意事项等。

（3）设置参数。单击图 6.29 中的 step1，进入参数设置窗口。共有三个页面：Parameters（参数设置）、Architecture（结构选择）和 Implementation Options（实现方式）。这里各个页面的设置如图 6.30、图 6.31 和图 6.32 所示。设置完成后单击 Finish 可完成参数设置。

（4）生成仿真文件，如果要仿真，点击图 6.29 所示 Step2 生成仿真文件。所有 MegaCore 的编辑器利用 Toolbench 都能生成适用于不同工具的仿真文件及可用于 Quartus Ⅱ仿真的波形矢量文件。

（5）点击图 6.29 的 Step3，生成 FFT 设计文件，并且给出图 6.33 所示的信息窗口。

调用 FFT 核后生成与此文件相关联的很多文件。其中就有 FFT 的端口图形，如图 6.34 所示，它可以被其他的顶层文件调用，完成更大功能的数字系统。

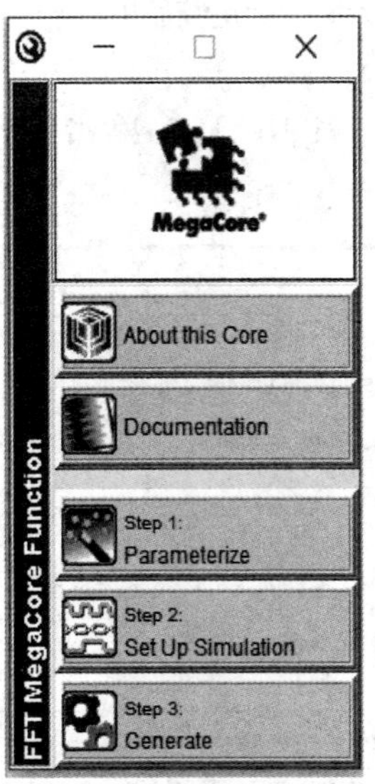

图 6.29　Core 文件生成选择窗口

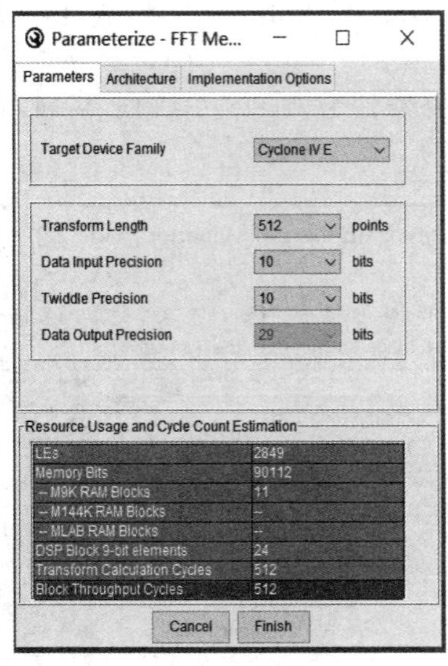

图 6.30　参数设置页面

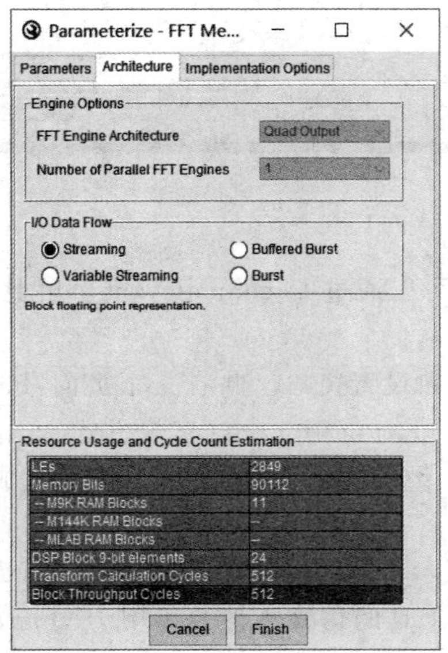

图 6.31　结构选择页面

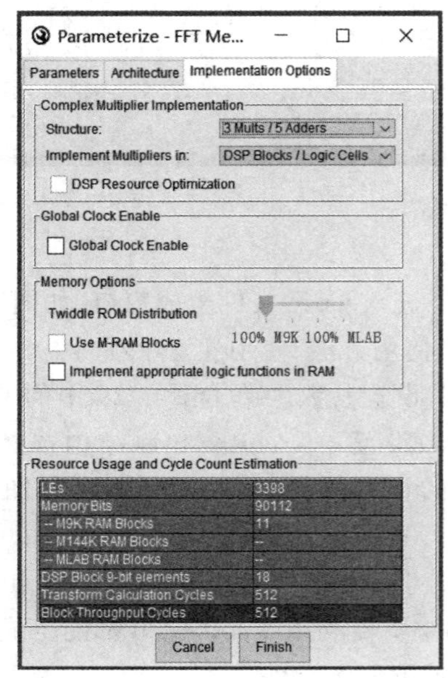

图 6.32　实现方式选择

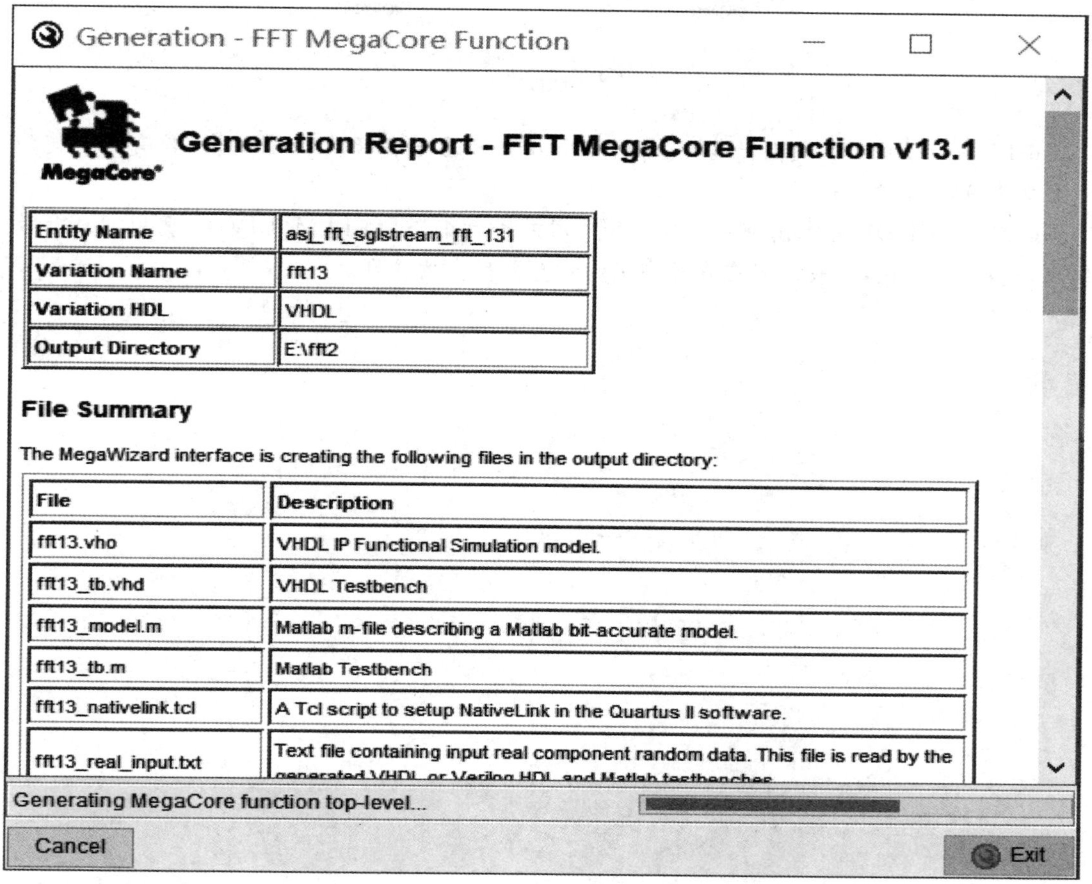

Generation - FFT MegaCore Function

MegaCore®

Generation Report - FFT MegaCore Function v13.1

Entity Name	asj_fft_sglstream_fft_131
Variation Name	fft13
Variation HDL	VHDL
Output Directory	E:\fft2

File Summary

The MegaWizard interface is creating the following files in the output directory:

File	Description
fft13.vho	VHDL IP Functional Simulation model.
fft13_tb.vhd	VHDL Testbench
fft13_model.m	Matlab m-file describing a Matlab bit-accurate model.
fft13_tb.m	Matlab Testbench
fft13_nativelink.tcl	A Tcl script to setup NativeLink in the Quartus Ⅱ software.
fft13_real_input.txt	Text file containing input real component random data. This file is read by the generated VHDL or Verilog HDL and Matlab testbenches

Generating MegaCore function top-level...

Cancel　　Exit

图 6.33　完成 FFT 参数设置后的信息

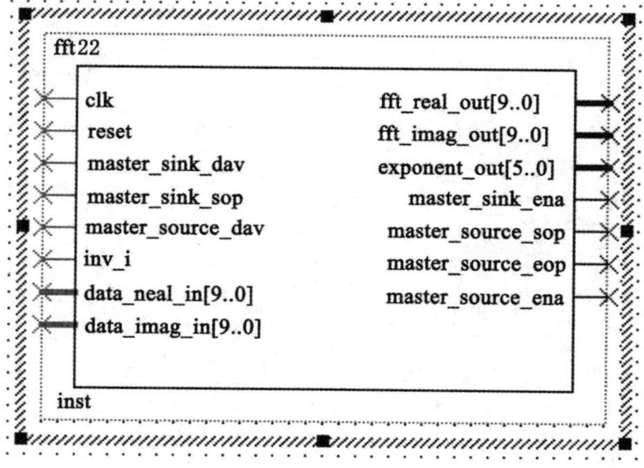

图 6.34　FFT 端口图形

习　题

6-1　利用 LPM 参数化宏模块，调用一个 8 位地址宽度、6 位数据宽度、具有同步使能的双向 ROM，并进行仿真。

6-2　用 VHDL 语言设计一个 8 位除法器并进行编译，和 LPM_DIVDE 调用同样参数的除法器进行对比，比较二者在资源利用和计算速度上的区别。

第七章　复杂可编程逻辑器件在控制电路中的应用

第一节　直流电机的 PWM 控制

一、直流电机 PWM 控制原理

直流电机是将直流电能转换为机械能的旋转装置，具有优良的调速性能和较大的启动转矩。它由定子和转子构成，定子由直流励磁的主磁极 N 和 S 构成，转子上装设电枢铁心，连接直流电源，当有电流流过时产生转矩使得转子转动。通常可以通过调节电枢电压、改变电极主磁通和改变电枢电阻三种方式改变电机转速。其中采用 PWM 改变电枢电压是常见的一种控制方式。

PWM 转换器又称直流斩波器，它利用功率开关器件通断实现控制，调节通断时间比例，将固定的直流电源电压变成平均值可调的直流电压，从而控制电机的转速与转向。

二、FPGA 实现 PWM 控制电路

FPGA 实现 PWM 控制只需内部逻辑资源就可以实现。用数字比较器代替模拟比较器，数字比较器的一端接设定值计数器，另一端接线性递增计数器。当线性计数器的值小于设定值时输出低电平，反之输出高电平。与模拟 PWM 控制相比，省去了外部的 D/A 转换器和模拟比较器，外部连线简单，便于控制。

PWM 控制直流电机的电路如图 7.1 所示。

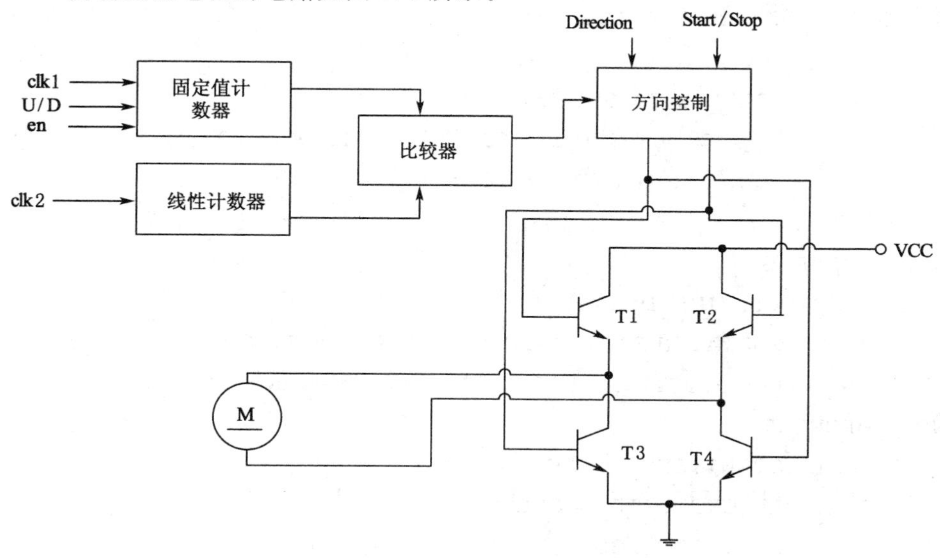

图 7.1　FPGA 直流电机驱动控制电路

首先设定 PWM 信号的占空比。当 U/D=1 时,输入 clk1,使固定值计数器的输出值增加,PWM 的占空比增加,电机转速加快。当 U/D=2 时,输入 clk1,使固定值计数器的输出值减小,PWM 的占空比减小,电机转速变慢。在 clk2 的作用下,输出线性增加的锯齿波。当计数值小于设定值,比较器输出低电平,当计数值大于设定值,比较器输出高电平,产生周期性的 PWM 波。方向控制控制直流电机的启动、停止和正反转。电机驱动电路。由功率放大电路和 H 桥组成。

FPGA 内部顶层原理如图 7.2 所示。DECD 为速度控制模块,FREQTEST 用于测试电机的转速,CMP3 为比较器,CNT5 为 5 位二进制计数器。

三、主要 VHDL 源程序

1. FREQTEST 模块

```
LIBRARY IEEE;
USE IEEE.STD_LOGIC_1164.ALL;
ENTITY FREQTEST IS
    PORT(CLK:IN STD_LOGIC;
         FSIN:IN STD_LOGIC;
         CCOUT:OUT STD_LOGIC;
         DOUT:OUT STD_LOGIC_VECTOR(15 DOWNTO 0));
END FREQTEST;
ARCHITECTURE struc OF FREQTEST IS
COMPONENT TESTCTL
    PORT(CLK:IN STD_LOGIC;     TSTEN:OUT STD_LOGIC;
      CLR_CNT:OUT STD_LOGIC;     Load:OUT STD_LOGIC);
END COMPONENT;
COMPONENT CNT
    PORT(CLOCK:IN STD_LOGIC;
              ACLR:IN STD_LOGIC;
             CLK_EN:IN STD_LOGIC;
                 Q:OUT STD_LOGIC_VECTOR(15 DOWNTO 0);
              COUT:OUT STD_LOGIC);
END COMPONENT;
COMPONENT REG
    PORT(CLOCK:IN STD_LOGIC;
             DATA:IN STD_LOGIC_VECTOR(15 DOWNTO 0);
                Q:OUT STD_LOGIC_VECTOR(15 DOWNTO 0));
END COMPONENT;
    SIGNAL TSTEN1:STD_LOGIC;
    SIGNAL CLR_CNT1:STD_LOGIC;
    SIGNAL Load1:STD_LOGIC;
    SIGNAL DTO1:STD_LOGIC_VECTOR(15 DOWNTO 0);
```

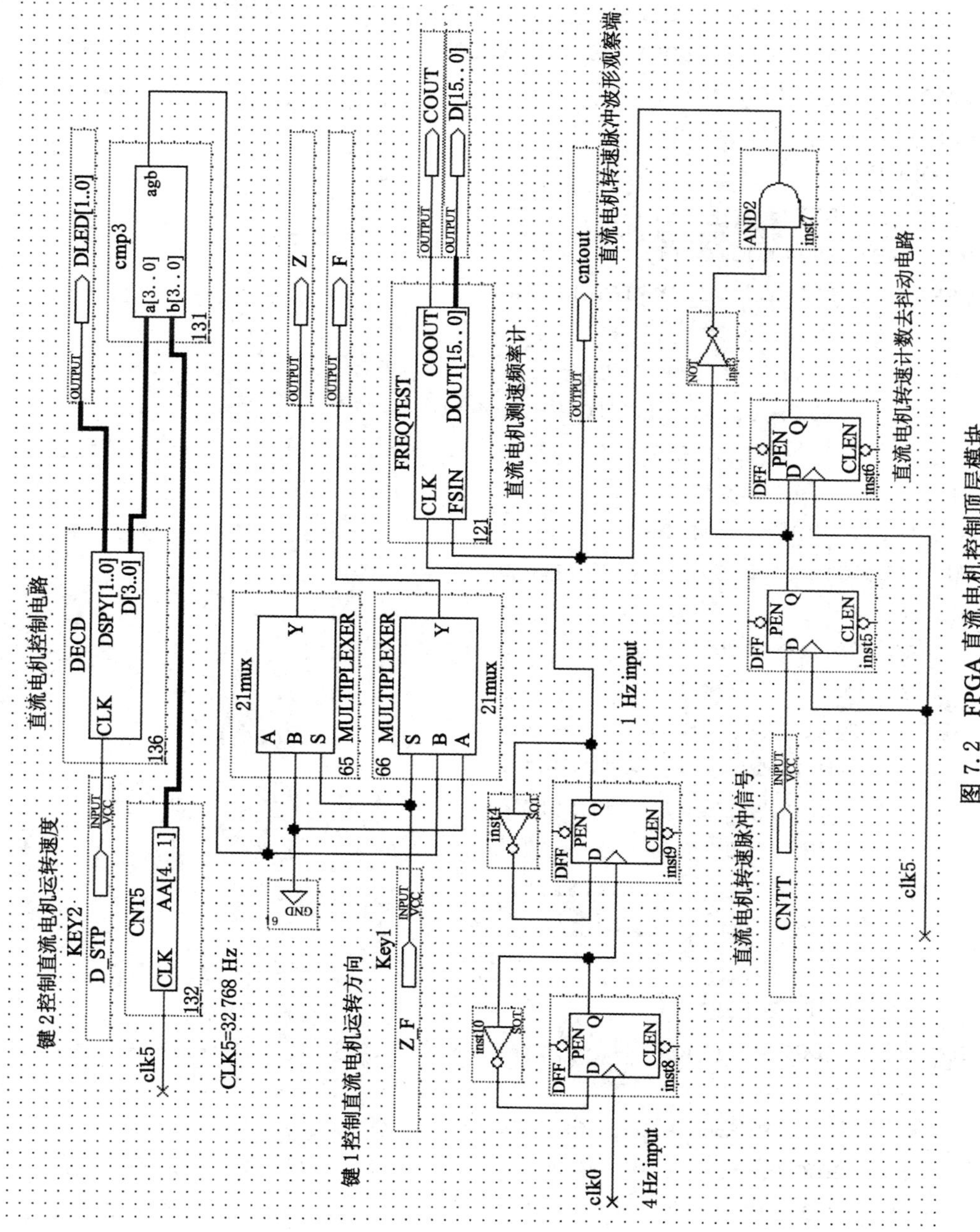

图 7.2　FPGA 直流电机控制顶层模块

```
BEGIN
  U1:TESTCTL  PORT MAP(CLK=>CLK,  TSTEN=>TSTEN1, CLR_CNT=>CLR_
CNT1, Load=>Load1);
  U2:REG PORT MAP(CLOCK=>Load1, DATA=>DTO1,Q=>DOUT);
  U3:CNT PORT MAP(CLOCK=>FSIN,ACLR=>CLR_CNT1,CLK_EN=>TSTEN1,
Q=>DTO1,COUT=>CCOUT);
END struc;
```

2. DECD 模块

```
LIBRARY IEEE ;
USE IEEE.STD_LOGIC_1164.ALL ;
USE IEEE.STD_LOGIC_UNSIGNED.ALL;
  ENTITY DECD IS
    PORT(CLK:IN STD_LOGIC;
         DSPY:OUT STD_LOGIC_VECTOR(1 DOWNTO 0) ;
            D:OUT STD_LOGIC_VECTOR(3 DOWNTO 0)) ;
END;
ARCHITECTURE one OF DECD IS
SIGNAL CQ:STD_LOGIC_VECTOR(1 DOWNTO 0);
BEGIN
   PROCESS(CQ)
    BEGIN
        CASE  CQ  IS
          WHEN"00"=>D<= "0100";
          WHEN"01"=>D<= "0111";
          WHEN"10"=>D<= "1011";
          WHEN"11"=>D<= "1111";
          WHEN OTHERS=>NULL ;
        END CASE ;
    END PROCESS ;
PROCESS(CLK)
    BEGIN
       IF CLK'EVENT AND CLK= '1'  then CQ<=CQ+1;END IF;
    END PROCESS;
  DSPY<=CQ;
END;
```

3. CNT5 模块

```
LIBRARY IEEE;
USE IEEE.STD_LOGIC_1164.ALL;
USE IEEE.STD_LOGIC_UNSIGNED.ALL;
```

```
ENTITY CNT5 IS
    PORT(CLK:IN STD_LOGIC;
            AA:OUT STD_LOGIC_VECTOR(4 DOWNTO 1));
END CNT5;
ARCHITECTURE behav OF CNT5 IS
    SIGNAL CQI:STD_LOGIC_VECTOR(4 DOWNTO 0);
BEGIN
    PROCESS(CLK)
    BEGIN
       IF CLK'EVENT AND CLK= '1'  then  CQI<=CQI+1; END IF;
    END PROCESS;
  AA<=CQI(4 DOWNTO 1);
END behav;
```

四、系统仿真/硬件验证

1. 系统的有关仿真

直流电机 PWM 控制的仿真结果请读者自己进行分析。

2. 系统的硬件验证

请读者根据自己所拥有的 EDA 实验开发的实际情况，直接或稍做变动进行系统的硬件验证。

第二节　VGA 图像显示控制器

一、VGA 图像显示原理

VGA 是显示器常见的标准之一，通常由专用的显示控制器(如 6845)等进行控制。在用 FPGA 进行产品开发的时候，可以用 FPGA 来实现 VGA 图像显示控制器，用以显示一些图形、文字等。

对于普通的 VGA 显示器，其引线包含 5 个信号：三基色信号 R、G、B，行同步信号 HS 和场同步信号 VS。这 5 个信号的时序驱动要严格遵循 VGA 显示模式工业标准，即 640×480×@60 Hz 的模式。频率要求为：时钟频率为 25.175 MHz，行频为 31 469 Hz，场频为 59.94 Hz。图 7.3 给出了 VGA 工作时序图，表 7.1 和表 7.2 给出了行扫描和场扫描的时序参数。

VGA 工业标准的显示模式要求行同步和场同步都为负极性，即同步头脉冲为负脉冲。但有一些 VGA 显示器对同步的极性没有要求，显示器内可以自动转换为正极性。这里以正极性为例来说明。

当 VS=0，HS=0 时 CRT 显示的内容为亮的过程，即正向扫描过程为 26 μs。当一行扫描完毕，行同步 HS=1，需 6 μs，期间 CRT 扫描产生消隐，电子束回到 CRT 左边下一行的起始位置。当扫描完 480 行后，CRT 的场同步 VS=1，产生场同步使扫描线回到 CRT 的第一行第一列。

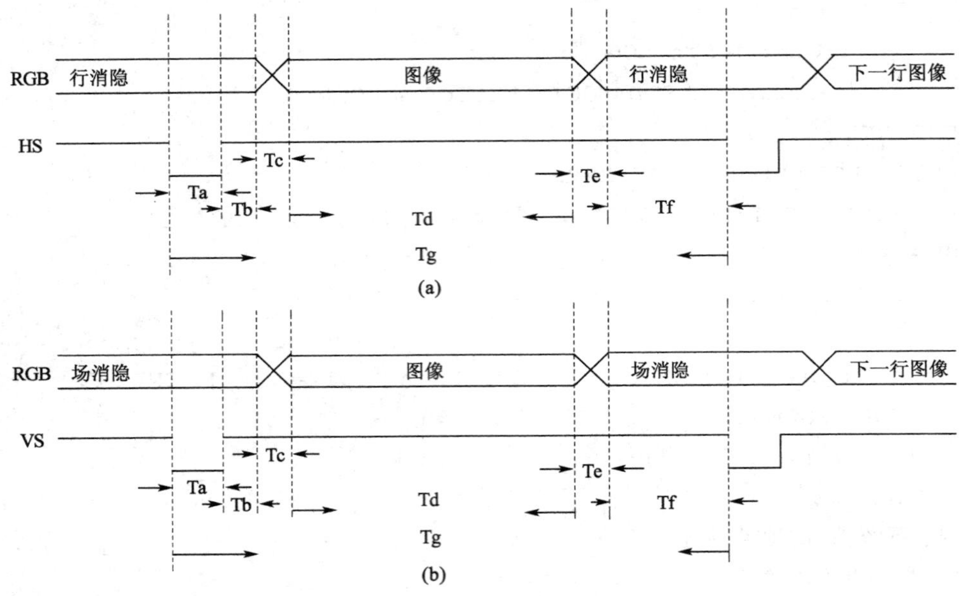

图 7.3　VGA 时序图

(a) 行扫描时序;(b) 场扫描时序

表 7.1　　行扫描时序参数

	行同步头				行图像		行周期
对应位置	Tf	Ta	Tb	Tc	Td	Te	Tg
时间	8	96	40	8	640	8	800

表 7.2　　场扫描时序

	行同步头				行图像		行周期
对应位置	Tf	Ta	Tb	Tc	Td	Te	Tg
时间	2	2	25	8	480	8	525

当彩色图像显示的信息量较大时,可以将像素点数据存储于 FPGA 内部的 EABRAM 或者外部 RAM 中。图 7.4 给出了 VGA 图像控制器框图。VGA640480 是显示扫描模块,imgrom 是图像数据 ROM,由 FPGA 内部提供,数据线宽为 3。

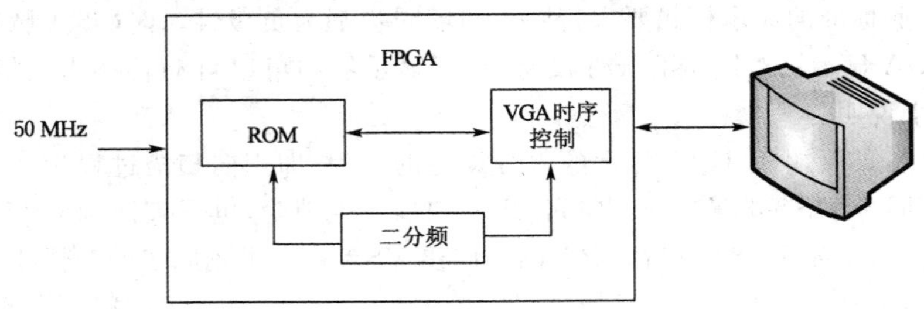

图 7.4　VGA 图像控制器框图

二、主要 VHDL 源程序

1. 顶层设计

```
LIBRARY ieee;  -- 图像显示顶层程序
USE ieee.std_logic_1164.all;
ENTITY img IS
    port
    (clk50MHz:IN STD_LOGIC;
        hs,vs,r, g, b:OUT STD_LOGIC);
END img;
ARCHITECTURE modelstru OF img IS
  component vga640480                    -- VGA 显示控制模块
    PORT(clk:IN STD_LOGIC;
          rgbin:IN STD_LOGIC_VECTOR(2 downto 0);
          hs, vs, r, g, b:OUT STD_LOGIC;
          hcntout, vcntout:OUT STD_LOGIC_VECTOR(9 downto 0));
end component;
component imgrom                -- 图像数据 ROM,数据线 3 位,地址线 12 位
    PORT(inclock:IN STD_LOGIC;
          address:IN STD_LOGIC_VECTOR(11 downto 0);
          q:OUT STD_LOGIC_VECTOR(2 downto 0));
end component;
signal rgb:STD_LOGIC_VECTOR(2 downto 0);
signal clk25MHz:std_logic;
signal romaddr:STD_LOGIC_VECTOR(11 downto 0);
signal hpos, vpos:std_logic_vector(9 downto 0);
BEGIN
romaddr<=vpos(5 downto 0) & hpos(5 downto 0);
process(clk50MHz)begin
if clk50MHz'event and clk50MHz= '1'then clk25MHz<=not clk25MHz; end
if;
end process;
i_vga640480:vga640480 PORT MAP(clk=>clk25MHz, rgbin=>rgb, hs=>hs,
vs =>vs, r=>r, g=>g, b=>b, hcntout=>hpos, vcntout=>vpos);
i_rom:imgrom PORT MAP(inclock=>clk25MHz, address=>romaddr, q=>rgb);
end;
```

2. VGA 显示扫描模块

```
library IEEE;
use IEEE.std_logic_1164.all;
use IEEE.STD_LOGIC_UNSIGNED.ALL;
```

```
entity vga640480 is
  port(
      clk:in STD_LOGIC;
      hs:out STD_LOGIc;
      vs:out STD_LOGIc;
      r:out STD_LOGIC;
      g:out STD_LOGIC;
      b:out STD_LOGIC;
      rgbin:in std_logic_vector(2 downto 0);
      hcntout:out std_logic_vector(9 downto 0);
      vcntout:out std_logic_vector(9 downto 0));
end vga640480;
architecture ONE of vga640480 is
signal hcnt:std_logic_vector(9 downto 0);
signal vcnt:std_logic_vector(9 downto 0);
begin
-- Assign pin
hcntout<=hcnt;
vcntout<=vcnt;
-- this isHorizonal counter
process(clk) begin
  if(rising_edge(clk)) then
      if(hcnt<800) then
        hcnt<=hcnt+1;
      else
        hcnt<=(others=>'0');
      end if;
  end if;
end process;
-- this is Vertical counter
process(clk)begin
  if(rising_edge(clk))then
    if(hcnt=640+8)then
      if(vcnt<525)then
        vcnt<=vcnt+1;
      else
         vcnt<= (others=>'0');
      end if;
    end if;
```

```
    end if;
  end process;
  -- this is hs pulse
  process(clk)begin
    if (rising_edge(clk)) then
      if((hcnt>=640+8+8)and(hcnt<640+8+8+96))then
          hs<='0';
      else
          hs<='1';
      end if;
    end if;
  end process;
  -- this is vs pulse
  process(vcnt)begin
    if((vcnt>=480+8+2)and(vcnt<480+8+2+2))then
          vs<='0';
      else
          vs<='1';
    end if;
  end process;
  process(clk)begin
    if(rising_edge(clk))then
      if (hcnt<640 and vcnt<480) then
          r<=rgbin(2);
          g<=rgbin(1);
          b<=rgbin(0);
      else
          r<='0';
          g<='0';
          b<='0';
      end if;
    end if;
  end process;
  end ONE;
```

三、系统仿真/硬件验证

1. 系统的有关仿真

图 7.5 给出了顶层程序仿真图。图 7.5(a)为存储于 ROM 中的一个像素的数据，图 7.5(b)为一行扫描过程中的数据。

2. 系统的硬件验证

请读者根据自己所拥有的EDA实验开发的实际情况，直接或稍做变动进行硬件验证。

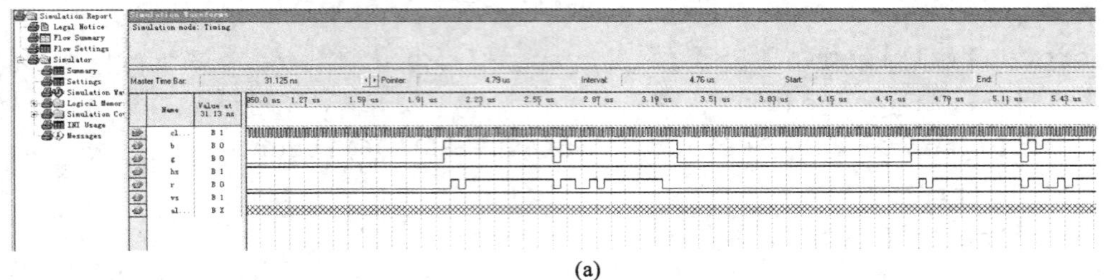

(a)

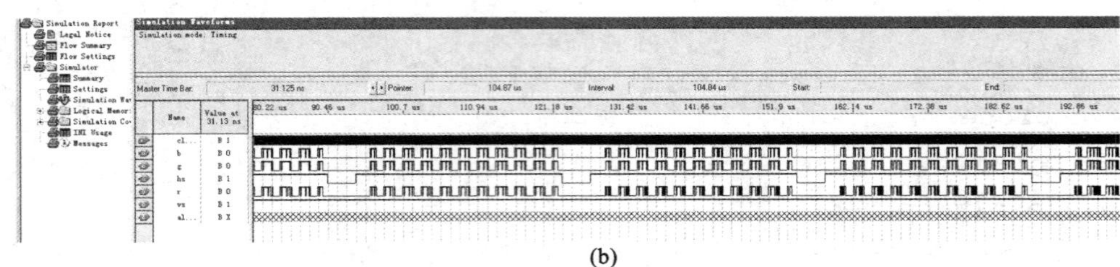

(b)

图 7.5 VGA图像控制仿真

(a) 一个像素时序仿真；(b) 一个行扫描时序仿真(局部)

第三节 微波炉控制器

一、系统设计要求

现需设计一个微波炉控制器WBLKZQ，其外部接口如图7.6所示。通过该控制器再配以4个七段数码二极管完成微波炉的定时及信息显示。

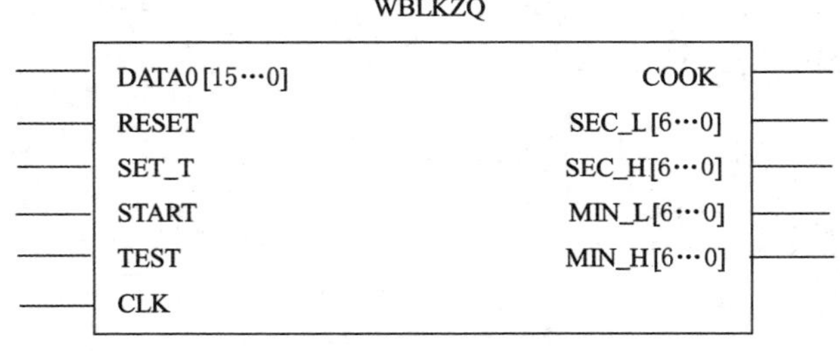

图 7.6 微波炉控制器外部接口

图7.6中的各信号的功能及要求如下：

CLK是秒时钟脉冲输入，它接收每秒一个时钟脉冲的节拍信号。RESET为复位信号，高电平有效，用于芯片的复位功能。TEST为测试信号，高电平有效，用于测试4个七段数码二极管工作是否正常。SET_T是烹调时间设置控制信号，高电平有效。DAIA0是一个16位的总线输入信号，输入所设置的时间长短，它由高到低分为4组，每一组是BCD码输入，分别表示分、秒中十位、个位的数字，如12分59秒。START是烹调开始的控制信号，高电平有效。COOK 是烹调进行信号，它外接用于控制烹调的继电器开关，高电平时表明烹调已经开始或正在进行，低电平表示烹调结束或没有进行。MIN_H（十分位）、MIN_L（分位）、SEC_H（十秒位）和 SEC_L（秒位）是 4 组七位总线信号，它们分别接 4 个七段数码管，动态地显示完成烹调所剩的时间以及测试状态信息“8888”、烹调完毕的状态信息“donE”。

该微波炉控制器 WBLKZQ 的具体功能要求如下：上电后系统首先处于一种复位状态。在工作时首先按 SET_T 键设置烹调时间，此时系统读入 DATA0 的数据作为烹调所需时间，然后系统自动回到复位状态，同时 4 个七段数码管显示时间信息（假设系统最长的烹调时间为 59 分 59 秒）。再按 START 键后系统进入烹调状态，COOK 信号开始为高电平，此时 4 个七段数码管每隔一秒钟变化一次，用以刷新还剩多少时间结束烹调。烹调结束后，COOK 信号变为低电平，同时 4 个七段数码管组合在一起显示“donE”的信息，然后系统回到复位状态。系统可以通过按 RESET 键随时回到复位状态。在复位状态下，按 TEST 键在 4 个数码管上会显示“8888”的信息，它可以测试 4 个七段数码管工作是否正常。

二、系统设计方案

1. 微波炉控制器的总体设计方案

根据该微波炉控制器的功能设计要求，本系统可由以下 4 个模块组成：① 状态控制器 KZQ；② 数据装载器 ZZQ；③ 烹调计时器 JSQ；④ 显示译码器 YMQ47。其内部组成原理图如图 7.7 所示。

(1) 状态控制器 KZQ 的功能是控制微波炉工作过程中的状态转换，并发出有关控制信息。输入信号为：CLK、TEST、START、SET_T、RESET 和 DONE，输出信号为：LD_DONE、LD_CLK、LD_8888 和 COOK 信号。KZQ 根据输入信号和自身当时所处的状态完成状态的转换和输出相应的控制信号。LD_DONE 指示 ZZQ 装入烹调完毕的状态信息“donE”的显示驱动信息数据；LD_CLK 指示 ZZQ 装入设置的烹饪时间数据；LD_8888 指示 ZZQ 装入用于测试的数据“8888”以显示驱动信息数据；COOK 指示烹饪正在进行之中，并提示计时器进行减计数。

(2) 数据装载器 ZZQ 的功能是根据 KZQ 发出的控制信号选择定时时间、测试数据或烹调完成信息的装入。当 LD_DONE 为高电平时，输出烹调完毕的状态信息数据；LD_CLK 为高电平时，输出设置的烹饪时间数据；LD_8888 为高电平时，输出测试数据。输出信号 LOAD 用于提示 JSQ 将处于数据装入状态。

(3) 计时器 JSQ 的功能是负责烹调过程中的时间递减计数，并提供烹调完成时的状态信号供 KZQ 产生烹调完成信号。LOAD 为高电平时完成装入功能，COOK 为高电平时执行减计数功能。输出 DONE 指示烹调完成。MIN_H、MIN_L、SEC_H 和 SEC_L 为完成烹调所剩的时间以及测试状态信息“8888”、烹调完毕的状态信息“donE”的 BCD 码信息。

(4) 显示译码器 YMQ47 的功能就是负责将各种显示信息的 BCD 转换成七段数码管显示的驱动信息编码。需要译码的信息行：数字 0～9，字母 d、o、n、E。

2. 状态控制器 KZQ 的设计

状态控制器 KZQ 的功能是控制微波炉工作过程中的状态转换，并发出有关控制信息，因此我们可用一个状态机来实现它。经过对微波炉工作过程中的状态转换条件及输出信号进行分析，我们可得到其状态转换图如图 7.8 所示，其输入、输出端口如图 7.9 所示。

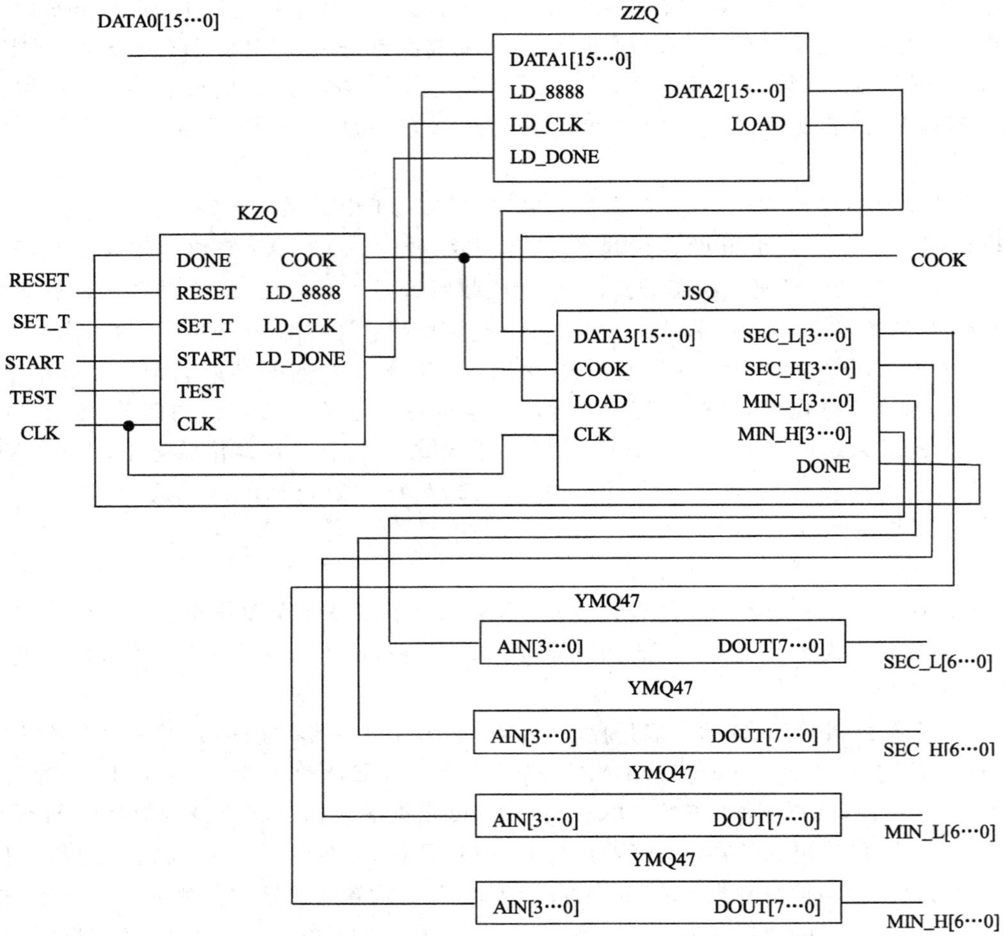

DATA0[15…0]
ZZQ
DATA1[15…0]
LD_8888
LD_CLK
LD_DONE
DATA2[15…0]
LOAD
KZQ
DONE
RESET
SET_T
START
TEST
CLK
COOK
LD_8888
LD_CLK
LD_DONE
RESET
SET_T
START
TEST
CLK
COOK
JSQ
DATA3[15…0]
COOK
LOAD
CLK
SEC_L[3…0]
SEC_H[3…0]
MIN_L[3…0]
MIN_H[3…0]
DONE
YMQ47
AIN[3…0]
DOUT[7…0]
SEC_L[6…0]
YMQ47
AIN[3…0]
DOUT[7…0]
SEC_H[6…0]
YMQ47
AIN[3…0]
DOUT[7…0]
MIN_L[6…0]
YMQ47
AIN[3…0]
DOUT[7…0]
MIN_H[6…0]

图 7.7 微波炉控制器 WBLKZQ 的内部组成原理图

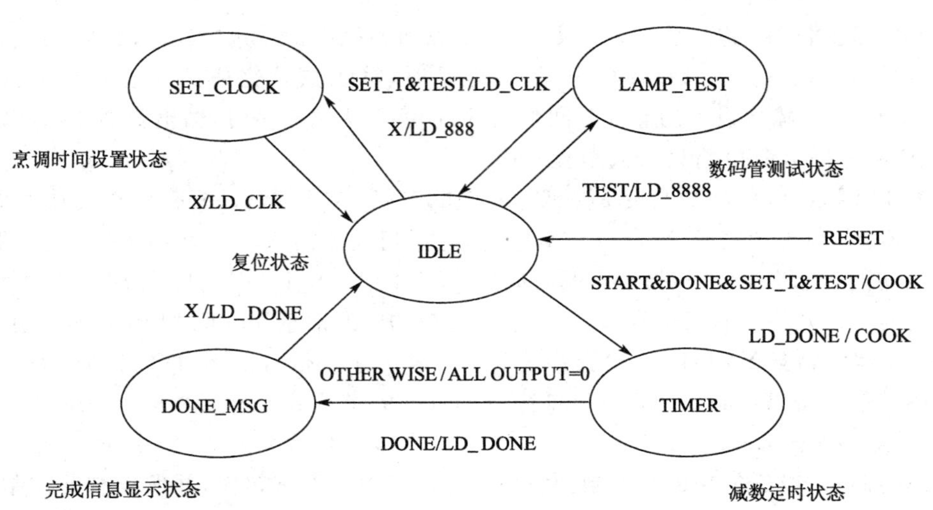

图 7.8 KZQ 的状态转换图

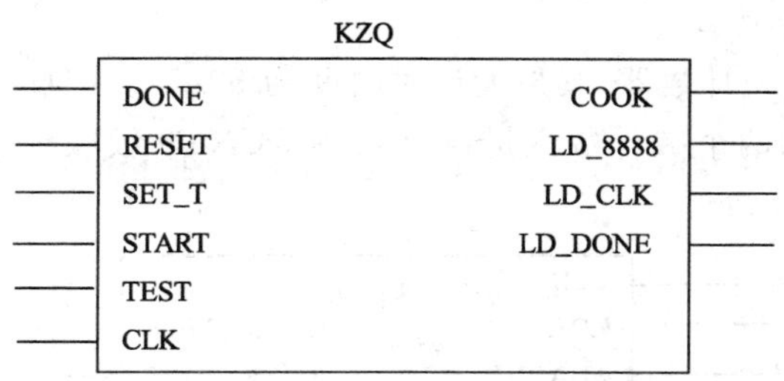

图 7.9　KZQ 的输入、输出端口图

3. 数据装载器 ZZQ 的设计

ZZQ 的输入、输出端口如图 7.10 所示，根据其应完成的逻辑功能，它本质上就是一个三选一的数据选择器。

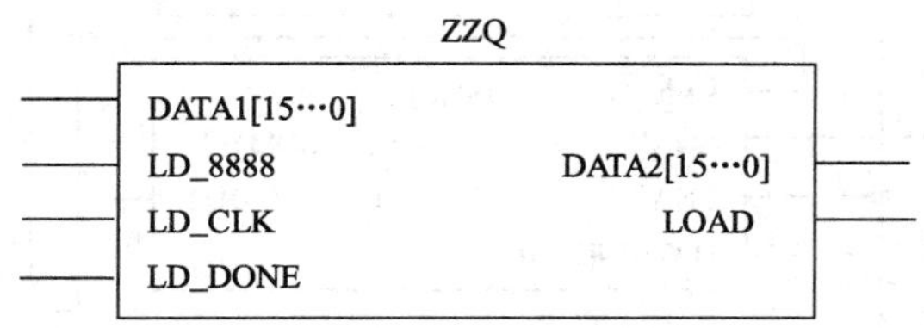

图 7.10　ZZQ 的输入、输出端口图

本设计采用一个进程来完成，但三个被选择的数据只有一个来自输入端口，因此另两个被选择的数据则通过在进程的说明部分定义两个常数来产生。由于用于显示“8888”的常数 ALL_8 需分解成 4 个 8，分别经过这四个 4-7 译码器译码后才是真正的显示驱动信息编码，因此，该常数应是 4 个分段的 4 位 BCD 码，故应设为“1000100010001000”，同理，显示“done”的常数 DONE，可设为“1010101111001101”，其中 d、o、n、E 的 BCD 码分别为：“1010”、“1011”、“1100”、“1101”。该模块的主要程序如下：

```
PROCESS(DATA1,LD_8888,LD_CLK,LD_DONE)
CONSTANT ALL_8:STD_LOGIC_VECTOR(15 DOWNTO 0):="1000100010001000";
CONSTANT DONE:STD_LOGIC_VECTOR (15 DOWNTO 0):="1010101111001101";
VARIABLE TEMP:STD_LOGIC_VECTOR (2 DOWNTO 0);
  BEGIN
    LOAD<=LD_8888 OR LD_DONE OR LD_CLK;
    TEMP:=LD_8888&LD_DONE&LD_CLK;
    CASE TEMP IS
      WHEN"100"=>DATA2<=ALL_8;
      WHEN"010"=>DATA2<=DONE;
      WHEN"001"=>DATA2<=DATA1;
      WHEN OTHERS=>NULL;
    END CASE;
END PROCESS;
```

4. 烹调计时器 JSQ 的设计

烹调计时器 JSQ 为减计数器，其最大计时时间为 59:59。因此我们可用两个减计数十进制计数器 DCNT10 和两个减计数六进制计数器 DCNT6 级联构成。JSQ 的内部组成原理如图 7.11 所示。

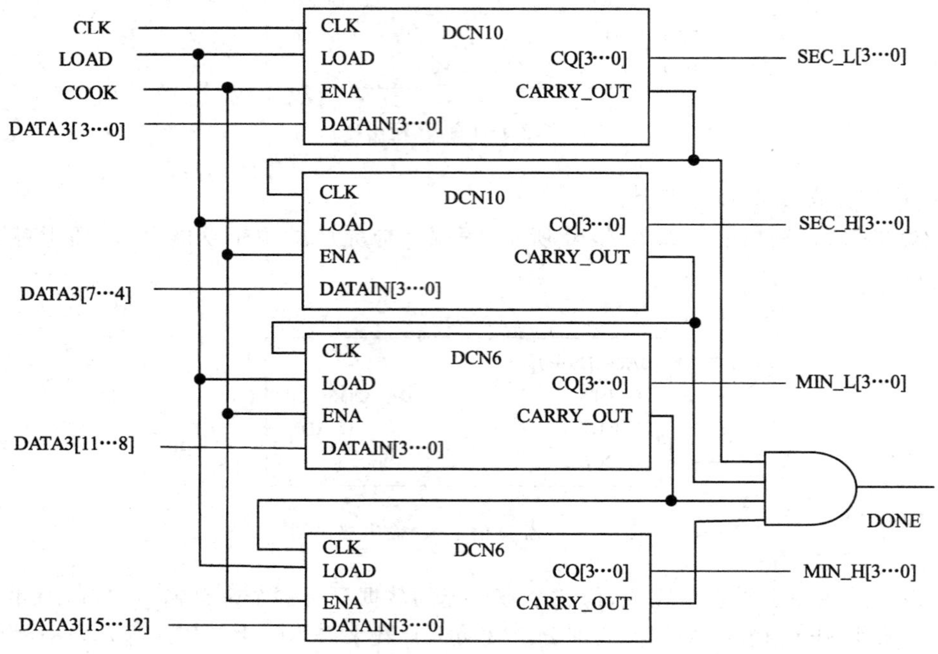

图 7.11　JSQ 的内部组成原理图

5. 显示译码器 YMQ47 的设计

本显示译码器 YMQ47 不仅要对数字 0～9 进行显示译码，还要对字母 d、o、n、E 进行显示译码，其译码对照表如表 7.3 所示。

表 7.3　　YMQ47 的译码对照表

显示的数字或字母	BCD 编码	七段显示驱动编码(g～a)
0	0000	0111111
1	0001	0000110
2	0010	1011011
3	0011	1001111
4	0100	1100110
5	0101	1101101
6	0110	1111101
7	0111	0000111
8	1000	1111111
9	1001	1101111
d	1010	1011110
o	1011	1011100
n	1100	1010100
E	1101	1111001

三、主要 VHDL 源程序

1. 状态控制器 KZQ 的 VHDL 源程序

```
-- KZQ.VHD
LIBRARY IEEE;
USE IEEE.STD_LOGIC_1164.ALL;
USE IEEE.STD_LOGIC_ARITH.ALL;
ENTITY KZQ IS
  PORT(RESET,SET_T,START,TEST,CLK,DONE:IN STD_LOGIC;
    COOK,LD_8888,LD_CLK,LD_DONE:OUT_LOGIC);
END ENTITY KZQ;
ARCHITECTURE ART OF KZQ IS
TYPE STATE_TYPE IS(IDLE,LAMP_TEST,SET_CLOCK,TIMER,DONE_MSG);
SIGNAL NEXT_STATE,CURR_STATE:STATE_TYPE;
BEGIN
  PROCESS(CLK,RESET)
    BEGIN
      IF RESET= '1'THEN
        CURR_STATE<=IDLE;
      ELSIF CLK'EVENT AND CLK= '1'THEN
        CURR_STATE<= NEXT_STATE;
      END IF;
END PROCESS;
PROCESS(CLK,CURR_STATE,SET_T,START,TEST,DONE)
  BEGIN
    NEXT_STATE<=IDLE;
    LD_8888<= '0';
    LD_DONE<= '0';
    LD_CLK<='0';
    COOK<= '0';
    CASE CURR_STATE IS
      WHEN LAMP_TEST=>LD_8888<= '1';COOK<= '0';
      WHEN SET_CLOCK=>LD_CLK<= '1';COOK<= '0';
      WHEN DONE_MSG=>LD_DONE<= '1';COOK<= '0';
      WHEN IDLE=>
        IF(TEST= '1')THEN
          NEXT_STATE<= LAMP_TEST;
          LD_8888<= '1';
        ELSIF SET_T= '1'THEN
          NEXT_STATE<= SET_CLOCK;
```

```
          LD_CLK<= '1';
        ELSIF((START= '1')AND(DONE= '0'))THEN
          NEXT_STATE<= TIMER;
          COOK<= '1';
          END IF;
        WHEN TIMER=>
        IF DONE= '1'THEN
          NEXT_STATE<= DONE_MSG;
          LD_DONE<= '1';
        ELSE
          NEXT_STATE<= TIMER;
          COOK<= '1';
        END IF;
      END CASE;
  END PROCESS;
END ARCHITECTURE ART;
```

2. 数据装载器 ZZQ 的 VHDL 源程序

```
-- ZZQ.VHD
LIBRARY IEEE;
USE IEEE.STD_LOGIC_1164.ALL;
USE IEEE.STD_LOGIC_ARITH.ALL;
ENTITY ZZQ IS
PORT(DATA1:IN STD_LOGIC_VECTOR(15 DOWNTO 0);
    LD_8888:IN STD_LOGIC;
    LD_CLK:IN STD_LOGIC;
    LD_DONE: IN STD_LOGIC;
    DATA2:OUT STD_LOGIC_VECTOR(15 DOWNTO 0);
    LOAD:OUT STD_LOGIC);
END ENTITY ZZQ;
ARCHITECTURE ARTOF ZZQ IS
BEGIN
PROCESS(DATA1,LD_8888,LD_CLK,LD_DONE)
CONSTANT ALL_8:STD_LOGIC_VECTOR(15 DOWNTO 0):= "1000100010001000";
CONSTANT DONE:STD_LOGIC_VECTOR(15 DOWNTO 0):= "1010101111001101";
VARIABLE TEMP:STD_LOGIC_VECTOR(2 DOWNTO 0);
  BEGIN
    LOAD<=LD_8888OR LD_DONE OR LD_CLK;
    TEMP:=LD_8888& LD_DONE & LD_CLK;
    CASE TEMP IS
```

```
        WHEN"100"=>DATA2<= ALL_8;
        WHEN"010"=>DATA2<= DONE;
        WHEN"001"=>DATA2<= DATA1;
        WHEN OTHERS=>NULL;
      END CASE;
    END PROCESS;
END ARCHITECTURE ART;
```

3. 烹调计时器 JSQ 的 VHDL 源程序

```
-- DCNT10.VHD
LIBRARY IEEE;
USE IEEE .STD_LOGIC_1164.ALL;
USE IEEE.STD_LOGIC_UNSIGNED.ALL;
ENTITY DCNT10 IS
PORT(CLK:IN STD_LOGIC;
    LOAD: IN STD_LOGIC;
    ENA:IN STD_LOGIC;
    DATAIN:IN STD_LOGIC_VECTOR(3 DOWNTO 0);
    CQ: OUT STD_LOGIC_VECTOR(3 DOWNTO 0);
    CARRY_OUT:OUT STD_LOGIC);
END ENTITY DCNT10;
ARCHITECTURE ART OF DCNT10 IS
SIGNAL CQI:STD_LOGIC_VECTOR(3 DOWNTO 0);
  BEGIN
    PROCESS(CLK,LOAD,ENA) IS
      BEGIN
      IF LOAD= '1' THEN
        CQI<=DATAIN;
      ELSIF CLK'EVENT AND CLK= '1' THEN
        IF ENA= '1'THEN
          IFCQI<= "0000"THEN CQI<= "1001";
          ELSE CQI<= CQI- '1';
          END IF;
        END IF;
      END IF;
END PROCESS;
PROCESS(CLK,CQI)
  BEGIN
    IF CLK'EVENT AND CLK= '1' THEN
      IF CQI<= "0000" THEN CARRY_OUT<= '1';
```

```
      ELSE CARRY_OUT<='0';
      END IF;
    END IF;
  END PROCESS;
  CQ<=CQI;
END ARCHITECTURE ART;

-- DCNT6.VHD
LIBRARY IEEE;
USE IEEE.STD_LOGIC_1164.ALL;
USE IEEE.STD_LOGIC_UNSIGNED.ALL;
ENTITY DCNT6 IS
    PORT(CLK:IN STD_LOGIC;
    LOAD: IN STD_LOGIC;
    ENA:IN STD_LOGIC;
    DATAIN:IN STD_LOGIC_VECTOR(3 DOWNTO 0);
    CQ: OUT STD_LOGIC_VECTOR(3 DOWNTO 0);
    CARRY_OUT:OUT STD_LOGIC);
END ENTITY DCNT6;
ARCHITECTURE ART OF DCNT6 IS
SIGNAL CQI:STD_LOGIC_VECTOR(3 DOWNTO 0);
  BEGIN
    PROCESS(CLK,LOAD,ENA) IS
      BEGIN
        IF LOAD='1' THEN
          CQI<=DATAIN;
        ELSIF CLK'EVENT AND CLK='1' THEN
          IF ENA='1'THEN
            IF CQI<="0000" THEN CQI<='0101';
            ELSE CQI<=CQI-'1';
            END IF;
      END IF;
    END IF;
END PROCESS;
PROCESS(CLK,CQI)
  BEGIN
    IF CLK'EVENT AND CLK= '1' THEN
      IF CQI<= "0000" THEN CARRY_OUT<= "1";
      ELSE CARRY_OUT<= '0';
```

```
      END IF;
    END IF;
  END PROCESS;
  CQ<=CQI;
END ARCHITECTURE ART;

-- JSQ.VHD
LIBRARY IEEE;
USE IEEE .STD_LOGIC_1164.ALL;
USE IEEE.STD_LOGIC_UNSIGNED.ALL;
USE IEEE.STD_LOGIC_ARITH.ALL;
ENTITY JSQ IS
PORT(COOK:IN STD_LOGIC;
    DATA3:IN STD_LOGIC_VECTOR(15 DOWNTO 0);
    LOAD:IN STD_LOGIC;
    CLK:IN STD_LOGIC;
    SEC_L:OUT STD_LOGIC_VECTOR(3 DOWNTO 0);
    SEC_H:OUT STD_LOGIC_VECTOR(3 DOWNTO 0);
    MIN_L:OUT STD_LOGIC_VECTOR(3 DOWNTO 0);
    MIN_H:OUT STD_LOGIC_VECTOR(3 DOWNTO 0);
    DONE:OUT STD_LOGIC);
END ENTITY JSQ;
ARCHITECTURE ART OF JSQ IS
COMPONENT DCNT10 IS
PORT(CLK,LOAD,ENA:IN STD_LOGIC;
    DATAIN: IN STD_LOGIC_VECTOR(3 DOWNTO 0);
    CQ:OUT STD_LOGIC_VECTOR(3 DOWNTO 0);
    CARRY_OUT:OUT STD_LOGIC);
END COMPONENT DCNT10;
COMPONENT DCNT6 IS
PORT(CLK,LOAD,ENA:IN STD_LOGIC;
    DATAIN:IN STD_LOGIC_VECTOR(3 DOWNTO 0);
    CQ:OUT STD_LOGIC_VECTOR(3 DOWNTO 0);
    CARRY_OUT:OUT STD_LOGIC);
END COMPONENT DCNT6;
SIGNAL S1:STD_LOGIC;
SIGNAL S2:STD_LOGIC;
SIGNAL S3:STD_LOGIC;
SIGNAL S4:STD_LOGIC;
```

```
BEGIN
    U1:DCNT10 PORT MAP(CLK,LOAD,COOK,DATA3(3 DOWNTO 0),SEC_L,S1);
    U2:DCNT6 PORT MAP(S1,LOAD,COOK,DATA3(7 DOWNTO 4),SEC_H,S2);
    U3:DCNT10 PORT MAP(S2,LOAD,COOK,DATA3(11 DOWNTO 8),MIN_L,S3);
    U4:DCNT6 PORT MAP(S3,LOAD,COOK,DATA3(15 DOWNTO 12),MIN_H,S4);
    DONE<= S1 AND S2 AND S3 AND S4;
END ARCHITECTURE ART;
```

4. 显示译码器 YMQ47 的 VHDL 源程序

```
-- YMQ47.VHD
LIBRARY IEEE;
USE IEEE .STD_LOGIC_1164.ALL;
USE IEEE.STD_LOGIC_UNSIGNED.ALL;
ENTITY YMQ47 IS
PORT(AIN4:IN STD_LOGIC_VECTOR(3 DOWNTO 0);
    DOUT7:OUT STD_LOGIC_VECTOR(6 DOWNTO 0));
END ENTITY YMQ47;
ARCHITECTURE ART OF YMQ47 IS
BEGIN
  PROCESS(AIN4)
    BEGIN
      CASE AIN4 IS
        WHEN"0000"=>DOUT7<= "0111111";
        WHEN"0001"=>DOUT7<= "0000110";
        WHEN"0010"=>DOUT7<= "1011011";
        WHEN"0011"=>DOUT7<= "1001111";
        WHEN"0100"=>DOUT7<= "1100110";
        WHEN"0101"=>DOUT7<= "1101101";
        WHEN"0110"=>DOUT7<= "1111101";
        WHEN"0111"=>DOUT7<= "0000111";
        WHEN"1000"=>DOUT7<= "1111111";
        WHEN"1001"=>DOUT7<= "1101111";
        WHEN"1010"=>DOUT7<= "1011110";   -- d
        WHEN"1011"=>DOUT7<= "1011100";   -- o
        WHEN"1100"=>DOUT7<= "1010100";   -- n
        WHEN"1101"=>DOUT7<= "1111001";   -- E
        WHEN OTHERS=>DOUT<= "0000000";
END CASE;
END PROCESS;
END ARCHITECTURE ART;
```

5. 微波炉控制器 WBLKZQ 的 VHDL 源程序

请读者根据微波炉控制器 WBLKZQ 的内部组成原理图自行完成微波炉控制器 WBLKZQ 的 VHDL 源程序。

四、系统仿真/硬件验证

1. 系统的有关仿真

状态控制器 KZQ,数据装载器 ZZQ 和烹调计时器 JSQ 的仿真分别如图 7.12、图 7.13 和图 7.14 所示。

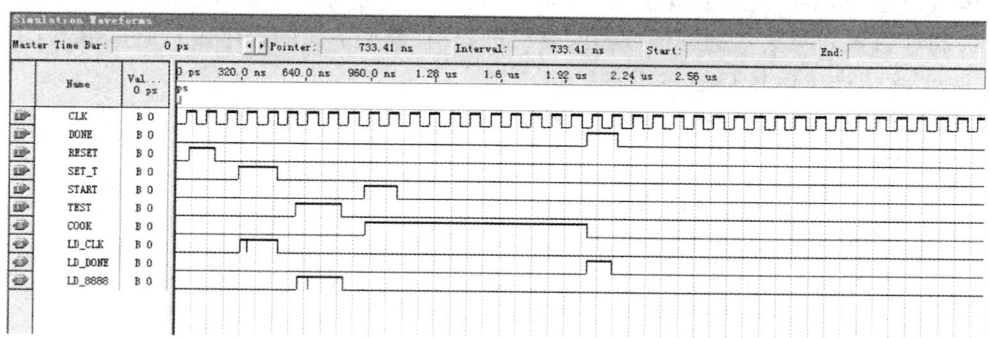

图 7.12 状态控制器 KZQ 的仿真图

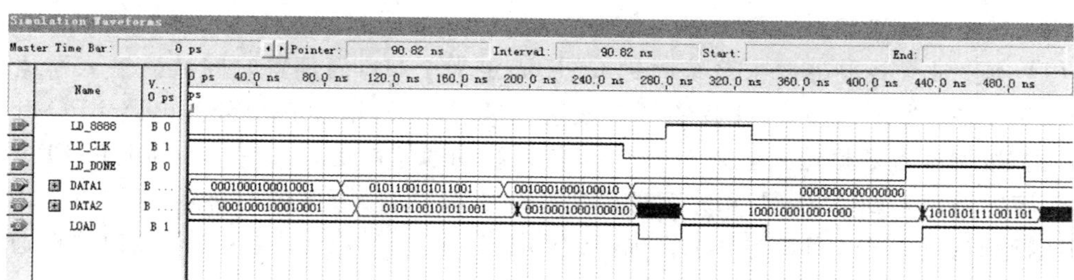

图 7.13 数据装载器 ZZQ 的仿真图

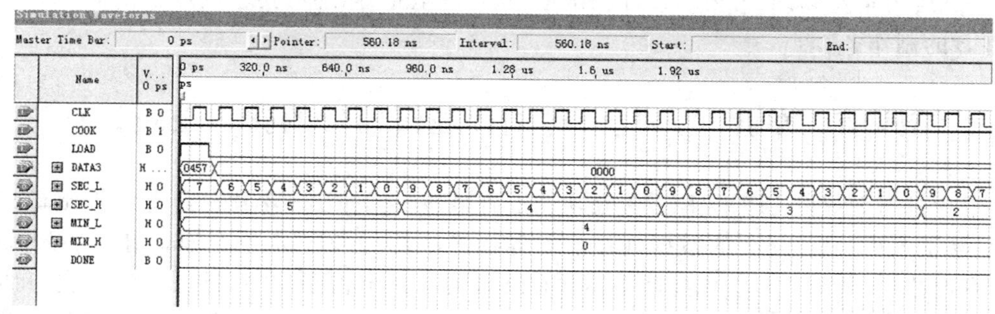

图 7.14 烹调计时器 JSQ 的仿真图

经过对图 7.12 至图 7.14 进行分析。我们可以看出 KZQ、ZZQ、JSQ 的设计是正确的。其他未仿真的模块请读者自行完成并进行分析。

2. 系统的硬件验证

请读者根据自己所拥有的 EDA 试验设备自行完成系统的硬件验证。

五、设计技巧分析

(1) 在状态控制器 KZQ 中,利用状态机的设计方法简化了设计。

(2) 在数据装载器 ZZQ 的设计中,利用三个装载信号的组合 LD_8888&LD_DONE&LD_CLK 赋予变量 TEMP,巧妙地解决了装载数据的选择问题。

(3) 在烹调计时器 JSQ 的设计中,利用两个减法十进制计数器和两个减法六进制计数器的串级组合,非常简便地实现了 59 分 59 秒数之间的计时和初始数据的装载。同时在减法十进制计数器和减法六进制计数器的第二进程中(详见下面的程序段),通过引入 CLK 的上升沿,消除了进位信号 CQI 的毛刺。

```
PROCESS(CLK,CQI)
  BEGIN
    IF CLK'EVENT AND CLK= '1' THEN
      IF CQI<= "0000" THEN CARRY_OUT<= "1";
      ELSE CARRY_OUT<= '0';
    END IF;
  END IF;
END PROCESS;
```

六、系统扩展思路

(1) 本微波炉控制器要求系统时钟 CLK 固定为 1 Hz,而预置时间数据输入总线 DATA0 位数太多(为 16 位),因此我们可对该系统进行改进,增加一个分频电路 FPQ 和一个“虚拟式”按键预置数据输入电路 YZDL,以使系统的通用性更好。其中分频电路 FPQ 是将任意频率的信号 CLKN 经过 N 分频后得到系统所需要的 1 Hz 的时钟信号 CLK。而预置数据选择确认键 YES,预置完毕选择确认键 OK,输出为 DATA0[15…0],该模块可通过计数、取数、寄存、移位等操作完成预置数据输入工作。

(2) 设计外围电路:系统用方波信号源,直流工作电源。

(3) 若为毕业设计,可要求设计调试程序、外围电路等,还可要求设计制作整个系统,包括 PCB 的制作。

第四节　单片机与复杂可编程逻辑器件的接口逻辑设计

单片机与大规模 CPLD/FPGA 在功能上有很强的互补性。单片机具有性价比高、功能灵活、易于人机对话、强大的数据处理能力等特点;CPLD/FPGA 则具有高速、高可靠性以及开发便捷、规范等优点。以此两类器件相结合的电路结构在许多高性能仪器仪表和电子产品中仍将被广泛应用。本节就单片机与 CPLD/FPGA 的接口方式作一简单介绍,希望对单片机和 CPLD/FPGA 的研发能有所启发。

单片机与 CPLD/FPGA 的接口方式一般有两种,即总线方式与独立方式。

一、总线方式

单片机以总线方式与 CPLD/FPGA 进行数据与控制信息的通信有许多优点。

(1) 速度快。如图 7.15 所示,其通信工作时序是纯硬件行为,对于 MCS-51 单片机,只需一条单字节指令就能完成所需的读/写时序,如:

MOV @DPTR,A; MOV A,@DPTR

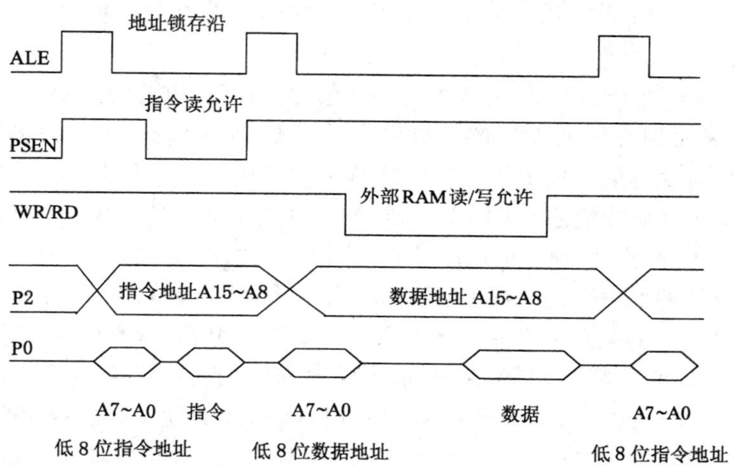

图 7.15　MCS—51 单片机总线接口方式工作时序

(2) 节省 CPLD/FPGA 芯片的 I/O 口线。如图 7.16 所示,如果将图中的译码器 DECODER设置足够的译码输出,并安排足够的锁存器,就能仅通过 19 根 I/O 口线在 CPLD/FPGA 与单片机之间进行各种类型的数据与控制信息交换。

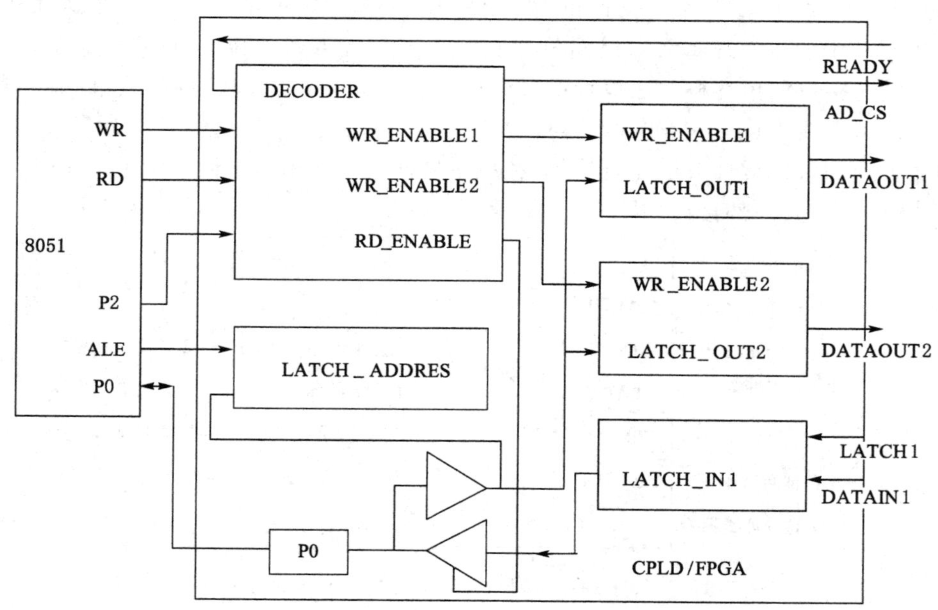

图 7.16　MCS—51 单片机与 FPGA/CPLD 的总线接口逻辑图

(3) 相对于非总线方式,单片机编程简洁,控制可靠。

(4) 在 CPLD/FPGA 中通过逻辑切换,单片机易于与 SRAM 或 ROM 接口。这种方式有许多实用之处,如利用类似于微处理器系统的 DMA 的工作方式,首先由 CPLD/FPGA 与接口的高速 A/D 等器件进行高速数据采样,并将数据暂存于 SRAM 中,采样结束后,通过切换,使单片机与 SRAM 以总线方式进行数据通信,以便发挥单片机强大的数据处理能力。

将单片机与 CPLD/FPGA 以总线方式通信的逻辑设计,重要的是要详细了解单片机的总线读写时序,根据时序图来设计逻辑结构。图 7.15 是 MCS—51 系列单片机的时序图,其时序电平变化速度与单片机工作时钟频率有关。图中,ALE 为地址锁存使能信号,可利用其下降沿将低 8 位地址锁存于 CPLD/FPGA 中的地址锁存器(LATCH_ADDRES)中;当 ALE 将低 8 位地址通过 P0 锁存的同时,高 8 位地址已稳定建立于 P2 口,单片机利用读指令允许信号 PSEN 的低电平从外部 ROM 中将指令从 P0 口读入,由时序图可见,其指令读入的时机是在 PSEN 的上升沿之前。接下来,由 P2 口和 P0 口分别输出高 8 位和低 8 位数据地址,并由 ALE 的下降沿将 P0 口的低 8 位地址锁存于地址锁存器。若需从 CPLD/FPGA中读出数据,单片机则通过指令"MOVX A,@DPTR"使 RD 信号为低电平,由 P0 口将图 7.16 中锁存器 LATCH_IN1 中的数据读入累加器 A;但若欲将累加器 A 的数据写进 CPLD/FPGA,则需通过指令"MOVX @DPTR,A"和写允许信号 WR。这时,DPTR 中的高 8 位和低 8 位数据作为高、低 8 位地址分别向 P2 和 P0 口输出,然后由 WR 的低电平并结合译码,将累加器 A 的数据写入图中相关的锁存器。

二、独立方式

与总线接口方式不同,几乎所有单片机都能以独立接口方式与 CPLD/FPGA 进行通信,其通信的时序方式可由所设计的软件自由决定,形式灵活多样。其最大的优点是 CPLD/FPGA 中的接口逻辑无须遵循单片机内固定总线方式的读/写时序。CPLD/FPGA 的逻辑设计与接口的单片机程序设计可以分先后相对独立地完成。事实上,目前许多流行的单片机已无总线工作方式,如 89C2051/97C2051、Z84 系列、PIC16C5X 系列等。

独立方式的接口设计方法比较简单,在此不做详细的介绍。下面介绍图 7.16 所示的总线接口逻辑设计,其外部接口如图 7.17 所示。

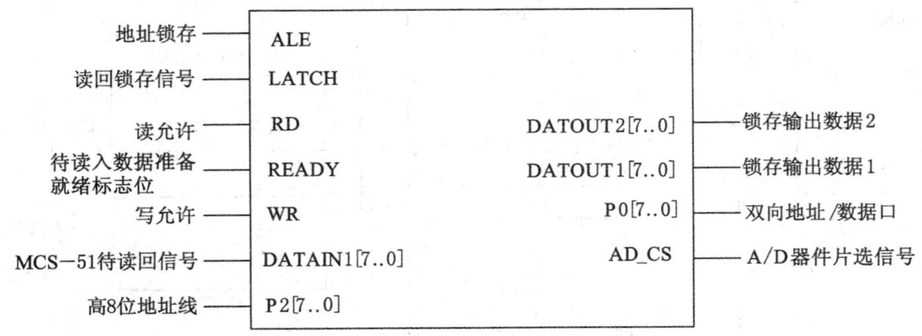

图 7.17　MCS—51 与 FPGA 的总线方式接口逻辑引脚图

三、单片机与 FPGA/CPLD 接口电路的 VHDL 设计及仿真

MCS—51 单片机与 FPGA/CPLD 的通信读写电路如下所示。

1. 源程序

```
library ieee;
use ieee.std_logic_1164.all;
use ieee.std_logic_unsigned.all;
entity micrcontrol is
port(                                        --端口定义
    p0:inout std_logic_vector(7 downto 0);--双向地址/数据
    p2:in std_logic_vector(7 downto 0);   --高8位地址线
    rd,wr:in std_logic;                    --读写允许
    ale:in std_logic;                    --地址锁存允许
    ready:in std_logic;                  --待读入数据准备就绪标志位
    ad_cs:out std_logic;                   --A/D器件片选信号
    datain1:in std_logic_vector(7 downto 0);   --单片机待读回信号
    latch1:in std_logic;                      --读回锁存信号
    dataout1:out std_logic_vector(7 downto 0);  --锁存输出数据1
    dataout2:out std_logic_vector(7 downto 0)  --锁存输出数据2
    );
end micrcontrol;
architecture behav of micrcontrol is
    signal latch_addres:std_logic_vector(7 downto 0);
    signal latch_out1:std_logic_vector(7 downto 0);
    signal latch_out2:std_logic_vector(7 downto 0);
    signal latch_in1:std_logic_vector(7 downto 0);
    signal wr_enable1:std_logic;
    signal wr_enable2:std_logic;
begin
process(ale)
begin
    if ale'event and ale= '0'then
       latch_addres< = p0;           --ale下降沿将p0口的低8位地址
                                       锁入
     end if;                          --锁存器latch_addres中
end process;
process(p2,latch_addres)              --wr写信号译码进程1
begin
if(latch_addres= "11110101")and (p2= "01101111")then
  wr_enable1<=wr;                     --写允许
else
  wr_enable1<= '1';                   --写禁止
```

```
   end if;
   end process;
   process(wr_enable1)
   begin
       if wr_enable1'event and wr_enable1= '1'then
          latch_out1<=p0;
        end if;
   end process;
   process(p2,latch_addres)                   -- wr 写信号译码进程
   begin
       if(latch_addres= "11110011") and (p2= "00011111") then
          wr_enable2<=wr;                     -- 写允许
       else
          wr_enable2<= '1';                   -- 写禁止
       end if;
   end process;
   process(wr_enable2)                        -- 数据写入寄存器 2
   begin
       if wr_enable2'event and wr_enable2= '1'then
          latch_out2<=p0;
       end if;
   end process;
   process(latch1)                            -- 外部数据进入 CPLD
   begin
       if latch1'event and latch1= '1'then
          latch_in1<=datain1;
       end if;
   end process;
   process(p2,latch_addres,ready,rd)          -- 8031 读入 PLD 中数据
   begin
       if(latch_addres= "01111110") and(p2= "10011111") and (rd= '0')
and (ready= '1')then
          p0<=latch_in1;                      -- 寄存器中的数据读入 p0 口
       else
          p0<= "ZZZZZZZZ";
       end if;
   end process;
   process(latch_addres)                     -- A/D 工作控制片选信号输出进程
   begin
```

```
        if(latch_addres= "00011110")then
            ad_cs<= '0';                        -- 允许 A/D 工作
        else
            ad_cs<= '1';                        -- 禁止 A/D 工作
        end if;
    end process;
    dataout1<=latch_out1;
    dataout2<=latch_out2;
    end behav;
```

2. 功能仿真

将接口的读写功能分别仿真，已验证数据之间可以通信。当 ALE 地址锁存允许信号下降沿来临时，将 P0 口的低 8 位地址锁存在地址锁存器中，高 8 位地址已经由 P2 口送入编码器，通过编码分别使两个写使能信号有效，将 P0 口的数据送入锁存器中，再由 FPGA 芯片控制存入存储器。当 ready 为高电平时，单片机将数据＃71H 写入目标器件中的第一个寄存器 latch_out1 中，指令如下：

```
MOV A,#71H
MOV DPTR,#6FF5H
MOV @ DPTR,A
```

在 Device 设置中选择器件系列和芯片型号，通过编译、综合、优化后，可以显示设计电路占用芯片的资源，该接口逻辑占用了 39 个逻辑单元和 46 个引脚，之后进行时序仿真。写入数据仿真图如图 7.18 所示。当地址锁存器中地址为 00011110 时，使得 A/D 器件片选信号有效，可以连接其他外部设备，完成其他的设计任务。

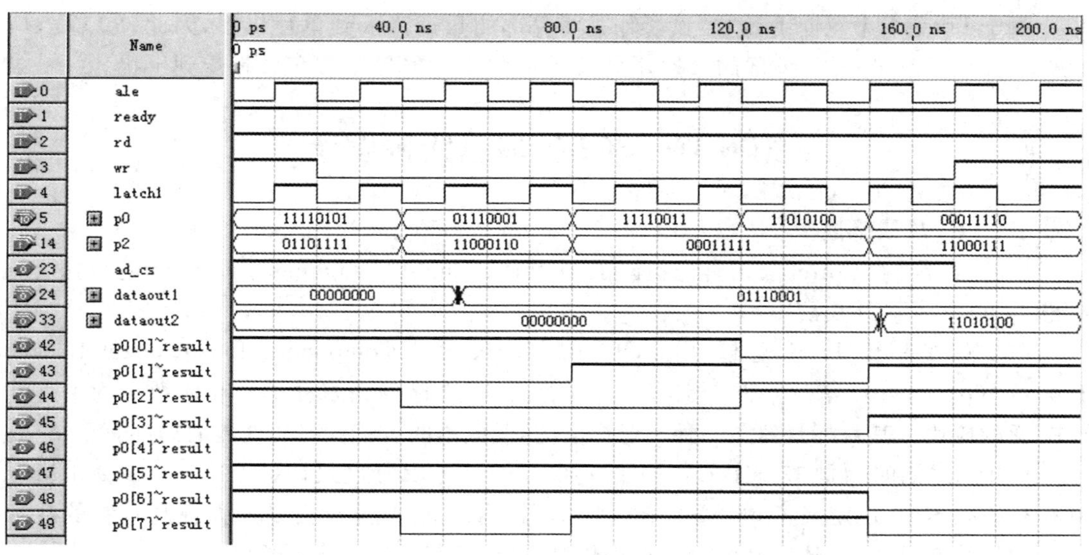

图 7.18　总线接口写仿真

当 ready 为高电平时，地址锁存器中的低 8 位地址和 P2 口高 8 位地址，通过编码使读使能信号有效，并且 rd 为低电平时，单片机从目标器件中的寄存器 latch_in1 将数据读出，并送入 P0 口，通过单片机读指令：

MOV DPTR，#6F7E

MOV A，@DPTR

将数据存储到外部存储器中。读仿真图如图 7.19 所示。

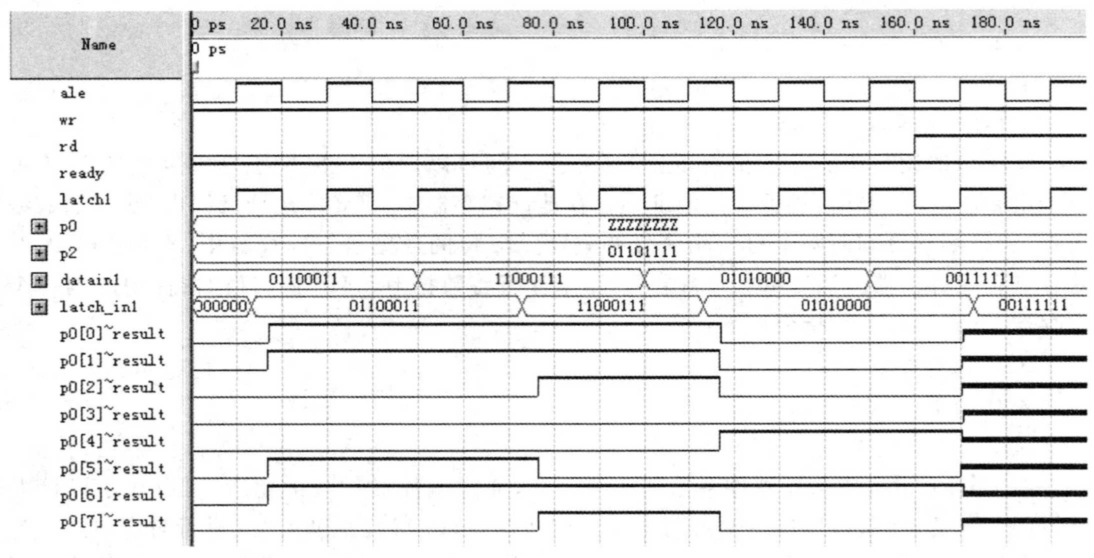

图 7.19　总线接口读仿真

由于 P0 是一个双向 I/O 口，读操作是将外部的数据读入到单片机中，因此，P0 输入应该处于高阻状态，这样的外部的数据才会顺利地输入到单片机，以免数据受到干扰。

第五节　PCI 扩展总线桥设计

一、PCI 总线概述

1991 年下半年，Intel 公司首先提出了 PCI(Peripheral Component Interconnect)总线的概念，并成立了 PCI 集团。

PCI 总线是由 Intel 发起，由 PCI SIG(Peripheral Component Interconnect Special Interest Group)小组审议并推广实施的总线标准，现在已经在多种平台和体系结构中得到了广泛的应用。其目标是建立一种工业标准的、低成本的、灵活的、高性能的局部总线结构。

PCI 总线的时钟是 33 MHz，数据线有 32 位/64 位，其速度最快可以达到 132/264 MB/s(在有的版本中，还定义了 66 M/64 位的 PCI 总线标准，其速度更是大大提高)，它的数据线和地址线是复用的，使得它能为外设提供高性能、高集成度的内联机制。

PCI 总线主要由 3 部分组成：电源线；控制线；数据地址线。其总线构成如图 7.20 所示。

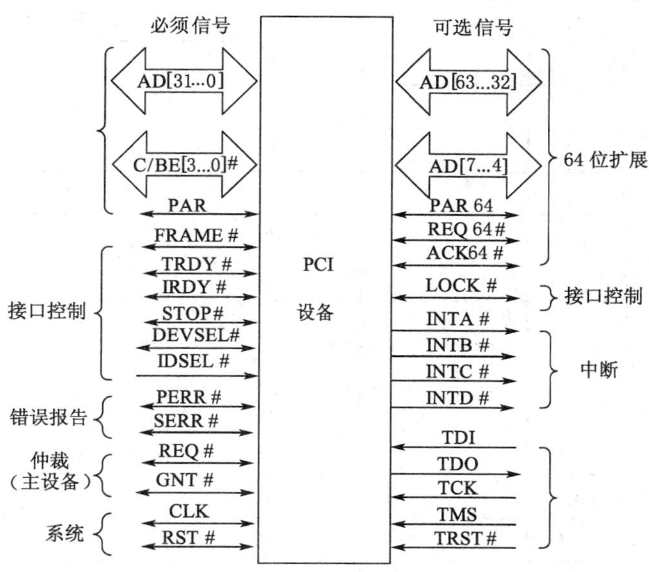

图 7.20　PCI 总线信号

电源线主要为 PCI 设备提供必要的工作电压，PCI 总线为设备提供如下几种电压：+12 V，−12 V，+5 V，−5 V，+3.3 V。

控制线是供各种信号传输的途径，总线的各种功能都由控制线来实现。它们是总线信号中数量最多、功能最强的信号，也是体现 PCI 总线特色和实现总线功能的必备信号。它又可以分为 3 类：接口信号、错误报告信号和系统信号。

接口信号用来指明设备数据是否准备就绪，是否开始一个作业或事务，是否暂停总线等。它们包括 FRAME＃、TDDY＃、IRDY＃、STOP＃、DEVSEL＃、IDSEL 几种信号。关于具体操作参看本书的介绍和波形图或 PCI 手册。

错误报告信号是使系统自我检测用的信号。CLK 为所有的 PCI 操作提供时序，对 PCI 设备来说，它都是输入，除了 RST＃、IRQA＃、IRQB＃、IRQC＃、IRQD＃外，所有的其他信号都在 CLK 的上升沿采样。CLK 最高为 33 MHz(66 M PCI 总线可达 66 MHz)，最低为 0 Hz。如果是 PCI 主设备，还有两个仲裁信号 REQ＃和 GNT＃，它们是 PCI 主设备向系统申请(REQ＃)总线和系统用来应答(GNT＃)设备的信号。

以上概述的是所有 PCI 设备都必需的信号，右边一列都是 PCI 设备可选的信号，由于本书实现的 PCI 设备没有用到这些信号，在此不再详述，需对它们详细研究的可参考 PCI 2.2手册。

数据地址线是系统和 PCI 设备间数据和地址传输的通道，在 PCI 上数据线和地址线是复用的 AD[31...0]。在地址周期，上面传输地址；在数据周期，上面传输数据。PCI 用 C/BE[3...0]＃来传送总线命令(地址周期)和使能字节传输(数据周期)。PAR 是对 AD[31...0]和 C/BE[3...0]＃的偶校验。

表 7.4 所示是 PCI 的引脚分布。

表 7.4　PCI 引脚分布

引脚	+5 V 系统	+3.3 V 系统	引脚	+5 V 系统	+3.3 V 系统
A1	TRST		B1	−12 V	
A2	+12 V		B2	TCK	
A3	TMS		B3	GND	
A4	TDI		B4	TDO	
A5	+5 V		B5	+5 V	
A6	INTA		B6	+5 V	
A7	INTC		B7	INTB	
A8	+5 V		B8	INTD	
A9	RESV01		B9	PRSNT1	
A10	+5 V	+3.3 V	B10	RES	
A11	RESV03		B11	PRSNT2	
A12	GND03		B12	GND	(OPEN)
A13	GND05		B13	GND	(OPEN)
A14	RESV05		B14	RES	
A15	RESET		B15	GND	
A16	+5 V	+3.3 V	B16	CLK	
A17	GNT		B17	GND	
A18	GND08		B18	REQ	
A19	RESV06		B19	+5 V	+3.3 V
A20	AD30		B20	AD31	
A21	+3.3 V01		B21	AD29	
A22	AD28		B22	GND	
A23	AD26		B23	AD27	
A24	GND10		B24	AD25	
A25	AD24		B25	+3.3 V	
A26	IDSEL		B26	C/BE3	
A27	+3.3 V03		B27	AD23	
A28	AD22		B28	GND	
A29	AD20		B29	AD21	
A30	GND12		B30	AD19	
A31	AD18		B31	+3.3 V	
A32	AD16		B32	AD17	
A33	+3.3 V05		B33	C/BE2	
A34	FRAME		B34	GND13	

续表 7.4

引脚	+5 V 系统	+3.3 V 系统	引脚	+5 V 系统	+3.3 V 系统
A35	GND14		B35	IRDY	
A36	TRDY		B36	+3.3V06	
A37	GND15		B37	DEVSEL	
A38	STOP		B38	GND16	
A39	+3.3 V07		B39	LOCK	
A40	SDONE		B40	FREE	
A41	SBO		B41	+3.3 V08	
A42	GND17		B42	SERR	
A43	PAR		B43	+3.3 V09	
A44	AD15		B44	C/BE1	
A45	+3.3 V10		B45	AD14	
A46	AD13		B46	GND18	
A47	AD11		B47	AD12	
A48	GND19		B48	AD10	
A49	AD9		B49	GND20	
A50	(OPEN)	GND	B50	(OPEN)	GND
A51	(OPEN)	GND	B51	(OPEN)	GND
A52	C/BE0		B52	AD8	
A53	+3.3 V11		B53	AD7	
A54	AD6		B54	+3.3V12	
A55	AD4		B55	AD5	
A56	GND21		B56	AD3	
A57	AD2		B57	GND22	
A58	AD0		B58	AD1	
A59	+5 V	+3.3 V	B59	VCC08	
A60	REQ64		B60	ACK64	
A61	VCC11		B61	VCC10	
A62	VCC13		B62	VCC12	
A63	GND		B63	RES	
A64	C/BE[7]#		B64	GND	
A65	C/BE[5]#		B65	C/BE[6]#	
A66	+5 V	+3.3 V	B66	C/BE[4]#	
A67	PAR64		B67	GND	
A68	AD62		B68	AD63	

续表 7.4

引脚	+5 V 系统	+3.3 V 系统	引脚	+5 V 系统	+3.3 V 系统
A69	GND		B69	AD61	
A70	AD60		B70	+5 V	+3.3 V
A71	AD58		B71	AD59	
A72	GND		B72	AD57	
A73	AD56		B73	GND	
A74	AD54		B74	AD55	
A75	+5 V	+3.3 V	B75	AD53	
A76	AD52		B76	GND	
A77	AD50		B77	AD51	
A78	GND		B78	AD49	
A79	AD48		B79	+5 V	+3.3 V
A80	AD46		B80	AD47	
A81	GND		B81	AD45	
A82	AD44		B82	GND	
A83	AD42		B83	AD43	
A84	+5 V	+3.3 V	B84	AD41	
A85	AD40		B85	GND	
A86	AD38		B86	AD39	
A87	GND		B87	AD37	
A88	AD36		B88	+5 V	+3.3 V
A89	AD34		B89	AD35	
A90	GND		B90	AD33	
A91	AD32		B91	GND	
A92	RES		B92	RES	
A93	GND		B93	RES	
A94	RESEV		B94	GND	

二、PCI 总线操作

1. PCI 总线命令

由于 PCI 总线上地址线和数据线是分时复用的，所以在一次 PCI 的总线传输中可以分为一个地址周期和若干个数据周期，如有必要，还要在其中插入若干个等待周期。每次传输都以 FRAME 线变低后的第一个 CLOCK 上升沿开始，最先开始的一个周期就是地址周期。此时，AD[31...0]上的是地址，C/BE[3...0]上的是此次传输的总线命令。表 7.5 列出了 PCI 2.2 规范中用到的所有 PCI 总线命令。在地址周期后紧接着就是第一个数据周期，此时，AD[31...0]上传输的就是数据，C/BE[3...0]上的字节使能。

表 7.5　PCI 命令组合

C/BE[3…0]#	命令类型	C/BE[3…0]#	命令类型
0000	中断应答	1000	保留
0001	特殊周期	1001	保留
0010	I/O 读	1010	配置读
0011	I/O 写	1011	配置写
0100	保留	1100	存储器重复读
0101	保留	1101	双地址周期
0110	存储器读	1110	存储器在线读
0111	存储器写	1111	存储器和使能无效

2. PCI 总线访问地址解码

PCI 在解码地址线时，对于配置空间、I/O 空间和存储空间稍有不同。

在 I/O 地址访问的地址周期，所有 32 位 AD[31…0]都用来提供完整的字节地址。这样就要求地址分解到字节一级的单元能完成地址解码，不必因为等待字节允许而增加等待周期。AD[1…0]仅用于地址解码并说明参与当前传输的最低字节。在数据周期，AD[1…0]的编码和 C/BE[3…0]的组合如表 7.6 所示，任何其他组合都是非法的，并由目标设备失败来终止。

表 7.6　I/O 空间地址译码

AD1	AD0	C/BE3#	C/BE2#	C/BE1#	C/BE0#
0	0	×	×	×	0
0	1	×	×	0	1
1	0	×	0	1	1
1	1	0	1	1	1

在存储器(Memory)访问的地址周期，AD[31…2]用来提供双字(DWORD)访问地址，AD[1…0]决定猝发(Burst)顺序，如表 7.7 所示，在数据周期，由 C/BE[3…0]来决定有效的字节访问单元。

表 7.7　Memory 空间地址译码

AD1	AD0	猝发顺序
0	0	线性增加
0	1	保留
1	0	高速缓存环绕模式
1	1	保留

PCI 设备对 AD[31…2]解码得到一个 32 位的地址进行相应的读写操作，在线性增加模式下，每个数据周期后，地址自动加 4，然后开始下一次读写传送，直到终止。这也是 32 位 PCI 总线最高传输速度在 33 M 时钟下能达到 132 M/s 的原因，它自动产生地址，省略了地

址传送周期，达到了每个时钟周期最多传送 4 字节的目的。

3. PCI 配置空间操作

对于 PCI 配置空间(Configuration Space)的解码操作和以上的 I/O 空间、Memory 空间的操作完全不同，下面将对其机制做一简略描述。

除了主桥(Host Bridge)，每种 PCI 设备都必须声明它的配置空间(有时主桥也会声明它的配置空间)。在配置空间里，有一个 256 字节的空间用来存储各种功能的代码，这个空间的描述将在后面讲解。对此空间的访问既不同于 I/O 空间的访问，也不同于 Memory 空间的访问。

对于配置空间的访问一般由主桥或 PCI-PCI 桥发起并实现。

用于配置空间的配置命令有两种(类型 0 和类型 1)，如图 7.21 所示。这些命令是由系统主机或其他桥送往主桥或 PCI-PCI 桥的命令，它们以 AD[1…0]上值的不同来区分，当主桥或 PCI-PCI 桥检测到了这个命令后，需要对其解码来产生实际 PCI 总线上所需要的地址信号。

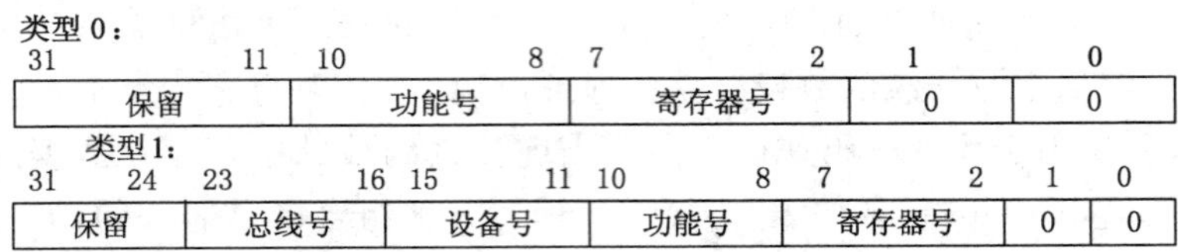

图 7.21　PCI 配置命令

类型 0 的传输(AD[1…0]="00")用来对当前桥所在总线段(Bus Segment)上的 PCI 设备进行配置传输操作。类型 1 的传输(AD[1～0]="01")用来对不在总线段上的 PCI 设备进行配置操作。也可以简单地这样认为：类型 0 的配置操作是对实际的 PCI 设备的操作，而类型 1 的配置操作是传往另一个桥(Bridge)的配置命令，该命令接收到桥进行解码并实现。

因为本书主要介绍的是 PCI 设备的实现，而不是 PCI 桥的实现，所以对类型 1 的配置传输操作不做详细描述，有兴趣的读者可以参看 PCI V2.2 手册上的有关章节。

类型 0 的配置传输一般是由主桥或 PCI-PCI 桥(PCI to PCI Bridge)发起的以对当前总线段上的设备进行配置空间读/写操作，首先通过设备号(Device Number)的解码来确定哪个插槽上的 IDSEL 线被激活，然后将功能号(Function Number)放到 AD[10…8]上，寄存器号(Register Number)放到 AD[7…2]上，“00”放入 AD[1…0]，其他位放入“1”来产生地址，最后以此基础来产生一个配置空间的读/写操作。

类型 0 的配置传输不能传送到当前局部 PCI 总线以外去，并且必须有一个在当前总线段(Bus Segment)的局部设备对此传输做出响应，或者由主控设备中断该操作。

如果一个配置传输的目标设备在另一条总线上，则要用到类型为 1 的传输方式，那将是 PCI-PCI 桥的任务，在此不再详述。

任何系统都必须为软件提供一个产生配置空间读写传输的接口，主桥为该接口提供了一个实现机制。在 PC-AT 兼容系统中，一个驱动程序能通过系统提供的 API 调用来对它的设备的配置空间进行读写访问，而不是直接通过硬件机制完成。下面将详细讲述在 PC-

AT 兼容系统中的实现方法。对于其他非 PC-AT 兼容结构体系的系统进行配置空间读写访问的机制，在此不再叙述。

在 PC-AT 兼容系统中，有两个专用的双字(DWORD)I/O 寄存器是用来提供给软件的产生配置空间读写操作的接口。它们分别是：

(1) CONFIG_ADDRESS　　0xcf8H

(2) CONFIG_DATA　　0xcfcH

CONFIG_ADDRESS 寄存器中各域的格式和含义如图 7.22 所示，其中的位 31(Bit 31)是一个用来决定是否在下一次访问 CONFIG_DATA 寄存器后产生配置传输周期的使能位，为“1”时将产生，为“0”时不产生。

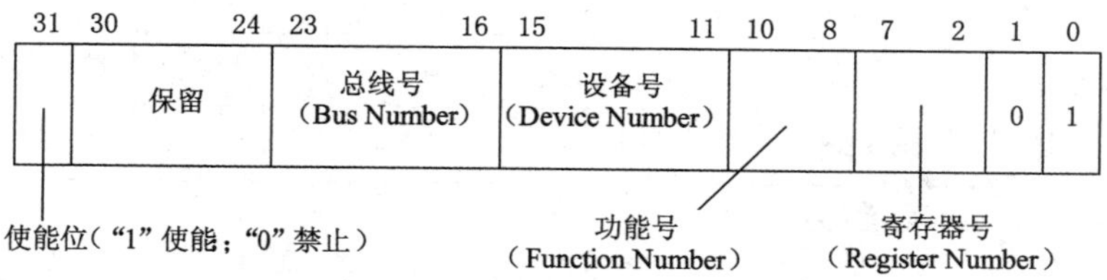

图 7.22　CONFIG_ADDRESS 寄存器

主桥将监视主机对 CONFIG_ADDRESS 寄存器的读写操作，当一个完整的对该寄存器的双字(DWORD)I/O 写操作产生时，主桥将数据锁存到 CONFIG_ADRESS 寄存器中；当一个完整的对该寄存器的双字(DWORD)I/O 读操作产生时，主桥将返回 CONFIG_ADDRESS 寄存器中的内容。对于其他任何非双字(DWORD)I/O 读写操作，将在 PCI 总线上产生标准的 I/O 读写时序，此时序不会对 CONFIG_ADDRESS 寄存器产生任何影响。因此，CONFIG_ADDRESS 寄存器仅在对该地址的双字(DWORD)I/O 读写操作占用系统I/O 空间，其他时间均无效。基于这种机制，其他设备可以用字节(BYTE)、字(WORD)操作来共享 I/O 地址。

当主桥检测到了一个对 CONFIG_DATA 寄存器的读/写操作发生后，它检查 CONFIG_ADDRESS 中的使能位是否有效，总线号(Bus Number)是否和当前总线号相同，如果条件成立，它立即产生一个配置空间的读/写命令来开始一个配置传输操作。下面是对该过程的详细描述。

当主桥或 CPI 桥检测到 CONFIG_ADDRESS 中的总线号和自己的总线号相同，并且 CONFIG_ADDRESS 中的使能位被置为了“1”，它根据设备决定哪条 ISDEL 有效，并按如图 7.23 所示的方法产生 AD[31…0]上的地址信号，来实现一次配置传输。

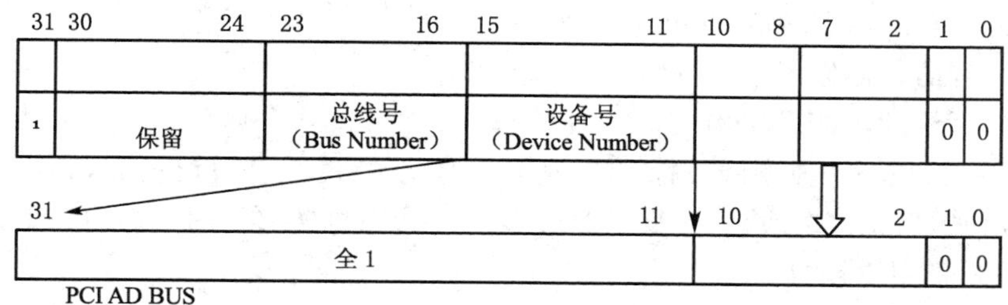

图 7.23　CONFIG_ADDRESS 到 PCI_AD_BUS 的转换

配置传输访问的既不是 I/O 空间，也不是 Memory 空间，它访问的是 PCI 板卡设备上的一片用来描述自己功能和属性的寄存器区，这一片寄存器区最多占用 256 字节的空间，其中前 64 字节叫作预定义头区，它们的描述如图 7.24 所示。每一个寄存器的长度都是 32 位的，占用 4 字节的空间。所有的 PCI 设备可以保留这 64 字节以外的空间不做应用，但必须把对保留空间的写操作变为空操作，也就是访问必须在总线正常完成放弃数据，对于读访问必须正常结束并返回“0”；所有的 PCI 设备都必须支持设备 ID 制造商 ID 状态和命令域。其他是否保留，取决于设备的功能。

设备 ID(Device ID)		制造商 ID(Vendor ID)	
状态(Status)		命令(Command)	
类别码(Class Code)			版本 ID
BIST	头域类型	延迟计数器	Cache 行大小
基地址寄存器(Base Address Register)			
Cardbus CIS Pointer			
子系统 ID		子系统制造商 ID	
扩展 ROM 基地址寄存器			
Reserved			
Reserved			
Max_Lat	Min_Gnt	Interrupt Pin	Interrupt Line

图 7.24　配置空间头 64 字节

三、基于 Altera 公司的 FLEX10K 系列 FPGA 实现的 PCI 接口设计

下面描述了一个基于 Altera 公司的 FLEX10K 系列 FPGA 实现的 PCI 接口设计，它有如下特性：

(1) 支持 32 位 33 M 的总线速度。

(2) 32 位用户数据总线宽度，地址线 20 位。

(3) 支持两个基地址空间，一个为 I/O 空间，一个为 Memory 空间。

(4) 支持单周期和猝发式读/写。

(5) 支持所有 256 字节的 Config 空间。

(6) 对所有的读操作产生偶校验。

PCI 接口系统的功能模块构成：

图 7.25 所示是一个典型的目标 PCI 内核的构成，它由 7 个模块构成，其中最重要的模块是 PCI INTERFACE 模块，它实现了 PCI 逻辑的状态机转移。图中左边一列是 PCI 的接口线，右边一列是用户接口。

系统各接口的定义及用法见表 7.8。

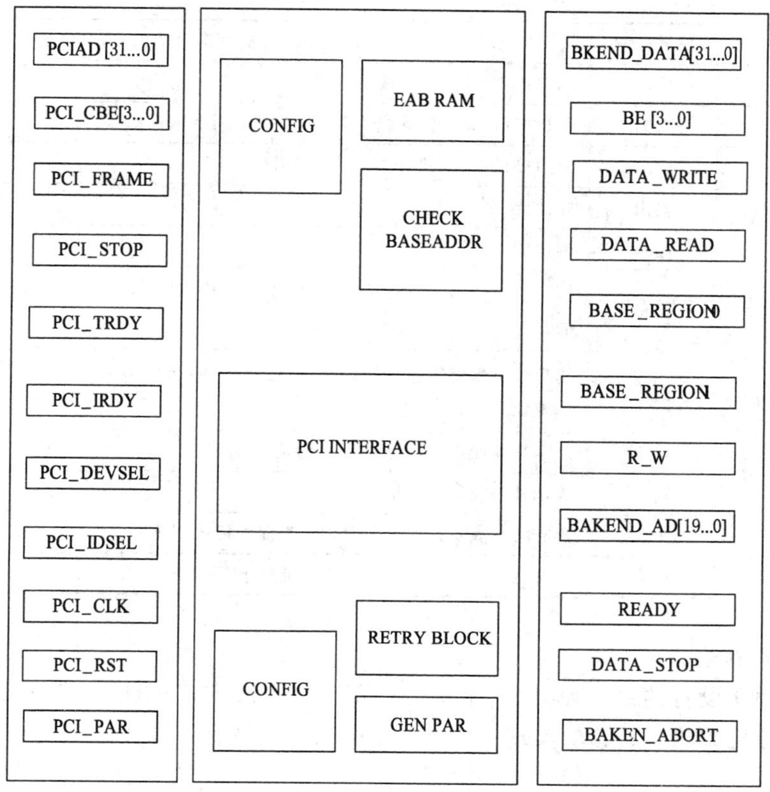

图 7.25　PCI 系统构成

表 7.8　系统各接口的定义及用法

信号名称	信号方向	信号说明
PCI-AD	双向	复用的 PCI 数据/地址
PCI-CBE	输入	复用的 PCI 命令/字节使能
PCI-FRAME	输入	在每次 PCI 操作开始，由主设备将其拉低，在操作的最后一个周期的前一个时钟沿由主设备将其置高
PCI-STOP	输出	当需要打断当前传输的时候，由 PCI 目标设备将其拉低
PCI-TRDY	输出	当目标设备完成数据操作时，在最后一个周期的时钟上升沿之前将其拉低
PCI-IRDY	输入	当主设备完成数据操作时，在最后一个周期的时钟上升沿之前将其拉低
PCI-DEVSEL	输入	当地址周期的地址在当前设备的地址区时，目标设备拉低此线以响应当前操作
PCI-IDSEL	输入	PCI 主设备将其置高以完成配置空间的读/写操作
PCI-CLK	输入	所有 PCI 总线上 PCI 设备的时钟输入，33 MHz
PCI-RST	输入	PCI 总线上 PCI 设备的复位线，低电平有效
PCI-PAR	双向	偶校验位。在读周期，由 PCI 目标设备控制；在地址周期和写周期，由 PCI 主设备控制

表 7.8(续)

信号名称	信号方向	信号说明
BKEND-AD	输出	用户接口 20 为地址线
BKEND-DAT	双向	用户接口 32 位数据线
BE	输出	用户接口 4 位字节使能,低电平有效
DATA-WRITE	输出	写使能
DATA-READ	输出	读使能
BASE-REGION0	输出	用户接口数据传输开始信号,低电平传输,访问 BASE ADDRESS REGISTER0 的地址空间
BASE-REGION1	输出	用户接口数据传输开始信号,低电平传输,访问 BASE ADDRESS REGISTER1 的地址空间
R-W	输出	表示当前操作是读还是写,1 为读,0 为写
READY	输入	表示外部设备的数据已经准备好
DATA-STOP	输入	当有效时表示外部设备要中断当前的传输
BKEND-ABORT	输入	当发生错误时由它产生低电平通知 PCI 设备

1. 状态机模块

在整个 PCI 设备的系统设计中,最核心的部分是 PCI INTERFACE 部分,它包含了所有的 PCI 状态机的状态转移的实现。PCI 设备的状态机转移图如图 7.26 所示。

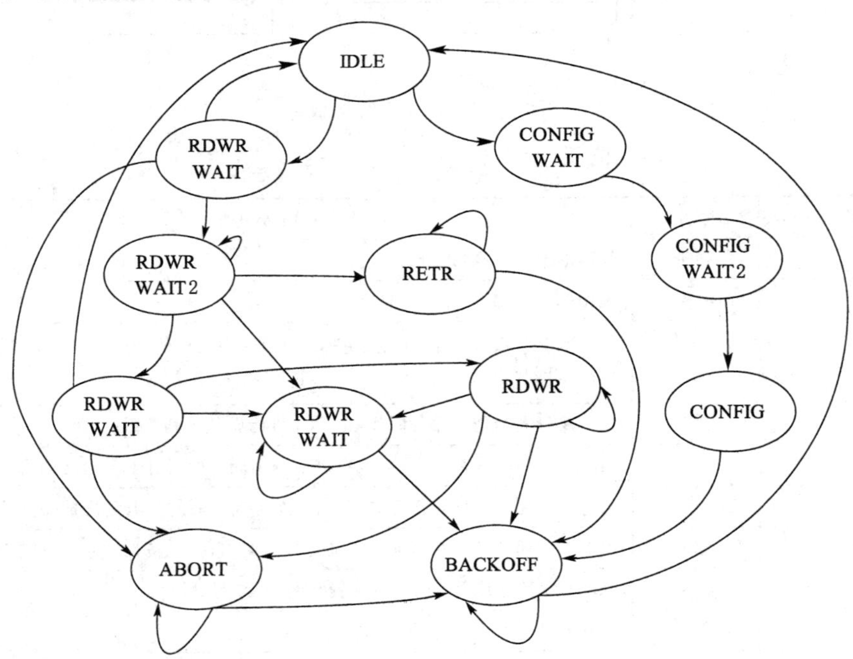

图 7.26 PCI 设备的状态机转移图

下面是图 7.26 的有关源文件,其中有必要的注释。限于篇幅,这里仅给出了有关状态转移的源代码,其他操作简略。

PACKAGE 是声明的状态机的有关状态，为了避免状态机产生毛刺，使用了“一点热”(One Hot)编码方案。

```
PACKAGE pci_constants IS
constant idle:STD_LOGIC_VECTOR(11 DOWNTO 0):=b"000000000001";
constant config_wait:STD_LOGIC_VECTOR(11 DOWNTO 0):=b"000000000010";
constant config_wait2:STD_LOGIC_VECTOR(11 DOWNTO 0):= b"000000000100";
constant config:STD_LOGIC_VECTOR(11 DOWNTO 0):=b"000000001000";
constant read_wait:STD_LOGIC_VECTOR(11 DOWNTO 0):=b"000000010000";
constant rdwr:STD_LOGIC_VECTOR(11 DOWNTO 0):= b"000000100000";
constant rdwr_wait:STD_LOGIC_VECTOR(11 DOWNTO 0):=b"000001000000";
constant rdwr_wait2:STD_LOGIC_VECTOR(11 DOWNTO 0):=b"000010000000";
constant last_rdwr:STD_LOGIC_VECTOR(11 DOWNTO 0):=b"000100000000";
constant backoff:STD_LOGIC_VECTOR(11 DOWNTO 0):=b"001000000000";
constant retry:STD_LOGIC_VECTOR(11 DOWNTO 0):=b"010000000000";
constant abort:STD_LOGIC_VECTOR(11 DOWNTO 0):=b"100000000000";
END  pci_constants
…
```

状态机转移的实现如下：

(1) 在 IDLE 状态，当检测到 FRAME 变低、IDSEL 为高且 PCI_CBE 上的命令是 config_read 或 config_write 时，状态转移到 CONFIG_WAIT，如果 FRAME 变低，IDSEL 为低，并且 PCI_CBE 上的命令是 io_write、memory_read、memory_write 时，状态则转移到 RDWR_WAIT，否则继续 IDLE 状态。

(2) 在 CONFIG 状态下，如果检测到 IRDY 为 0，表示主机要求完成当前操作，状态转移到 BACKOFF，否则继续 CONFIG 状态，直到 IRDY 为 0 为止。

(3) 在 READ_WAIT 状态下，如果检测到用户端需要 RBORT，则下一状态到 ABORT 状态；如果用户端需要 STOP 当前传输或者 FRAME 变为了高电平，则下一状态转移到 LAST_RDWR 状态，如果 FRAME 还保持为 0，则转到 RDWR 状态。

(4) 在 RDWR 状态下，如果检测到用户端需要 ABORT，则下一状态转到 ABORT 状态；如果用户端需要 STOP 当前传输，则下一状态转移到 LAST_RDWR 状态；如果 FRAME 还保持为 0，则保持 RDWR 状态；如果 FRAME 变为了高电平，则下一状态转到 BACKOFF 状态。

(5) 在 RDAME_WAIT 状态下，如果检测到当前访问的地址在本设备的基地址区中，转到 RDWR_WAIT2 状态，否则转到 IDLE 状态。

其他状态的分析都和上面的相似，读者可以自行分析。

```
ARCHITECTURE FUN OF pciinterface IS
SIGNAL cstate:STD_LOGIC_VECTOR(11 DOWNTO 0);
SIGNAL read_flag,single_read_flag:STD_LOGIC;
SIGNAL t_trdy_1:STD_LOGIC;
BEGIN
```

```
state_machine:PROCESS(clock,reset)
BEGIN
IF reset= '0'THEN
    cstate<=idle;
    …
ELSIF clock' EVENT and clock= '1' THEN
CASE cstate IS
WHEN idle=>
    IF(cbe= config_read OR cbe=config_write) AND ad(10 downto 8)=
"000" AND idsel= '1' AND frame= '0' THEN
        cstate<=rdwr_wait;
        …
    ELSIF(cbe=io_read AND com(0)= '1') OR (cbe=memoty_read AND com
(1))AND fram= '0' AND idsel= '0' THEN
        cstate<=rdwr_wait;
        …
    ELSIF((cbe=io_write AND com(0)= '1')OR(cbe=memory_write AND
com(1)= '1')) AND frame= '0' AND idsel= '0' THEN
        cstate<=rdwr_wait;
        …
    ELSE
        cstate<=idle;
        …
    END IF;
 WHEN config_wait=>
    cstate<= config_wait2;
 WHEN config_wait2=>
    cstate<=config;
    …
 WHEN config=>
    IF pci_irdy_1= '0' THEN
        cstate<=backoff;
        …
    ELSE
        cstate<=config;
        …
    END IF
 WHEN read_wait=>
    IF bkend_abort_1= '0'THEN
```

```
        cstate<=abort;
        …
      ELSIF frame= '0' AND bkend_abort_1= '1' AND data_stop_1= '1' THEN
        cstate<=rdwr;
        …
      ELSIF frame= '1' AND bkend_abort_1= '1' AND data_stop_1= '1' THEN
        cstate<=last_rdwr;
        …
      ELSIF data_stop_1= '0' THEN
        cstate<=last_rdwr;
        …
      ELSE
        cstate<=idle;
        …
      END IF;
  WHEN rdwr=>
      IF bkend_abort_1= '0' THEN
        cstate<=abort;
        …
      ELSIF frame= '0' AND bkend_abort_1= '1' AND data_stop_1= '1' THEN
        cstate<=rdwr;
        …
      ELSIF frame= '1'AND bkend_abort_1= '1'AND data_stop_1= '1'THEN
        cstate<=backoff;
        …
      ELSIF frame= '1'AND data_stop_1= '0'THEN
        cstate<=backoff;
        …
      ELSIF data_stop_1= '0'THEN
        cstate<=last_rdwr;
        …
      ELSE
        cstate<=idle;
        …
      END IF;
  WHEN rdwr_wait=>
      IF frame= '1'AND read_flag= '1'THEN
        single_read_flag<= '1';
        …
```

```
        ELSE
          single_read_flag<= '0';
          …
        END IF;
        IF hit_ba0_1= '0'THEN
          cstate<=rdwr_wait2;
          …
        ELSIF hit_ba1_1= '0'THEN
          cstate<=rdwr_wait2;
          …
        ELSE
          cstate<=idle;
          …
        END IF;
    WHEN rdwr_wait2=>
        IF read_flag= '1'THEN
          pci_ad_oe<= '1';
          par_oe<= '1';
        ELSE
          pci_ad_oe<= '0';
        END IF;
        IF retry_1= '0'THEN
          cstate<=retry;
        ELSIF retry_1= '1'AND ready_1= '0'AND frame= '0'AND data_stop_1
= '1'THEN
          devsel_1<= '0';
          stop_1<= '1';
        IF read_flag= "1"THEN
          cstate<=read_wait;
          t_trdy_1<= '1';
        ELSE
          cstate<=rdwr;
          t_trdy_1<= '0';
        END IF;
      ELSIF retry_1= '1'AND ready_1= '0'AND frame= '1'THEN
          devsel_1<= '0';
          stop_1  <= '1';
        IF read_flag= '1'THEN
          cstate  <=read_wait;
```

```
        t_trdy_1<= '1';
      ELSE
        cstate<=last_rewr;
        t_trdy_1<= '0';
      END IF;
    ELSIF retry_1= '1'AND ready_1= '0'AND data_stop_1= '0'THEN
      IF read_flag= '1'THEN
        cstate<=read_wait;
      ELSE
        cstate<=last_rdwr;
      END IF;
    ELSIF retry_1= '1'AND ready_1= '1'THEN
        cstate<=rdwr_wait2;
    ELSIF bkend_abort_1= '0'THEN
        cstate<=abort;
      ELSE
        cstate<=rdwr_wait2;
      END IF;
WHEN last_rdwr=>
      IF frame= '1'THEN
        cstate<=backoff;
      ELSIF frame= '0'THEN
        cstate<=last_rdwr;
      ELSE
        cstate<=idle;
      END IF;
WHEN backoff=>
        cstate<=idle;
WHEN retry=>
      IF frame= '0'THEN
        cstate<=retry;
        …
      ELSIF frame= '1'THEN
        cstate<=backoff;
        …
      END IF;
WHEN abort=>
      IF frame= '0'THEN
        cstate<=abort;
```

```
        …
    ELSIF frame= '1'THEN
        cstate<=backoff;
        …
    END IF;
WHEN OTHERS=>
        cstate<=idle;
        …
  END CASE;
  END IF;
END PROCESS state_machine;
…
END FUN;
```

2. 配置模块

下面是 PCI 配置模块的一部分，它实现了 PCI 配置空间的访问操作。主要实现了对 CONFIG 空间的读操作。由于本系统只对 0x10、0x14 两个配置地址空间（基地址寄存器）的写操作作出响应（其他都变成了空操作），而这个操作在地址检查模块里面已经实现，故在此没有配置空间的写操作处理。其操作源代码如下：

```
LIBRARY ieee;
USE ieee.std_logic_1164.all;
ENTITY config IS
POTR(…
    abort_sig:IN STD_LOGIC;
    pci_dat:IN STD_LOGIC_VECTOR(31 DOWNTO 0);
    pci_addr:IN STD_LOGIC_VECTOR(7 DOWNTO 0);
    bkend_da:IN STD_LOGIC_VECTOR(31 DOWNTO 0);
    idsel_reg:IN STD_LOGIC;
    cbe_reg_1:IN STD_LOGIC_VECTOR(3 DOWNTO 0);
    pci_irdy_1:IN STD_LOGIC;
    pci_dat_out:OUT STD_LOGIC_VECTOR(31 DOWNTO 0);
    bal_en:OUT STD_LOGIC;
    ba0_en:OUT STD_LOGIC;
    com:OUT STD_LOGIC_VECTOR(1 DOWNTO 0);
    ba0_size:OUT STD_LOGIC_VECTOR(31 DOWNTO 4);
ba1_size:OUT STD_LOGIC-VECTOR(31 DOWNTO 4);
);
END config;
ARCHITECTURE fun OF config IS
SIGNAL cfg_dat_out:STD_LOGIC_VECTOR(31 DOWNTO 0);
```

```
SIGNAL statl1,stat_com_en,int_line_en,cfg_out:STD_LOGIC;
SIGNAL cdf_en:STD_LOGIC;
SIGNAL com_reg:STD_LOGIC_VECTOR(1 DOWNTO 0);
BEGIN
  com<=com_reg;
  PROCESS(pci_clk,pci_rst_1)
  BEGIN
     IF pci_rst_1= '0'THEN
       com_reg<= "00";
       statl1<= '0';
     ELSIF pci_clk'EVENT AND pci_clk= '1'THEN
       IF stat_com_en= '1'THEN
          IF pci_cbe_1(0)= '0'THEN
            com_reg<=pci_dat(1 DOWNTO 0);
          END IF;
          IF pci_cbe_1(3)= '0'AND pci_dat(27)= '1'THEN
            statl1<= '0';
          END IF;
       ELSIF abort_sig= '1'THEN
          statl1<= '1';
END IF;
     END IF;
  END PROCESS;
  ba0_size<=X"FFF0000";
  ba1_size<=X"FFF0000";
  cfg_en<= '1'THEN cbe_reg_1= "1011" AND idsel_reg= '1'ELSE'0';
  PROCESS(cfg_en,pci_irdy_1,pci_addr)
  BEGIN
  IF cfg_en= '1'AND pci_irdy_1= '0'THEN
     IF pci_addr=X"04"THEN
       stat_com_en<= '1';
       ba0_en<= '0';
       ba1_en<= '0';
       int_line_en<= '0';
     ELSIF pci_addr=X"10"THEN
       stat_com_en<= '0';
       ba0_en<= '1';
       ba1_en<= '0';
       int_line_en<= '0';
```

```
        ELSIF pci_addr=X"14"THEN
          stat_com_en<= '0';
          ba0_en<= '0';
          ba1_en<= '1';
          int_line_en<= '0';
        ELSIF pci_addr=X"3C"THEN
          stat_com_en<= '0';
          ba0_en<= '0';
          ba1_en<= '0';
          int_line_en<= '1';
        END IF;
      ELSE
          stat_com_en<= '0';
          ba0_en<= '0';
          ba1_en<= '0';
          int_line_en<= '0';
      END IF;
    END PROCESS;
    PROCESS(pci_clk,pci_rst_1)
    BEGIN
      IF pci_rst_1= '0'THEN
        cfg_out<= '0';
      ELSIF pci_clk'EVENT AND pci_clk= '1'THEN
        IF cbe_reg_1= "1010"THEN
          cfg_out<= '1';
        ELSE
          cfg_out<= '0';
        END IF;
      END IF;
    END PROCESS;
    pci_dat_out<=cfg_dat_out WHEN cfg_out= '1'ELSE bkend_dat(31 DOWNTO
0);
    PROCESS(pci_clk,pci_rst_1)
    BEGIN
      IF pci_rst_1= '0'THEN
        cfg_dat_out<=X"00000000"
        CASE pci_addr(5 DOWNTO 2)IS
        WHEN"0000"=>
        -- 从 EABRAM 中读地址为 0x00 的配置寄存器值
```

```
        …
        WHEN"0001"=>
        -- 从 EABRAM 中读地址为 0x04 的配置寄存器值
        …
        WHEN"0010"=>
        -- 从 EABRAM 中读地址为 0x08 的配置寄存器值
        …
        WHEN"0011"=>
        -- 从 EABRAM 中读地址为 0x0c 的配置寄存器值
        …
        WHEN"0100"=>
        -- 从 EABRAM 中读地址为 0x10 的配置寄存器值
        …
        WHEN"0101"=>
        -- 从 EABRAM 中读地址为 0x14 的配置寄存器值
        …
        WHEN"1011"=>
        -- 从 EABRAM 中读地址为 0x2c 的配置寄存器值
        …
        WHEN OTHERS=>
          cfg_dat_out<=X"00000000";
        END CASE;
    END IF;
END PROCESS;
END fun;
```

3. 利用 EVB 配置 RAM 空间

PCI 的配置空间是位于 PCI 设备上的一段可读/写的寄存器空间,它能被初始化为我们想要的值,并且可以保留被写入的数据,在需要的时候又可以从中读取。在 FPGA 中,可以用它的逻辑单元来实现这些寄存器组,一个 D 触发器可以实现一位,那么如果要实现 256 字节的配置空间,就需要 256×8=2 048 个逻辑单元。在 FPGA 中,逻辑单元是非常宝贵的资源,例如,一片 EPF10K30 中只有 1 728 个逻辑单元,还不足以实现 256 字节的配置空间,所以如果采用这种方法来实现 PCI 的配置空间,将会造成极大浪费。

Altera 公司的 FPGA 芯片从 ACEX1K 和 LFLEX10K 以后都增加了一种叫作嵌入式阵列块(Embedded Array Block,EAB)的结构,可以用它来构成各种大小的 RAM 阵列。例如 EPF10K30 中就有 24 576 的 EAB。下面就用它来实现 PCI 的配置空间,这样就节约了大量的逻辑单元供其他逻辑实现。

Altera 公司为了用户能方便、高效地使用其芯片中的 EAB,为用户提供了很多 lpm 库,例如 lpm_fifo、lpm_ram_dq、lpm_ram_dp、lpm_ram_io、lpm_rom 等,其详细描述可以参看 MAX+PlusⅡ自带的联机帮助,它们适用于各种不同的使用场合。下面的源程序通过

lpm_ram_dp实现 256 字节的可读/写空间。

由于 PCI 配置空间都以 32 位的方式访问的，所以访问 256 字节只需要 6 根地址线就足够了。因此地址宽度（ADDR_WIDTH）为 6，数据宽度（DATA_WIDTH）为 32。采用同步 RAM 的方式实现，读和写都共用同一个时钟 clock，data 为输入数据线，qout 为输出数据线，写入地址线（wr_addr）和输出地址线（rd_addr）分开使用，wr_en 和 rd_en 是写入使能和读出使能。

Rsn64x32. VHD 的原程序如下：

```
------------------------------------------------------------
-- 用 FPGA 中的 EVB 描述配置 RAM 空间
-- RAM, 64×32 bit= 256 Byte
------------------------------------------------------------
LIBRARY ieee;
USE ieee.std_logic_1164.ALL;
------------------------------------------------------------
-- 定义 DATA_WIDTH 和 ADDR_WIDTH 常量
------------------------------------------------------------
PACKAGE ram_constants IS
  constant DATA_WIDTH:INTEGER:= 32;
  constant ADDR_WIDTH:INTEGER:= 6;
END ram_constants;
LIBRARY ieee;
USE ieee.std_logic_1164.ALL;
LIBRARY lpm;
USE lpm.lpm_components.ALL;
LIBRARY work;
USE work.ram_constants.ALL;
------------------------------------------------------------
-- ram64×32 的实体
------------------------------------------------------------
ENTITY ram64×32 IS
PORT(
    data:IN STD_LOGIC_VECTOR(DATA_WIDTH-1 DOWNTO 0);
    wr_addr:IN STD_LOGIC_VECTOR(ADDR_WIDTH-1 DOWNTO 0);
    rd_addr:IN STD_LOGIC_VECTOR(ADDR_WIDTH-1 DOWNTO 0);
    wr_en:IN STD_LOGIC;
    rd_en:IN STD_LOGIC;
    clock:IN STD_LOGIC;
    qout:OUT STD_LOGIC_VECTOR(DATA_WIDTH-1 DOWNTO 0)
    );
```

```
END ram64x32;
------------------------------------------------------------------
-- 用 lpm_dp 描述 ram64×32 的功能
------------------------------------------------------------------
ARCHITECTURE its_function OF ram64×32 IS
BEGIN
    EabRam: lpm_ram_dp
    GENERIC MAP(
                LPM_WIDTH=>DATA_WIDTH,
                LPM_WIDTHAD=>ADDR_WIDTH,
                LPM_INDATA=>"REGISTERED",
                LPM_OUTDATA=>“REGISTERED”,
                LPM_RDADDRESS_CONTROL=>"UNREGISTERED",
                LPM_WRADDRESS_CONTROL=>"UNREGISTERED",
                LPM_FILE=>“UNUSED”
                )
     PORT MAP(
                rdaddress=>rd_addr,
                wraddress=>wr_addr,
                rdclock=>clock,
                wrclock=>clock,
                rden=>rd_en,
                wren=>wr_en,
                data=>data,
                q=>qout
                );
END its_function;
```

将以上程序编译后，按照要求对其进行仿真，其仿真结果如图 7.27 所示。先通过 wr_en、wr_addr[5…0]、datat[31…0]往 12h、14h、15h 写入 4 个不同的 32 位数据，然后通过 rd_en、rd_addr[5…0]、qout[31…0]对这 4 个地址进行读写操作，可以看到读出来的数据和写入的数据就是先前写入的数据，随意调整地址和数据进行仿真检查以上逻辑的正确性。

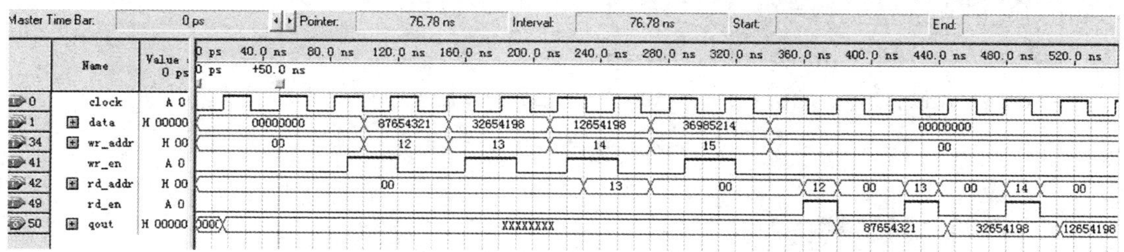

图 7.27　EAB RAM 的仿真波形

每个 PCI 设备在计算机启动的时候都会被系统自动检测以实现即插即用(PnP)的功能,系统要从设备的配置空间读出设备 ID、制造商 ID 等参数,这就需要对上面实现的 RAM 空间在系统上电时给予初始化,首先将如上的程序编译,然后打开 Simulator 窗口,这时 MAX+plusⅡ的主菜单中会出现 Initialize 菜单,打开其下面的 Initialize Memory 菜单,将其中的 RAM 空间按前面介绍的配置空间的格式填入需要的值,例如设备 ID(Device ID)为 0x2190,制造商 ID(Vendor ID)为 0x1688,那么图中的地址为 0x00 的 RAM 单元则填入 21901688h,如此类推。填完后单击 Export File 按钮,将其导出到一个扩展名为 mif 的文件(例如,E:\PCI\EABRAM. MIF)。然后关闭该窗口,将上面的源程序中的 LPM_FILE= > "UNUSED"改为 LPM_FILE=>"D:\PCI\EABRAM.MIF"再重新编译,编译器就会将 EABRAM. MIF 文件中的内容编译到 FPGA 的配置文件中,这样当 FPGA 执行初始化操作时,就会将所需要的内容配置到 FPGA 的 EVA RAM 中去。

4. 地址检查模块

下面介绍的是对 I/O 或 Memory 操作的地址检查模块。在 PCI 的配置操作时,通过从配置操作模块过来的 ba0/1_en 信号,该模块将写入配置空间 10h、14h 的两个基地址锁存在 ba0 和 ba1 两个变量中;在进行 I/O 和 Memory 操作时,检查该地址是否在本 PCI 设备的地址区中,以检查结果去驱动 hit_ba0/1_1 的状态。ba0_size 和 ba1_size 两个信号在配置模块中被定义为了两个常量 0xFFF000,表示该 PCI 设备的两个地址区的长度都是 1 MB。其源代码如下:

```
LIBRARY ieee;
USE ieee.std_logic_1164.all;
ENTITY chkbaseaddr IS
PORT(
   pci_ad:IN STD_LOGIC_VECTOR(31 DOWNTO 4);
   pci_addr:IN STD_LOGIC_VECTOR(31 DOWNTO 4);
   ba0_en:IN STD_LOGIC;
   ba1_en:IN STD_LOGIC;
   ba0_size:IN STD_LOGIC_VECTOR(31 DOWNTO 4);
   ba1_size:IN STD_LOGIC_VECTOR(31 DOWNTO 4);
   hit_ba0_1:OUT STD_LOGIC;
   hit_ba1_1:OUT STD_LOGIC;
   );
END chkbaseaddr;
ARCHITECTURE fun OF chkbaseaddr IS
SIGNAL ba0,ba1:STD_LOGIC_VECTOR(31 DOWNTO 4);
…
BEGIN
PROCESS(pci_clk,pci_rst_1)
BEGIN
   IF pci_rst_1= '0'THEN
```

```
            ba0>=X"0000000";
            ba1>=X"0000000";
        ELSIF pci_clk'EVENT AND pci_clk= '1'THEN
            IF ba0_en= '1'THEN
               ba0>=pci_ad(31 DOWNTO 4);
            ELSIF ba1_en= '1'THEN
               ba1>=pci_ad(31 DOWNTO 4);
            END IF;
        END IF;
    END PROCESS
    hit_ba0_1>= '0'WHEN (pci_addr AND ba0_size)=ba0 ELSE'1';
    hit_ba1_1>= '0'WHEN (pci_addr AND ba1_size)=ba1 ELSE'1';
    END fun;
```

5. GLUS 模块

PCI 系统的 GLUS 模块的功能非常简单,它仅在每次操作的地址周期的时钟上升沿采样 AD[31…0]、CBE[3…0]和 IDSE1 并保存它们的状态直到下一次操作的地址周期。其源代码如下:

```
LIBRARY ieee;
USE ieee.std_logic_1164.all;
ENTITY glus IS
PORT(
    pci_clk:IN STD_LOGIC;
    pci_rst_1:IN STD_LOGIC;
    pci_ad_en:IN STD_LOGIC;
    pci_idsel:IN STD_LOGIC;
    pci_ad:IN STD_LOGIC_VECTOR(31 DOWNTO 0);
    pci_cbe_1:IN STD_LOGIC_VECTOR(3 DOWNTO 0);
    pci_addr:OUT STD_LOGIC_VECTOR(31 DOWNTO 0);
    cbe_reg_1:OUT STD_LOGIC_VECTOR(3 DOWNTO 0);
    idsel_reg:OUT STD_LOGIC
    );
END glus;
ARCHITECTURE fun OF glus IS
BEGIN
PROCESS(pci_clk,pci_rst_1)
BEGIN
    IF pci_rst_1= '0'THEN
       pci_addr<=X"00000000";
       cbe_reg_1<=X"0";
```

```
        idsel_reg<= '0';
      ELSIF pci_clk'EVENT AND pci_clk= '1'THEN
        IF pci_ad_en= '1'THEN
          pci_addr<=pci_ad;
          cbe_reg_1<=pci_cbe_1;
          idsel_reg<=pci_idsel;
        END IF;
      END IF;
   END PROCESS;
   END fun;
```

将以上程序编译后，按照要求对其进行仿真，其仿真结果如图 7.28 所示。在 pci_clk 上升沿采样 AD[31…0]、CBE[3…0]和 IDSEL，并保存其结果，由图可知结果正确。

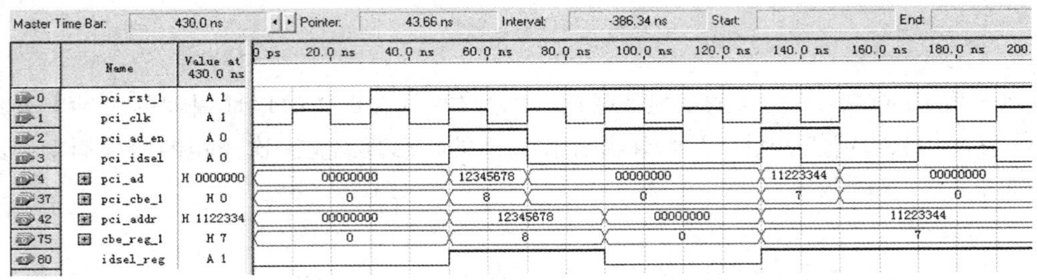

图 7.28　PCI 的 GLUS 模块功能仿真图

6. 数据 RETRY 模块

当 PCI 设备对一次读/写操作作出应答时，它必须在 16 个时钟周期之内使 DELSEL 变为有效。如果 PCI 设备应答了一个读/写操作，但用户接口没有 READY(READY 无效)，则 PCI 设备 RETRY 数据(保持总线)，直到计数器超时(TIME OUT)。一旦在这期间，用户接口准备好(READY 有效)，则用户接口接收或提供数据，PCI 总线退出 RETRY 状态。数据RETRY仅能在第一个数据周期后产生。

下面就是实现 RETRY 的功能模块源代码：

```
LIBRARY ieee;
USE ieee.std_logic_1164.all;
ENTITY retryblock IS
PORT(
   count_en_1:IN STD_LOGIC;
   retry_1:OUT STD_LOGIC
   );
END retryblock;
ARCHITECTURE fun OF retryblock IS
SIGNAL count:INTEGER RANGE 0 TO 15;
BEGIN
```

```
retry_1<= '0'WHEN count>=9 ELSE '1';
PROCESS(pci_clk,count_rst_1)
BEGIN
   IF count_rst_1= '0'THEN
      count<=0;
   ELSIF pci_clk'EVENT AND pci_clk= '1'THEN
      IF count_en_1= '0'THEN
         count<=count+1;
      END IF;
   END IF;
END PROCESS;
END fun;
```

7. 校验模块

下面是在读操作时在 PAR 线上产生偶校验的功能模块。其中 pci_cbe_1 是 PCI 总线上 C/BE[3…0]的字节使能线的状态,pci_dat_out 是要送到总线上的 32 位数据。偶校验的原则是:当需要校验的数据中有偶数个“1”时该位为 0,为奇数个“1”时该位为 1,也就是保证所有 C/BE、DATA、PAR 上的“1”状态的线为偶数根。

该模块先用“异或”分别对 32 位数据的 4 个字节和 C/BE[3…0]进行偶校验,然后再对这 5 个校验位进行偶校验以得到整个的偶校验结果。其源代码如下:

```
LIBRARY ieee;
USE ieee.std_logic_1164.all;
ENTITY genpar IS
PORT(
    pci_clk:IN STD_LOGIC;
    par_oe:IN STD_LOGIC;
    pci_cbe_1:IN STD_LOGIC_VECTOR(3 DOWNTO 0);
    pci_dat_out:IN STD_LOGIC_VECTOR(31 DOWNTO 0);
    par_out:OUT STD_LOGIC
    );
END genpar;
ARCHITECTURE fun OF genpar IS
SIGNAL cbe_reg,par0,par1,par2,par3:STD_LOGIC;
SIGNAL temp_reg:STD_LOGIC_VECTOR(4 DOWNTO 0);
BEGIN
temp_reg>=par3&par2&par1&par0&cbe_reg;
par_out>= '1'WHEN temp_reg= "00001"OR temp_reg= "00010"OR
temp_reg= "00100"
OR temp_reg= "00111"OR temp_reg= "01000"OR temp_reg= "01011"
OR temp_reg= "01101"OR temp_reg= "01110"OR temp_reg= "10000"
```

```
    OR temp_reg= "10011"OR temp_reg= "10101"OR temp_reg= "10110"
    OR temp_reg= "11001"OR temp_reg= "11010"OR temp_reg= "11100"
    OR temp_reg= "11111"ELSE'0';
    PROCESS(pci_clk)
    BEGIN
      IF pci_clk'EVENT AND pci_clk= '1'THEN
        IF par_oe= '1'THEN
          par3>=pci_dat_out(31)XOR pci_dat_out(30)XOR pci_dat_out
(29)XOR pci_dat_out(28)
          XOR pci_dat_out(28)XOR pci_dat_out(27)XOR pci_dat_out(27)
XOR pci_dat_out(26)
          XOR pci_dat_out(25)XOR pci_dat_out(25)XOR pci_dat_out(24);
          par2>=pci_dat_out(23)XOR pci_dat_out(22)XOR pci_dat_out
(21)XOR pci_dat_out(20)
          XOR pci_dat_out(19) XOR pci_dat_out(18)XOR pci_dat_out(17)
XOR pci_dat_out(16);
          par1>=pci_dat_out(15)XOR pci_dat_out(14)XOR pci_dat_out
(13)XOR pci_dat_out(12)
          XOR pci_dat_out(11)XOR pci_dat_out(10)XOR pci_dat_out(9)XOR
pci_dat_out(8);
          par0>=pci_dat_out(7)XOR pci_dat_out(6)XOR pci_dat_out(5)
XOR pci_dat_out(4)
          XOR pci_dat_out(3)XOR pci_dat_out(2)XOR pci_dat_out(1)XOR
pci_dat_out(0);
          cbe_reg>=pci_cbe_1(3)XOR pci_cbe_1(2)XOR pci_cbe_1(1)XOR
pci_cbe_1(0);
        END IF;
      END IF;
    END PROCESS;
    END fun;
```

将以上程序编译后，按照要求对其进行仿真，其仿真结果如图 7.29 所示。由图可知，当 pci_cbe_1[3…0]和 pci_dat_out[31…0]共有奇数个 1 时，par_out 输出高电平，当 pci_cbe_1[3…0]和 pci_dat_out[31…0]共有偶数个 1 时，par_out 输出低电平，结果正确。

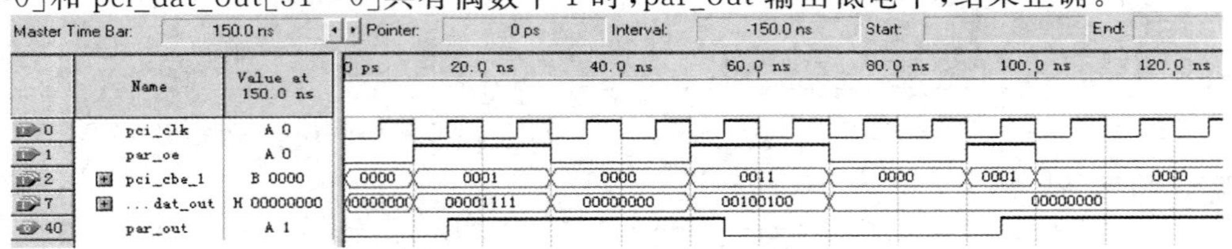

图 7.29　校验模块功能仿真图

第六节　8051 单片机 IP 软核应用系统构建

MCS51 系列单片机的 CPU 属于 CISC CPU。本节将介绍与此系列单片机完全兼容的 K8051 单片机 IP 软核及其应用系统的构建。K8051 单片机是以由 VQM 原码(Verilog Quartus Mapping File)表达的,在 QuartusⅡ环境下能与 VHDL、Verilog 等其他硬件描述语言混合编译综合,并在单片 FPGA 中实现全部硬件系统,并完成软件调试。

一、K8051 单片机软核基本功能和结构

与 MCS51 系列单片机的 CPU 相同,K8051 单片机核也含有 8 位复杂指令 CPU,存储器采用哈佛结构,其结构框图如图 7.30 所示。K8051 的指令系统与 8051/2、8031/2 等完全兼容,硬件部分也基本相同,例如可接 64KB 外部存储器,可接 256 字节内部数据 RAM,含两个 16 位定时/计数器,全双工串口,含节省功耗工作模式,中断响应结构等。不同之处主要有:

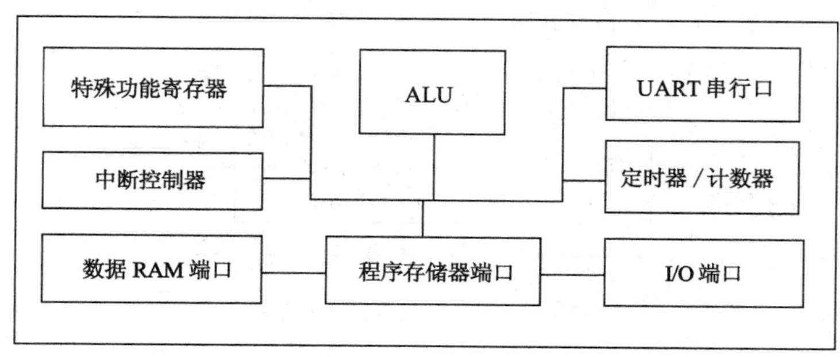

图 7.30　K8051 结构模块框图

(1) K8051 是以网表文件的方式存在的,只有通过编译综合,并载入 FPGA 中才以硬件的方式工作,而普通 8051 总是以硬件方式存在的。

(2) K8051 无内部 ROM 和 RAM,所有程序 ROM 和内部 RAM 都必须外接。从图 7.21可见,它包含了“数据 RAM 端口”和“程序存储器端口”,是连接外接 ROM、RAM 的专用端口(此 ROM 和 RAM 都能用 LPM_ROM 和 LPM_RAM 在同一片 FPGA 中实现)。然而普通 8051 芯片的内部 RAM 是在芯片内的,而外部 ROM 的连接必须以总线方式与其 P0、P2 口相接(AT89S51 的 ROM 在芯片内,CPU 核外)。

(3) 以软核方式存在能进行硬件修改和编辑;能对其进行仿真和嵌入式逻辑分析仪实现实时时序测试;能根据设计者的意愿将 CPU、RAM、ROM、硬件功能模块和接口模块等实现于同一片 FPGA 中(即 SOC)。

(4) 与普通 8051 不同,K8051 的 4 个 I/O 口是分开的。例如 P1 口,其输入端 P1I 和输出端 P1O 是分开的,如果需要使用 P1 口的双向口功能,必须外接一些电路才能实现。图 7.31是 K8051 单片机的原理图实体图,下方是输入端,上方是输出端。其主要端口的功能如表 7.9 所示。注意其中的双向口的表达方式。

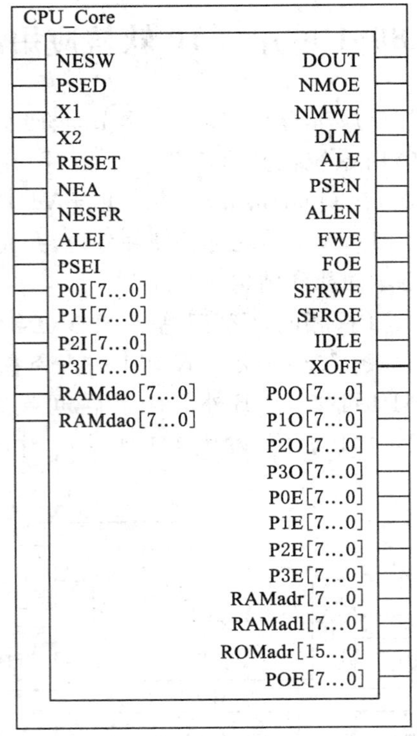

图 7.31　K8051 原理图元件

表 7.9　K8051 单片机核信号端口功能明

单片机信号	端口类型	功能说明
ROMadr[15…0]	输出	程序存储器地址总线
ROMdaO[7…0]	输入	程序存储器数据总线
单片机信号	端口类型	功能说明
NMOE	输出	程序存储器输出使能，低电平有效
RAMadr[7…0]	输出	片内 RAM 地址总线
RAMdaI[7…0]	输出	片内 RAM 数据输入总线(由单片机核输出)
RAMdaO[7…0]	输入	片内 RAM 数据输出总线
FOE	输出	片内 RAM 数据输出使能，低电平有效
FWE	输出	片内 RAM 数据写入使能，低电平有效
SFROE	输出	外部特殊寄存器输出使能，低电平有效
SFRWE	输出	外部特殊寄存器写入使能，低电平有效
NESFR	输入	如果没有外部特殊寄存器，拉高此电平
P0O[7…0]	输出	P0 口数据输出端，8 位
P1O[7…0]	输出	P1 口数据输出端，8 位
P2O[7…0]	输出	P2 口数据输出端，8 位

表 7.9(续)

单片机信号	端口类型	功能说明
P3O[7…0]	输出	P3 口数据输出端,8 位
P0I[7…0]	输入	P0 口数据输入端,8 位
P1I[7…0]	输入	P1 口数据输入端,8 位
P2I[7…0]	输入	P2 口数据输入端,8 位
P3I[7…0]	输入	P3 口数据输入端,8 位
P0E[7…0]	输出	P0 口作为双向口的控制信号 8 位,执行输出指令时,为低电平
P1E[7…0]	输出	P1 口作为双向口的控制信号 8 位,执行输出指令时,为低电平
P2E[7…0]	输出	P2 口作为双向口的控制信号 8 位,执行输出指令时,为低电平
P3E[7…0]	输出	P3 口作为双向口的控制信号 8 位,执行输出指令时,为低电平
NEA	输入	使能程序计数器的值进入 P0 和 P2 口
X1	输入	单片机工作时钟输入端
X2	输入	单片机工作时钟输入端,但在进入休闲状态时可控制停止
RESET	输入	复位信号线
ALE	输出	地址锁存信号
PSEN	输出	外部程序存储器使能,低电平有效
ALEN	输出	对 ALE 和 PSEN 信号的双向控制信号,低电平允许输出
XOFF	输出	振荡器禁止信号,用于省电模式
IDLE	输出	在休闲模式中,可通过外部控制 NX2 的时钟输入

图 7.32 所示的是单片机中的一个端口构成的双向口(P1 口)电路连接方法。图中电路调用了几个辅助元件,其中 RTI 是三态控制门,WIRE 是普通接线,主要用于网络名转换。

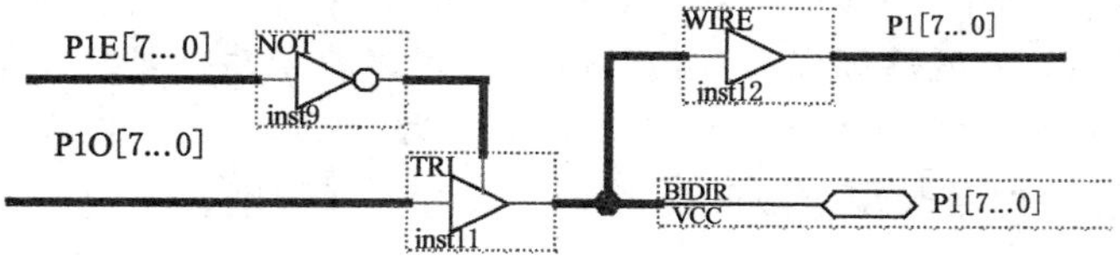

图 7.32　单片机 I/O 口设置成双向口的电路

P1E 是三态门控制信号,当执行从 P1 口的输入指令时,P1E[7…0]输出全为高电平,外部数据可以通过双向口 P1[7…0]进入单片机的 P1 口的输入口 P1I[7…0],而当执行向 P1 口输出的指令时,若 P1 口的输出口 P1O[7…0]中的位为低电平,则控制信号 P1E[7…0]中对应的位也为低,故信号能顺利输出 P1 口;但当输出信号 P1O[7…0]中的位为高电平时,则控制信号 P1E[7…0]中对应的位也为高电平,故这时除非 P1[7…0]对应的 FPGA 的外部端口被上拉,否则将呈现纯高阻态。因此,当使用单片机的双向口时必须设置 FPGA 的端口为上拉。

设置方法是,选择 Assignments 菜单中的 settings 项(图 7.33),选择左栏的 Fitter Settings 项,再点击右侧的 More Settings 按钮,在弹出的窗口(图 7.33 右侧图)下栏中选择

Weak Pull-Up Resistor，并于 Setting 栏选择 On。注意，如果选择了 Enable Bus-Hold Circuitry 为 ON，则不能选上拉为 ON，前者是选择输出总线的最后输出为锁定。

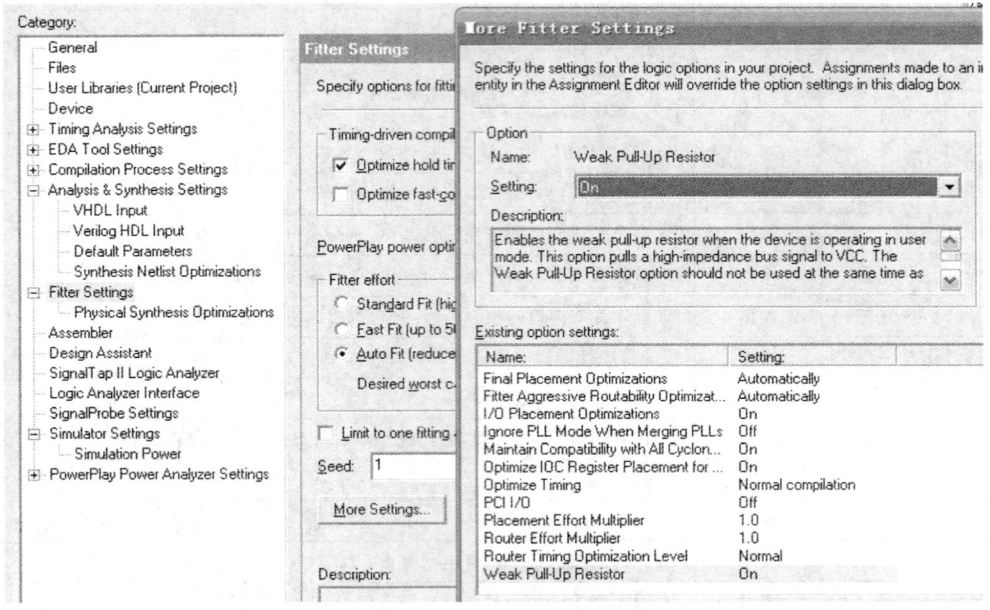

图 7.33　设置 FPGA 的总线口输出为上拉

二、K8051 单片机软核实用系统构建和软件测试

K8051 核在接上了 ROM 和 RAM 后就成为一个完整的 8051 或 8052 单片机了，图 7.34是 K8051 核实用系统的最基本构建顶层原理图，主要由 4 个部件构成：

(1) K8051 核。图中的 CPU_Core 即 K8051 单片机核，由 VQM 原码表述：CPU_Core.vqm，可以直接调用。该元件可以与其他不同语言表述的元件一同综合与编译。

(2) 嵌入式锁相环 PLL50。其输入频率设置为 20 MHz，输出频率所在 90 MHz 上，K8051 能接受的工作时钟频率上限取决于 FPGA 的速度级别。

(3) 程序 ROM，LPM_ROM。采用 ROM 容量的大小也取决于 FPGA 所含的嵌入 RAM 的大小。图 7.34 中设置的 ROM 容量是 4 KB，对于一般的应用足够了。此 ROM 可以加载 HEX 格式文件作为单片机的程序代码。HEX 程序代码可以直接使用普通 8051 单片机程序编译器生成(设已加载了 TEST1. HEX)。

(4) 数据 RAM，LPM_RAM。图 7.34 中设置的 LPM_RAM 容量是 256B。高 128B 须用间接寻址方式访问。这里的 LPM_ROM 和 LPM_RAM 调用方法其他资料。

图 7.34 中，P0I[7...0]、P1I[7...0]、P2I[7...0]、P3I[7...0]分别为 P0、P1、P2、P3 口的输入口；P0O[7...0]、P1O[7...0]、P2O[7...0]、P3O[7...0]分别为 P0、P1、P2、P3 口的输出口。

用 Quartus Ⅱ打开的工程，在工程管理窗，双击图左侧 rom4KB，在右侧出现该元件文件，其初始化文件路径指示在 TEST1. hex 上(见图 7.35)。下载 SOF 文件后可以测试图 7.34 系统的软硬件功能了。

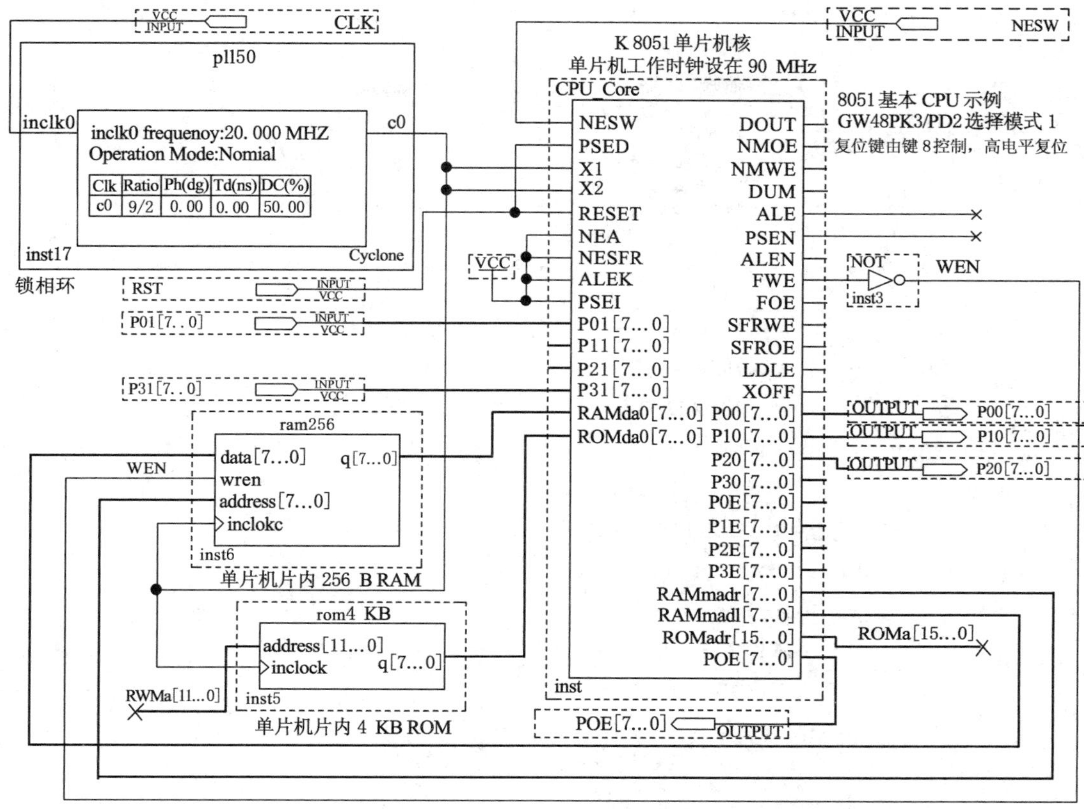

图 7.34 K8051 基本实用电路

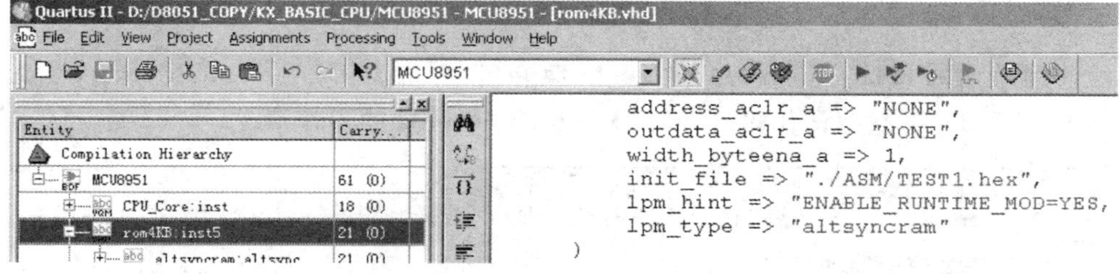

图 7.35 ROM 初始化文件路径

测试程序 TEST1.hex 的源程序是 TEST1.asm，程序如下：

```
ORG 0000H
MAIN:    MOV SP,# 60H
                MOV 24H,# 00H
                MOV 30H,# 01H
      ROUND:LCALL DELAY1
                MOV A,24H
                INC A
```

```
            MOV 24H,A
            MOV P1,A
            MOV A,30H
            RR A
            MOV P0,A
            MOV 30H,A
            NOP
            NOP
            MOV A,P0
            MOV B,P3
            ADD A,B
            MOV P2,A
            LCALL DELAY1
            SJMP ROUND
DELAY:MOV 20H,# 0FFH
W1:MOV 21H,# 0FFH
W2:DJNZ 21H,W2
  DJNZ 20H,W1
  RET
DELAY1:MOV 22H,# 08H
W3:LCALL DELAY
    DJNZ 22H,W3
            RET
            END
```

编译汇编程序 test1. asm，并用 Tools 菜单中的工具：In-System Memory Content Editor(见图 7.36)下载编译代码：test1. hex，再观察软硬件的工作情况。

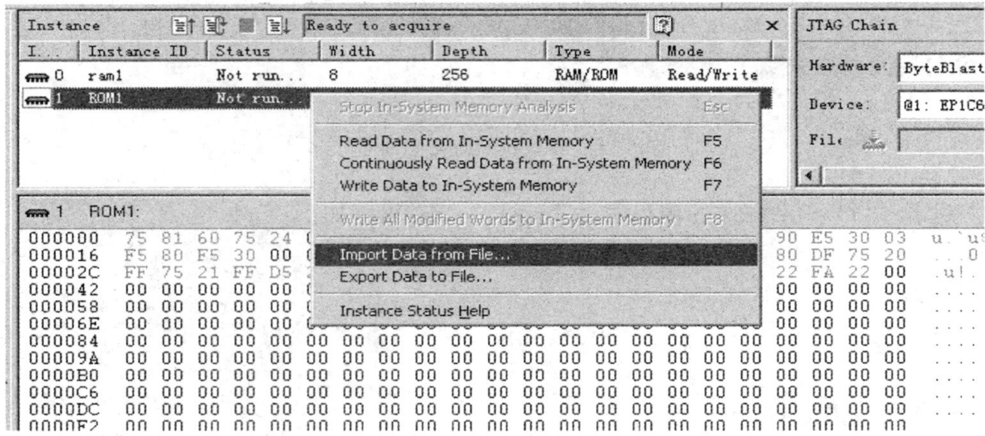

图 7.36　利用 In-System Memory Content Editor 下载汇编程序 HEX 代码

第八章　复杂可编程逻辑器件在信号处理中的应用

第一节　快速乘法器

实现硬件乘法运算可以采用以下几种方法：① 移位相加；② 查询表；③ 逻辑树；④ 加法器树；⑤ 混合乘法器。

一、硬件乘法器的基本原理

下面以一个 8 位乘法器为例，讨论 5 种乘法器的优缺点。

1. 移位相加

移位相加乘法器实现起来相对较简单，大多数的单片机和微处理器的乘法运算都采用这种方法。8 位的乘法器只需一个 16 位移位寄存器和一个 16 位加法器即可实现。移位相加乘法器的最大缺点是速度慢，8 位乘法需要 8 个时钟周期才能得到结果。即使移位时钟选 40 MHz，乘法运算也至少需要 200 ns 的时间。

2. 查询表

把乘积放在存储器中，使用操作数作为地址访问存储器，得到的输出数据就是乘法运算的结果。查询表方式的乘法器的速度等于所使用的存储器的速度，小型乘法器使用这种技术则非常合适。例如，在 256 字节的查询表中实现 4 位×4 位乘法器可以很轻松地在不到 25 ns 的时间内完成一次乘法运算。但是随着操作数精度的提高，查询表将变得非常庞大。例如，8 位乘法器需要 28＋8×16 这样大的存储器。

3. 逻辑树

逻辑树的输出数据的每一位都可以写成所有操作数的逻辑函数。这种方法的速度和查找表一样快，但实现起来比较困难，因为乘法器需要很多输入线和乘积项资源，而逻辑器件的资源不一定能满足乘法器运算的需要。为此，有些研究机构设计了许多种非常复杂的使用乘积项共享的逻辑树来实现乘法器。逻辑树也可视为一种精简的查询表，8 位乘法器设计需要 16 个输入。

4. 加法器树

加法器树乘法器实际上由移位相加器和查询表组成，如图 8.1 所示。图中的 8 位×1 位乘法器可以用 8 个与门实现，最终的移位相加是通过一个并行的加法器来实现的。

加法器树需要的加法器数目等于操作数位数减 1，加法器精度为操作数位数的 2 倍，需要的与门数等于操作数的平方。8 位乘法器需要 7 个 16 位加法器和 64 个与门。如果采用流水线技术。加法器树乘法运算需要的时间仅为 1 个时钟周期。

上面几种结构的乘法器，其乘数和被乘数均为变量。实际上，DSP 应用中时常有一个操作数为常数。例如，如果 FIR 滤波器或 FFT 的参数确定了，其运算公式中的乘数也就固

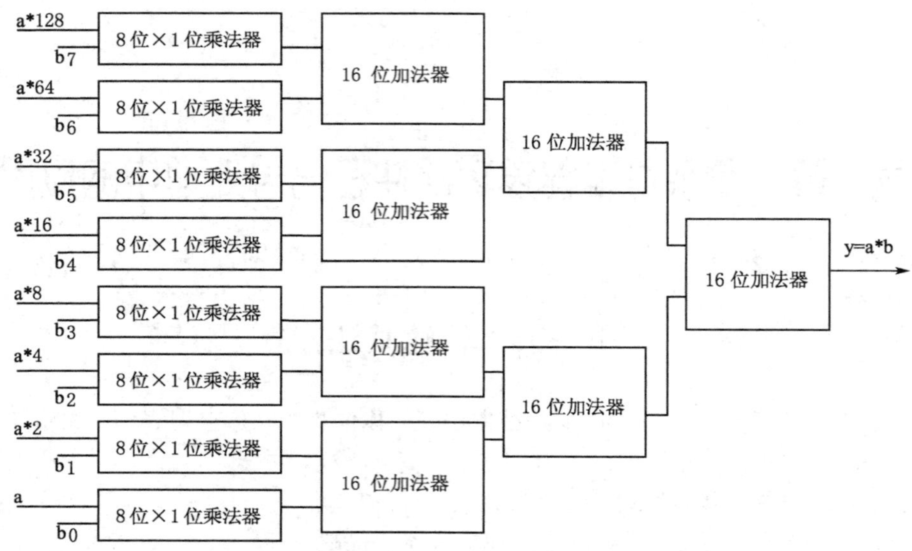

图 8.1　加法器树乘法器

定了。利用操作数中有一个是常数的特点，可以简化乘法器的设计。例如，实现一个 8 位乘法运算 Y＝KX，其中 K 为常数，只需要建立一个 8 输入的查询表，在表中存放下列数值：0，1K，2K，3K，…，255K。

像上面这样一个 8 位的乘法运算，仅需要一张 256 查找表，运算速度同查找表乘法器一样快，等于查找表存储器的速度，同时还大大节省了资源。

带参数的查找表可以通过编程改变常数来实现，可以利用 CPLD/FPGA 动态加载数据来达到动态更改参数的目的。

5. 混合乘法器

混合乘法器利用存储部分乘积的小型查找表和加法器组合得到最后的乘积结果。例如 8 位乘法 Y＝a×b，可以将乘数分解为两个半字节，其中乘数 a＝AⅠ×24＋AⅡ，乘式可以改写为 Y＝（AⅠ×24＋AⅡ）×b＝AⅠ×24×b＋AⅡ×b。

这样就可以把 8 位×8 位乘法器转化为 2 个 4 位×4 位乘法运算，从而缩小了乘法查找表的规模。需要注意的是，这种乘法器最后进行相加运算时，必须对高位乘积进行加权，对低位乘积高位补 0，如图 8.2 所示。

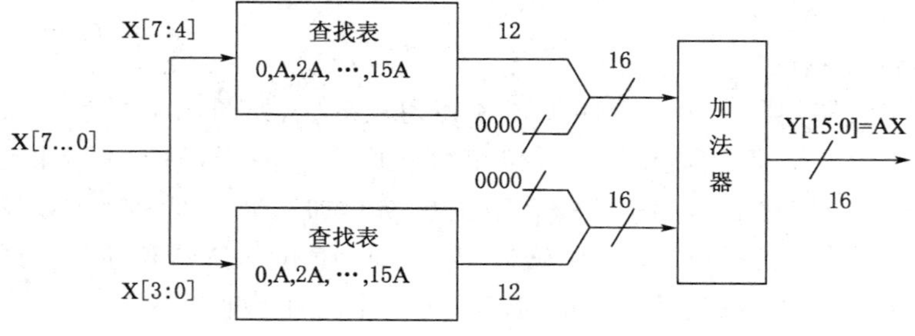

图 8.2　混合乘法器

实现这样一个 8 位乘法运算只需要 2 个 24×12 位的查找表和 1 个 16 位加法器。采用流水线技术，运算只需要 1 个时钟周期。混合乘法器无论在性能和资源利用率上都令人满意，可以作为 DSP 乘法运算的首选方案。在用 CPLD/FPGA 实现时，基本查找表的规模有所不同，CPLD 可以实现 4 位×4 位的查找，而 FPGA 只有 5 个输入，只能使用 2 位×2 位的查找表。

二、一种实用的硬件乘法器

下面介绍一种由 8 位加法器构成的以时序逻辑方式设计的 8 位乘法器，它具有一定的实用价值。其乘法原理是：乘法通过逐项移位相加原理来实现，从被乘数的最低位开始，若为 1，则乘数左移后与上一次的和相加；若为 0，左移后以全 0 相加，直至被乘数的最高位。从图 8.1 所示的逻辑图上可以清楚地看出此乘法器的工作原理。

在图 8.3 中，ARICTL 是乘法运算控制电路，它的 START 信号的上升沿与高电平有两个功能，即 16 位寄存器清零和被乘数 A[7...0]向移位寄存器 SREG8B 加载；它的低电平则作为乘法使能信号。乘法时钟信号从 ARICTL 的 CLK 输入。当被乘数被加载于 8 位右移寄存器 SREG8B 后，随着每一时钟节拍，最低位在前，由低位至高位逐位移出。当为 1 时，与门 ANDARITH 打开，8 位乘数 B[7...0]在同一节拍进入 8 位加法器，与上一次锁存在 16 位锁存器 REG16B 中的高 8 位进行相加，其和在下一时钟节拍的上升沿被锁进此锁存器。而当被乘数的移出位为 0 时，与门全零输出。如此往复，直至 8 个时钟脉冲后，由 ARICTL 控制，乘法运算过程自动中止，ARIEND 输出高电平，以此可点亮一只发光管，以示乘法结束。此时 REG16B 的输出值即为最后乘积。

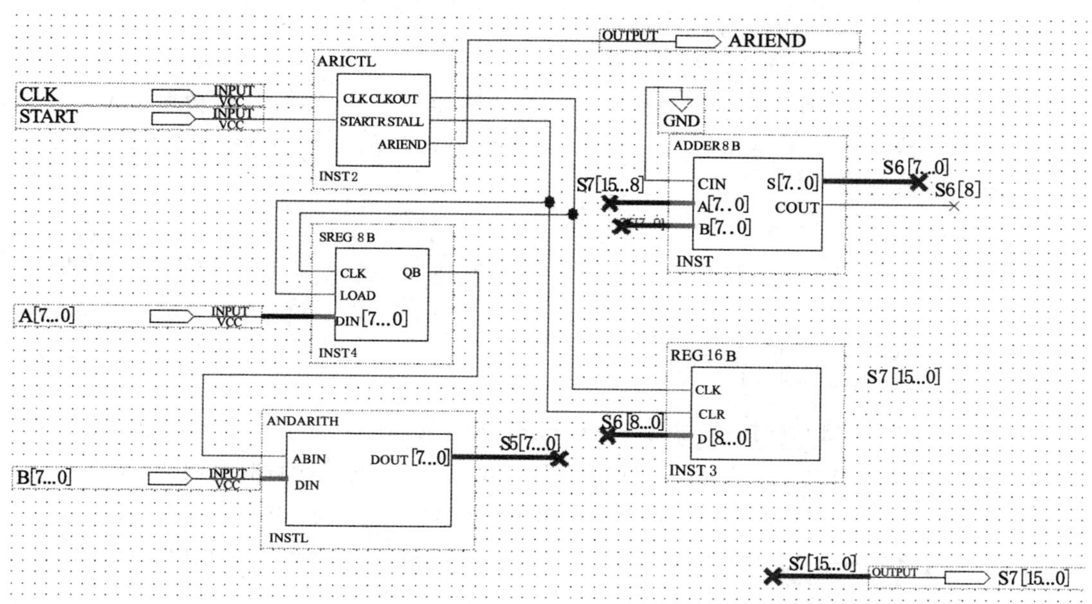

图 8.3　8 位×8 位乘法器电路原理图

三、VHDL 程序

```
library ieee;
use ieee.std_logic_1164.all;
```

```
entity andarith is
port (abin:in std_logic;
      din:in std_logic_vector(7 downto 0);
      dout:out std_logic_vector(7 downto 0));
end andarith;
architecture behav of andarith is
begin
  process (abin,din)
  begin
     for i in 0 to 7 loop  -- 循环，分别完成 8 位数据与 1 位控制位的与操作
       dout(i)<=din(i)and abin;
     end loop;
  end process;
end behav;
-- 16 位锁存器
library ieee;
use ieee.std_logic_1164.all;
entity reg16b is                                    -- 16 位锁存器
port (
clk:in std_logic;                                   -- 锁存信号
      clr:in std_logic;                             -- 清零信号
      d:in std_logic_vector(8 downto 0);            -- 8 位数据输入
      q:out std_logic_vector(15 downto 0));         -- 16 位数据输出
end reg16b;
architecture behav of reg16b is
signal r16s:std_logic_vector(15 downto 0);          -- 16 位寄存器设置
begin
process(clk,clr)
begin
    if clr= '1'then  r16s<=(others=> '0');          -- 异步复位信号
    elsif clk'event and clk= '1'then              -- 时钟到来时，锁存输入值
         r16s(6 downto 0)<=r16s(7 downto 1);        -- 右移低 8 位
         r16s(15 downto 7)<=d;                     -- 将输入锁到高 8 位
    end if;
end process;
q<=r16s;
end behav;
library ieee;
```

```
use ieee.std_logic_1164.all;
entity sreg8b is                                   -- 8位右移寄存器
port (clk:in std_logic;
      load:in std_logic;
      din:in std_logic_vector(7 downto 0);
      qb:out std_logic);
end sreg8b;
architecture behav of sreg8b is
signal reg8:std_logic_vector(7 downto 0);
begin
process(clk, load)
begin
  if clk'event and clk= '1'then
      if  load= '1'then reg8<=din;                -- 装载数据
      else reg8(6 downto 0)<=reg8(7 downto 1);    -- 数据右移
      end if;
end if;
end process;
qb<=reg8(0);                                       -- 输出最低位
end behav;
                                                   -- 控制器
library ieee;
use ieee.std_logic_1164.all;
use ieee.std_logic_unsigned.all;
entity arictl is                                   -- 乘法运算控制器
port (
    clk:in  std_logic;
      start:in std_logic;
      clkout:out std_logic;
      rstall:out std_logic;
      ariend:out std_logic);
end arictl;
architecture behav of arictl is
signal cnt4b:std_logic_vector(3 downto 0);
begin
rstall<= start;
process(clk, start)
begin
   if start= '1'then cnt4b<= "0000";              -- 高电平清零计数器
```

```
    elsif clk'event and  clk= '1'then
       if cnt4b<8 then                          -- 小于 8 则计数
          cnt4b<=cnt4b+1;
       end if;                            -- 等于 8 表明乘法运算已经结束
    end if;
 end process;
 process (clk,cnt4b, start)
 begin
 if start= '0'then
      if cnt4b<8 then                   -- 乘法运算正在进行
        clkout<=clk;   ariend<= '0';
      elsif clk'event and clk= '0'then
 ariend<= '1';clkout<= '0';          -- 运算结束 clkout<= '0';
      end if;
 else  clkout<=clk;ariend<= '0';
 end if;
 end process;
 end behav;
 -- 8 位加法器
 library ieee;
 use ieee.std_logic_1164.all;
 use ieee.std_logic_unsigned.all;
 entity adder8b is
 port(cin: in std_logic;
   a,b: in std_logic_vector(7 downto 0);
   s:out std_logic_vector(7 downto 0);
     cout: out std_logic);
   end adder8b;
 architecture art of adder8b is
 signal sint:std_logic_vector(8 downto 0);
     signal aa,bb: std_logic_vector(8 downto 0);
 begin
      aa<= '0'&a;
      bb<= '0'&b;
      sint<=aa+bb+cin;
      s<=sint(7 downto 0);
      cout<=sint(8);
 end art;
```

四、仿真波形

8位×8位乘法器电路仿真图见图8.4。

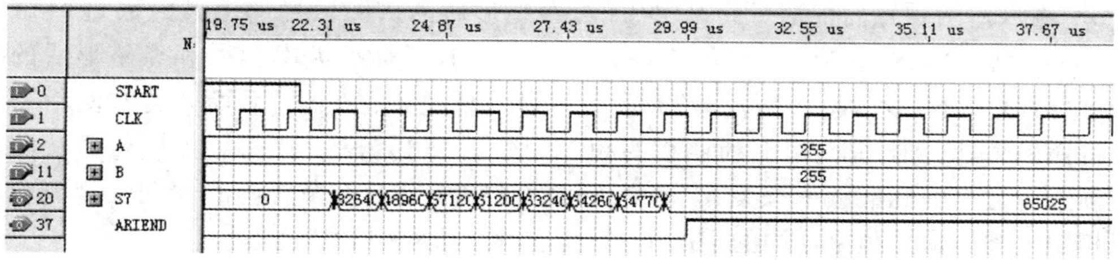

图8.4　8位×8位乘法器电路仿真图

第二节　等精度数字频率计

一、等精度频率测量原理

常用的直接测频方法主要有测频法和测周期法两种。测频法就是在确定的闸门时间 T_w 内，记录被测信号的变化周期数（或脉冲个数）N_x，则被测信号的频率 $f_x=N_x/T_w$。

测周期法需要有标准信号的频率 f_s，在待测信号的一个周期 T_x 内，记录标准频率的周期数 N_s，则被测信号的频率 $f_x=f_s/N_s$。

这两种方法的计数值会产生±1个字误差，并且测试精度与计数器中记录的数值 N_x 或 N_s 有关。为了保证测试精度，一般对于低频信号采用测周期法；对于高频信号采用测频法，因此测试时很不方便，所以提出了等精度测频方法。

等精度测频方法是在直接测频方法的基础上发展起来的。它的闸门时间不是固定的值，而是被测信号周期的整数倍，即与被测信号同步，因此，避除了对被测信号计数所产生±1个字误差，并且达到了在整个测试频段的等精度测量。其测频原理如图8.5所示。在测量过程中，有两个计数器分别对标准信号和被测信号同时计数。首先给出闸门开启信号（预置闸门上升沿），此时计数器并不开始计数，而是等到被测信号的上升沿到来时，计数器才真正开始计数。然后预置闸门关闭信号（下降沿）到时，计数器并不立即停止计数，而是等到被测信号的上升沿到来时才结束计数，完成一次测量过程。可以看出，实际闸门时间 t 与预置闸门时间 t_1 并不严格相等，但差值不超过被测信号的一个周期。

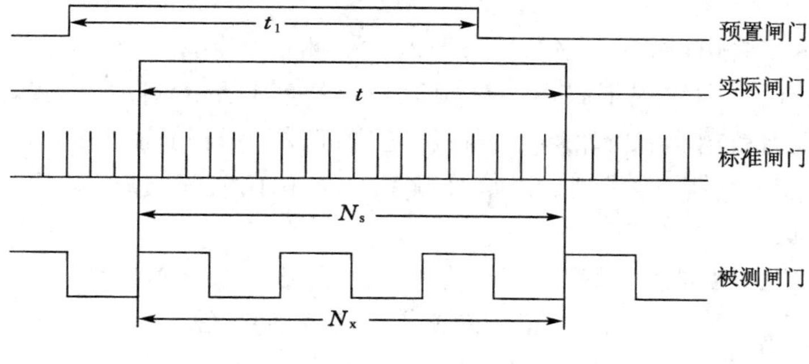

图8.5　等精度测频原理

等精度测频的实现方法可简化为图 8.6 所示。CNT1 和 CNT2 是两个可控计数器，标准频率信号从 CNT1 的时钟输入端 CLK 输入；经整形后的被测信号从 CNT2 的时钟输入端 CLK 输入。当预置门控信号为高电平时，经整形后的被测信号的上升沿通过 D 触发器的 Q 端同时启动 CNT1 和 CNT2。CNT1、CNT2 同时对标准频率信号和经整形后的被测信号进行计数，分别为 N_s 与 N_x。当预置门信号为低电平的时候，后面来的被测信号的上升沿将使两个计数器同时关闭，所测得的频率为 $(F_s/N_s)\times N_x$。则等精度测量方法测量精度与预置门宽度的标准频率有关，与被测信号的频率无关。在预置门时间和常规测频闸门时间相同而被测信号频率不同的情况下，等精度测量法的测量精度不变。

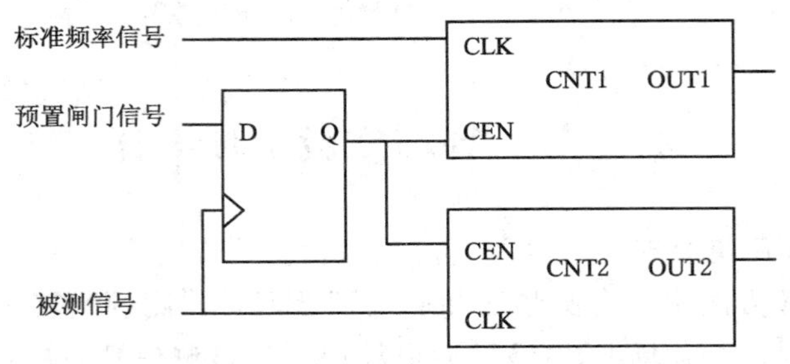

图 8.6　等精度测频实现方法

设在一次实际闸门时间 t 中计数器对被测信号的计数值为 N_x，对标准信号的计数值为 N_s。标准信号的频率为 f_s，则被测信号的频率见式(8.1)：

$$f_x = (N_x/N_s)\cdot f_s \tag{8.1}$$

若忽略标准信号频率 f_s 的误差，则等精度测频可能产生的相对误差见式(8.2)：

$$\delta = (|f_{xe} - f_x|/f_{xe})\times 100\% \tag{8.2}$$

其中 f_{xe} 为被测信号频率的准确值。

在测量中，由于 f_x 计数的起停时间都是由该信号的上升沿触发的，在闸门时间 t 内对 f_x 的计数 N_x 无误差($t=N_xT_x$)；对 f_s 的计数 N_s 最多相差一个数的误差，即 $|\Delta N_s|\leqslant 1$，其测量频率如式(8.3)：

$$f_{xe} = [N_x/(N_s + \Delta N_s)]\cdot f_s \tag{8.3}$$

将式(8.1)和式(8.3)代入式(8.2)，并整理如式(8.4)：

$$\delta = |\Delta N_s|/N_s \leqslant 1/N_s = 1/(t\cdot f_s) \tag{8.4}$$

由式(8.4)可以看出，测量频率的相对误差与被测信号频率的大小无关，仅与闸门时间和标准信号频率有关，即实现了整个测试频段的等精度测量。闸门时间越长，标准频率越高，测频的相对误差就越小。标准频率可由稳定度好、精度高的高频率晶体振荡器产生，在保证测量精度不变的前提下，提高标准信号频率，可使闸门时间缩短，即提高测试速度。

二、系统组成

系统由分频器、计数器 1、计数器 2、D 触发器等组成。分频器出来的信号作为等精度测频原理的预置闸门信号。运算模块就是完成公式(8.1)的运算。复位主要对分频、计数器 1 和计数器 2 进行清零操作。系统原理框图如图 8.7 所示。

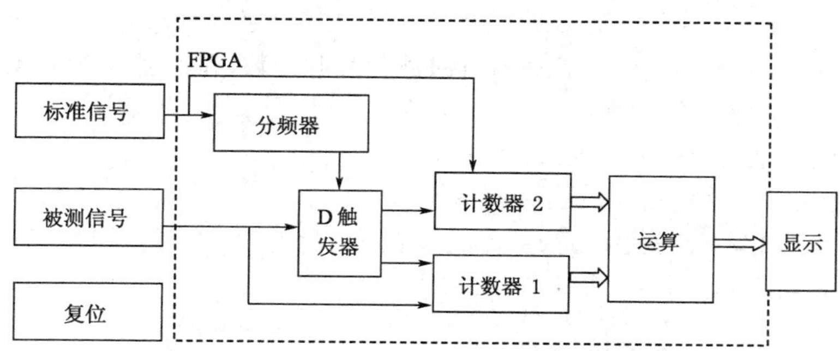

图 8.7　等精度测量原理框图

三、VHDL 源代码

```
library ieee;
use ieee.std_logic_1164.all;
use ieee.std_logic_unsigned.all;
use ieee.std_logic_arith.all;
entity PLJ is
  port(clk:in std_logic;                          --基准时钟(10 kHz)
  tclk:in std_logic;                              --被测信号
  start:in std_logic;                             --复位信号
  alarm0,alarm1:out std_logic;                    --超量程,欠量程显示
  dian:out std_logic_vector(3 downto 0);          --小数点
  data1:out integer range 0 to 9999);             --频率数据
end PLJ;
architecture behav of PLJ is
signal q:integer range 0 to 9999;                 --预置闸门分频系数
signal q1:integer range 0 to 10000;               --被测信号计数器
signal q2:integer range 0 to 20000;               --基准信号计数器
signal en,en1:std_logic;                          --预置闸门,实际闸门
signal qq,qqq:integer range 0 to 200000000;       --运算器
signal data0:integer range 0 to 9999;             --频率数据中间信号
begin
process(clk)                                  --此进程得到一个预置闸门信号
begin
  if clk'event and clk= '1'then
    if start= '1'then q<=0;en<= '0';
    elsif q=9999 then q<=9999;en<= '0';
    else q<=q+1;en<= '1';
    end if;
  end if;
```

```
end process;
process(tclk)          -- 此进程计被测信号脉冲数,和得到一个实际闸门信号
begin
  if tclk'event and tclk= '1'then
     if start= '1'then q1<= 0;en1<= '0';
     elsif en= '1'then q1<=q1+1;en1<= '1';
     else en1<= '0';
     end if;
  end if;
end process;
process(clk)       -- 此进程完成在实际闸门时间内,计基准脉冲数
begin
  if clk'event and clk= '1'then
     if start= '1'then q2<=0;
     elsif en1= '1'then
        if q2=20000 then q2<=20000;
        else q2<=q2+1;
        end if;
     end if;
  end if;
end process;
process(clk)   -- 此进程完成等精度频率计的运算
begin
  if clk'event and clk= '1'then
 if start= '1' then data0<=0;dian<= "0000";alarm0<= '0';alarm1<=
'0';qqq<=0;qq<=00;
     elsif en1= '0'then
        if q1>=1000  then qq<=q1 * 10000;  -- 根据 q1 的大小来判断小数点
                                              的位置
           if qqq<qq then qqq<=qqq+q2;data0<=data0+1;dian<= "0000";
                                                        -- 完成数据运算
           elsif data0>=10000 then alarm0<= '1';      -- 超量程显示
           else data1<=data0;
           end if;
        elsif q1>=100 then qq<=q1 * 100000;
           if qqq<qq then qqq<=qqq+q2;data0<=data0+1;
           elsif data0>=10000 then data1<=1000;dian<= "0000";
           else data1<=data0;dian<= "0010";
           end if;
```

```
          elsif q1>=10 then qq<=q1 * 1000000;
            if qqq<qq then qqq<=qqq+q2;data0<=data0+1;
            elsif data0>=10000 then data1<=1000;dian<= "0010";
            else data1<=data0;dian<= "0100";
            end if;
          elsif q1>=1 then qq<=q1 * 10000000;
            if qqq<qq then qqq<=qqq+q2;data0<=data0+1;
            elsif data0>=10000 then data1<=1000;dian<= "0100";
            else data1<=data0;dian<= "1000";
            end if;
          end if;
       elsif q2>19999 then alarm1<= '1';                    -- 欠量程显示
       else alarm1<= '0';
       end if;
    end if;
end process;
end behav;
```

四、仿真结果

输入频率为 4 762 Hz 的方波,仿真结果见图 8.8。

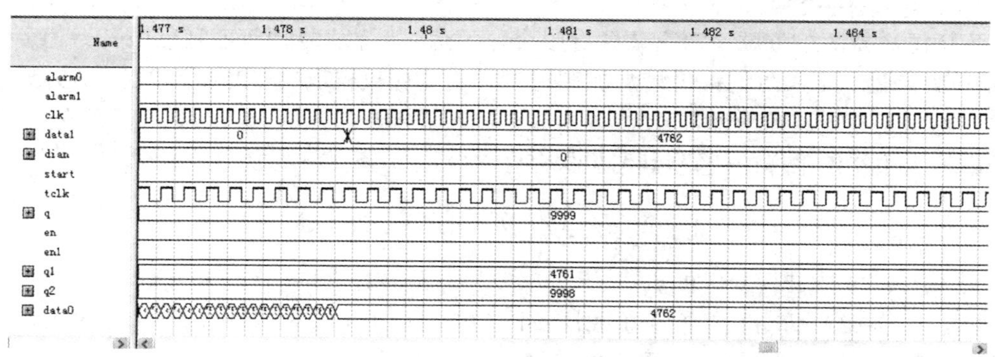

图 8.8 等精度频率计仿真波形

第三节 有限脉冲响应数字滤波器

一、FIR 滤波器的原理

1. 直接形式的 FIR 滤波器

FIR 有限脉冲响应滤波器是数字滤波器的一种。它的特点是单位脉冲响应是一个有限长序列。N 阶或长度为 N 的 FIR 输出对应于输入时间序列 $x[n]$的关系由一种有限卷积数量形式给出,具体形式如下:

$$y(n) = x[n] \cdot h(n) = \sum_{k=0}^{N-1} x[k]h[n-k]$$

其中，$h[0],\cdots,h[N-1](h[0]\neq 0)$是滤波器的 N 阶的系数，同时也对应于 FIR 的脉冲响应。

FIR 的传递函数在 z 域内的定义形式如下：

$$F(z) = \sum_{k=0}^{N=1} h(k)z^{-k}$$

FIR 滤波器是由一个“抽头延迟线”加法器和乘法器的集合构成的。传给每个乘法器的操作数就是一个 FIR 系数。所需乘法系数是 N，加法次数是 $N-1$。这种滤波器有 $N-1$ 个零点，且为有限值，全部极点位于 Z 平面的原点，因此系统是稳定的。FIR 滤波器的直接型实现比较简单。

2. 线性相位 FIR 滤波器

在使用 FIR 滤波器的实际系统中，大多应用了 FIR 滤波器线性相位的特点。常用的线性相位 FIR 滤波器，其单位脉冲响应均为实数，且满足偶对称或奇对称的条件，即：

$$h(n) = h(N-1-n)$$

$$h(n) = -h(N-1-n)$$

滤波器的输出可以写成下面的形式：

$$H(z) = z^{-(N-1)/2}\left\{\sum_{n=0}^{\frac{(N-3)}{2}} h(n)\left[z^{\frac{(N-1)}{2-n}} + z^{-\left[\frac{(N-1)}{2-n}\right]}\right] + h\left(\frac{N-1}{2}\right)\right\}$$

二、FIR 滤波器的设计与实现

1. FIR 滤波器的直接型实现

FIR 滤波器的单位脉冲响应包含有限个非零值，即持续的时间不是无限长。FIR 滤波器属于数字滤波器中的非递归类型，其瞬时的输出响应仅仅取决于当时及以前的激励，而与以前的输出无关。具体来说，FIR 滤波器对于输入采样 $U(k)$进行操作，k 是下标变量，用来表明在输入中特定采样的位置，其结果保存在 $Y(k)$中。系统函数为：

$$Y(k) = \sum_{i=0}^{L} h(i)U(k-i)$$

对 FIR 滤波器进行分析可知：对于每次采样，都需要利用本次采样之前的 L 个采样值（此处 L 为 4），这样 $L+1$ 个采样值分别与常系数 $h(i)$相乘。$h(i)$是常数，由它决定滤波器的特征函数，然后累加形成本次采样的结果。

滤波器中用到的常系数 $h(i)$可用一个系数数组表示。在 VHDL 中对于常数可以在包中将其定义为一个常数类型。此处在包中定义了一个名为 coef_arr 的类型，该类型实际上是一个数组，其长度为 5，该数组用来保存长度为 9 的带符号数。带符号数的第一位为符号位。

在文件中利用移位寄存器 shift 来保存最近的 L 个采样值 $U(k-i)$，在 VHDL 语言中，利用长为 L 的数组表示，但每次采样后，都要进行移位，以确保在该数组中只保存最近的 L 个采样值。

在 main 进程中，由于 reset 信号为 1，所以对结果 result 置零，并对移位寄存器 shift 置零，shift(i):=(others=)'0')，这样最近 L 个采样值 $U(k-i)$都为 0。

在 main 进程中，首先计算当前采样值 $U(k)$与系数 $h(0)$相乘产生的结果，然后向前寻

找 L 个原始采样值，并移位。如从 shift 数组中找到第 L 次采样后，将 shift(L)中的采样值用 shift($N-1$)取代，依次进行下去。最后 shift(0)就可以用来保存本次采样值，这样 shift 中就始终只保存最近的 L 个采样值。

FIR 源代码

```
library ieee;
use ieee.std_logic_1164.all;
use ieee.std_logic_arith.all;
use ieee.std_logic_signed.all;
package coeffs is
type coef_arr is array (0 to 4)of signed(8 downto 0);
constantcoefs:coef_arr:= ("111111001","111111011","000001101","
                          000010000","111101101");
end coeffs;
library ieee;
use ieee.std_logic_1164.all;
use ieee.std_logic_arith.all;
use ieee.std_logic_signed.all;
use work.coeffs.all;
entity fir is
port(clk,reset:in std_logic;
sample:in signed(7 downto 0);
result:out signed(16 downto 0));
end fir;
architecture beh of fir is
begin
main:process(clk,reset)
type shift_arr is array(4 downto 0)of signed(7 downto 0);
variable tmp,old:signed(7 downto 0);     -- tmp用于保存本次采样值
                                -- old用于保存在shift中的第i个采样
variable pro:signed(16 downto 0);   -- pro用于记录U(k-i)和h(i)的乘积
variable acc:signed(16 downto 0);        -- acc用于记录累加值
variable shift:shift_arr;
begin
   if reset= '1'then
     for i in 0 to 3 loop
     shift(i):=(others=> '0');
     end loop;
     result<=(others=> '0');
   elsif clk'event and clk= '1'then
```

```
        tmp:=sample;
        pro:=tmp* coefs(0);
        acc:=pro;
        for i in 3 downto 0 loop
          old:=shift(i);
          pro:=old* coefs(i+1);
          acc:=acc+pro;
          shift(i+1):=shift(i);
        end loop;
        shift(0):=tmp;
        result<=acc;
      end if;
    end process main;
  end beh;
```

直接型 FIR 滤波器仿真波形见图 8.9。

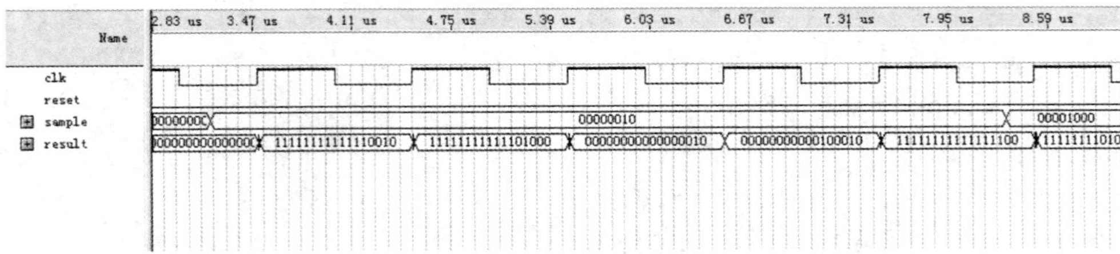

图 8.9　直接型 FIR 滤波器仿真波形

2. FIR 滤波器的线性相位实现

使用乘法器和加法器不难实现直接型结构的 FIR 滤波器，但这种直接实现的 FIR 滤波器不论是在速度上还是在节省资源上都不是最有效的。可利用线性相位直接型结构编程如下，从中可见，它比直接型结构节省了一半乘法次数。

对称型 FIR 滤波器源代码如下

```
library ieee;
use ieee.std_logic_1164.all;
use ieee.std_logic_arith.all;
use ieee.std_logic_signed.all;
package coeffs is
    type coef_arr is array(0 to 2)of signed(8 downto 0);
      constant coefs: coef _ arr: = ( " 111111001 "," 111111011 ",
"000001101");
end coeffs;
library ieee;
use ieee.std_logic_1164.all;
```

```
use ieee.std_logic_arith.all;
use ieee.std_logic_signed.all;
use work.coeffs.all;
entity fir1 is
    port(clk,reset:in std_logic;
          sample:in signed(7 downto 0);
          result:out signed(16 downto 0));
end fir1;
architecture beh of fir1 is
begin
    main:process(clk,reset)
    type shift_arr is array(4 downto 0)of signed(7 downto 0);
variable tmp,old:signed(7 downto 0);
variable pro:signed(16 downto 0);
variable acc:signed(16 downto 0);
variable shift:shift_arr;
begin
    if reset= '1'then
      for i in 0 to 3 loop
      shift(i):=(others=> '0');
      end loop;
      result<=(others=> '0');
    elsif clk'event and clk= '1'then
      tmp:=sample;
      pro:=(tmp+shift(3))* coefs(0);
      acc:=pro;
      for i in 0 to 0 loop
        old:=shift(i)+shift(2- i);
        pro:=old* coefs(i+1);
        acc:=acc+pro;
        end loop;
      acc:=acc+shift(1)* coefs(2);
      for i in 3 downto 0 loop
        shift(i+1):=shift(i);
      end loop;
      shift(0):=tmp;
      result<=acc;
    end if;
  end process main;
```

```
end beh;
```

对称型 FIR 滤波器仿真波形见图 8.10。

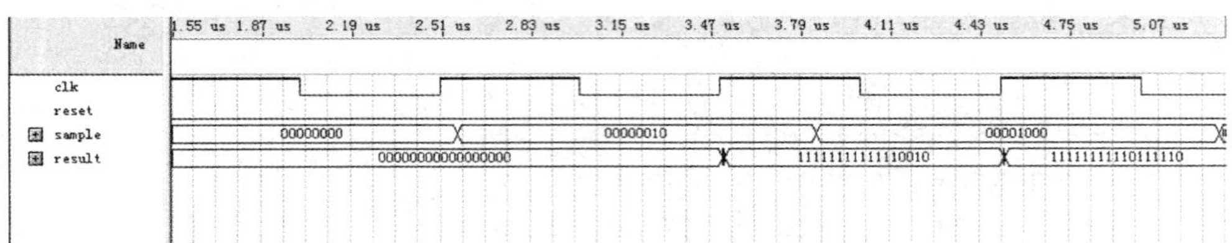

图 8.10　对称型 FIR 滤波器仿真波形

第四节　数字频率合成器

一、数字频率合成器的原理

直接数字合成器 DDS，是一种数字式的频率合成器，它的优点是易于控制，频率切换速度快，此实例通过 rom 查找表方法实现了 DDS 的功能。

数字式频率合成器要产生一个 $\sin \omega t$ 的正弦信号的方法是：在每次系统时钟的触发沿到来时，输出相应相位的幅度值，每次相位的增值为 ωT（T 为系统时钟周期）。要得到每次相应相位的幅度值，一种简单的方法是查表，即将 $0 \sim 2\pi$ 的正弦函数分成 n 份，将各点的幅度值存在 ROM 中，再用一个相位累加器每次累加相位值 ωT，得到当前的相位值，通过查找 ROM 得到当前的幅度值。这种方法的优点易实现、速度快。

DDS 的几个主要参数为：系统时钟频率、频率控制字长、频率分辨率、ROM 单元数、ROM 字长。选取系统时钟频率为 10 MHz，频率控制字长为 24 位，ROM 单元数为 212，ROM 字长为 10 位，而且有如下关系：

$$频率分辨率=\frac{系统时钟频率}{224}$$

$$频率控制字(FTW)=f\times\frac{224}{T}$$

其中 f 为要合成的频率，T 为系统时钟周期。

DDS 工作过程为：每次系统时钟的上升沿到来时，相位累加器（24 位）中的值累加上频率寄存器中（24 位）中的值，再用累加器的高 12 位作为地址进行 ROM 查表，查到的值送到 D/A 进行转换。这个过程需要几个时钟周期，单用 VHDL 设计，每个时钟周期每部分都在工作，实现了一个流水线的操作，实际计算一个正弦幅度值只需要一个时钟周期，但是会有几个周期的延时。

此系统的性能受到以下两方面的制约：ROM 单元数和 ROM 数值的有限字长。由于 ROM 大小的限制，ROM 的单元地址位数远小于相位累加器的位数，这样只能取相位累加器高位作为 ROM 的地址进行查询，这相当于引入了一个相位误差，而且 ROM 的有限字长，不能精确表示幅度值，也相当于引入了一个误差。因此应根据系统性能的要求合理选择 ROM。

为了解决 ROM 受限的瓶颈，可采用 ROM 压缩技术。可以将 $0 \sim 2\pi$ 的幅度值，只存储 $0 \sim \frac{\pi}{2}$ 的部分，因为正弦函数存在以下特性：

$$\sin(x)=\sin(\pi-x)=-\sin(\pi+x)=-\sin(2\pi-x)$$

x 位于区间 $0\sim\frac{\pi}{2}$。可见其他部分均可用 $0\sim\frac{\pi}{2}$ 的部分表示。这样可将 ROM 的大小压缩到原来的 1/4。在实现时，212 个 ROM 单元只用 210 个 ROM 单元就可以实现。

二、程序实现

程序分为以下三个部分：数据输入部分、相位累加部分和 ROM 查表部分。分别用进程 datain、phase_add 和 lookfor_rom 实现。系统时钟用 clk 表示。

在相位累加部分，每次 clk 上升沿到来时，将频率寄存器的值加到相位累加器中，并将上一次的累加值高 12 位输出作为查找 ROM 地址用。其中最高两位赋给信号 s_1 和 s_2 用来表示相位的区间，其他 10 位用来生成 ROM 地址。

ROM 查找部分，对 s_1 和 s_2 进行判断，确定相位的区间。将各个区间的地址和 ROM 数据对应到 $0\sim\frac{\pi}{2}$ 区间，因为 ROM 中实际上只存储了 $0\sim\frac{\pi}{2}$ 区间的数据。区间 $\frac{\pi}{2}\sim\pi$ 中与区间 $0\sim\frac{\pi}{2}$ 幅度相同的相位相加为 π，即区间 $\frac{\pi}{2}\sim\pi$ 中地址为 x 的数据对应区间 $0\sim\frac{\pi}{2}$ 中地址为 $3FF-x$ 的数据，可由 x 取反得到。区间 $\pi\sim\frac{3\pi}{2}$ 的幅度为负，地址为 x 的数据对应区间 $0\sim\frac{\pi}{2}$ 中相同地址的数据取反。区间 $\frac{3\pi}{2}\sim2\pi$ 的幅度为负，地址为 x 的数据对应区间 $0\sim\frac{\pi}{2}$ 中 $3FF-x$ 地址的数据取反。

ROM 中数据均为有符号数据，最高位为符号位，“0”表示正，“1”表示负，负数用二进制补码形式表示。正数取反再加 1，得到相应的负数。

代码如下：

```
library ieee;
use ieee.std_logic_1164.all;
use ieee.std_logic_unsigned.all;
use ieee.std_logic_arith.all;
entity dds is
port(ftw:in std_logic_vector(23 downto 0);
clk:in std_logic;
rec:in std_logic;
out_q:out std_logic_vector(9 downto 0);
ack:out std_logic);
end dds;
architecture beh of dds is
signal phase_adder,frq_reg:std_logic_vector(23 downto 0);
signal rom_address,address:std_logic_vector(9 downto 0);
signal rom_out:std_logic_vector(9 downto 0);
signal s_1,s_2,a_1,a_2:std_logic;
signal a:std_logic;
```

```
component dds_rom is
    port(clk:in std_logic;
           address:in std_logic_vector(9 downto 0);
           q:out std_logic_vector(9 downto 0));
end component;
begin
    data:dds_rom port map(clk, address,rom_out);
    datain:process(clk)
    begin
        if(clk'event and clk= '1')then
          if(rec= '1')then
            frq_reg<=ftw;
            ack<= '1';
            a<= '1';
          end if;
          if(a= '1')then
            ack<= '0';
            a<= '0';
        end if;
      end if;
end process;
phase_add:process(clk)
begin
    if(clk'event and clk= '1')then
      phase_adder<=phase_adder+ frq_reg;
      rom_address(0)<=phase_adder(12);
      rom_address(1)<=phase_adder(13);
      rom_address(2)<=phase_adder(14);
      rom_address(3)<=phase_adder(15);
      rom_address(4)<=phase_adder(16);
      rom_address(5)<=phase_adder(17);
      rom_address(6)<=phase_adder(18);
      rom_address(7)<=phase_adder(19);
      rom_address(8)<=phase_adder(20);
      rom_address(9)<=phase_adder(21);
      s_2<=phase_adder(22);
      s_1<=phase_adder(23);
    end if;
end process;
```

```
lookfor_rom:process(clk)
begin
    if(clk'event and clk= '1')then
      a_1<=s_1;
      a_2<=s_2;
      if(s_1= '0'and s_2= '0')then
        address<=rom_address;
        out_q<=rom_out;
      elsif(s_1= '0'and s_2= '1')then
        address<=not rom_address;
        out_q<=rom_out;
      elsif(s_1= '1'and s_2= '0')then
        address<=rom_address;
        out_q<=not rom_out+ "0000000001";
      elsif(s_1= '1'and s_2= '1')then
        address<=rom_address;
        out_q<=not rom_out+ "0000000001";
      end if;
    end if;
  end process;
end beh;
```

仿真结果

仿真时为了观察方便，将 ROM 中的数据设为与地址值相同。clk 设为 10 MHz，ftw 设为 65536。rom_address 为相位累加器的 12～21 位，address 为对应的 ROM 地址，out_q 为 ROM 数据的输出。

图 8.11 是开始的仿真图，可以看到第一个 clk 上升沿，rec 为 1，所以 frq_reg 读入了 65536，并且输出了一个周期的 ack 应答信号。此时位于 $0\sim\frac{\pi}{2}$ 区间，所以 rom_address 和 address 的值相同，输出数据为正值，即与 ROM 中查到的数据相同。计算同一个输出值时，产生的 rom_address 领先 address 一个时钟周期，address 领先 out_q 两个时钟周期。

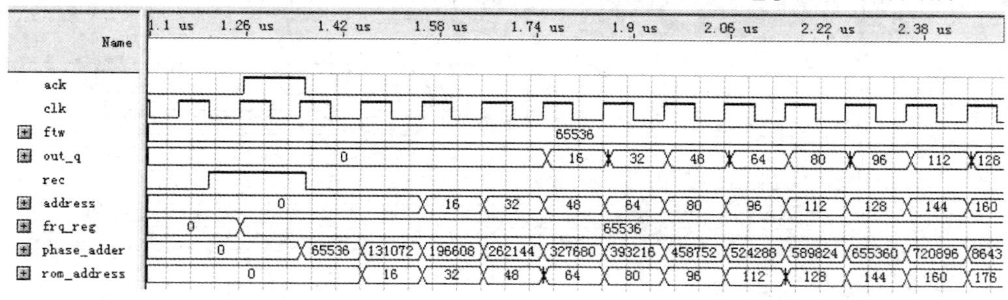

图 8.11　DDS 仿真波形（$0\sim\frac{\pi}{2}$ 区间）

图 8.12 是区间 $0\sim\frac{\pi}{2}$ 与区间 $\frac{\pi}{2}\sim\pi$ 交界处的仿真图。从图中可以看出，进入区间 $\frac{\pi}{2}\sim\pi$ 后，address 的值为 3FF 减 rom_address 的值，输出的数据为正值，即与 ROM 中查到的数据相同。

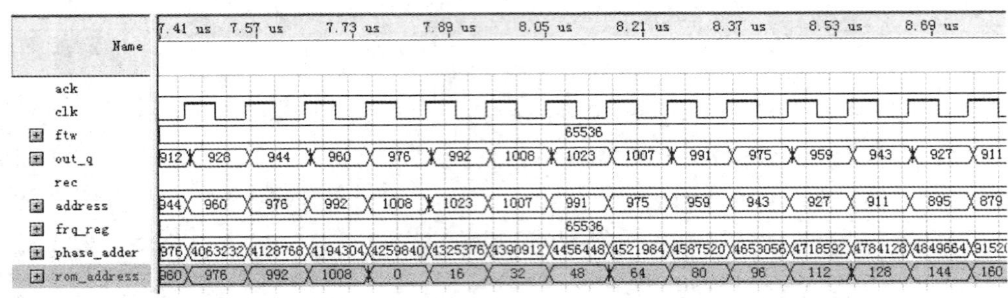

图 8.12　DDS 仿真波形（$\frac{\pi}{2}\sim\pi$ 区间）

图 8.13 是区间 $\frac{\pi}{2}\sim\pi$ 与区间 $\pi\sim\frac{3\pi}{2}$ 交界处的仿真图。从图中可以看出，进入区间 $\pi\sim\frac{3\pi}{2}$ 后，address 的值与 rom_addresss 的值相同，输出的数据为负值，即输出数据为 ROM 中查到的数据的相反数，通过对 ROM 中数据取反加 1 得到。

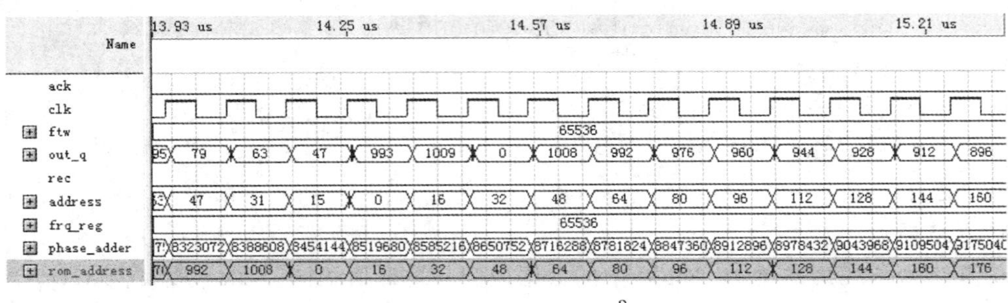

图 8.13　DDS 仿真波形（$\pi\sim\frac{3\pi}{2}$ 区间）

图 8.14 是区间 $\pi\sim\frac{3\pi}{2}$ 与区间 $\frac{3\pi}{2}\sim2\pi$ 交界处的仿真图。从图中可以看出，进入区间 $\frac{3\pi}{2}\sim2\pi$ 后，address 的值为 3FF 减 rom_addresss 的值，输出的数据为负值，即输出数据为 ROM 中查到的数据的相反数，通过对 ROM 中数据取反加 1 得到。

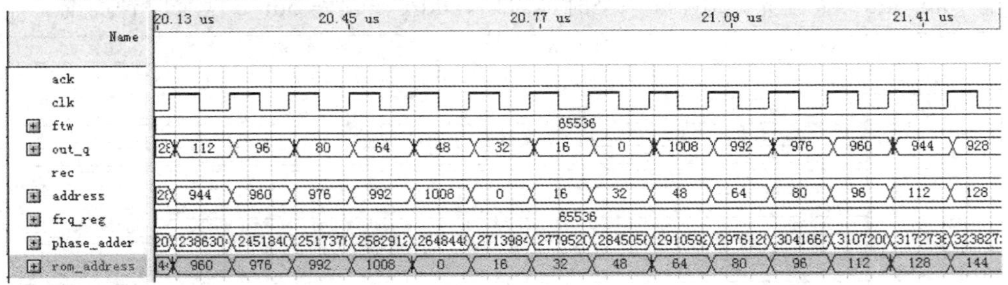

图 8.14　DDS 仿真波形（$\frac{3\pi}{2}\sim2\pi$）

由仿真结果可以看出，已经实现了设计时要求达到的逻辑功能。将 $0\sim\frac{\pi}{2}$ 区间的相位均分成 1 024 份求出其正弦幅度值，存入 ROM 相应单元中，即可实现 DDS 的功能。

第五节　数字存储示波器

一、数字存储示波器原理

该数字存储示波器的设计是基于 FPGA 高速数据实时采集与存储、显示技术，采用 FPGA中的 A/D 采样控制器负责对 A/D 模拟信号的采样控制，并将 A/D 转换好的数据送到 FPGA 的内部 RAM 中存储；RAM 的地址信号由地址发生计数器产生。当完成 1 至数个周期的被测信号的采样后，在地址发生计数器的地址扫描下，将存于 RAM 中的数据通过外部的 D/A 进入示波器的 Y 端；与此同时，地址发生计数器的地址信号分配后通过另一个 D/A 构成锯齿波信号，进入示波器的 X 端。从而实现数字存储示波器的功能。

本设计的 ADC0809 芯片作为高速信号的 A/D 转换，SRAM6264 存储器作为采样后数据的存储，DAC0832 芯片作为信号的 D/A 转换。程序设计采用超高速硬件描述语言 VHDL 描述，对其 A/D 转换、A/D 采样控制器及数据的存储、数字输出进行编程、仿真。系统原理框图见图 8.15。

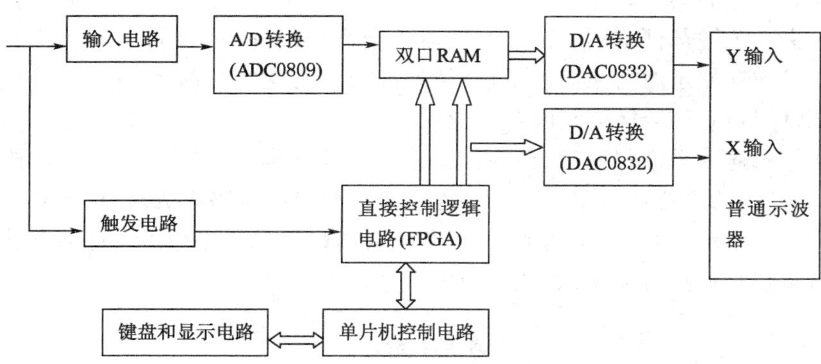

图 8.15　数字存储示波器原理框图

控制电路部分我们采用大规模数字可编程逻辑电路为核心，键盘和显示电路由单片机控制，最后通过外围 I/O 实现 FPGA 和单片机数据传输。放大衰减电路采用中小规模集成电路，模/数转换电路、数/模转换电路采用大规模集成电路，触发电路采用中小规模的模拟集成电路，锯齿波电路采用数/模转换集成电路，完成 Y 输入测试信号和 X 同步锯齿波信号等功能。这方案的特点是使用了大规模数字可编程逻辑电路，利用仿真软件通过硬件语言 VHDL 编程编译、仿真得到预期的目的，然后再下载到可编程逻辑芯片中，能方便地对系统进行改进和扩展。整个系统具有灵活的可编程性，具有很高的稳定性、可靠性。

可编程逻辑器件 FPGA 完成采集、存储和显示控制逻辑等功能，能对被测信号进行采集、存储和连续显示。下面分别介绍各功能模块。

1. 采样控制器设计

用 ADC0809 芯片对被测信号进行 A/D 转换，并且用实时取样的方法对信号进行采集，实时取样的采集电路框图见图 8.16。

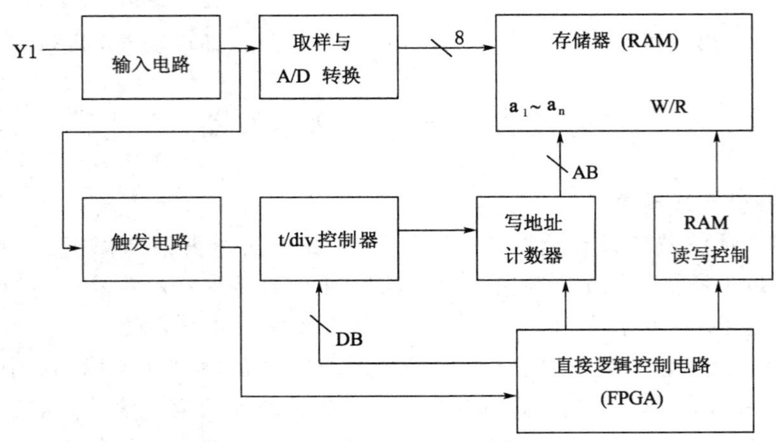

图 8.16 采集电路框图

(1) 取样与 A/D 转换。

取样就是把每一个离散模拟量进行 A/D 转换,就可以得到相应的数字量。如果把这些数字量按序存放在存储器中,就相当于把一幅模拟波形以数字量的形式存储起来。A/D 转换器是波形采集的关键部件。它决定了示波器的最大取样速率、存储带宽以及垂直分辨率等多项指标。目前存储示波器采用的 A/D 转换的形式有逐次比较型、并联比较型、串并联型以及 CCD 器件与 A/D 转换器相配合的形式等。

多路开关可选通 8 个模拟通道,允许 8 路模拟量分时输入,共用一个 A/D 转换器进行转换,这是一种经济的多路数据采集方法。地址锁存与译码电路完成对 A、B、C 3 个地址位进行锁存和译码,其译码输出用于通道选择,其转换结果通过三态输出锁存器存放、输出,因此可以直接与系统数据总线相连,表 8.1 为通道选择表。

表 8.1　　通道选择表

C	B	A	被选择的通道
0	0	0	IN_0
0	0	1	IN_1
0	1	0	IN_2
0	1	1	IN_3
1	0	0	IN_4
1	0	1	IN_5
1	1	0	IN_6
1	1	1	IN_7

(2) 扫描速度 t/div 控制器。

扫描速度 t/div 控制器实际上是一个时基分频器,用于控制 A/D 转换速率以及存储器的写入速度,它由一个准确度、稳定性很好的晶体振荡器、一组分频器和相应的组合电路组成。

(3) 写地址计数器。

写地址计数器用来产生写地址信号，它由二进制计数器组成，计数器的位数由存储长度来决定。写地址计数器的计数频率应该与控制 A/D 转换器的取样时钟的频率相同。

(4) 以上控制可以采用有限状态机实现，用硬件描述语言 VHDL 编程。

控制 ADC0809 采样控制状态见图 8.17。

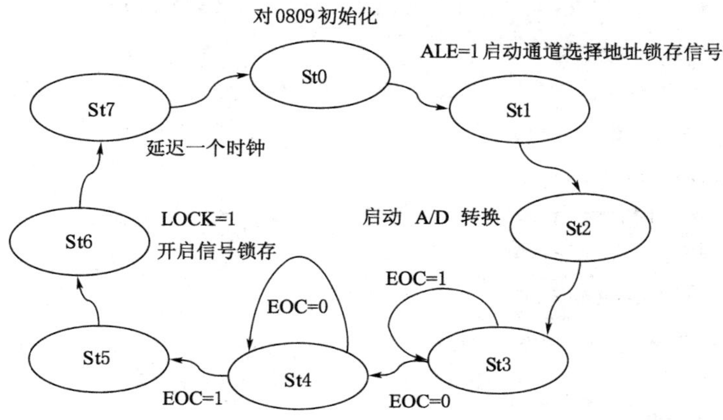

图 8.17　控制 ADC0809 采样控制状态图

采样控制器的源程序如下：

```
library ieee;
use ieee.std_logic_1164.all;
entity ADCINT is
port(d:in std_logic_vector(7 downto 0);
    clk, eoc:in std_logic;
    oe, adda:out std_logic;
    ale, start:out std_logic;
    lock0:out std_logic;
    q:out std_logic_vector(7 downto 0));
end ADCINT;
architecture behav of ADCINT is
type states is(st0, st1, st2, st3, st4,st5,st6,st7);
signal current_state, next_state: states:=st0;
signal regl:std_logic_vector(7 downto 0);
signal lock:std_logic;
begin
  adda<= '1';
  q<=regl;
  lock0<= lock;
```

```
pro: process(current_state,eoc)
begin
  case current_state is
  when st0=>
    ale<= '0';start<= '0';oe<= '0';lock<= '0';
    next_state<=st1;
  when st1= >  ale<= '1';start<= '0';oe<= '0';lock<= '0';
    next_state<=st2;
  when st2=>ale<= '1';start<= '1';oe<= '0';lock<= '0';
    next_state<=st3;
  when st3=>
    ale<= '1';start<= '1';oe<= '0';lock<= '0';
    if (eoc= '0') then
      next_state<=st4;
    else next_state<=st3;
    end if;
  when st4=>
    ale<= '0';start<= '0';oe<= '0';lock<= '0';
    if (eoc= '1') then
      next_state<=st5;
      else next_state<=st4;
    end if;
  when st5=>
    ale<= '0';start<= '1';oe<= '1';lock<= '0';
    next_state<=st6;
  when st6=>
    ale<= '0';start<= '0';oe<= '1';lock<= '1';
    next_state<=st7;
  when st7=>
    ale<= '0';start<= '0';oe<= '1';lock<= '1';
    next_state<=st0;
  when others=>
    next_state<=st0;
  end case;
end process pro;
pr: process(clk)
begin
  if(clk'event and clk= '1') then
    current_state<=next_state;
```

```
    end if;
  end process pr;
  reg:process(lock)
  begin
      if lock= '1'and lock'event then
        regl<=d;
      end if;
    end process reg;
  end behav;
```

在程序中，输入信号是 d、eoc、clk，输出信号是 oe、adda、ale、start、lock0、q。其中 clk 是时钟信号，d 是采样后 8 位输入信号，eoc 是转换状态指示，低电平表示正在转换；oe 是数据输出三态控制信号，adda 是信号通道最低位控制信号，ale 是 8 个模拟信号的通道地址锁存信号，start 是转换开始信号，lock0 是观察数据锁存时钟，q 是 8 位输出信号。

采样控制器波形仿真图见图 8.18。

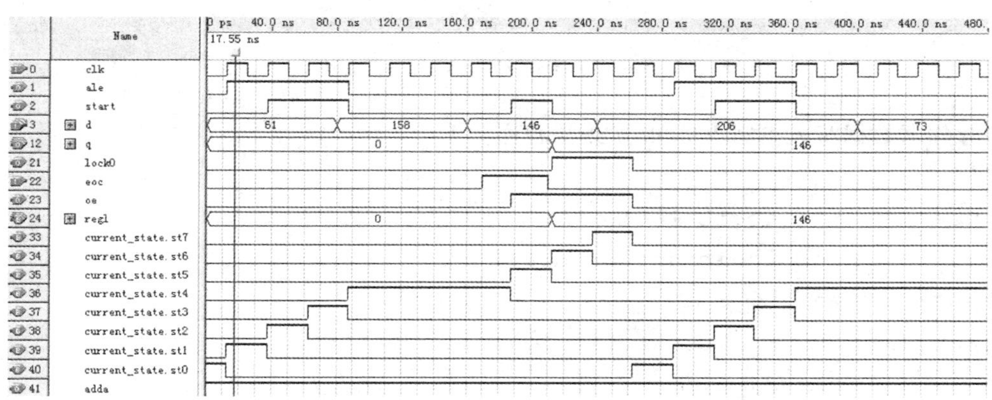

图 8.18　采样控制器仿真波形

2. 存储器控制设计

在 FPGA 中构造存储器主要有两种方法实现。一是通过硬件描述语言如 VHDL、AHDL、Verilog HDL 等编程实现。二是调用 MAX+PLUS Ⅱ 自带的库函数实现。

选用 SRAM 中的 6264 存储器作为数据的存储，并且采用硬件描述语言 VHDL 编程实现存储控制。

6264 数据存储器是一种 8 K×8 的静态存储器，主要包括 512×128 的存储器矩阵、行/列地址译码器以及数据输入输出控制逻辑电路。地址线 13 位，其中 A12～A3 用于行地址译码，A2～A0 和 A10 用于列地址译码。在存储器读周期，选中单元的 8 位数据经列 I/O 控制电路输出；在存储器写周期，外部 8 位数据经输入数据控制电路和列 I/O 控制电路，写入到所选中的单元中。

WR、RD 分别是 SRAM 的写、读使能信号，CS 是片选控制信号，OE 是数据输出控制信号；WRQUEST、RDQUEST 分别是外部送来的写、读信号，ENABLE 是 A/D 转换使能信号,CLK 是系统时钟信号,RST 是系统复位信号。

(1) 存储器数据写入控制

存储器数据写入控制由状态机实现,并且采用硬件描述语言 VHDL 编程。此状态机由三个进程组成:"writ_state"、"ram_write"、"counter"。这样再把几个进程分成 5 个状态执行,它们分别为 write0、write1、write2、write3、write4。状态图见图 8.19。

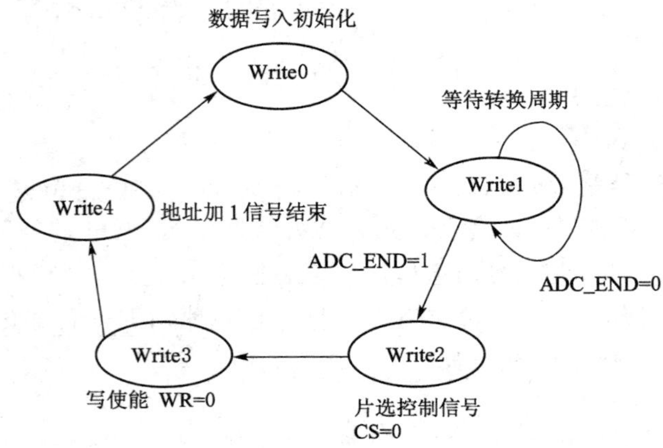

图 8.19 存储器写入控制状态图

存储器数据写入控制 VHDL 实现源程序如下:

```
library ieee;
use ieee.std_logic_1164.all;
use ieee.std_logic_unsigned.all;
entity srami is
port(adc_data:in std_logic_vector(7 downto 0);
     clk:in std_logic;
     rst:in std_logic;
     adc_end:in std_logic;
     wr,rd:out std_logic;
     cs:out std_logic;
     enable:out std_logic;
    ram_din:out std_logic_vector(7 downto 0);
address:out std_logic_vector(12 downto 0));
end srami;
architecture behav of srami is
type writ_states is(write0,write1,write2,write3,write4);
signal ram_current_state,ram_next_state:writ_states;
signal address_plus:std_logic;
signal address_cnt:std_logic_vector(12 downto 0);
begin
```

```
    rd<= '1';
    writ_state:process(clk,rst)
    begin
      if rst= '1'then
        ram_current_state<=write0;
      elsif (clk'event and clk= '1')then
        ram_current_state<=ram_next_state;
      end if;
    end process writ_state;
  ram_write:process(ram_current_state,adc_end,address_cnt,adc_da-
ta)
  begin
    case ram_current_state is
      when write0=>
        cs<= '1';wr<= '1';address_plus<= '0';
        if(address_cnt = "1111111111111")then
          enable<= '0';
          ram_next_state<=write0;
        else enable<= '1';
        ram_next_state<=write1;
        end if;
      when write1=>
        cs<= '1';wr<= '1';
        enable<= '1';address_plus<= '0';
        if (adc_end= '1')then
          ram_next_state<=write2;
        else ram_next_state<=write1;
        end if;
      when write2=>
        cs<= '0';wr<= '1';enable<= '0';
        address_plus<= '0';address<=address_cnt;
        ram_din<=adc_data;
        ram_next_state<=write3;
      when write3=>
        cs<= '0';wr<= '0';enable<= '0';
        address_plus<= '1';
        ram_next_state<=write4;
      when write4=>
        cs<= '1';wr<= '1';
```

```
            enable<= '1';
            address_plus<= '0';
            ram_next_state<=write0;
          when others=>
            ram_next_state<=write0;
        end case;
    end process ram_write;
    counter:process(address_plus,rst)
    begin
        if(rst= '1')then
          address_cnt<= (others=> '0');
        elsif (address_plus'event and address_plus= '1') then
          address_cnt<= address_cnt+1;
        end if;
      end process counter;
    end behav;
```

在程序中，输入信号是 clk、rst、adc_data、adc_end，输出信号是 cs、enable、din_ram、address、wr、rd。其中 clk 是时钟输入，rst 是系统复位信号，adc_data 是转换后输出数据，adc_end 是转换周期信号；din_ram 是写入存储器数据，cs 是片选控制信号，enable 是 A/D 转换控制信号，address 是地址信号，wr、rd 分别是写、读使能信号。

存储器数据写入波形仿真图见图 8.20。

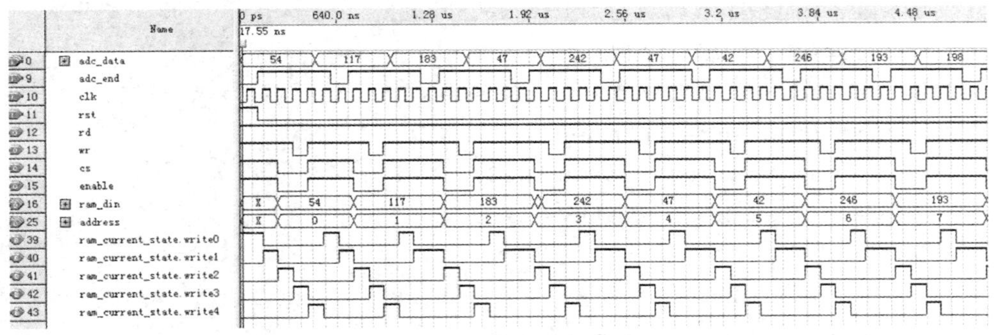

图 8.20　存储器数据写入波形图

(2) 存储器数据读出控制

存储器数据读出控制由状态机实现，并且采用硬件描述语言 VHDL 编程。此状态机由三个进程组成：read_state、read _write、counter。这样再把几个进程分成 5 个状态执行，它们分别为 ready0 、ready1、ready2、ready3、ready4。状态图见图 8.21。

存储器数据读出控制 VHDL 实现源程序如下：

```
library ieee;
use ieee.std_logic_1164.all;
```

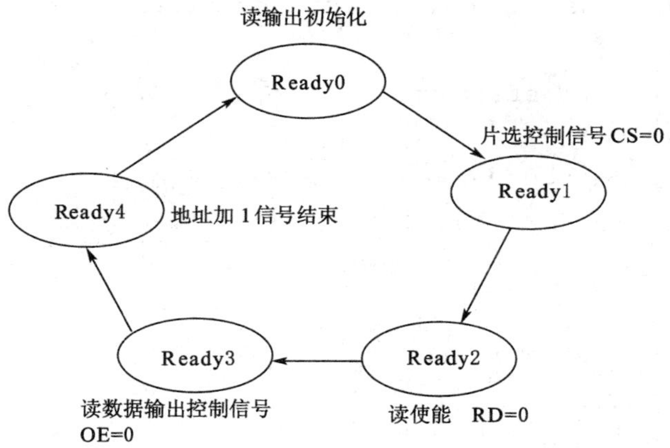

图 8.21 存储器数据读出状态图

```
use ieee.std_logic_unsigned.all;
entity sramo is
port( ram_data:in std_logic_vector(7 downto 0);
      clk:in std_logic;
      rst:in std_logic;
      wr,rd:out std_logic;
      cs:out std_logic;
      oe:out std_logic;
      dout:out std_logic_vector(7 downto 0);
      address:out std_logic_vector(12 downto 0));
end sramo;
architecture behav of sramo is
type read_states is(ready0,ready1,ready2,ready3,ready4);
signal ram_current_state,ram_next_state:read_states;
signal address_plus:std_logic;
signal address_cnt:std_logic_vector(12 downto 0);
begin
wr<= '1';
read_state:process(clk,rst)
begin
  if rst= '1'then
    ram_current_state<=ready0;
  elsif (clk'event and clk= '1')then
    ram_current_state<=ram_next_state;
  end if;
end process read_state;
```

```
ram_ready:process(ram_current_state,address_cnt,ram_data)
begin
  case ram_current_state is
    when ready0=>
      cs<= '1';rd<= '1';oe<= '1';address_plus<= '0';
      if(address_cnt = "1111111111111")then
        ram_next_state<=ready0;
      else
      ram_next_state<=ready1;
      end if;
    when ready1=>
      cs<= '0';rd<= '1';
      oe<= '1';address_plus<= '0';
      ram_next_state<=ready2;
    when ready2=>
      cs<= '0';rd<= '0';address_plus<= '0';
      oe<= '1';  address<=address_cnt;
      ram_next_state<=ready3;
    when ready3=>
      cs<= '0';rd<= '0';oe<= '0';
      address_plus<= '1';dout<=ram_data;
      ram_next_state<=ready4;
    when ready4=>
      cs<= '1';rd<= '1';
      oe<= '1';
      address_plus<= '0';
      ram_next_state<=ready0;
    when others=>
      ram_next_state<=ready0;
  end case;
end process ram_ready;
counter: process(address_plus,rst)
begin
  if(rst= '1')then
    address_cnt<=(others=> '0');
  elsif(address_plus'event and address_plus= '1') then
    address_cnt<= address_cnt+1;
  end if;
end process counter;
```

```
end behav;
```

在程序中，输入信号是 clk、rst、ram_data，输出信号是 cs、oe、dout、address、wr、rd。其中 clk 是时钟输入，rst 是系统复位信号，ram_data 是存入的数据；dout 是数据输出，cs 是片选控制信号，oe 是数据输出有效控制信号，address 是地址信号，wr、rd 分别是写、读使能信号。

存储器数据读出波形仿真图见图 8.22。

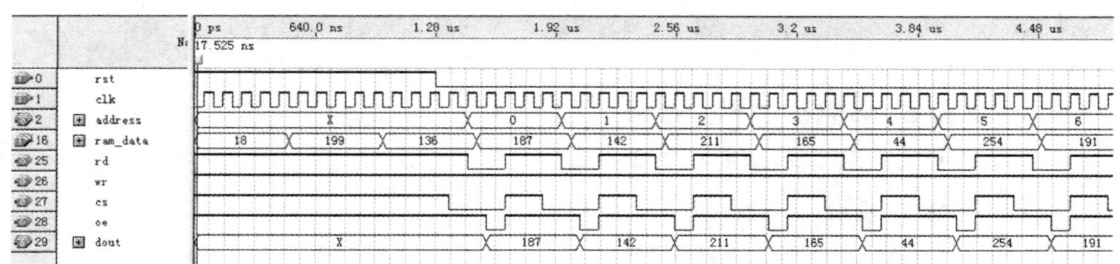

图 8.22　存储器数据读出仿真图

(3) 显示控制设计

显示控制采用直接控制方式，其特点是：数据传输不再经过 CPU，而直接对内存进行读/写操作，因此速度快，由 DAC0832 作为 D/A 转换。显示原理见图 8.23。

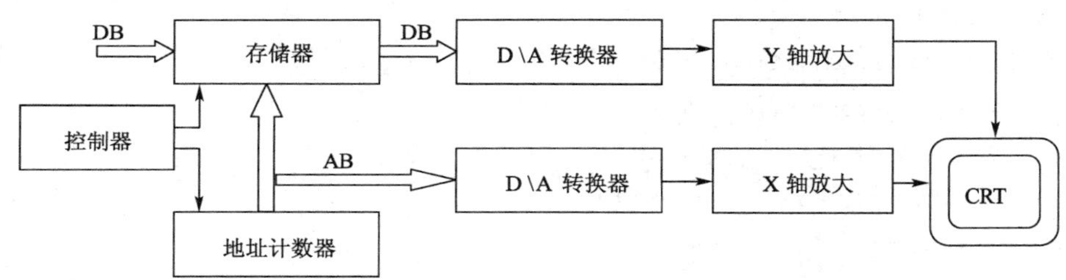

图 8.23　显示控制原理框图

(4) 波形显示的过程

一方面，地址计数器在显示时钟的驱动下，产生的连续地址信号依次将存储器中的波形数据连续地送至 D/A 转换器，然后将恢复的模拟量送至 CRT 的 Y 轴；另一方面，地址计数器提供的地址信号经另一 D/A 转换器形成锯齿波送至 CRT 的 X 轴作同步的扫描信号。于是在 CRT 屏幕上便形成了被显示的模拟波形。很显然，这种方式的数据传输速度取决于时钟的速率，速度较快。

显示控制的 VHDL 实现源程序如下：

```
library ieee;
use ieee.std_logic_1164.all;
use ieee.std_logic_unsigned.all;
entity dpram is
  port(address:in std_logic_vector(7 downto 0);
      inclock ,wren:in std_logic;
      data:in std_logic_vector(7 downto 0);
```

```
        q:out std_logic_vector(7 downto 0);
end;
architecture dacd of dpram is
begin
  q<=data;
end ;
library ieee;
use ieee.std_logic_1164.all;
use ieee.std_logic_unsigned.all;
entity reserv is
port(clk,key1:in std_logic;
        trag:out std_logic_vector(7 downto 0);
        dout:out std_logic_vector(7 downto 0);
        adin:in std_logic_vector(7 downto 0);
end entity reserv;
architecture dacc of reserv is
component dpram
port( address:in std_logic_vector(7 downto 0);
       inclock,wren:in std_logic;
       data:in std_logic_vector(7 downto 0);
       q:out std_logic_vector(7 downto 0);
end component;
signal q1:std_logic_vector(7 downto 0);
signal md0,din:std_logic_vector(7 downto 0);
begin
  process(clk)
  begin
    if rising_edge(clk) then q1<=q1+1;
    end if;
  end process;
  process(clk,adin)
  begin
    if rising_edge(clk) then din<=adin;
    end if;
  end process;
dout(7 downto 0)<=md0;trag<=q1;
u1:dpram
port map(data=>din,address=>q1,wren=>key1,q=>md0,inclock=>clk);
end;
```

在程序中调用了库 1164，输入信号是 clk、adin，输出信号是 trag、dout。其中 clk 是时钟输入，adin 是 A/D 采样输出数据；trag 是扫描锯齿波输出，dout 是波形输出。

其显示控制仿真波形见图 8.24。

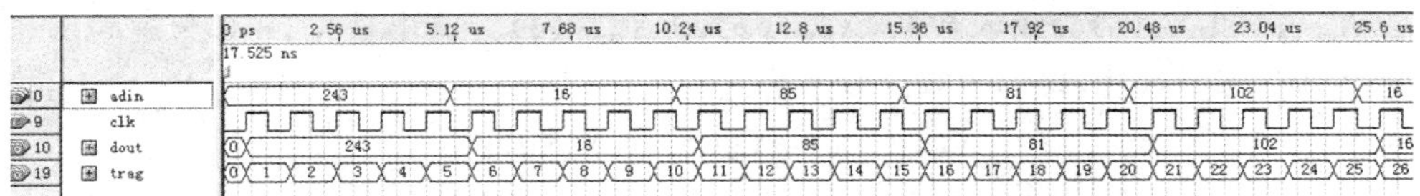

图 8.24　显示控制仿真波形图

第六节　FFT 设计

在信号分析和信号处理领域，离散傅立叶变换(DFT)是一种重要的运算。但由于直接计算 DFT 的计算量与变换区间长度 N 的平方成正比，当 N 较大时，计算量太大。因此实际系统中大量使用的是快速傅立叶变换(FFT)。FFT 是实现 DFT 的一种快速方法。它的算法形式很多，但基本上可以分成两大类：即时间抽取 FFT 和频率抽取 FFT。下面主要以时间抽取 FFT 为例说明利用 VHDL 实现 FFT 的方法。

一、FFT 算法基本原理

有限长序列$\{x(n)\}$及其频域表示$\{X(k)\}$可由以下离散傅立叶变换得出：

$$X(k)=DFT[x(n)]=\sum_{n=0}^{N-1}x(n)W_N^{nk},(0\leqslant k\leqslant N-1) \tag{8.5}$$

$$x(n)=IDFT[X(k)]=\frac{1}{N}\sum_{n=0}^{N-1}X(k)W_N^{-nk},(0\leqslant n\leqslant N-1) \tag{8.6}$$

其中，$W_N^{nk}=e^{-j\frac{2\pi}{N}nk}$。式(8.5)称为离散傅立叶(正)变换，式(8.6)称为离散傅立叶反变换，$x(n)$与$X(k)$构成了离散傅立叶变换对。

根据上述公式，计算一个$X(k)$，需要N次复数乘法和$N-1$次复数加法，而计算全部$X(k)(0\leqslant k\leqslant N-1)$，共需要$N^2$次复数乘法和$N(N-1)$次复数加法。实现一次复数乘法需要四次实数乘法和两次实数加法，一次复数加法需要两次实数加法，因此直接计算全部$X(k)$共需要$4N^2$次实数乘法和$2N(2N-1)$次实数加法。当N较大时，对实时信号处理器计算速度有十分苛刻的要求，于是如何减少计算离散傅立叶变换运算量的问题变得至关重要。为减少运算量，提高运算速度，就必须改进算法。计算 DFT 过程中需要完成的运算的系数里，存在相当多的对称性。通过研究这种对称性，可以简化计算过程中的运算，从而减少计算 DFT 所需的时间。

W_N^{nk}具有周期性、对称性和可约性。利用其特性，将$x(n)$或$X(k)$序列按一定规律分解成短序列进行运算，这样可以避免大量的重复运算，提高计算 DFT 的运算速度。算法形式有很多种，但基本上可以分为两大类，即按时间抽取 FFT 算法和按频率抽取 FFT 算法。

基-2 时间抽取 FFT 算法

如果序列$x(n)$的长度$N=2M$，其中M是整数(如果不满足此条件，可以人为地增补零值点来达到)，在时域上按奇偶抽取分解成短序列的 DFT，使最小 DFT 运算单元为 2 点。通常将 FFT 运算中最小 DFT 运算单元称为基(radix)，因而把这种算法称为基-2 时间抽取 FFT(DIT-FFT)算法。

若 $X_m(p)$和 $X_m(q)$为输入数据，$X_{m+1}(p)$和 $X_{m+1}(q)$为输出数据，W_N^k 为旋转因子，则对于基-2DIF-FFT 算法，蝶形运算的基本公式为：

$$\begin{cases} X_{m+1}(p) = X_m(p) + X_m(q)W_N^k \\ X_{m+1}(q) = X_m(p) - X_m(q)W_N^k \end{cases}$$

其图形表示如图 8.25 所示，称 $X_m(p)$为上结点，$X_m(q)$为下结点。

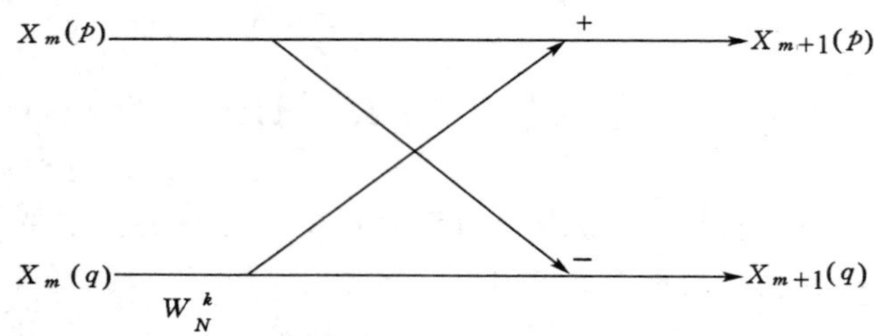

图 8.25 时间抽取蝶形运算单元

基-2 频率抽取 FFT 算法

上述的基-2DIT-FFT 算法是按奇偶原则对输入序列 $x(n)$进行抽取分解，结果在频域使 $X(k)$前后分组。如果在时域把 $x(n)$分解成前后两组，那么在频域就会使 $X(k)$形成奇偶抽取分组，称为频率抽取 FFT(DIF-FFT)算法。

若 $X_m(p)$和 $X_m(q)$为输入数据，$X_{m+1}(p)$和 $X_{m+1}(q)$为输出数据，W_N^k 为旋转因子，则对于基-2DIF-FFT 算法，蝶形运算的基本公式为：

$$\begin{cases} X_{m+1}(p) = X_m(p) + X_{m+1}(p) \\ X_{m+1}(q) = [X_m(p) - X_m(q)]W_N^k \end{cases}$$

其图形表示如图 8.26 所示，称 $X_m(p)$为上结点，$X_m(q)$为下结点。

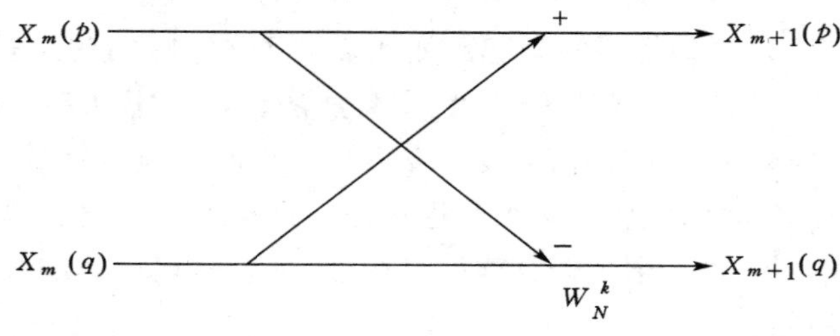

图 8.26 频率抽取蝶形运算单元

DIT-FFT 算法与 DIF-FFT 算法均为原位运算，而且运算量相同，不同之处在于：

(1) 数据存放的方式不同，DIT 为倒序输入、正序输出，而 DIF 为正序输入、倒序输出，运算完毕需进行整序操作。

(2) 蝶形运算不同，DIT 的复数乘法出现在(加)减法之前，而 DIF 的复数乘法出现在

(加)减法之后。

所以 DIT-FFT 算法和 DIF-FFT 算法是两种等价的 FFT 运算。参照 DIT-FFT 的数据地址产生规律，可总结出 DIF-FFT 的数据地址产生规律。

二、程序实现

1. 旋转因子乘法器

复数旋转因子乘法 $R+\mathrm{j}I=(X+\mathrm{j}Y)(C+\mathrm{j}S)$ 可以简化，因为 C 和 S 可以预先计算，并存储在一个表中。而且还可以存储下面的三个系数：C、$C+S$ 和 $C-S$ 。

有了这 3 个预先计算的因子，首先可以计算：

$$E=X-Y \text{ 和 } Z=CE=C(X-Y)$$

然后用

$$R=(C-S)Y+Z \text{ 和}$$
$$I=(C+S)X-Z$$

计算最后的乘积。这种算法使用了 3 次乘法、1 次加法和 2 次减法，代价是额外的第三个表。

下面用实例说明这种旋转因子复数乘法器的实现过程。

首先给旋转因子乘法器选择一些具体的设计参数。假设有 8 位二进制输入数据，系数就应该有 8 位(7 个数字位和 1 个符号位)，并且乘以 $\mathrm{e}^{\frac{\mathrm{j}\pi}{9}}$ 。量化成 8 位，两个旋转因子就变成了 $C+\mathrm{j}S=128\mathrm{e}^{\frac{\mathrm{j}\pi}{9}}=121+\mathrm{j}39$ 。如果输入值是 70+j50，则所期望的结果是：

$$(70+\mathrm{j}50)\mathrm{e}^{\frac{\mathrm{j}\pi}{9}}=(70+\mathrm{j}50)(121+\mathrm{j}39)/128=(6\,520+\mathrm{j}8\,780)/128=50+\mathrm{j}68$$

如果用上面的高效算法计算复数乘法，3 个因子就变成：

$$C=121, C+S=160 \text{ 和 } C-S=82$$

从上面可以看到，一般情况 $C+S$ 和 $C-S$ 的表必须比 C 和 S 的表多一位精度。

下面的 VHDL 代码实现了旋转因子乘法器。

```
LIBRARY lpm;
USE lpm.lpm_components.ALL;
LIBRARY ieee;
USE ieee.std_logic_1164.ALL;
USE ieee.std_logic_arith.ALL;
ENTITY ccmul IS
  GENERIC (W2:INTEGER:=17;      -- 乘法器宽度
           W1:INTEGER:=9;       -- 数据扩展宽度
           W:INTEGER :=8);      -- 输入数据宽度
  PORT(clk:STD_LOGIC;
  x_in, y_in, c_in:IN  STD_LOGIC_VECTOR(W- 1 DOWNTO 0);
       cps_in, cms_in:IN  STD_LOGIC_VECTOR(W1- 1 DOWNTO 0);
       r_out, i_out:OUT STD_LOGIC_VECTOR(W- 1 DOWNTO 0));
END ccmul;
ARCHITECTURE fpga OF ccmul IS
```

```
SIGNAL x, y, c:STD_LOGIC_VECTOR(W- 1 DOWNTO 0);
SIGNAL r, i, cmsy, cpsx, xmyc
STD_LOGIC_VECTOR(W2- 1 DOWNTO 0);
SIGNAL xmy, cps, cms, sxtx, sxty:STD_LOGIC_VECTOR(W1- 1 DOWNTO 0);
BEGIN
    x<=x_in;                        -- x
    y<=y_in;                        -- j*y
    c<=c_in;                        -- cos 值
    cps<=cps_in;                    -- cos 值+sin 值
    cms<=cms_in;                    -- cos 值-sin 值
  PROCESS
  BEGIN
    WAIT UNTIL clk= '1';
    r_out<=r(W2- 3 DOWNTO W- 1);  -- 截取数据输出
i_out<=i(W2- 3 DOWNTO W- 1);
END PROCESS;
———————— 3 个乘法器与 3 个加/减法器 ————————
  sxtx  <=x(x'high) & x;              -- 符号扩展
  sxty  <=y(y'high) & y;
  sub_1:lpm_add_sub                   -- 减法:x-y;
    GENERIC MAP(LPM_WIDTH=>W1, LPM_DIRECTION=> "SUB",
                LPM_REPRESENTATION=> "SIGNED")
    PORT MAP(dataa=>sxtx, datab=>sxty, result=>xmy);
  mul_1:lpm_mult                      -- 乘法  (x-y)*c=xmyc
    GENERIC MAP ( LPM_WIDTHA = >  W1, LPM_WIDTHB=>W,
                LPM_WIDTHP = >  W2, LPM_WIDTHS=> W2,
                LPM_REPRESENTATION=> "SIGNED")
    PORT MAP(dataa=>xmy, datab=>c, result=>xmyc);
  mul_2: lpm_mult                     -- 乘法 (c-s)*y=cmsy
    GENERIC MAP ( LPM_WIDTHA=> W1, LPM_WIDTHB=>W,
                LPM_WIDTHP=>W2, LPM_WIDTHS=>W2,
                LPM_REPRESENTATION=> "SIGNED")
    PORT MAP( dataa=>cms, datab=> y, result=> cmsy);
  mul_3:lpm_mult                      -- 乘法 (c+s)*x=cpsx
    GENERIC MAP ( LPM_WIDTHA=> W1, LPM_WIDTHB=> W,
                LPM_WIDTHP=>W2, LPM_WIDTHS=>W2,
                LPM_REPRESENTATION=> "SIGNED")
    PORT MAP( dataa=>cps, datab=>x, result=>cpsx);
  sub_2: lpm_add_sub                  -- 减法: i<=(c-s)*x-(x-y)*c;
```

```
    GENERIC MAP(LPM_WIDTH=>W2, LPM_DIRECTION=> "SUB",
                LPM_REPRESENTATION=> "SIGNED")
    PORT MAP ( dataa=>cpsx, datab=>xmyc, result=>i);
  add_1: lpm_add_sub                  -- 加法: r<= (x-y)* c+(c+s)* y;
    GENERIC MAP(LPM_WIDTH=>W2, LPM_DIRECTION=> "ADD",
                LPM_REPRESENTATION=> "SIGNED")
  PORT MAP (dataa=>cmsy, datab=>xmyc, result=>r);
  END fpga;
```

仿真波形如图 8.27 所示。

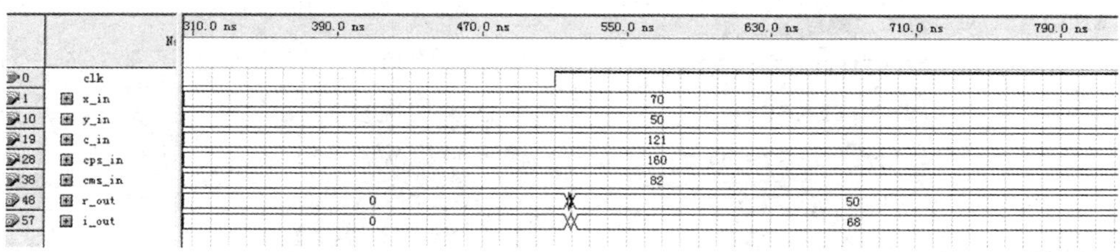

图 8.27　旋转因子乘法器仿真波形

2. 蝶形处理器

应用上面实现的实例化为元件的旋转因子乘法器、一个加法器和一个减法器可以实现蝶形运算。输入 A＝100＋j110，B＝－40＋j10 和 $W=e^{\frac{j\pi}{9}}$。VHDL 程序如下。

```
LIBRARY lpm;
USE lpm.lpm_components.ALL;
LIBRARY ieee;
USE ieee.std_logic_1164.ALL;
USE ieee.std_logic_arith.ALL;
PACKAGE mul_package IS      -- 自定义元件
  COMPONENT ccmul
    GENERIC (W2:INTEGER:=17;
             W1:INTEGER:=9;
             W:INTEGER:=8);
    PORT
    (clk:IN STD_LOGIC;
     x_in, y_in, c_in:IN STD_LOGIC_VECTOR(W- 1 DOWNTO 0);
cps_in, cms_in:IN STD_LOGIC_VECTOR(W1- 1 DOWNTO 0);
     r_out, i_out:OUT STD_LOGIC_VECTOR(W- 1 DOWNTO 0));
END COMPONENT;
END mul_package;
LIBRARY work;
USE work.mul_package.ALL;
```

```
LIBRARY ieee;
USE ieee.std_logic_1164.ALL;
USE ieee.std_logic_arith.ALL;
LIBRARY lpm;
USE lpm.lpm_components.ALL;
LIBRARY ieee;
USE ieee.std_logic_1164.ALL;
USE ieee.std_logic_arith.ALL;
USE ieee.std_logic_unsigned.ALL;
ENTITY bfproc IS
  GENERIC(W2:INTEGER:=17;      -- 乘法器宽度
          W1:INTEGER:=9;       -- 数据扩展宽度
          W:INTEGER:=8);       -- 输入数据宽度
  PORT(clk:STD_LOGIC;
Are_in, Aim_in, c_in,          -- 输入
Bre_in, Bim_in:IN  STD_LOGIC_VECTOR(W-1 DOWNTO 0);
cps_in, cms_in:IN  STD_LOGIC_VECTOR(W1-1 DOWNTO 0);
Dre_out, Dim_out,              -- 输出
Ere_out, Eim_out:OUT STD_LOGIC_VECTOR(W-1 DOWNTO 0)
                                  :=(OTHERS=> '0'));
END bfproc;
ARCHITECTURE fpga OF bfproc IS
SIGNAL dif_re, dif_im:STD_LOGIC_VECTOR(W-1 DOWNTO 0);
SIGNAL Are, Aim, Bre, Bim:INTEGER RANGE-128 TO 127:=0;
SIGNAL c:STD_LOGIC_VECTOR(W-1 DOWNTO 0)
                           :=(OTHERS=> '0');
SIGNAL cps, cms:STD_LOGIC_VECTOR(W1-1 DOWNTO 0)
                         :=(OTHERS=> '0');
BEGIN
  PROCESS
  BEGIN
    WAIT UNTIL clk= '1';
    Are<=CONV_INTEGER(Are_in);
    Aim<=CONV_INTEGER(Aim_in);
    Bre<=CONV_INTEGER(Bre_in);
    Bim<=CONV_INTEGER(Bim_in);
    c<=c_in;                   -- 载入 cos 值
    cps<=cps_in;               -- 载入 cos 值+sin 值
    cms<=cms_in;               -- 载入 cos 值-sin 值
```

```
      Dre_out<=CONV_STD_LOGIC_VECTOR((Are+Bre)/2, W);
      Dim_out<=CONV_STD_LOGIC_VECTOR((Aim+Bim)/2, W);
   END PROCESS;
      PROCESS(Are, Bre, Aim, Bim)
   BEGIN
     dif_re<=CONV_STD_LOGIC_VECTOR(Are/2-Bre/2, 8);
     dif_im<=CONV_STD_LOGIC_VECTOR(Aim/2-Bim/2, 8);
   END PROCESS;
    ccmul_1:ccmul                    -- 乘法 (x+jy)(c+js)
     GENERIC MAP(W2=>W2, W1=>W1, W=>W)
     PORT MAP  (clk=>clk, x_in=>dif_re, y_in=>dif_im,
               c_in=>c, cps_in=>cps, cms_in=>cms,
               r_out=>Ere_out, i_out=>Eim_out);
END fpga;
```

蝶形处理器仿真波形如图 8.28 所示。

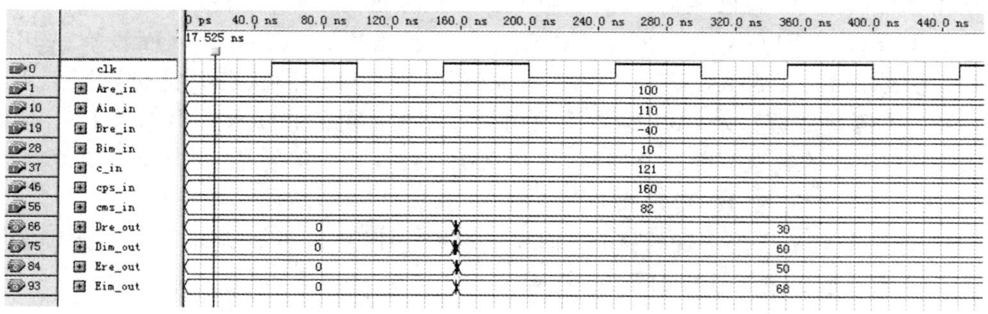

图 8.28　蝶形处理器仿真波形

第七节　信号采集与频谱分析

当今的数字信号处理技术，其信号来源一般是模拟信号经模数转换后的输出。数字信号处理技术主要解决两个方面的问题：一是时域分析，即数字滤波；二是频域分析，即频谱分析。在嵌入式领域，通常应用 3 种方法实现信号的频谱分析：通用 DSP 芯片实现、专用 FFT 芯片＋DSP 芯片实现和采用 FPGA 实现。DSP 存在着精度与速度的矛盾，而 FPGA除具有逻辑/时序控制的优势外，还因其可实现大量的乘法器和存储器而具有运算能力强的优势。该设计利用 FPGA 的这两方面优势实现了信号的采集及其频谱的分析和显示。

系统主要是通过 FPGA 芯片控制 ADC 芯片采集模拟信号，并对得来的数字信号进行 FFT 变换，FFT 计算结束后将计算结果存储到结果存储器中，FPGA 以此作为视频图形阵列(VGA)的数据源控制 VGA 将频谱分析结果以图形方式显示在 VGA 上。系统组成如图 8.29所示。

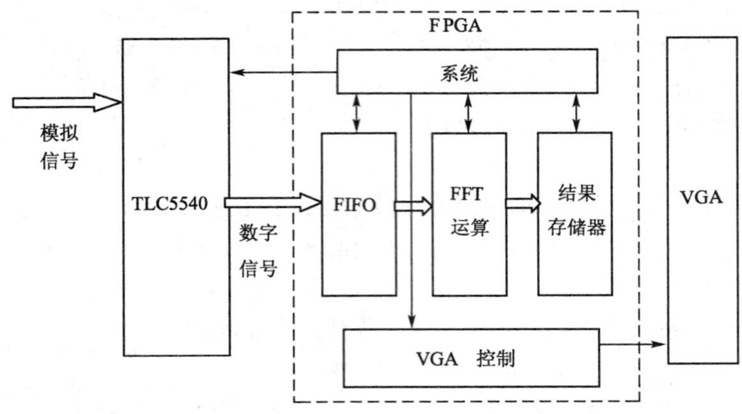

图 8.29 系统结构框图

1. 控制模数转换器

系统控制模块收到信号采集使能信号后，FPGA 将首先启动 ADC 采集原始数据。本系统选用 8 位高速 A/ D 转换器 TLC5540 对模拟信号进行采样。FPGA 将经 A/ D 转换后的 8 位数据存储到 FPGA 内部的 FIFO 存储器中。之所以选用 FIFO 而没有选用双口 RAM 作为缓冲器是考虑到 FIFO 不需要地址信号。FIFO 为满状态时将向控制模块发出请求，经允许则将数据写入 FFT 运算模块用于存储实部的双口 RAM 中作为 FFT 运算的初始数据。FIFO 的数据宽度和 ADC 的输出数据宽度一致，深度是 FFT 运算的点数。

2. 快速傅立叶变换(FFT)的实现

FFT 运算单元是系统实现的核心，而蝶形运算是 FFT 运算的基本单元。按频率抽取(DIF) 基 2 蝶形运算单元结构如图 8.30 所示。

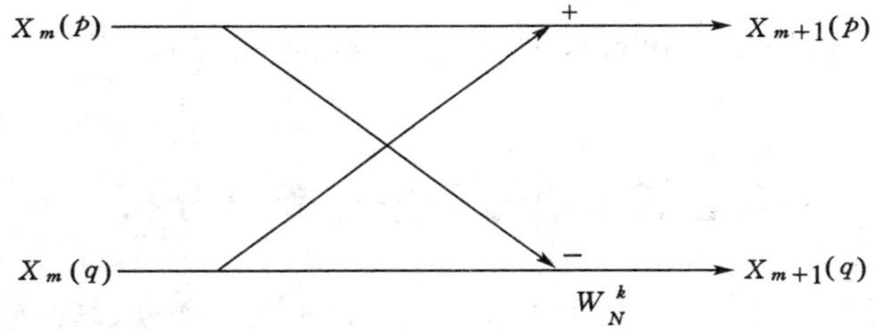

图 8.30 蝶形运算单元

其数学模型为

$$\begin{cases} X_{m+1}(p) = X_m(p) + X_{m+1}(p) \\ X_{m+1}(q) = [X_m(p) - X_m(q)]W_N^k \end{cases}$$

FFT 有多种形式的运算流图，本系统采用按频率抽选的顺序输入，倒序输出结构。这种结构每级运算的结构是固定的，方便寻址(在地址产生模块中实现)，因此非常适合 FPGA硬件编程。

3. FFT 单元的组成

FFT 单元的设计使用了乒乓操作。系统中含有 2 块乒乓 RAM，每块乒乓 RAM 又是由 2 块完全相同的双口 RAM 构成。计算过程中，乒乓 RAM1 中的一块 RAM 参加运算，另一块则从外部接收下一次 FFT 运算的数据。乒乓 RAM2 内部也有一块 RAM 参加运算，另一块则向外部输出上次 FFT 运算的结果。一次 FFT 运算完成后，两块乒乓 RAM 做一次乒乓，如此反复，直到 FFT 计算结束并将结果求模输出到结果存储器(VGA 显示的数据源）。乒乓操作主要是保证蝶形运算模块不会因为数据的载入而停止运算，就整体而言可提高系统运算速度和实时性。控制模块主要控制各功能模块的协同工作。FFT 运算单元框图如图 8.31 所示。

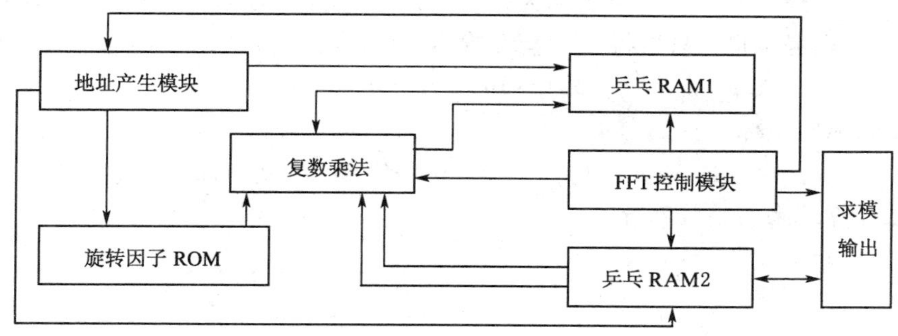

图 8.31　FFT 运算框图

4. 蝶形运算单元

基 2 蝶形运算中存在一次复数乘法，一次复数加法和一次复数减法。蝶形模块有防溢出功能，即在蝶形运算中采用扩充一位符号位的补码加法器，运算结束后根据运算结果的高 3 位判断是否发生溢出(高三位是 000 或 111 时无溢出）。判断的结果将决定怎样选取输出数据作下一级蝶形运算的输入。另外，由于乘法器将导致数据宽度以 2^N-1 呈指数增长，因此必须将乘法器输出的 19 位数据截取成 9 位数据。一个蝶形运算在一个时钟周期内即可完成。

5. 存储单元和地址产生单元

存储模块用于存储旋转因子(1 块 ROM）、蝶形运算中间结果(2 块乒乓 RAM) 和 FFT 的模(1 块 RAM）。旋转因子事先计算好并存储在 ROM 中，蝶形运算的输入数据和输出数据分别存储在两个双口乒乓 RAM 中。数据存入结果存储器前，要将倒位序输出转变为正序输出。转换的方法是：将地址的最高位和最低位交换，次高位与次低位交换，以此类推。

地址产生单元负责产生蝶形运算的输入数据地址、回写数据地址和旋转因子地址。当前 FFT 的运算级数和当前级运算过的蝶形数也在该单元中纪录，这比由控制单元纪录这些信息再传送给地址产生单元以期产生正确的地址方便许多。

6. VGA 显示

欲实现 VGA 的显示需解决两个关键的问题：第一是实现 VGA 的时序；第二是实现彩色处理。本设计对颜色无特殊要求，设计的重点是实现水平时序、垂直时序和两者的组合时序，即根据刷新频率确定主时钟频率，然后由主时钟频率和图像分辨率计算出行总周期数。分频采用计数的方法。本系统用画直线的方式图形化显示信号的频谱。输入参数为 4 个，分别是起点和终点的横/纵坐标，由结果存储器中的数据经适当变换得到。水平/垂直方向的增量可以根据起点和终点坐标，判断出其横向和纵向宽度，以两者宽度绝对值较大者的方向为基准方向，其宽度绝对值为基准宽度，分别计算出线段由起点向终点运动的水平和垂直方向像素增加量，如下式所示。

$$\text{该方向像素增量} = \frac{\text{本方向像素宽度}}{\text{基准宽度}}$$

因此被选作基准方向上的像素增量为 1。由此可以将基准方向像素宽度作为步长，进行循环计算得出每一步对应的像素点，再将像素点输出到 VGA 显示器，从而画出线段。像素位置的计算方法如下：设起点坐标为(x_1, y_1)，终点坐标为(x_2, y_2)，假设基准方向为横向(如果基准方向是纵向，只需将 x 和 y 互换)，当前步长为 i(取 1)，当前步长横坐标：

$$x_1 - \text{sgn}(x_1 - x_2) \times i$$

当前步长纵向坐标：

$$y_1 + (y_2 - y_1)/\text{abs}(x2 - x1) \times i$$

最后取计算结果的整数部分。

第九章　SOPC设计

第一节　片上可编程系统概述

随着电子技术的发展，半导体工艺水平不断进步，集成电路器件特征尺寸越来越小，芯片集成规模越来越大，数百万门级电路可以集成在一个芯片上。这使得我们可以把功能复杂的CPU、总线、外设控制器等集成到同一个专用集成芯片ASIC内，做成一个完整的单芯片电子系统，这种基于单芯片的电子系统我们将其称为SOC（System On Chip）。SOPC，英文全称为System On a Programmable Chip，中文意思为可编程片上系统。SOPC比SOC仅仅多了一个“P”，其代表Promgrammable，即可编程的意思。它不仅可编程，还具有灵活的设计方式，可裁减、可扩充、可升级，并具备软硬件在系统可编程的功能。

SOPC是一种特殊的嵌入式系统，它利用可编程逻辑技术把整个系统集成到一块硅片上，用于嵌入式系统的研究和电子信息处理。首先，SOPC是片上系统，即由单个芯片完成整个系统的主要逻辑功能；其次，它是可编程系统，具有灵活的设计方式，可裁减、可扩充、可升级，并具备软硬件在系统可编程的功能。

SOPC结合了SOC和PLD、FPGA的优点，一般具备以下基本特征：① 至少包含一个嵌入式处理器内核；② 具有小容量片内高速RAM资源；③ 丰富的IP Core资源可供选择；④ 足够的片上可编程逻辑资源；⑤ 处理器调试接口和FPGA编程接口；⑥ 可能包含部分可编程模拟电路；⑦ 单芯片、低功耗、微封装。

以SOPC为核心的电子产品，是近几年集成电路中发展最快的产品。SOPC将进一步扩大适用领域，将复杂专用芯片向高端和超复杂应用推进。SOPC是PLD和ASIC技术融合的结果，目前ASIC产品制造价格仍然相当昂贵，相反，集成了硬核或软核CPU、DSP、存储器、外围I/O及可编程逻辑的SOPC芯片在应用的灵活性和价格上有极大的优势。SOPC被称为“半导体产业的未来”。

SOPC的控制中枢被称作MCU，即微控制器。SOPC中的MCU和计算机系统中CPU类似，是一块“固化”在芯片内部，无法进行更改的固定电路模块。SOPC的核心部件CPU在可编程器件上的实现，根据其生成机理的区别可分为“硬核”和“软核”。典型的“硬核”方案产品是ARM公司推出的ARM微处理器，许多公司将ARM微处理器和外围模块（AD、DA、各种总线、常用的驱动模块）都固化一个芯片里，就形成ARM内核的各种芯片。例如，ALTERA的Excalibur系列FPGA中就植入了ARM922T微处理器。“软核”方案借助于FPGA的硬件可编程本身的特性，采用硬件描述语言去生成一个CPU，以满足自己所需要的功能。典型代表有Altera公司的Nios软核和Xilinx公司的MicroBlaze软核。

Altera公司推出Nios和NiosⅡ，采用Altera特有的总线结构Avalon总线结构。给用户提供了自定义命令的功能，在 Cyclone 等系列上得到了广泛的应用；Xilinx 公司推出了 Micro Blaze，采用 32bit RISC CPU 和三级流水线的哈佛结构。新的系列产品都支持这个 CPU。在 SOPC 中使用软核和普通 SOC 中使用软核有异曲同工之处：给使用者带来了设计上的灵活性，同时升级到其他系列产品也很方便，加快了 FPGA 市场的普及。ARM 公司与 Actel 公司一起推出了 Cortex－M1，可以和 ARM 以前的产品有兼容性。因为很多嵌入式系统使用的是 ARM7 或 ARM9，这样在系统升级的时候，能够降低研发成本。

第二节　Nios 嵌入式 CPU 核

一、第一代 Nios 嵌入式处理器

20 世纪 90 年代末，可编程逻辑器件（PLD）的复杂度已经能够在单个可编程器件内实现整个系统，即在一个芯片中实现用户定义的系统，它通常包括片内存储器和外设的微处理器。2000 年，Altera 发布了 Nios 处理器，这是 Altera Excalibur 嵌入式处理器计划中的第一个产品，是第一款用于可编程逻辑器件的可配置的软核处理器。

Nios 嵌入式处理器针对 Altera 公司可编程逻辑和可编程单芯片系统（SOPC）而优化。使用 SOPC Builder 的用户可以很容易地将 Nios 处理器和用户逻辑组合在一起，并编程到 FPGA 之中。Nios 处理器已包含在开发套件中。

Nios 嵌入式 CPU 是一种专门为单芯片可编程系统（SOPC）设计应用而优化的 CPU 软核。SOPC Builder 是 Altera 公司为硬件设计人员开发的一套系统设计工具，通过它可以创建 Nios CPU 设计项目，从而为设计人员提供 SOPC 设计必须的软硬件设计平台。利用 SOPC Builder 创建 Nios CPU 设计项目之后，主要生成以下三方面的结果。

（1）进行系统内存映像一致性检查、外设地址和中断优先权的统一以及 CPU 有效入口范围的正确性检查。SOPC Builder 将报告检查过程中出现的错误，并提示设计者修正错误。

（2）由于对于用户定制的含不同组件的 CPU 系统进行软件开发，将必须对应不同的编译器、库文件、开发平台及开发包。因此，SOPC Builder 创建 Nios 系统成功后，也将为用户创建好的特定的 Nios 系统生成一个定制的软件开发包（IDE Integrated Development Environment）。

（3）Nios 系统硬件设计人员将得到一个 SOPC Builder 生成的、用 VHDL 或 Verilog 语言表达的 Nios 硬件设计文件，从而可将 Nios CPU 应用在整个硬件系统中。

Nios 嵌入式处理器有两种结构：32 位模式 Nios 32 和 16 位模式 Nios 16。两者之间最大的差异是 CPU 数据处理带宽不同。32 位和 16 位 Nios 嵌入式处理器典型配置的比较如表 9.1 所示。

由表 9.1 可见，不论是 Nios 16 还是 Nios 32，指令字长都是 16 位。Nios 是 RISC CPU，所有的指令字长都是一致的。Nios 同其他 RISC 架构的 CPU 一样，也是采用流水线（Pipeline）结构，大部分指令能够在一个时钟周期内完成（即单指令单周期），并且可以运行在很高的时钟频率上（相对于其他嵌入式 CPU 或 MCU）。

表 9.1　Nios 32 和 Nios 16 对照表

特　　性	32 位 Nios CPU	16 位 Nios CPU
数据总线宽度/bit	32	16
算术逻辑单元(ALU)宽度/bit	32	16
内部寄存器宽度/bit	32	16
地址总线宽度/bit	32	16
指令长度/bit	16	16
逻辑单元数(LEs)(典型值)①	<1 500	<1 000
f_{MAX}①	>125 MHz	>125 MHz

注:① 其具体数值与器件结构有关。

由于 Nios 32 的性能要高于 Nios 16,而占用 FPGA 也多出一倍,且更为复杂,故实际应用以 Nios 32 居多。因此,这里主要介绍 Nios 32 处理器。

Nios 的寄存器由通用寄存器和控制寄存器构成。Nios 32 结构中含有一个较大的通用寄存器堆(Register File)。通用寄存器堆的大小是硬件上可变的(硬件可编辑),可以在 128 个、256 个和 512 个中选择。每个寄存器都是一个字(Word)宽,即 32 位。注意,对于 32 位的 CPU,在此将 8 位称为一个字节(Byte)宽度,16 位则是半字(Half-Word)宽度,而 32 位是一个字(Word)宽度。后面总是把 CPU 能处理的数据带宽称为一个字(Word)。

虽然 Nios 32 的通用寄存器堆的容量很大,但 Nios 有一个寄存器窗口的概念,在软件上不是 128 个、256 个和 512 个通用寄存器都可见,只有处于当前寄存器窗口的 32 个寄存器才可见。而所谓在寄存器窗口外的通用寄存器不能访问。这个含有 32 个寄存器的寄存器窗口是可以移动的,每次移动 16 个寄存器。在这个寄存器窗口中,32 个寄存器按照功能的不同被分为 4 组。分组方法如表 9.2 所示。

表 9.2　寄存器的分组

IN(输入)寄存器组	%r24－$r31 或 %i0－%i7
LOCAL(局部)寄存器组	%r16－$r23 或 %L0－%L7
OUT(输出)寄存器组	%r8－%r15 或 %o0－%o7
GLOBAL(全局)寄存器组	%r0－%r7 或 %g0－%g7

二、第二代 Nios 嵌入式处理器

2004 年 6 月,Altera 公司继在全球范围内推出 Cyclone Ⅱ 和 Stratix Ⅱ 器件系列后又推出了支持这些新款 FPGA 系列的 Nios Ⅱ 嵌入式处理器。Nios Ⅱ 与 Cyclone Ⅱ FPGA 器件配合使用的直接硅资源成本仅为 0.35 美元。Nios Ⅱ 嵌入式处理器在 Cyclone Ⅱ FPGA 中也具有超过 100 DMIP 的性能,允许设计者在很短的时间内构建一个完整的可编程芯片系统,风险和成本比中小规模的 ASIC 小。它与 2000 年上市的原产品 Nios 相比,最大处理性

能提高3倍，CPU内核部分的面积最大可缩小1/2。

Nios Ⅱ系列嵌入式处理器是一款通用的RISC结构的CPU，它定位于广泛的嵌入式应用。Nios Ⅱ处理器系列包括了三种核心——快速的(Nios Ⅱ/f)、经济的(Nios Ⅱ/e)和标准的(Nios Ⅱ/s)内核——每种都针对不同的性能范围和成本而优化。所有的这三种核都使用共同的32位的指令集结构(ISA)百分之一百的二进制代码兼容。使用业界领先的设计软件——Altera的Quartus Ⅱ软件以及SOPC Builder工具，工程师可以轻松地将Nios Ⅱ处理器嵌入到他们的系统中。

表9.3、表9.4和表9.5分别列出了Nios Ⅱ处理器的特性、Nios Ⅱ系列成员、Nios Ⅱ嵌入式处理器支持的FPGA系列。

表9.3 Nios Ⅱ嵌入式处理器系列概述

种类	特性
CPU结构	32位指令集
	32位数据线宽度
	32个通用寄存器
	32个外部中断源
	2G Byte寻址空间
片内调试	基于边界扫描测试(JTAG)的调试逻辑，支持硬件断点、数据触发以及片外和片内的调试跟踪
定制指令	最多达256个用户定义的CPU指令
软件开发工具	Nios Ⅱ的集成化开发环境(IDE)
	基于GNU的编译器
	硬件辅助的调试模块

表9.4 Nios Ⅱ系列处理器成员

内核	说明
Nios Ⅱ/f(快速)	最高性能的优化
Nios Ⅱ/e(经济)	最小逻辑占用的优化
Nios Ⅱ/s(标准)	平衡于性能和尺寸。Nios Ⅱ/s内核不仅比最快的第一代的Nios CPU(16比特ISA)更快，而且比最小的第一代的Nios CPU还要小

表9.5 Nios Ⅱ支持嵌入式处理器的器件及软件

器件	说明	设计软件
Stratix Ⅱ	最高的性能，最高的密度，特性丰富，并带有大量存储器的平台	Quartus Ⅱ
Stratix	高性能，高密度，特性丰富带有大量存储器的平台	
Stratix GX	高性能的结构，内置高速串行收发器	
Cyclone	低成本的ASIC替代方案，适合价格敏感的应用	
HardCopy Stratix	业界第一个结构化的ASIC，是广泛使用的传统ASIC的替代方案	

三、可配置的软核嵌入式处理器的优势

嵌入式开发人员面对的一个最大挑战就是如何选择一个适合他们应用需求的处理器。现今已有数百种嵌入式处理器，每种都具备一组不同的外设、存储器、接口和性能特性，工程师很难做出一个合理的选择：要么选择在某些性能上多余的处理器（为了匹配实际应用所需的外设和接口要求等），要么为了保持成本的需求而达不到原先预计的理想方案。随着Nios Ⅱ软核处理器的推出，工程师可以轻松创建一款“完美”的处理器，无论是外设、存储器接口、性能特性以及成本。这些优势的都借助于在Altera的FPGA上创建一个定制的片上系统，或者，更精确地说是一个可编程片上系统（SOPC）。SOPC设计师由此而得到了产品特性上的多功能性，以及性能、成本、生存周期上的优势。

1. 提供合理的性能组合

使用Altera Nios Ⅱ处理器和FPGA，设计师可以创建一个在处理器、外设、存储器和I/O接口方面的完美方案，选择如下。

(1) 三种处理器内核——Nios Ⅱ开发人员可以选择一个或任意以下三种内核的组合：快速的内核（Nios Ⅱ/f）具备高性能，经济的内核（Nios Ⅱ/e）具备低成本，或标准的内核（Nios Ⅱ/s），用于性能和尺寸的平衡。

(2) 超过60种SOPC Builder配备的内核——设计师可以创建一组适合他们应用的外设、存储器和I/O接口。现成的嵌入式处理器可以快速地嵌入Altera的FPGA中，工程师在任何时候都可以满足他们的需求。

(3) 无限的DMA通道组合——直接存储器存取（DMA）可以连接到任何外设从而提高系统的性能。

(4) 可配置的硬件及软件调试特性——软件开发人员具有多个调试选择，包括基本的JTAG的运行控制（运行、停止、单步、存储器等）、硬件断点、数据触发、片内和片外跟踪、嵌入式逻辑分析仪。这些强大的工具可以在开发阶段使用，一旦调试通过后再去除，从而使设计者使用的是一个较小的和便宜的器件。

2. 提升系统的性能

嵌入式开发人员必须选择一款处理器，以此决定合适的系统性能。设计人员通常都会选择一个更高性能的处理器（意味着更高的成本），这个处理器比实际所需的性能要高，从而保留一个安全的性能上的余量。NiosⅡ系统的性能是可以根据应用来裁减的，相比固定的处理器，在较低的时钟速率下，具备更高的性能。NiosⅡ的特性可以在以下几个方面来提升系统的性能。

(1) 多CPU内核。NiosⅡ开发者可以选择最快的内核（NiosⅡ/f）以获得高性能，还可以通过添加多个处理器来获得所需的系统性能。

(2) FPGA系列支持。NiosⅡ处理器可以工作在所有近来Altera推出的FPGA系列上。尤其是在StratixⅡ器件上，NiosⅡ/f内核超过200 DMIPS的性能，仅占用1 800逻辑元件（LE）。在更大的器件上诸如StratixⅡ EP2S180器件，一个NiosⅡ的内核只占用了百分之一的可用逻辑资源，这些微量的资源仅在QuratusⅡ设计软件资源使用的波动范围之内，可以说用户几乎是免费得到了一个200 DMIPS性能的处理器。

(3) 多处理器系统。许多开发人员使用Nios来扩充外部的处理器，为了维持系统的性能而分担其任务。其他一些开发人员在FPGA内部实现多个处理器内核。设计人员还可

以通过将多个 Nios Ⅱ/f 内核集成到单个器件内，获得极高的性能而不用重新设计印刷电路板(PCB)。Nios Ⅱ的 IDE 也可以支持这种多处理器在单一 FPGA 上的开发，或多个 FPGA 共享一条 JTAG 链。

(4) 定制指令。用户定制指令是一个扩展处理器指令的方法，最多可以定制 256 个用户指令。定制指令处理器还是处理复杂的算术运算和加速逻辑的最佳途径。例如，将一个在 64 K 字的缓冲区实现的循环冗余码校验(CRC)的逻辑块作为一个定制的指令，要比用软件实现快 27 倍。

(5) 硬件加速。通过将专用的硬件加速器添加到 FPGA 中作为 CPU 的协处理器，CPU 就可以并发地处理大块的数据。例如上面用过的 CRC 的例子，处理一个 64 K 字的缓冲区，比用软件快 530 倍。SOPC Builder 设计工具中包含的一个引入向导，用户可以用这个功能来将加速逻辑和 DMA 通道添加到系统中。

3. 降低系统成本

嵌入式设计人员总是坚持不懈地寻找降低系统成本的方法。然而，选择一款处理器，在性能上和特性上总是与成本存在冲突，最终结果总是以增加系统成本为代价。利用 NiosⅡ处理器可以通过以下途径来降低成本。

(1) 更大规模的系统集成。将一个或更多的 NiosⅡ处理器组合，选择合适的一组外设、存储器、I/O 接口，可减少电路板的成本、复杂程度以及功耗。

(2) 优化 FPGA/CPU 的选择。如 Cyclone 系列的 FPGA 提供可行的、低成本的嵌入式方案。经济型的内核只占用 3%的逻辑资源(以 EP1C20 为例)，保留了更多的逻辑资源给其他片外的器件。使用仅仅 600 个逻辑单元，NiosⅡ/e 内核定位于一类新的应用，就可将软核处理器嵌应用于低成本的、需要低处理性能的系统中。小的 CPU 还使在单个的 FPGA 芯片上嵌入多个处理器成为了可能。

(3) 更好的库存管理。嵌入式系统通常包含了来自多个生产商的多种处理器，以应对多变的系统任务。当一种器件多余而另一种短缺的时候，会发现管理这些处理器的库存也是个问题。但是使用标准化的 NiosⅡ软核处理器库存的管理将会大大简化，因为通过将处理器实现在标准的 FPGA 器件上，减少了处理器种类的需求。

4. 延长产品的生命周期

开发人员希望快速将他们的产品推向市场，使产品保持一个较长的产品生命周期，避免频繁更新换代。基于 NiosⅡ的系统在以下几个方面可以帮助用户实现此目标。

(1) 加快产品的上市时间。FPGA 可编程的特性使其具有最快的产品上市时间。许多的设计向导通过简单的修改都可以被快速地实现到 FPGA 设计上。NiosⅡ系统的这些灵活性和加速上市的特性源于 Altera 提供完整的开发套件、众多的参考设计、强大的硬件开发工具(SOPC Builder)和软件开发工具(NiosⅡ IDE)。许多客户借助 Nios 开发套件所带的设计，在几个小时内就可创建设计的原型。由于将 NiosⅡ处理器放置于 FPGA 内部就可以验证外部的存储器和 I/O 组件，电路板设计得以显著地加速。

(2) 建立有竞争性的优势。维持一个基于通用硬件平台的产品的竞争优势是非常困难的。而创建一个 SOPC 系统且带有一个或多个 NiosⅡ处理器，具备硬件加速、定制指令、定制可裁减的外设等配置系统，给对手的超越制造了有效的障碍，具备了竞争的优势。

(3) 延长了产品的生存时间——抢先占领市场通常会使产品的完善程度低于实际的所

需。使用NiosⅡ处理器的SOPC产品带来的一个独特优势就是能够升级硬件，即使产品已经交付给客户。同样，软件也可以定期升级。这些特性可以解决很多问题：

① 延长产品的生存时间，随着时间的增加，可以不断有新的特性添加到硬件中。

② 减少由于标准的制定和改变而带来的硬件上的风险 。

③ 简化了硬件缺陷的修复和排除，不再需要做RMA和其他重复工作。

④ 避免处理器的过时——嵌入式处理器供应商通常提供一个很宽的配置选择范围以适应不同的客户群。不可避免的是，某个或多个处理器有可能会因为生产计划等原因而停止供应或很难寻找。Nios设计人员拥有在Altera FPGA上使用和配置基于Nios的设计的永久许可。一个基于Nios的设计可以容易地被重新实现在新系列的FPGA器件中，从而保护了应用软件的投资。

(4) 在产品产量增加的情况下减少成本。一旦一个FPGA的设计被选定，并且打算进行大批量的生产，可以选择将它移植到Altera的HardCopy中，一种结构化的ASIC系列，从而减少了成本并提升性能——仅需几周时间。Altera还可以提供NiosⅡ处理器的ASIC制造许可，可以将包含NiosⅡ处理器、外设、Avalon交换式总线的设计移植到基于单元的ASIC中。

第三节　Nios嵌入式系统设计流程

Nios和NiosⅡ的开发流程是一样的，只是在软件开发上Nios使用Nios SDK Shell对程序进行编译、下载；而NiosⅡ使用NiosⅡ IDE集成开发环境来完成整个软件工程的编辑、编译、调试和下载，大大提高了软件开发效率。

与传统嵌入式系统设计不同，Nios系统的开发分硬件开发和软件开发两个流程。硬件开发过程包括由用户定制系统硬件构建，然后由计算机完成系统硬件系统和对应的开发软件系统生成；软件设计则与传统方式比较接近，说明如下。

一、Nios系统硬件开发流程

图9.1所示的是Nios系统开发的流程框图，概述了利用SOPC工具实现Nios应用系统完整设计的流程。

Nios系统开发的第一步是设计规划。需要根据产品电路系统的功能特点、性能指标、功耗成本等因素确定系统的软硬件结构与配置、Nios系统的硬件结构及各个软硬件模块。

完整的基于Nios的SOPC系统是一个软硬件复合的系统，在开发时可以分为硬件和软件两部分。在实际设计过程中，往往会遇到这样一种情况：所需要的功能既可以用软件的方式来实现，也可以用纯硬件逻辑来实现。若用硬件方式，则需要占用额外的硬件资源，但是可以保证系统工作速度不受影响，特别是在FPGA的资源比较充裕时，这种方案更为可取；反之，用软件方式来实现，可以不增加硬件逻辑，但软件方式占用CPU的处理时间，增加了软件结构和编写的复杂度，若对系统的速度没有特殊要求，则可以考虑用软件方式承担更多的功能。因此，具体采用什么方式，与系统设计要求有关。在设计规划这一步，就要综合考虑确定哪些功能用硬件来实现，哪些功能用软件来实现。

一般来说，用软件实现在设计上容易修改或增删功能，查错也比较容易，而且几乎不增加占用的硬件资源。因此，在设计规划时，当需要的软硬件代价相当并保证性能的情况下，

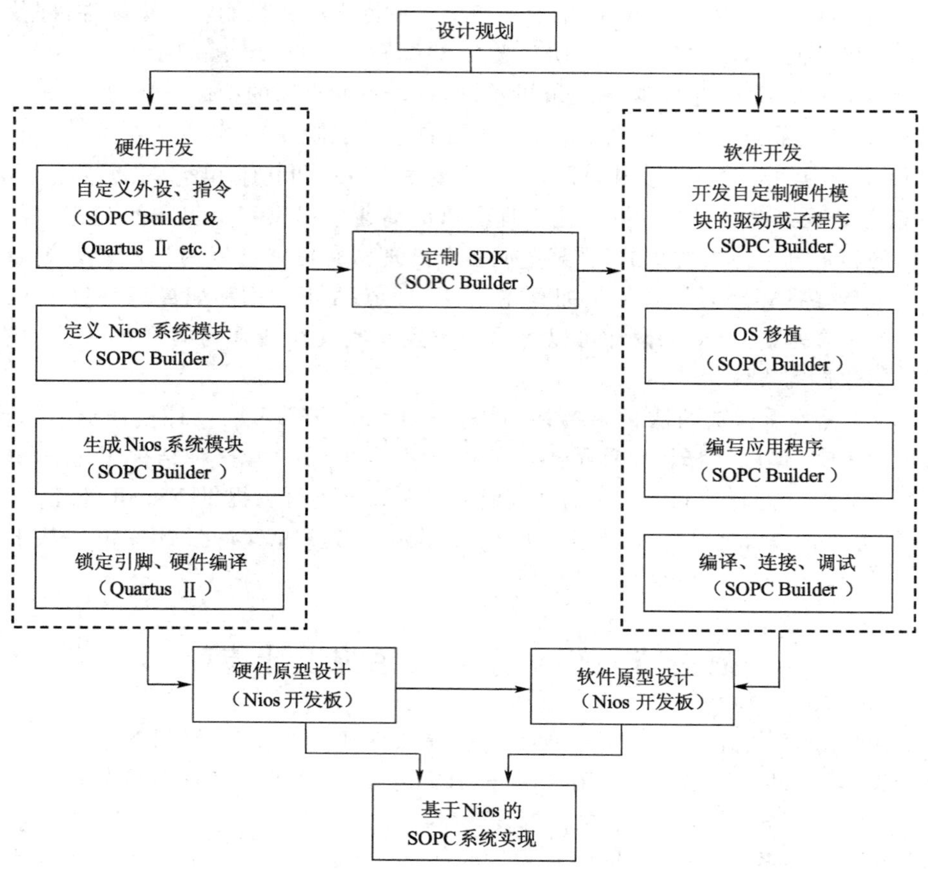

图 9.1　Nios 软硬件开发流程图

用软件实现是被优先考虑的。

确定好软硬件模块的划分，就可以开始具体的设计过程了。对于通常的嵌入式系统开发，CPU 的硬件构成是不可更改的，因而外围设备的变动也受到 CPU 的限制，甚至整个嵌入式系统的硬件已经固定。因而通常的嵌入式开发更多的是 PCB 设计及软件开发。然而 Nios 是一个可灵活定制的 CPU，它的外设是可选的 IP 核或自定制逻辑，可以根据系统设计要求，通过 SOPC Builder 向导式的接口定制裁剪得当的 SOPC 系统。

Nios 的硬件设计流程就是为了定制合适的 CPU 和外设，然后在 SOPC Builder 和 QuartusⅡ中实现。由图 9.1 可知，在硬件设计流程中可以灵活定制 Nios CPU 的许多特性，甚至指令，可以使用 Altera 提供的 IP 软核来加快设计者开发 Nios 外设的速度，提高外设的性能，也可以使用第三方的 IP 软核，或者使用 VHDL、Verilog 来自己定制外设。

外设定义完成后，即可对 Nios CPU 和各外设模块的特性、大小及在系统中地址分配等进行设定。接下去是启动 SOPC Builder，使之生成用于综合的硬件语言描述。然后锁定引脚，启动 QuartusⅡ，对生成的 Nios 系统描述文件进行综合、适配和下载。

在 Nios 的硬件系统生成的同时，SOPC Builder 帮助开发者生成相应的 SDK（软件开发包）。这是由于在硬件开发中的 Nios CPU 及其外设构成的系统是自定制的，内存、外设地址的映像等都各不相同，需要的SDK也应是专有的，甚至包括用户新定制的指令，也必须修改原有的编译工具，这一切都由SOPC Builder自动生成。

在生成的SDK平台上，开发者可以进入软件开发流程，这与常规嵌入式系统开发的不同之处在于，设计者所面对的系统是自己定制、裁剪过的，因此，受到硬件的限制会小一些。开发者可以使用C或C++来进行嵌入式程序设计，使用GNU工具或其他第三方工具进行程序的编译连接以及调试。

二、Nios系统软件开发流程

当软硬件设计都完成后，接下来就需要在Nios开发版上实现一个要求设计的系统的原型。在这个软硬件原型上运行这个系统，测试是否达到要求。

Nios软件开发流程包含六个主要步骤，如图9.2所示。

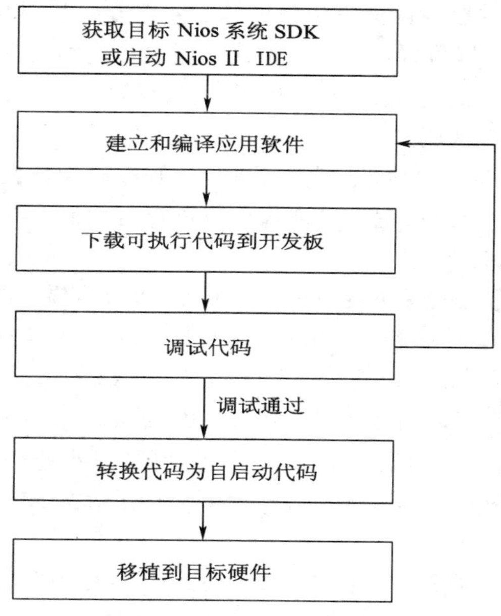

图9.2 Nios软件开发流程

(1) 获取目标Nios系统SDK

对于Nios，利用SOPC Builder创建完成Nios CPU之后，就会在其工作目录下生成该Nios CPU系统的SDK子目录。一般情况下，进行Nios软件开发都是在该SDK目录环境下进行的。SDK中所包含的头文件和库文件，为软件开发人员省去了创建硬件映像表和编程底层硬件子程序的基础性编程操作。对于NiosⅡ，则在NiosⅡ IDE下进行。

(2) 建立和编译应用软件

Windows下的Nios软件开发环境是一个用Cygwin模拟的Unix控制台环境。如果直接在该控制台窗口下编写应用软件源程序，可以使用Cygwin自带的文本编辑器(如Xemacs或Vi)。

Nios开发包编译程序支持C/C++或汇编语言源程序(后缀名分别为.c或.s)。通过使用Nios-build批处理命令或编写Makefile文件，开发人员可以方便地对软件源程序进行编译。编译后生成的二进制代码保存为.srec格式文件，另外也生产包含调试信息的代码文件。对于中小规模的软件项目，一般使用 Nios-build 批处理命令。当进行大型软件项目开发时，一般需要编写一个 Makefile 文件来进行项目编译。SOPC Builder 生成的 SDK 中提供了一个使用 Makefile 进行项目编译的例子。

(3) 下载可执行代码到开发板

通过使用 Nios-run 批处理脚本，可以将第二步编译生成的可执行代码下载到开发板上，并且立即执行该代码。Nios 开发包中的 GERMS 监控程序允许用户运行可执行代码，进行内存读写操作，装载大块代码(或数据)到内存区，以及 Flash 内容擦写操作等。

(4) 调试代码

如果在源程序中使用了 printf()函数输出调试信息，那么该调试信息将被传送到标准输入输出端口(STDIO)上。Nios 开发板一般将 STDIO 指向一个串口或 Nios OCI 调试器模块，并将 Nios-run 所在的控制台窗口作为消息显示终端。通过使用 Nios 开发板自带的 GNU debugger(GDB)调试器可以对.OUT 格式的可执行代码进行调试。如果调试过程中发现问题，那么就要返回到第二步修改源程序，然后编译，再次调试，直到程序调试通过。

(5) 转换代码为自启动代码

应用程序代码完全调试通过后，还可以将执行代码存储到开发板上的 flash 存储器中。之后，每次 Nios CPU 复位重启后就会自动执行该可执行代码。在开发板上一般使用片外或片内存储器来存储非易失性代码。

使用片外存储器(一般是指板上的 flash 存储器)，可分为以下两种方法：

① 在 Nios 控制台窗口下使用 srec2flash 脚本命令将.srec 格式的可执行代码转换为开发板上 flash 存储器所认可的.flash 格式文件。利用 srec2flash 命令转换代码时还会附加上一段程序代码，以保证程序启动时将程序执行代码装载到板上的 SRAM 中。

② 另一种方法则需要 Nios 硬件开发人员在 SOPC Builder 中去掉 GERMS Monitor 监控程序，并将 Nios CPU 的 reset 地址指向程序在 flash 存储器中的地址，然后重新编译硬件设计即可。

如果程序代码比较小，那么就可以将其放入芯片的片内存储器中。Nios 硬件开发人员在 SOPC Builder 环境下，通过为片内 RAM 或 ROM 指定初始化文件将程序代码放进片内存储器中。在这种情况下，Nios 开发者可以使用自己的自启动代码来代替 GERMS Monitor 监控程序。

(6) 移植到目标硬件

当准备将软件设计在目标硬件平台上实现时，可能还是需要用到上述几步中提到的实用工具进行代码下载和调试。如果硬件结构与开发板相差太大，可能还需要对软件代码进行修改和调试，然后还是要用到 Nios-run 命令、Nios OCI 调试器控制台或 GERMS Monitor 监控程序等。最后，就是基于 Nios 的 SOPC 系统在实际产品上的实现。

第四节　Nios 综合设计示例

下面将以一个简单的基于 NiosⅡ的 SOPC 系统的硬件开发过程来详细介绍 SOPC 系统硬件开发的具体过程。用 FPGA 器件来实现一个 32 位的 CPU 涉及多方面的知识，即使使用现成的 32 位 CPU IP Core 也是一样。Altera 提供了功能强大的 SOPC Builder 来帮助用户简化 NiosⅡ的使用。在 SOPC Builder 中，设计者完成 NiosⅡ Core 的调用以及外围设备的配置。

一、Nios 系统硬件构建

对于一个 SOPC 系统，当设计要求确定下来后，首先要完成其核心模块，即 NiosⅡ处理器的设计。而设计 NiosⅡ处理器需要具备下列软件或 IP Core：QuartusⅡ、SOPC Builder、NiosⅡ CPU Core 及软件开发工具。

本处使用 QuartusⅡ9.0、NiosⅡ9.0、SOPC Builder、NiosⅡ IDE9.0、CycloneⅡ开发板。

（一）新建 SOPC 设计项目

首先需要在 QuartusⅡ中利用 New Project Wizard 新建一个设计项目(Project)。可以先建立一个空的工程项目。

设定一个空文件夹为项目的工作目录，命名项目名称，如 nios_system_module。项目所在文件夹名称和项目名称的命名不能使用中文，因为 SOPC Builder 不能识别中文。

需要注意的是，在 QuartusⅡ中进行 SOPC 设计，必须在所有项目被打开时才能进行，否则 SOPC 的设计工具 SOPC Builder 是不能开启的。因此，如果打开原有的任何工程，都能在此基础上进行 SOPC 开发。

（二）启动 SOPC Builder 进行 NiosⅡ系统硬件设计

选择 QuartusⅡ菜单 Tools 下的 SOPC Builder...，打开与 QuartusⅡ集成的 SOPC 开发工具 SOPC Builder，即弹出图 9.3 所示的 SOPC Builder 的启动画面。在一个新的项目中首次打开 SOPC Builder，会弹出 Create New System(建立新系统)对话框，在对话框中输入需要建立的 SOPC 系统的名称，选择 SOPC Builder 生成的 HDL 代码的类型，Verilog 和 VHDL 任选一种。

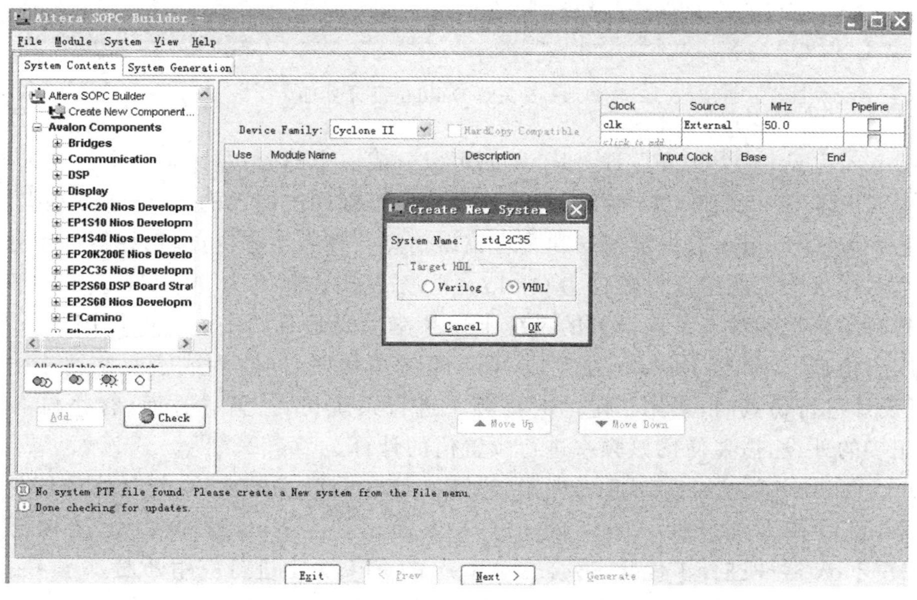

图 9.3　首次启动 SOPC Builder 的对话框

由于针对的 FPGA 器件为 CycloneⅡ EP2C35，所以可设定 Nios 系统模块的名称为 std_2c35，HDL 语言类型为 VHDL，指定 SOPC Builder 生成的代码类型为 VHDL，反之选择 Verilog，生成的代码就是 Verilog HDL。QuartusⅡ对生成的 Verilog HDL 和 VHDL 都能正常编译，也支持 Verilog HDL 和 VHDL 的混合编译。生成的不同 HDL 语言类型代码在 QuartusⅡ上的编译结果，在性能上和占用面积上没有区别或差异很小。因此，一般情况下设计者可以不关心具体是什么 HDL 语言类型。按 OK 按钮后，进入 SOPC Builder 的设计界面(图 9.4)。

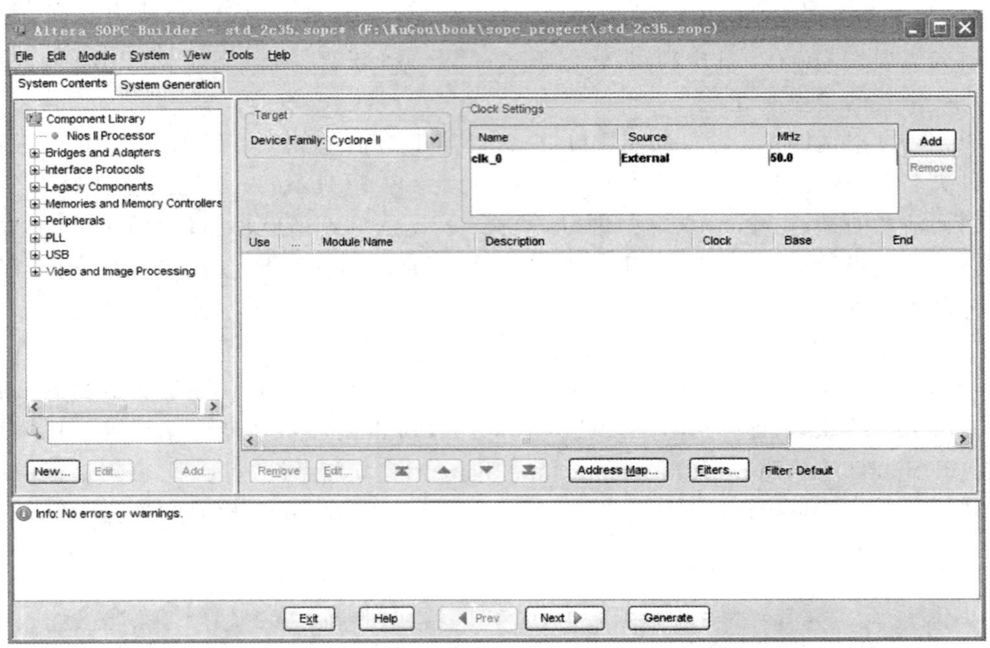

图 9.4　SOPC Builder 设计界面

由图 9.4 可见，整个 SOPC Builder 界面可以分成三个部分：左边是一个组件选择栏，用树形结构列出了 SOPC Builder 的组件：右边空白处可以列出加入的组件；下方是提示栏，显示了一些 SOPC Builder 的提示信息和警告错误信息。在右上方，可以选择器件系列和系统工作频率。在这个示例中选择器件为 CycloneⅡ，系统工作频率为 50 MHz。NiosⅡ处理器的工作频率与所选器件有关。设置的系统工作频率主要是有两个方面的作用。一方面，这个频率用于仿真。SOPC Builder 在生成 Nios 系统模块时，同时生成了一些用于仿真的文件，在对设计进行仿真时，采用给定的时钟频率进行系统仿真；另一方面，有些与 NiosⅡ处理器核相接的外设，需要使用该频率进行预置值的计算。

SOPC Builder 生成的 NiosⅡ处理器核是以 HDL 的形式出现的，与具体的器件没有直接的关系，可以在大部分的 Altera 的 FPGA 上使用。但 Nios 这个 CPU 架构已经针对 Altera的 FPGA 器件进行了优化，适合在 Altera 的 FPGA 上进行应用开发。

除了使用 QuartusⅡ中菜单 Tools 下的 SOPC Builder... 项开启 SOPC Builder 外，也可以从其他途径开启 SOPC 设计窗。由于 NiosⅡ是 Altera 提供的一个 IP Core，所以可使

用 Mega Wizard Plug-In Manager 来打开。如选择 Tools 下的 Mega Wizard Plug-In Manager...，打开向导(图 9.5)，选择第一项，建立一个新的自定制 Megafunction，即 Create a new custom megafunction Variation，然后点击 Next 继续。

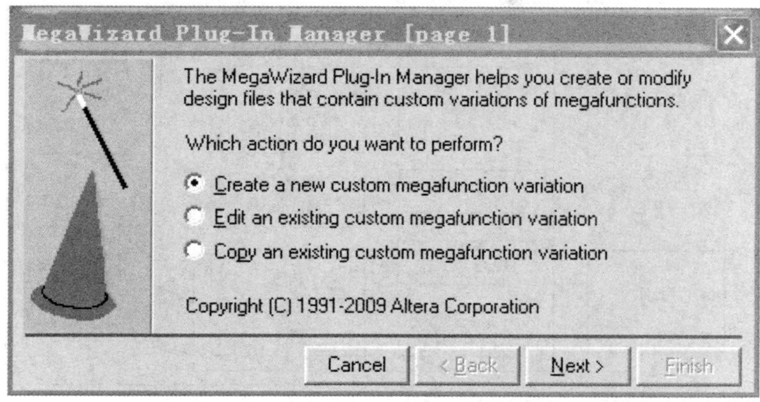

图 9.5　MegaWizard Plug-In 管理器

在弹出的对话框(图 9.6)的左侧是宏功能模块(Megafunction)的树形选择栏，选择其中的 Altera SOPC Builder。图 9.4 所示的右侧是语言类型的选择和生成模块的命名，在这里可以选择语言类型是 VHDL，以使生成的代码为 VHDL，与另外那种打开 SOPC Builder 方式提到的语言方式是一样的。然后，在下面的编辑框中填入模块的名称。接着点击 Next，即出现图 9.4 所示的 SOPC Builder 主界面。

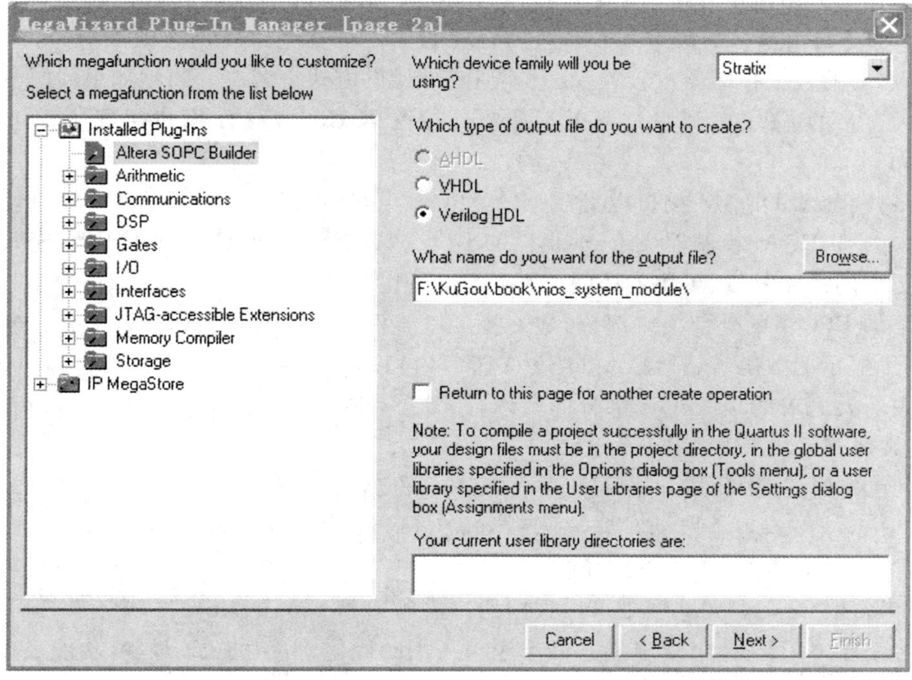

图 9.6　在管理器中选择 SOPC Builder

(三)添加 CPU 和 IP 模块

在进行具体设计之前,有必要介绍一下需要建立的基本的 SOPC 系统。图 9.7 所示是基本的 SOPC 系统,大致可分为三个部分:FPGA 部分、存储器部分和外部接口部分。

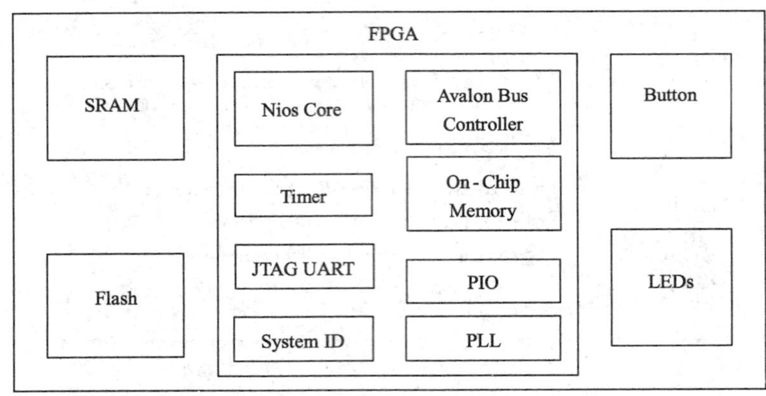

图 9.7 SOPC 硬件系统结构框图

FPGA 部分是建立在 FPGA 芯片内的,核心是 NiosⅡ处理器 Core,在 SOPC Builder 中需要设计的就是 FPGA 部分。在一般的嵌入式系统开发中,当需要新的外设模块时,往往需要在 CPU 外(即 PCB 上)加入相应的外设芯片或换用更高档次的 CPU,而 SOPC 设计可以在 CPU Core 外同一个 FPGA 芯片内加入相应的外设模块核,并通过在片上的 Avalon 总线与 NiosⅡ Core 相连,因而可以不需要在 PCB 这个层面上做很多修改。

存储器部分一般由外接的 Flash 和 SSRAM 来构成。由于现有的 FPGA 还不能集成大容量的 SSRAM 和 Flash ROM,而 SOPC 处理的往往是一个比较复杂的系统,对应的代码量较大,需要的数据存储器也较大,故只能通过外接的方式来解决。当然如果代码量不大或选用较大容量的 FPGA,则完全可以不需要外接 SSRAM,直接使用建在 FPGA 上的片内 RAM 即可。

在某些符合 SDRAM 接口电平规范的 FPGA 上,还可以使用 SDRAM。通过使用建于 FPGA 中的 SDRAM 控制器(Altera 提供的 IP Core)与 Nios Ⅱ Core 相接代替 SSRAM,可以提供更大的存储容量、更快的访问速度和更高的性价比。

剩下的 FPGA 的外部接口部分,是一些接口器件和电路模块,如完成 RS232 电平转换电路,用于显示的数码管、键盘、A/D、D/A 等。

现在所要面对的是 FPGA 部分的设计,如图 9.7 所示。

1. 添加 NiosⅡ CPU Core

(1) 首先加入 CPU 核。选择 SOPC Builder 的组件选择栏中的 Avalon Modules 下的 Nios Ⅱ Process or,点击鼠标右键,选择 Add New Nios Process or Altera Corporation...,打开添加 Nios 对话框,如图 9.8 所示。

在 NiosⅡ Core 配置选项中可以根据用户需要选择 NiosⅡ Core,具体有以下几种:

· 经济型 CPU 核(Nios Ⅱ/e),最小逻辑占用的优化,占用的 LE 最少,功能最少。

· 标准型 CPU 核(Nios Ⅱ/s),平衡于性能和尺寸,具有 NiosⅡ CPU 的一般功能。NiosⅡ/s 内核不仅比第一代的最快的 Nios CPU(16 位 ISA)更快,而且比最小的第一代的

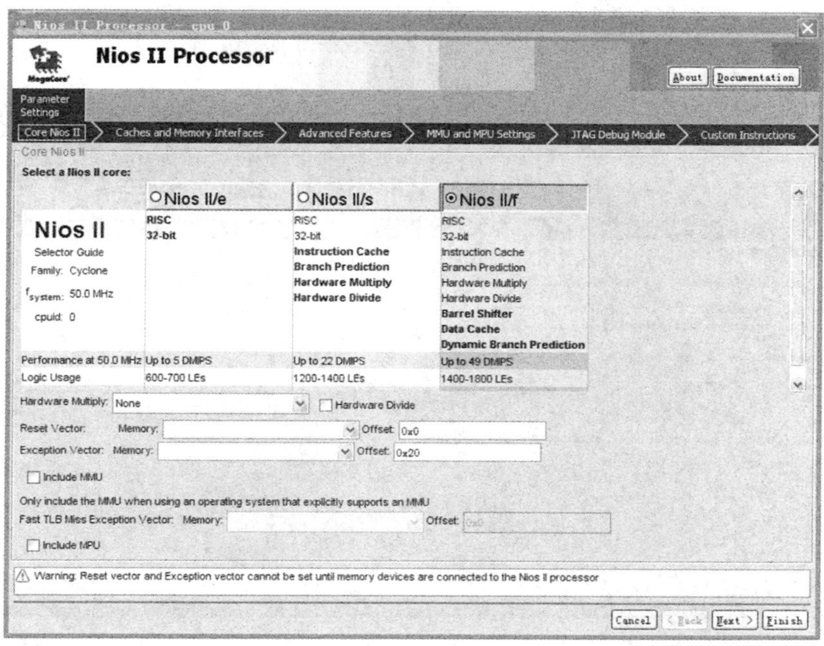

图 9.8　添加 NiosⅡ Core 对话框

Nios CPU 还要小。

· 全功能型 CPU 核(NiosⅡ/f),最高性能的优化,具有 NiosⅡ CPU 的所有功能,包括一些高级特性,需要使用的 LE 数目最多。

在这里可以选择 NiosⅡ/s 标准型 CPU 软核,具有一般的功能。

(2) 点击 Next 按钮,进行 Caches & Tightly Coupled Memories 配置选项的设定,选择默认配置即可,如图 9.9 所示。

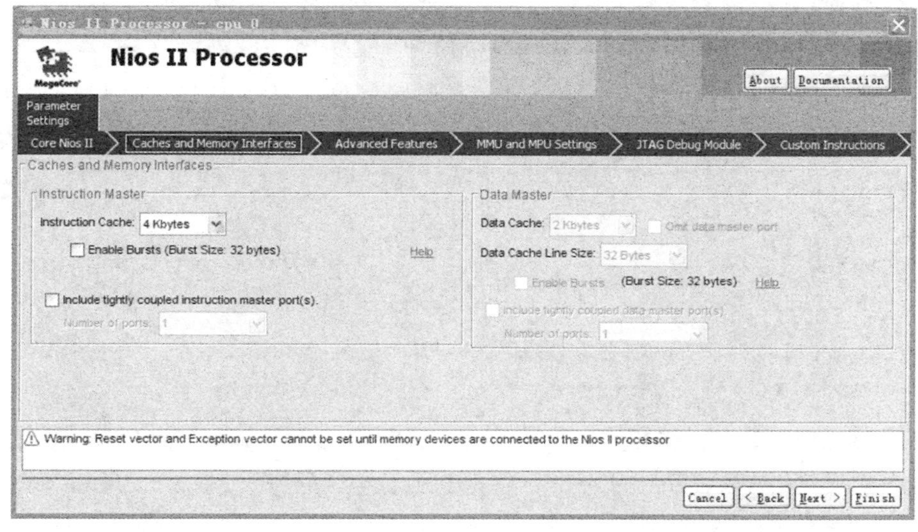

图 9.9　Caches & Tightly Coupled Memories 配置选项

(3) 点击 Next 按钮，进行 Advanced Features 配置选项的设定，选择默认配置，如图 9.10所示。

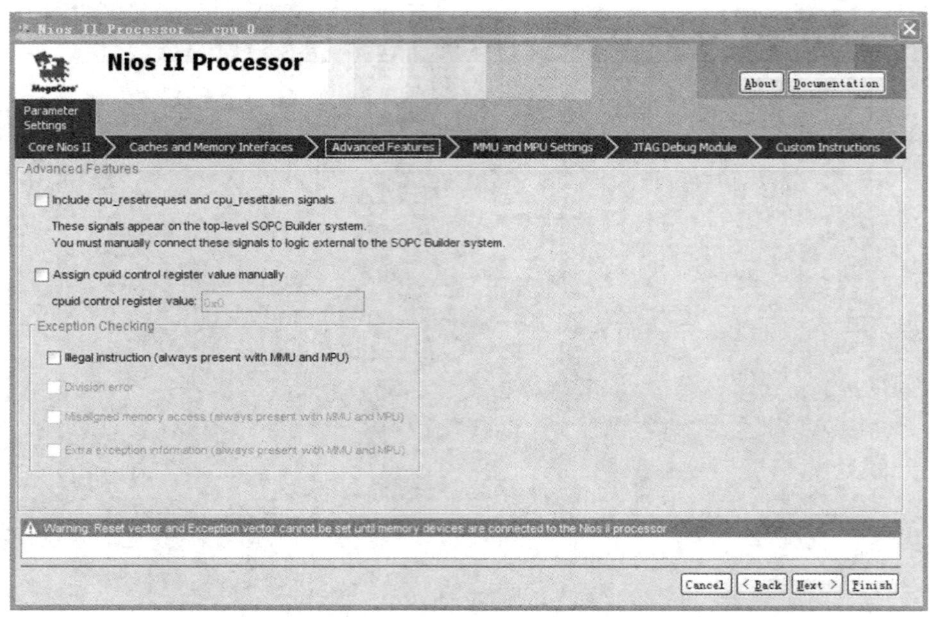

图 9.10　Advanced Features 配置选项

(4) 点击 Next 按钮，进入 MMU and MPU Settings 配置选项设定对话框，选择默认配置即可，如图 9.11 所示。

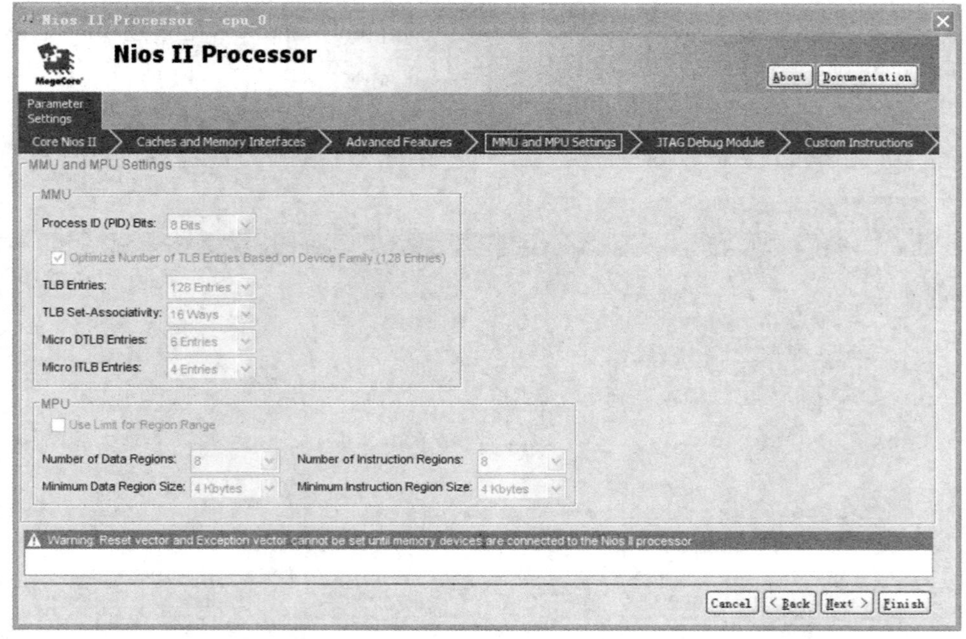

图 9.11　MMU and MPU Settings 配置选项

(5) 点击 Next 按钮,进行 JTAG Debug Module 配置选项的设定,如图 9.12 所示。

Nios II Processor

Parameter Settings

Core Nios II > Caches and Memory Interfaces > Advanced Features > MMU and MPU Settings > JTAG Debug Module > Custom Instructions

JTAG Debug Module

Select a debugging level:

No Debugger	Level 1	Level 2	Level 3	Level 4
	JTAG Target Connection Download Software Software Breakpoints	JTAG Target Connection Download Software Software Breakpoints 2 Hardware Breakpoints 2 Data Triggers	JTAG Target Connection Download Software Software Breakpoints 2 Hardware Breakpoints 2 Data Triggers Instruction Trace On-Chip Trace	JTAG Target Connection Download Software Software Breakpoints 4 Hardware Breakpoints 4 Data Triggers Instruction Trace Data Trace On-Chip Trace Off-Chip Trace
No LEs	300-400 LEs	800-900 LEs	2400-2700 LEs	3100-3700 LEs
No M4Ks	Two M4Ks	Two M4Ks	Four M4Ks	Four M4Ks

Include debugreq and debugack signals
These signals appear on the top-level SOPC Builder system.
You must manually connect these signals to logic external to the SOPC Builder system.

Break Vector
Memory: cpu_0 Offset: 0x20 0x00000820

Advanced Debug Settings
OCI Onchip Trace: 128 Frames
Automatically generate internal 2X clock signal Help
Advanced debug licenses can be purchased from FS2. www.fs2.com

Warning: Reset vector and Exception vector cannot be set until memory devices are connected to the Nios II processor

Cancel < Back Next > Finish

图 9.12 JTAG Debug Module 配置选项

在这里有 5 种调试级别选择:No Debugger、Level 1、Level 2、Level 3 和 Level 4。其中 Level 4 是功能最强的级别,占用 LE 及 M4K 最多,用户可以根据自己的实际需要选择不同的调试等级。在此选择 Level 1。

(6) 单击 Next 按钮,进行 Custom Instructions 配置选项的设定。在此可以定制用户指令,选择默认情况即可,如图 9.13 所示。

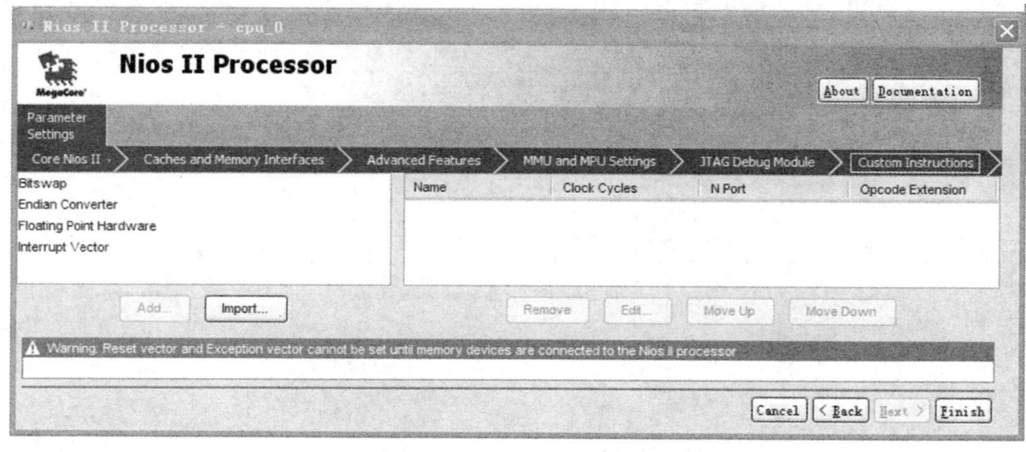

图 9.13 Custom Instructions 配置选项

(7) 最后点击 Finish 按钮，可以看到在用户的项目中添加了一个 NiosⅡ处理器，名为 cpu_0，包含 Avalon 总线的指令主控制器 instruction_master、数据主控制器 data_master 和调试模块 jtag_debug_module。而在下方提示栏中显示加入 NiosⅡ后的相关信息和下一步的操作提示。如图 9.14 所示。

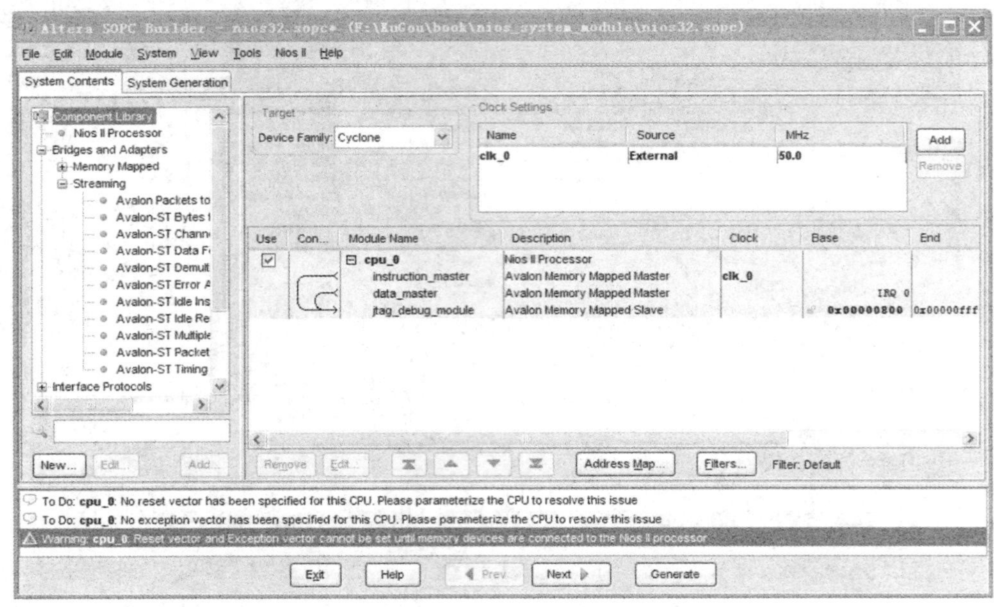

图 9.14 SOPC 系统中添加了 NiosⅡ CPU 软核

注意：加入 NiosⅡ CPU 后，可能会在 SOPC Builder 信息窗口中出现警告、错误信息，这些信息会在后面系统加入其他模块后消失。

用户可以更改 NiosⅡ CPU 核的名称。选中 cpu_0，右击选择 Rename，更改组件名称为 cpu，如图 9.15 所示。

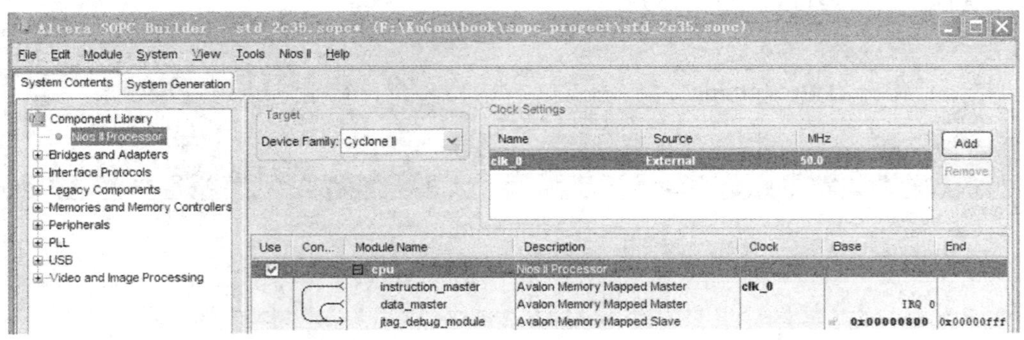

图 9.15 更改 NiosⅡ CPU 核的名称

2. 加入片内存储器

在组件选择栏中选择 Avalon Components→Memory→On-Chip Memory，双击进入添加片内存储器的对话框，如图 9.16 所示。

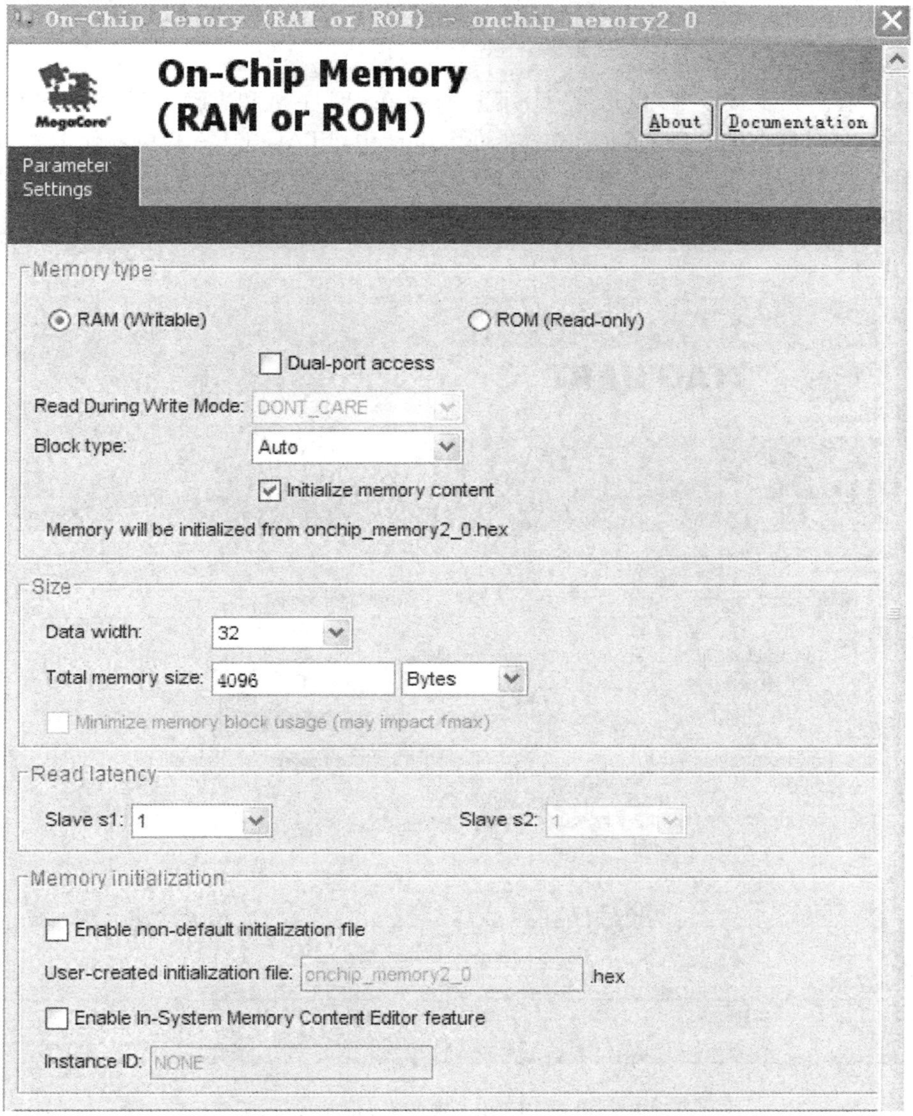

图 9.16　On-Chip Memory 设置

片内存储器除了用作 ROM 外，也可以用作 RAM，甚至可以被设置成双口存取。On-Chip Memory 的 Memory Width 可以被配置成为 8 位、16 位、32 位、64 位及 128 位。在一般情况下，NiosⅡ系统中的 FPGA 片内存储器配置成 32 位，以对应 32 位 NiosⅡ处理器的 32 位总线结构。Total Memory Size 的设置一定要合理，要根据使用的目标器件型号来决定，此外，设置时还要考虑到前面添加的 NiosⅡ CPU 软核所占用的 M4K 存储器数量。

如果 SOPC 系统的应用程序和需要的存储容量要求不大，或者 FPGA 中剩余的片内存储器较多，则完全可以不需要外部的 SDRAM 和 Flash，而是直接使用 On-Chip Memory 作为 NiosⅡ系统程序存储器和数据存储器。

在此选择默认配置，完成后会在 SOPC 系统中加入 on-chip_memory_0，更改其名称为 onchip_memory。

3. 加入 JTAG UART

JTAG 通用异步接收器/发送器(UART)核是在 PC 主机和 FPGA 上的 SOPC Builder 系统间进行串行通信的一种实现方式。在许多设计中，JTAG URAT 核替代 RS-232，完成与 PC 主机的字符 I/O。此外，JTAG UART 也用于 NiosⅡ系统的仿真调试。

在组件选择栏中选择 Interface→Serial→JTAG UART，进行 JTAG UART 的设置，如图 9.17 所示。

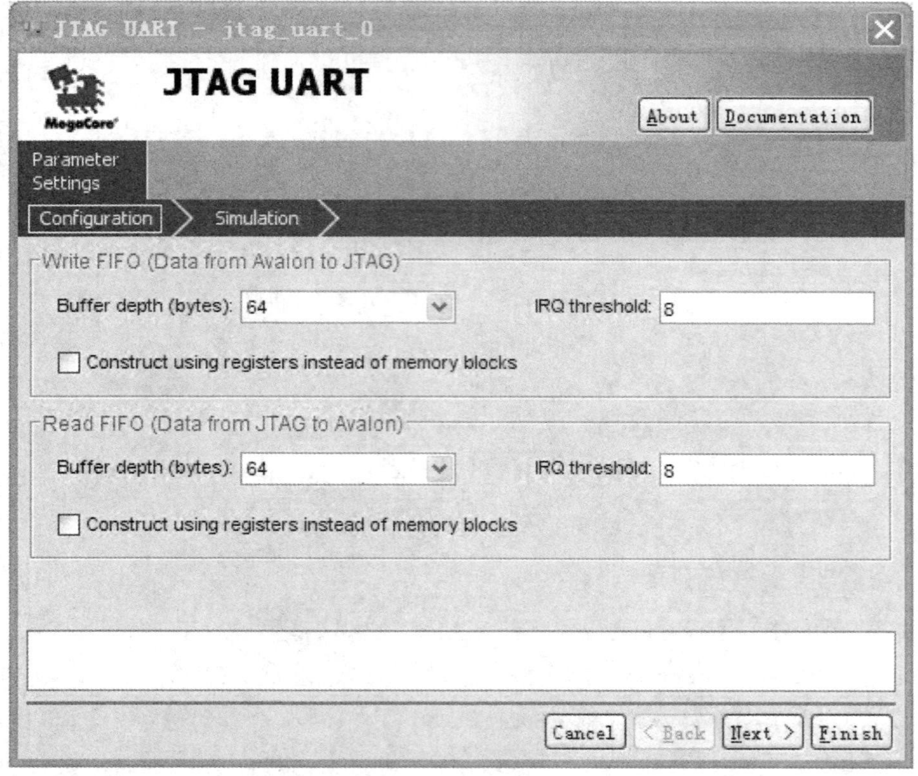

图 9.17 JTAG UART 中的 Configuration 设置

Configuration 配置标签中的选项控制 JTAG UART 核的硬件配置。缺省设置是预定义配置的，它可使设备驱动程序和 JTAG 终端软件性能最优。缺省值大部分不应该改变，使用寄存器代替存储器块构建 FIFO 选项除外。

用寄存器代替存储器块构建 FIFO，选中该选项使得 FIFO 由片上逻辑资源构建。当存储器资源有限时，该选项是有用的。每字节消耗约 11 个 LE，因此深度为 8 的 FIFO 消耗约 88 个 LE。

Simulaton 配置标签定义 JTAG UART 的仿真特性，如图 9.18 所示。当采用 SOPC Builder 为 JTAG UART 创建逻辑时，一个仿真模型同时被构建。可以根据需要选择不同的交互窗口。

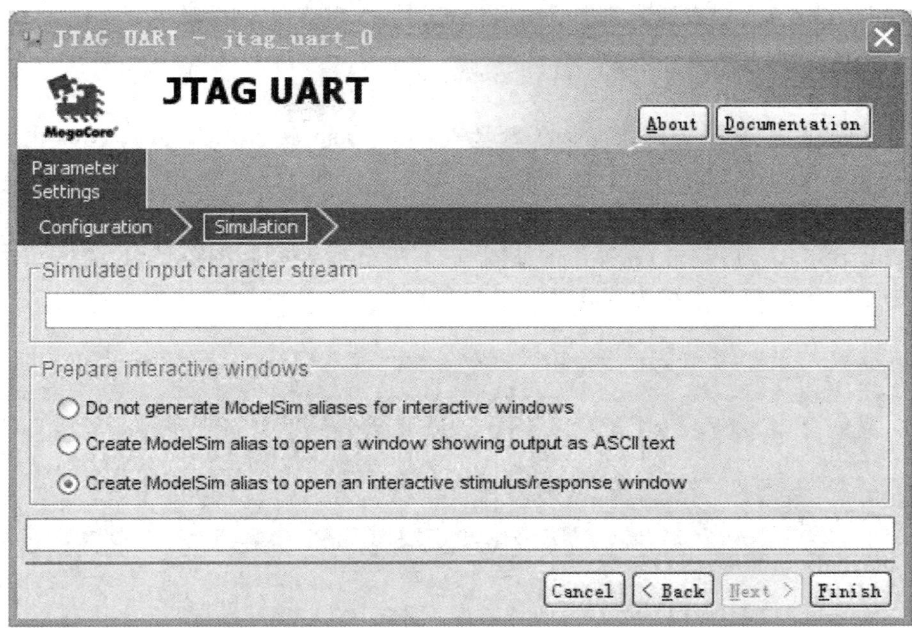

图 9.18　JTAG UART 中的 Simulation 设置

加入 JTAG UART 组件后，更改其名称为 jtag_uart。

4. 加入 Avalon 三态总线桥

SSRAM 和 Flash 的数据总线是三态的，Nios Ⅱ CPU 与 SSRAM、Flash 相接时需要 Avalon 三态总线桥。

在组件选择栏中选择 Bridges and Adapters→Memory Mapped→Avalon-MM Tristate Bridge，加入 Avalon 三态总线桥，如图 9.19 所示。

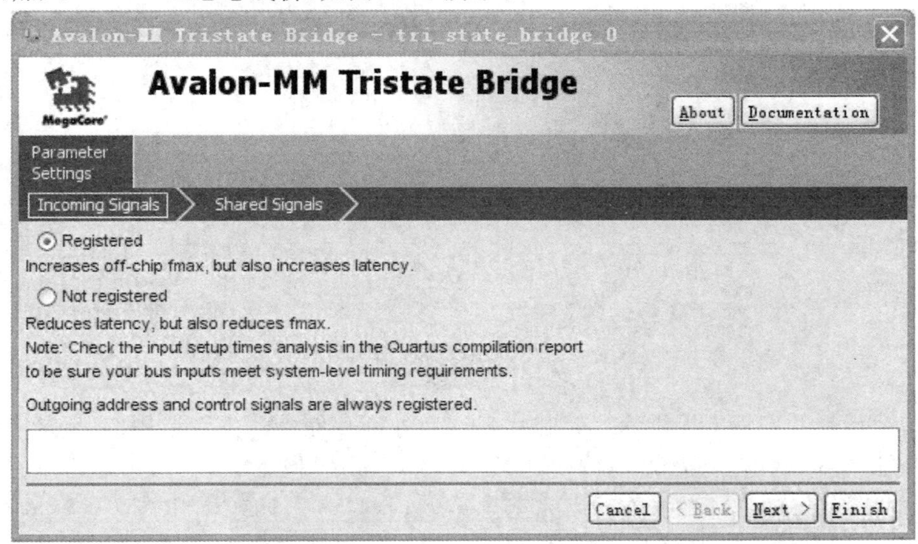

图 9.19　Avalon 三态总线桥设置

Incoming Signals 栏中通常选择 Registered 项，所以在此选择默认设置。单击 Finish 按钮完成加入，更改组件名称为 ssram_bus。

5. 添加 SSRAM

通过 Avalon 三态总线桥，外部的 SSRAM 和 Flash 就可以接入到 NiosⅡ系统中。SSRAM的作用类似于 PC 机的内存，用于存放正在运行的程序和数据。

在组件选择栏中选择 Memories and Memory Controllers → SRAM → Cypress CY7C1380C SSRAM 后双击，在弹出的如图 9.20 所示对话框中选择默认设置。单击Finish 按钮完成加入，更改组件名称为 ssram。

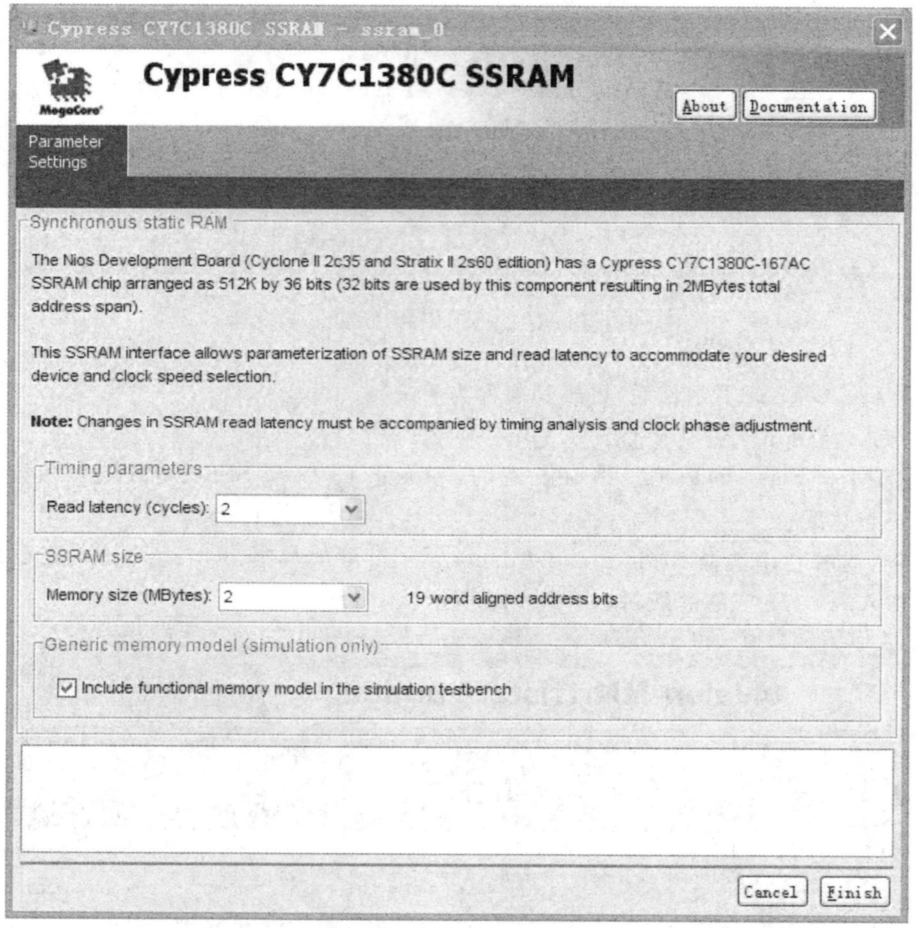

图 9.20　Cypress CY7C1380C SSRAM 设置对话框

用户要根据开发板上提供的存储芯片来选择外部存储器。由于选用的 NiosⅡ开发板(Cyclone Ⅱ 2C35 版本)上提供 Cypress CY7C1380C SSRAM 芯片，所以在此选择了上面的组件。如果使用 SSRAM 的操作时序完全与 Cypress CY7C1380C SSRAM 兼容，则也可以使用该组件；但是如果时序要求不一致，则直接使用该组件将使 NiosⅡ不能工作或者工作不稳定，这时可通过定制组件来解决问题。

6．添加 Timer

在组件选择栏中选择 Peripherals→Microcontroller Peripherals→Interval Timer，加入 SOPC 系统内部定时器，如图 9.21 所示。

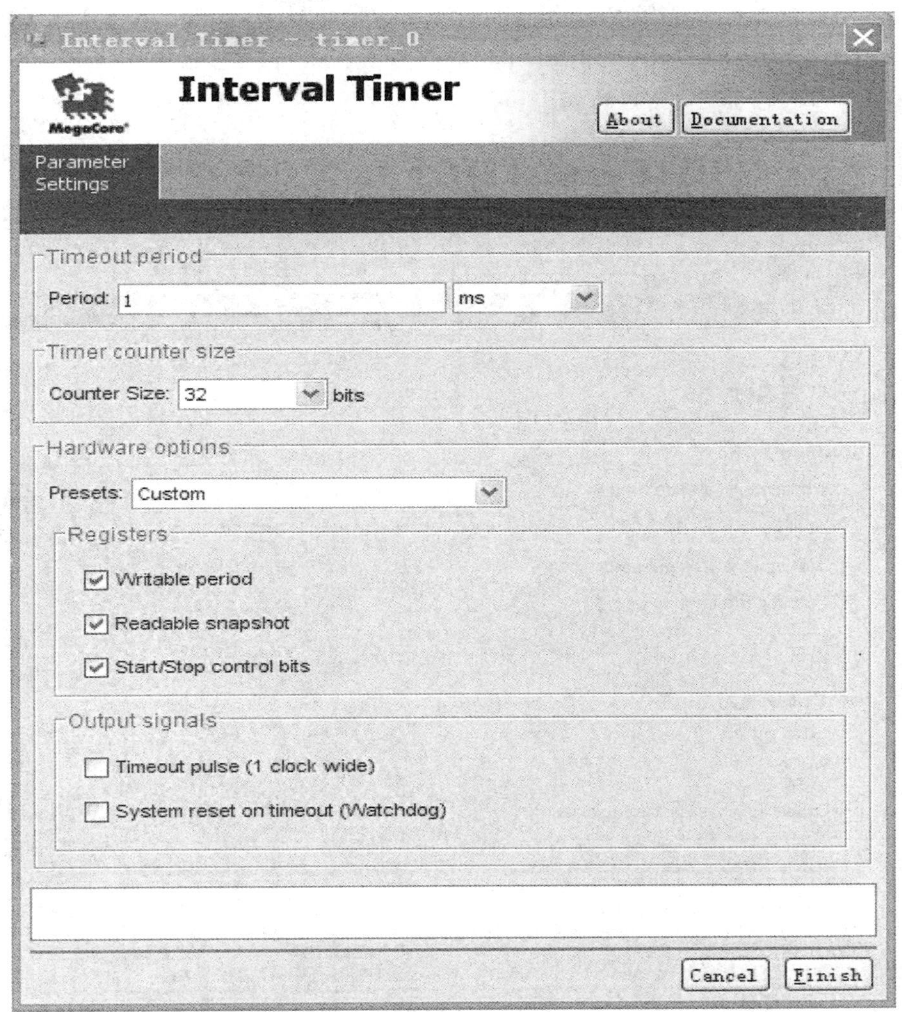

图 9.21　Interval Timer 设置对话框

在一个嵌入式系统应用中，定时器往往是必不可少的。SOPC Builder 中提供了一个功能强大的定时器组件 Interval Timer。与 NiosⅡ CPU Core 类似，Interval Timer 提供了几个预设的配置需要在逻辑单元的使用和可配置性之间进行协调。例如，一个简单的时间间隔定时器(Interval Timer)用到很少的 LE，但是它是不可配置的；相反，一个全特征的定时器(Full-featured Timer)是可以配置的，但是会用到更多的 LE。用户可以使用一种预设的配置，也可自定义用户设置。在默认配置的情况下，预设配置 Preset Configuration 为 Full-featured，该配置模式下定时器功能最全。

在此选择默认设置，单击 Finish 按钮完成加入，更改组件名称为 timer。

7．添加 LED PIO

并行输入/输出(PIO)模块在 Avalon 从端口和通用 I/O 端口之间提供了一个存储器映像接口。I/O 端口与片上用户逻辑或者 FPGA 的 I/O 引脚相连，I/O 引脚连接片外设备。

通过在组件选择栏中选择 Peripherals→Microcontroller Peripherals→PIO(Parallel I/O)来加入发光二极管 LED PIO，如图 9.22 所示。

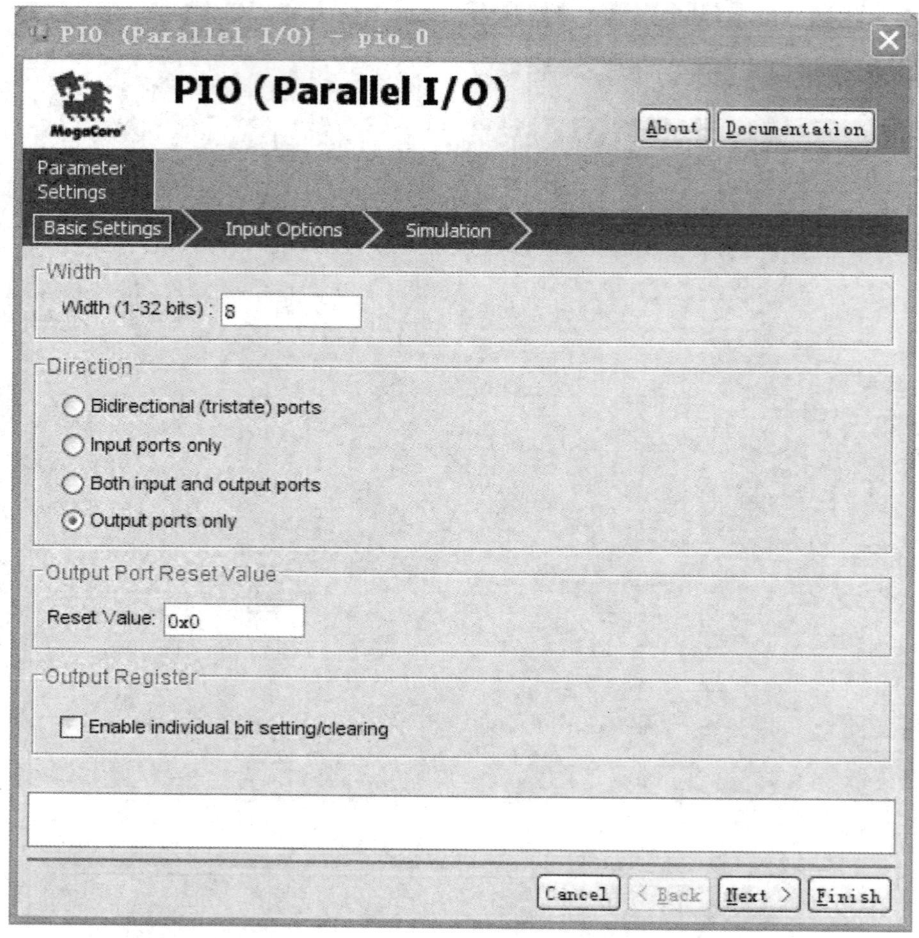

图 9.22　LED PIO 设置

可以看到 PIO 配置包括 3 项标签：Basic Setting、Input Options 及 Simulation。Basic Setting 标签的位宽 Width 设置可以为 1～32 位，传送方向 Direction 可以有以下 4 种模式：

- 双向口[Bidirectional(tri-state)ports]，也就是三态口。
- 输入口(Input ports only)。
- 输入/输出口(Both Input and ports)，但输入口和输出口不是同一个引脚。
- 输出口(Output ports only)。

如果 PIO 选择为输出模式，则对应的输入标签 Input Options 及仿真标签 Simulation 是不可设置的；如果 PIO 选择为其他模式，则输入标签和仿真标签都可根据需要进行相应的设置。

对于 LED，显然应该是输出端口，在此传送方向选择 Output ports only 输出模式，位宽选择 8 位，以对应外部发光二极管。单击 Finish 按钮完成加入，更改组件名称为 led_pio。

8. 添加 Button PIO

在组件选择栏中选择 Avalon Components→Others→PIO，加入按键 PIO，如图 9.23 所示，显示的配置向导 Basic Setting 设置可以选择位宽为 4 位，以对应外部的 4 个按键。由于是按键，所以选择传送方向为 Input ports only 输入模式。

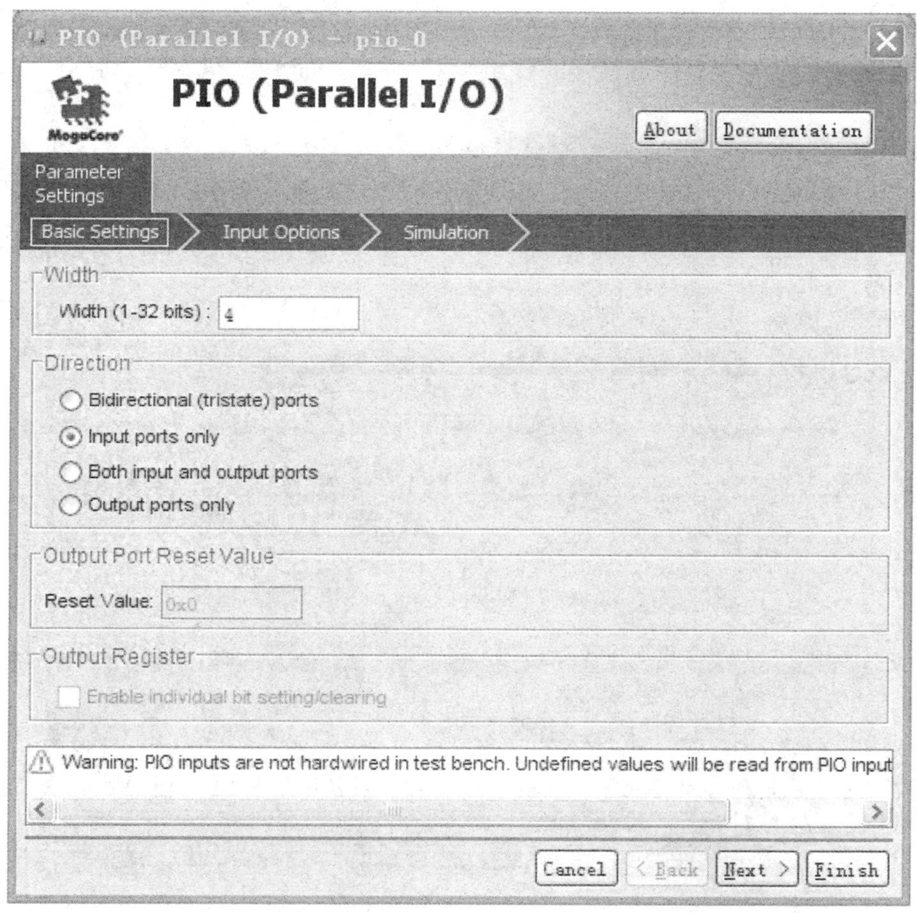

图 9.23 Button PIO Basic Settings 标签设置对话框

此外，还要进行输入选项 Input Options 标签的设置，如图 9.24 所示。该标签允许用户指定边沿捕捉和产生 IRQ。边沿捕获寄存器的同步捕获选项打开后会出现 3 种捕获模式：上升沿（Rising Edge）、下降沿（Falling Edge）和双边沿（Either Edge）。中断的 Generate IRQ 选项打开后会出现 2 种模式的中断请求：电平（Level）和边沿（Edge）。

在此选择产生中断请求为双边沿触发、边沿模式。

如果需要仿真，则要进行 Simulation 标签的设置。该标签允许用户指定测试台硬连线 PIO 输入，如图 9.25 所示。单击 Finish 按钮完成加入，更改组件名称为 button_pio。

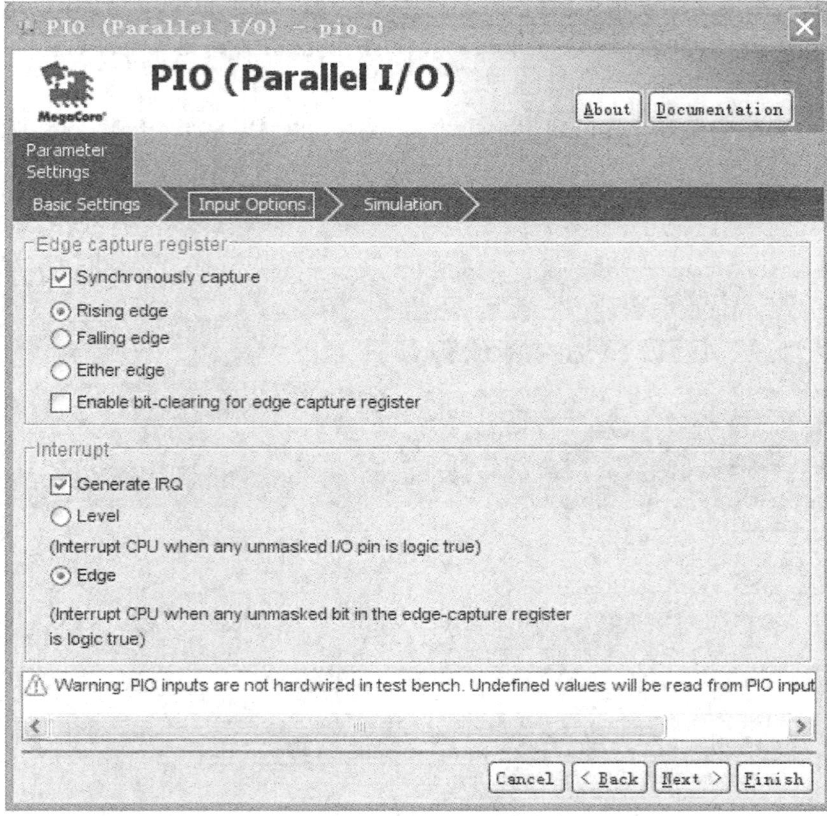

图 9.24　Button PIO Input Options 标签设置对话框

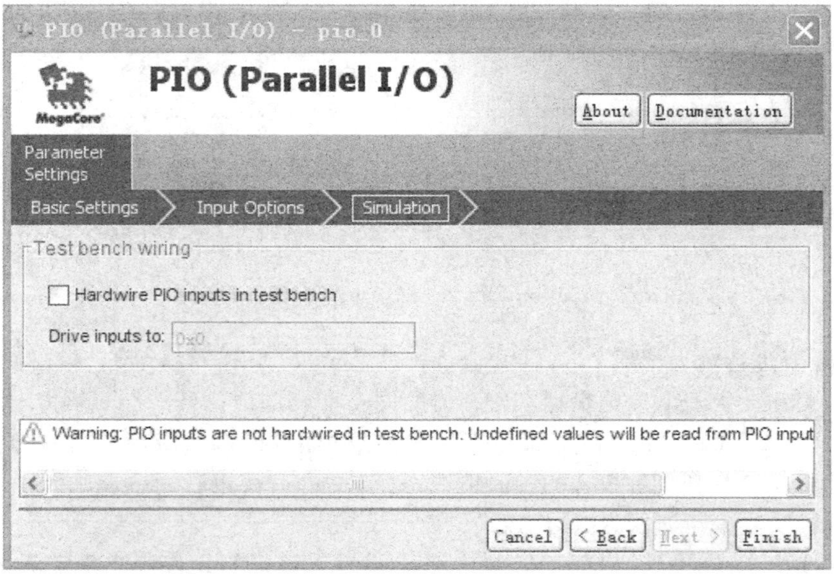

图 9.25　Button PIO Simulation 标签设置对话框

9. 添加PLL锁相环

PLL锁相环可将外部时钟倍频后送给CPU。QuartusⅡ9.0版本在SOPC Builder组件栏中添加PLL模块。CycloneⅡ EP2C35器件包含4个PLL,每个锁相环均有3个输出,分别为c0、c1和c2。加入PLL的步骤如下:

① 在组件选择栏中选择PLL→PLL,打开锁相环配置向导,如图9.26所示。

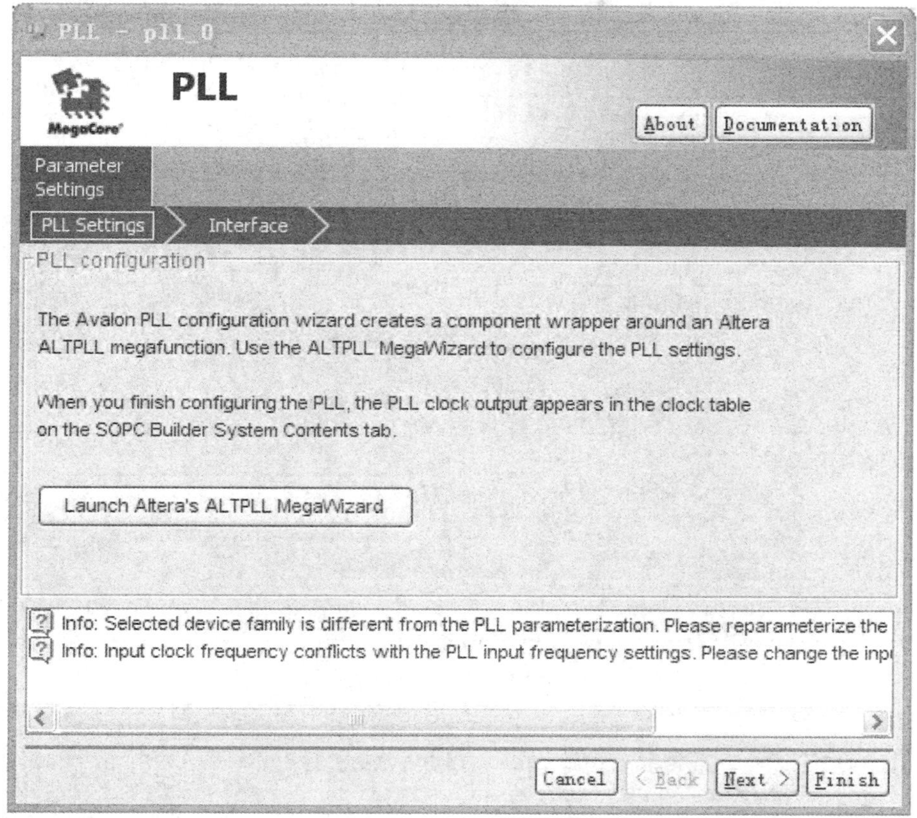

图9.26 PLL锁相环配置向导

② 单击Launch Altera's ALTPLL MegaWizard,进入ALTPLL General/Modes页,如图9.27所示。在这个对话框中可以设置所选择的器件类型及输入频率。

分别设置如下内容:

"Currently selected device family:":CycloneⅡ;

"Which device speed grade will you be using?":Any;

"What is the frequency of the in clock0 input?":50.00 MHz。

注意:时钟输入的频率是可以修改的,但必须合理;否则会提示错误信息。其他选项都可以采取默认配置。

③ 单击Next按钮,进入ALTPLL Scan/Lock页,这些选项均采用默认配置。

④ 单击Next按钮,进入ALTPLL Clock switchover页,同样采用默认配置。

⑤ 单击Next按钮,进入ALTPLL Clock c0页,进行c0输出设置,如图9.28所示。

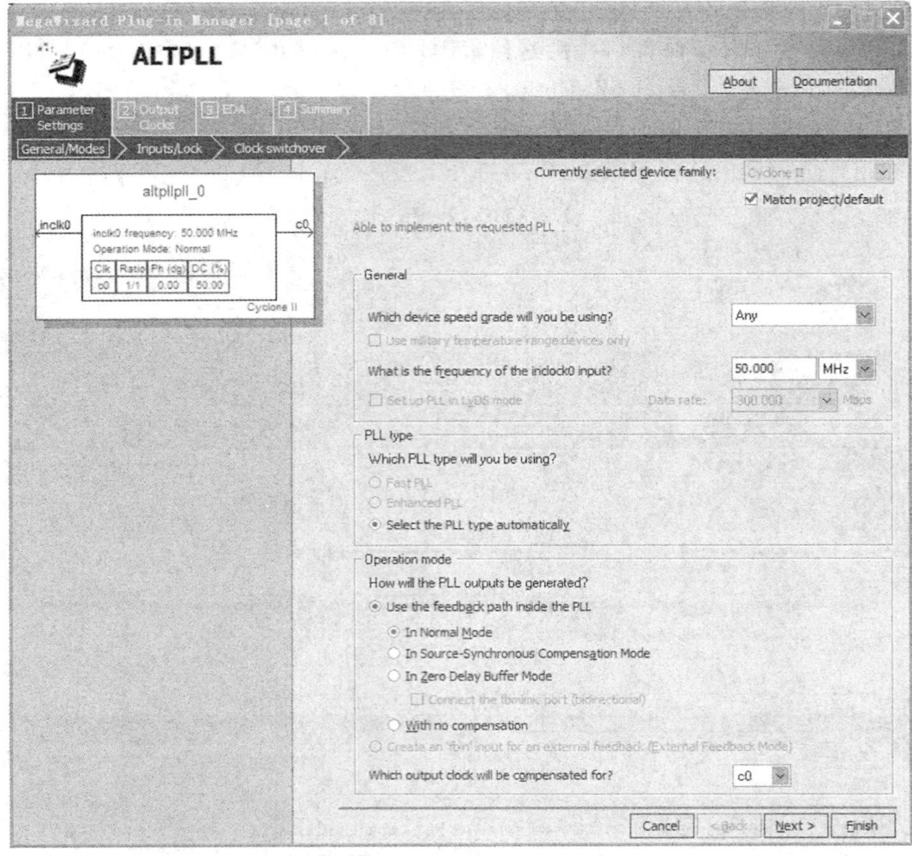

图 9.27　ALTPLL General/Modes 页设置对话框

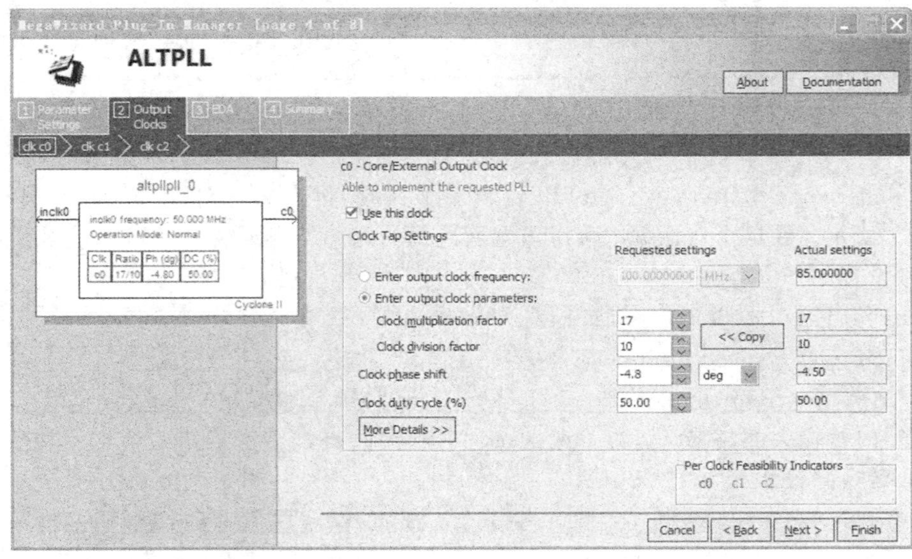

图 9.28　ALTPLL Clock c0 页设置对话框

注意：如果倍频因子和分频因子超出 ALTPLL 所能实现的范围，则会提示错误。

将 Use this Clock 复选框选中，就可以设定 Clock c0。选择 Enter output clock parameters 项，填入合适的时钟倍频因子 Clock multiplication factor 与时钟分频因子 Clock division factor，同时，可以选择时钟相移 Clock phase shift 及时钟占空比 Clock duty cycle。

在此定义 CPU 的时钟频率为 85 MHz，因此如果外部时钟的实际输入频率为 50 MHz，则可以选择倍频因子为 17，分频因子为 10。

⑥ 采用同样的方法可以设置 Clock c1 和 Clock c2。因为没有用到 Clock c2，所以可以不对它进行设置。APTPLL Clock c1 页设置如图 9.29 所示。

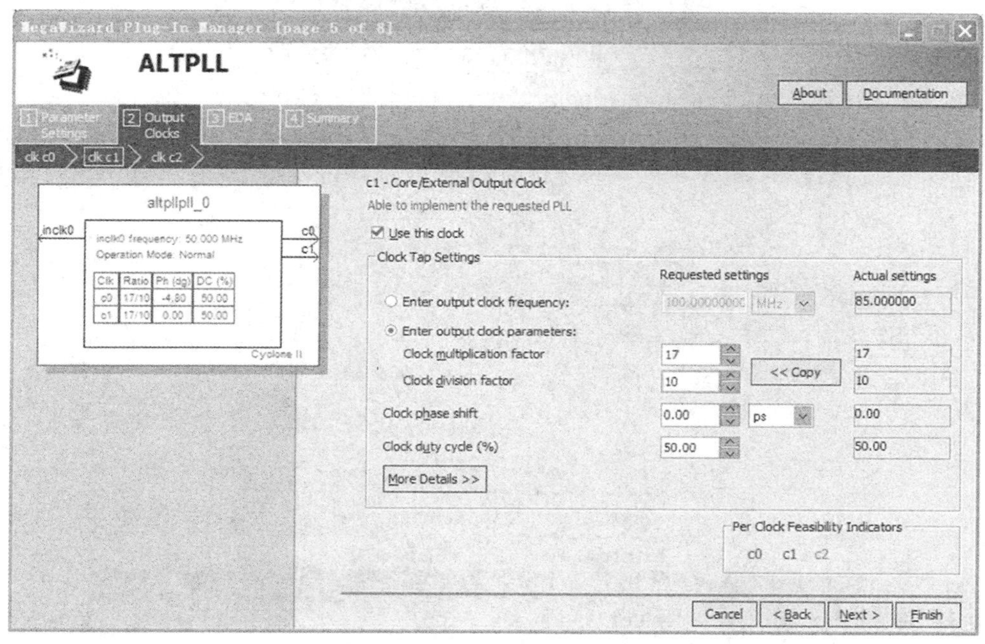

图 9.29　ALTPLL Clock c1 页设置对话框

⑦ 单击 Finish 按钮，会显示完成界面，如图 9.30 所示。加入 PLL 后更改组件名称为 pll，同时，可以看到在 SOPC Builder 界面的 Clock 选项处增加了 PLL 输出时钟，如图 9.31 所示。用户可以更改时钟的名称用于不同的外部设备，更改后的时钟名称如图 9.32 所示。

10. 添加系统 ID

系统 ID 是一个简单的只读设备，它为 SOPC Builder 系统提供唯一的标识符。Nios Ⅱ 处理器系统使用系统 ID 验证一个可执行程序被编译到实际的硬件映像，该硬件映像在 FPGA中被配置。如果可执行程序中期望的 ID 与 FPGA 中系统 ID 不匹配，则软件可能不能正确地执行。

在组件选择栏中选择 Peripherals→Debug and performance→System ID Peripheral，双击即可添加系统 ID。系统 ID 没有任何用户设定属性，id 和 timestamp 寄存器值在系统创建时产生，它建立在 SOPC Builder 配置和当前时间的基础上。在一个 SOPC Builder 系统中仅能添加一个系统 ID，其名称总是 sysid。

系统创建后，可通过打开系统 ID 配置向导检查存储在 id 和 timestamp 寄存器中的值。

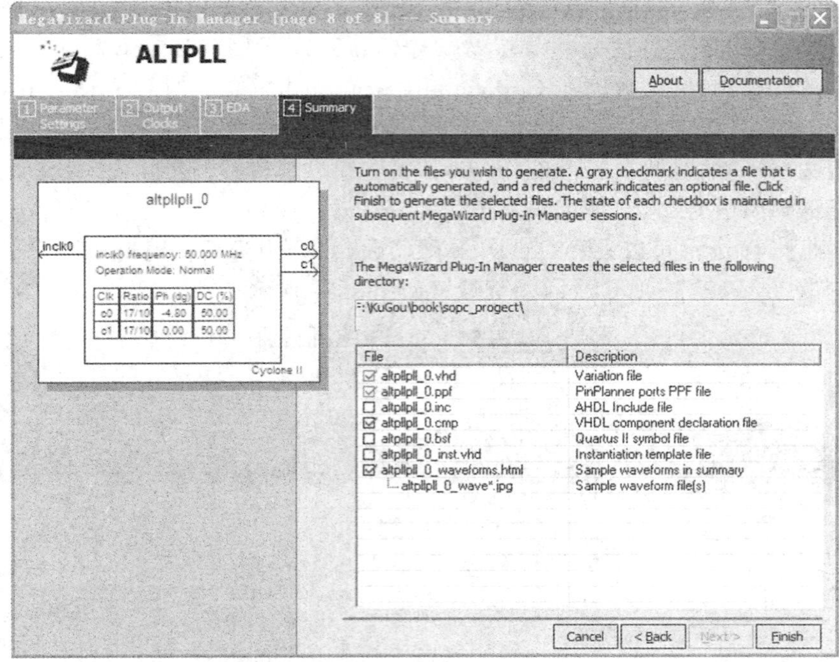

图 9.30　ALTLL 配置完成界面

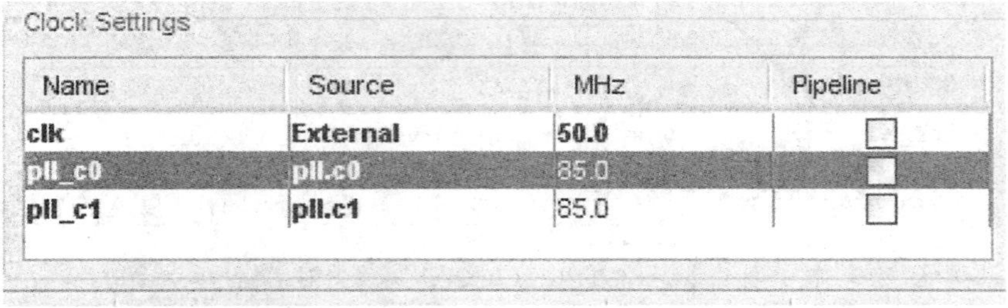

Clock Settings

Name	Source	MHz	Pipeline
clk	External	50.0	☐
pll_c0	pll.c0	85.0	☐
pll_c1	pll.c1	85.0	☐

图 9.31　PLL 产生的时钟

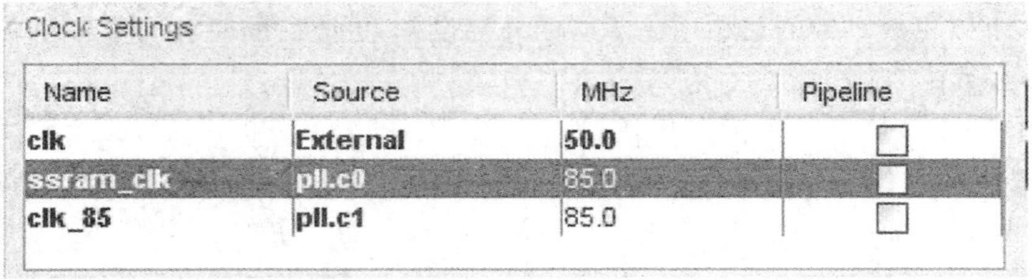

Clock Settings

Name	Source	MHz	Pipeline
clk	External	50.0	☐
ssram_clk	pll.c0	85.0	☐
clk_85	pll.c1	85.0	☐

图 9.32　更改名称后的 PLL 时钟

11. 添加 Flash

具有 Avalon 接口的通用 Flash 接口控制器核(CFI)很容易与 SOPC Builder 系统外的符合 CFI 参数要求的外部 Flash 相连。CFI 控制器是 SOPC Builder 内部集成的，可以很轻松地集成到 SOPC Builder 创建的系统中。Flash 的加入类似于 PC 机接入了硬盘，用于存放程序与数据，并在掉电时仍然保持数据。

添加 Flash 前，先添加 Avalon 三态总线桥，更改组件名称为 flash_bus。

组件选择栏中选择 Memories and Memory controllers→Flash→Flash Memory Interface(CFI)，加入 Flash，如图 9.33 所示。

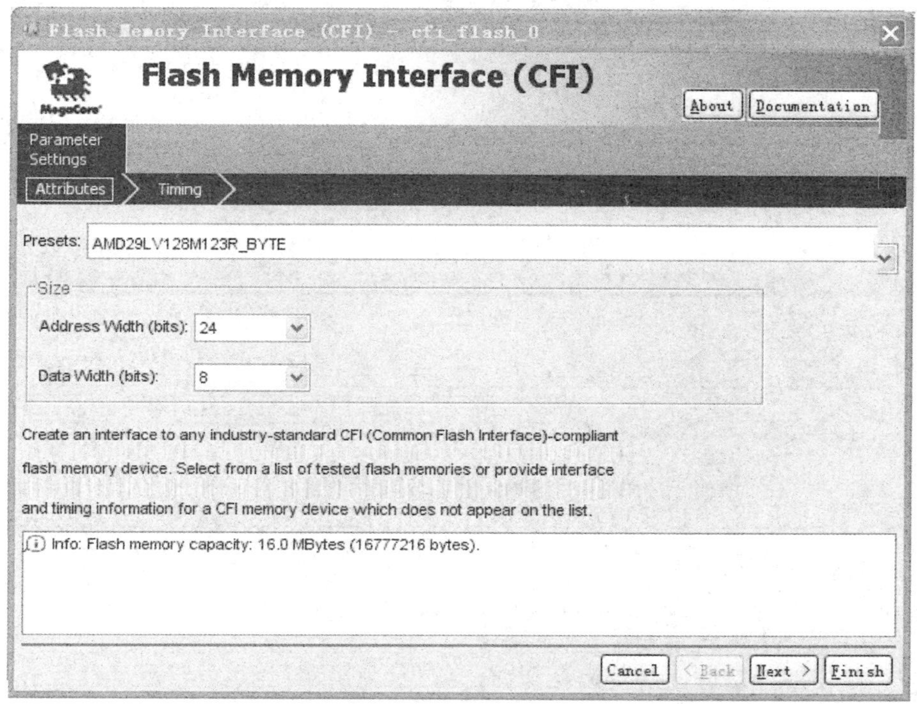

图 9.33　Flash 中 Attributes 标签设置

Flash 配置向导包含 2 个标签：属性(Attributes)标签和时序(Timing)标签。属性标签下的选项控制 CFI 控制器的基本硬件配置；时序标签指明 Flash 读和写传送的时序要求。

Attributes 标签中预定义设置(Presets)要根据具体开发板进行设置。可以在 CFI 控制器的 Flash 芯片的下拉菜单中选择合适的芯片。选择完成后，Flash 配置向导将根据所设定的芯片自动更改 2 个标签中该芯片相匹配的所有设定值。

在此，选择 Flash 为 AMD29LV128M-123R(BYTE Mode)，这样 Size 的地址宽度与数据宽度自动更改为 24 位和 8 位，时序也随之进行相应改动，如图 9.34 所示。点击 Finish 按钮完成加入，更改组件名称为 flash。

注意：在加入 Flash 后，会在下面提示栏出现错误信息，用户可以根据错误的原因修改 Flash 与其他模块之间的自动连线。

这样，整个基本的 NiosⅡ系统的 CPU 软核及 IP 模块添加完成，如图 9.35 所示。用户还可以根据自己的需求添加其他外设。

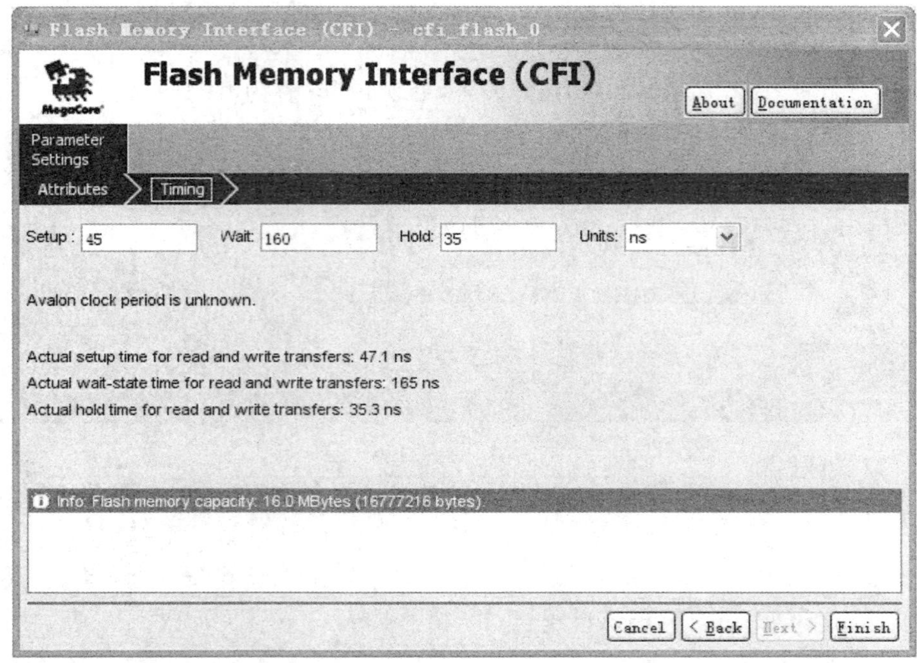

图 9.34　Flash 中 Timing 标签设置

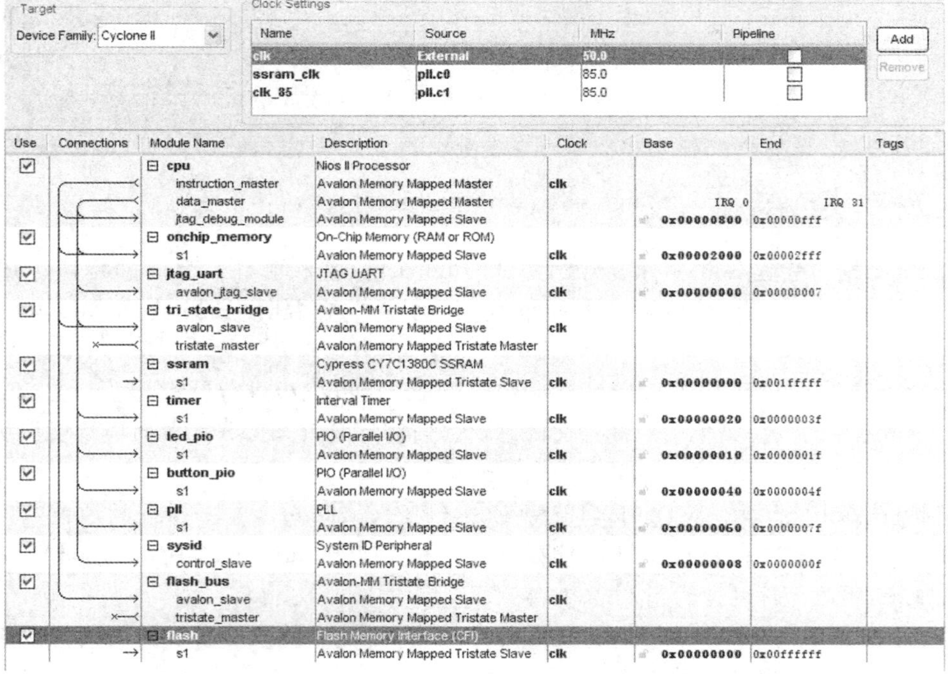

图 9.35　构建完成的 NiosⅡ系统模块

（四）指定基地址和中断

SOPC Builder 为用户系统中的每个 IP 模块指定默认的基地址，地址是一个 32 位的值，用户可以手动改变这些默认地址，也可以让 SOPC Builder 自动分配地址。如果地址范围出现重叠，则 SOPC Builder 会给出错误警告。

1. 锁定闪存基地址

锁定闪存基地址就是首先确定 Flash 中存放程序的首地址。其步骤如下：

① 单击 Flash 外设的 Base，输入 0x00000000，然后回车。

② 右击 Flash 外设，选择 Lock Base Address 项，或者在 Modeule 菜单中选择 Lock Base Address 项，就可以锁定 Flash 外设的基地址。可以看到一个挂锁图标出现在闪存基地址旁边。

2. 自动调整基地址及中断

选择 System→Auto→Assign Base Address 项自动分配基地址。同样，选择 System→Auto→Assign IRQs 项自动分配中断。当然，中断申请号 IRQ 也可以手动设定，设定完成后如图 9.36 所示。

Target

Device Family: Cyclone II

Clock Settings

Name	Source	MHz	Pipeline
clk	External	50.0	
ssram_clk	pll.c0	85.0	
clk_85	pll.c1	85.0	

Add Remove

Use	...	Module Name	Description	Clock	Base	End	Tags
☑		⊞ cpu	Nios II Processor	clk	0x00002800	0x00002fff	
☑		⊞ onchip_memory	On-Chip Memory (RAM or ROM)	clk	0x00001000	0x00001fff	
☑		⊞ jtag_uart	JTAG UART	clk	0x00003060	0x00003067	
☑		⊞ tri_state_bridge	Avalon-MM Tristate Bridge	clk			
☑		⊞ ssram	Cypress CY7C1380C SSRAM	clk	0x00000000	0x001fffff	
☑		⊞ timer	Interval Timer	clk	0x00003000	0x0000301f	
☑		⊞ led_pio	PIO (Parallel I/O)	clk	0x00003040	0x0000304f	
☑		⊞ button_pio	PIO (Parallel I/O)	clk	0x00003050	0x0000305f	
☑		⊞ pll	PLL	clk	0x00003020	0x0000303f	
☑		⊞ sysid	System ID Peripheral	clk	0x00003068	0x0000306f	
☑		⊞ flash_bus	Avalon-MM Tristate Bridge	clk			
☑		⊞ flash	Flash Memory Interface (CFI)	clk	0x00000000	0x00ffffff	

图 9.36 指定基地址及中断

注意：由于所建立的 NiosⅡ系统模块中添加了 PLL 对外部时钟倍频，输出 2 个频率为 85 MHz 的时钟，所以可以在 Input Clock 处为每个外设进行相应的时钟选择。

（五）生成 NiosⅡ系统

完成系统设计后，为了使创建的 NiosⅡ系统成为 QuartusⅡ工程的一部分，并能编译下载到 NiosⅡ开发板的 FPGA 上，要进行如下步骤的设定。

① 单击 System Generation 标签，在 Options 下进行如下设置，如图 9.37 所示。

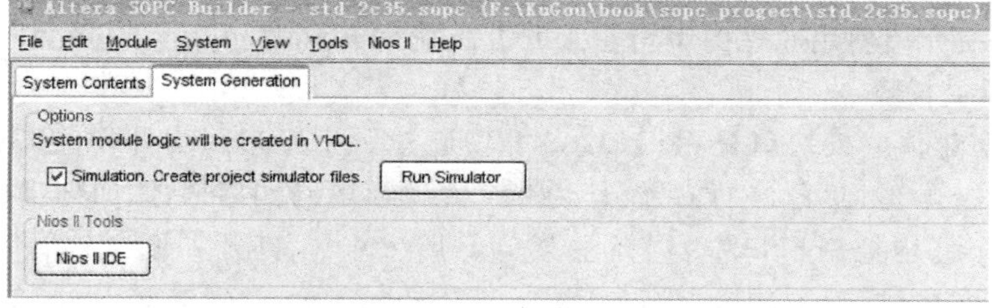

图 9.37 System Generation 标签设置

图 9.37 中所示的选项为系统生成时是否产生 HDL 系统描述文件及创建仿真工程文件。单击 Run NiosⅡ IDE 按钮，可以启动 NiosⅡ IDE 集成开发软件进行系统上的软件设计、调试及运行。

② 单击窗口下方的 Generate 按钮，启动系统生成，如图 9.38 所示。生成完成时，会显示 SYSTEM GENERATION COMPLETED 消息，单击 Exit 按钮，退出 SOPC Builder。

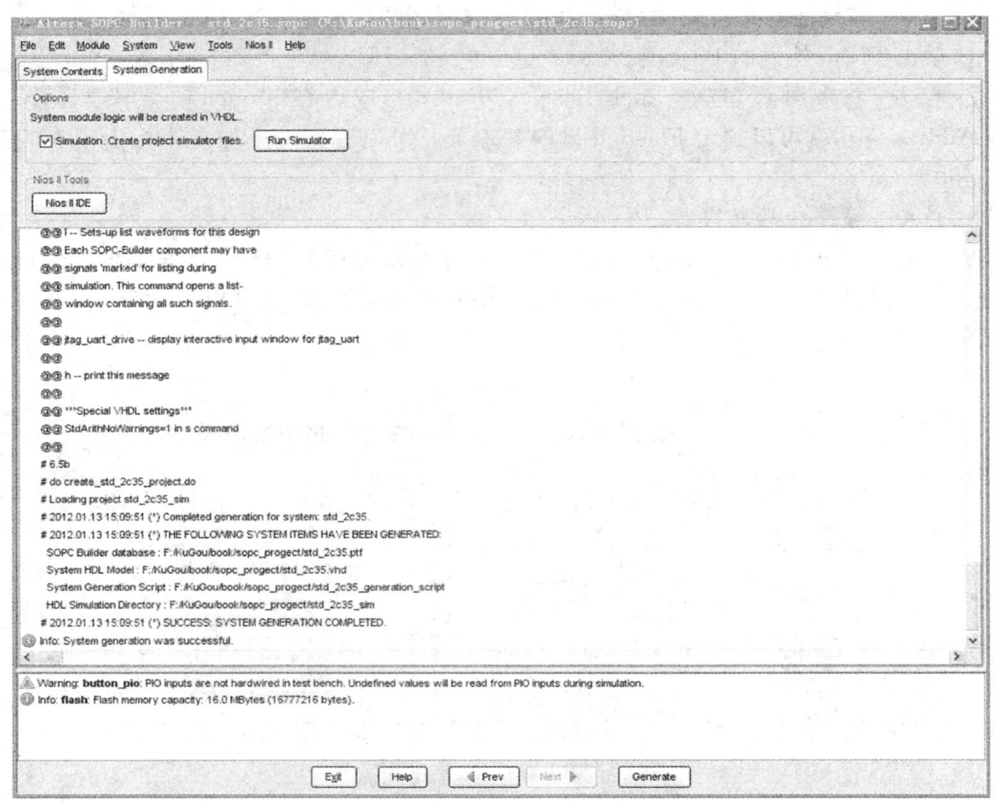

图 9.38　启动生成 NiosⅡ 系统

在这个过程中同时生成了用于 QuartusⅡ 编译的 HDL 文件及原理图模块。原理图模块可作为一个元件来调用。

（六）集成 NiosⅡ 系统到 QuartusⅡ 工程

前面使用 SOPC Builder 创建了 NiosⅡ 系统。NiosⅡ 系统的表述已自动转换为 HDL 表述和原理图模块，前者可在 HDL 顶层文件中直接调用，后者可在原理图中作为一个元件来调用。在此将介绍使用原理图编辑输入的方法来完成示例。

1. 创建顶层模块

在这里，创建顶层模块就是在 QuartusⅡ 中新建一个原理图文件，把 SOPC Builder 生成的名为 std_2c35 的 SOPC 硬件系统作为一个元件模块调入，然后添加到当前的工程中。

在 QuartusⅡ 主控制窗口中，选择主菜单 File→New，打开如图 9.39 所示对话框，在 Device Design Files 标签中选择 Block Diagram/Schematic File，建立 BDF 文件，打开原理图编辑窗。

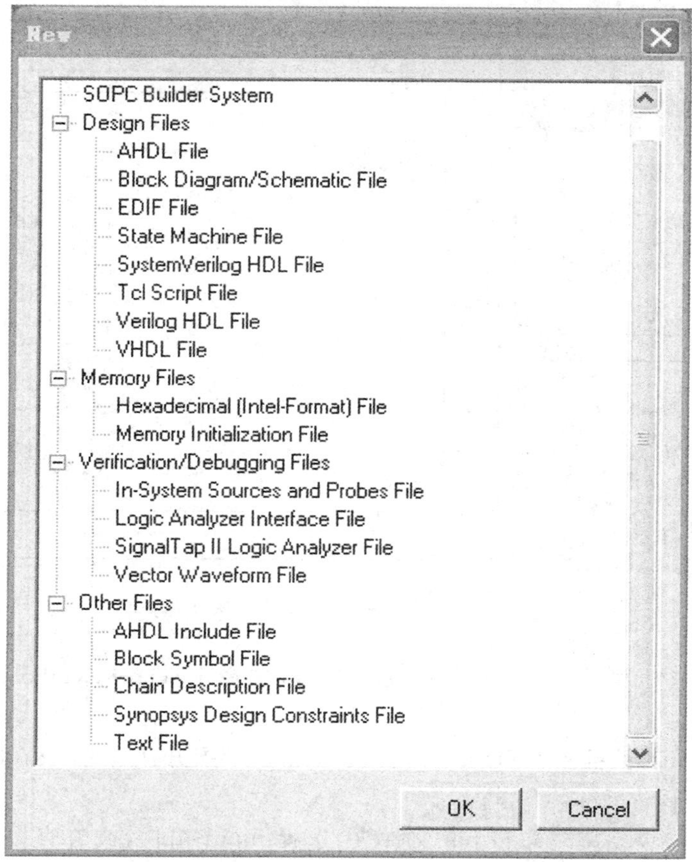

图 9.39　创建原理图文件对话框

2. 添加 NiosⅡ系统模块到 QuartusⅡ顶层模块

在原理图编辑窗打开以后，就可以添加前面创建的 NiosⅡ系统模块了。执行以下步骤，用户可将 std_2c35(std_2c35.bsf)加入 BDF 文件中。

① 在 BDF 编辑窗口中右击，选择 Insert→Symbol，或者双击，打开 Symbol 对话框。

② 在 Symbol 对话框中选择 Project 展开工程目录，选择 std_2c35，出现一个大的符号，代表了前面创建的 NiosⅡ系统，如图 9.40 所示。

③ 单击 OK 按钮，Symbol 对话框关闭，std_2c35 符号的轮廓被附在鼠标的指针上。

④ 在模块编辑窗口中的任意空白处单击仿真符号，std_2c35 的符号在 BDF 中被实例化了。

⑤ 选择主菜单 File→Save 进行保存。

3. 添加引脚和其他基本单元

系统模块添加到编辑窗口后，可以看到模块的外围有很多连接线，需要添加引脚进行连接。如果有其他设计单元，也可在此添加进去，完成整体原理图设计。添加引脚及其他基本单元可从 QuartusⅡ的 Libraries 库中添加。

执行下面的步骤为工程添加输入、输出、双向引脚及其他基本单元：

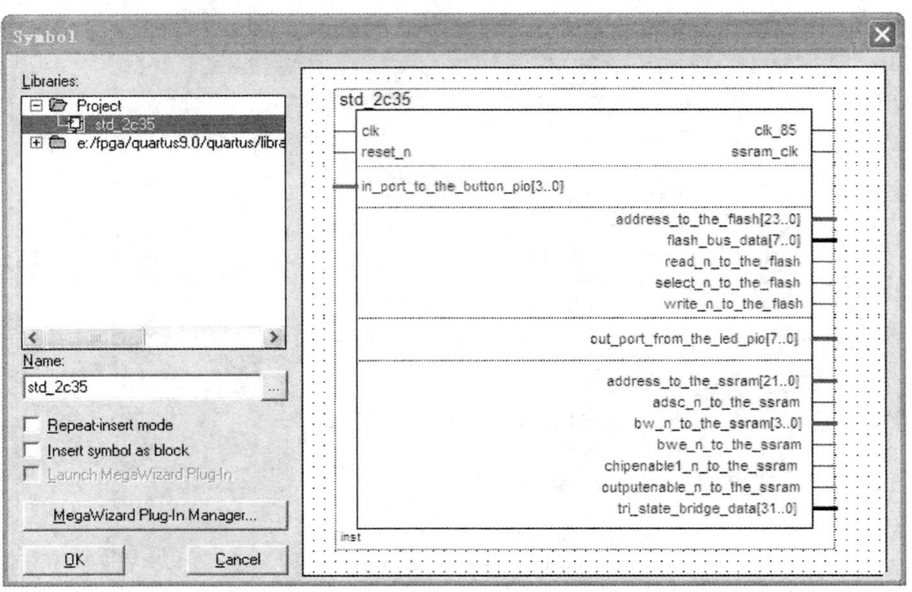

图 9.40　调入已生成的 NiosⅡ系统模块

① 若添加输入，则可以右击 BDF 编辑窗口，选择 Insert→Symbol，或者双击，打开 Symbol 对话框。

② 在 Symbol 对话框的 Libraries 列表中，单击“+”展开：C:/altera/quartus9.0/ quartus /libraries/树形显示目录。

③ 展开 primitives 文件夹和 pin 文件夹，选择 input 组件，或者直接在 Name 处输入 input，这样可以看到右面窗口显示 INPUT 输入引脚，如 9.41 所示。

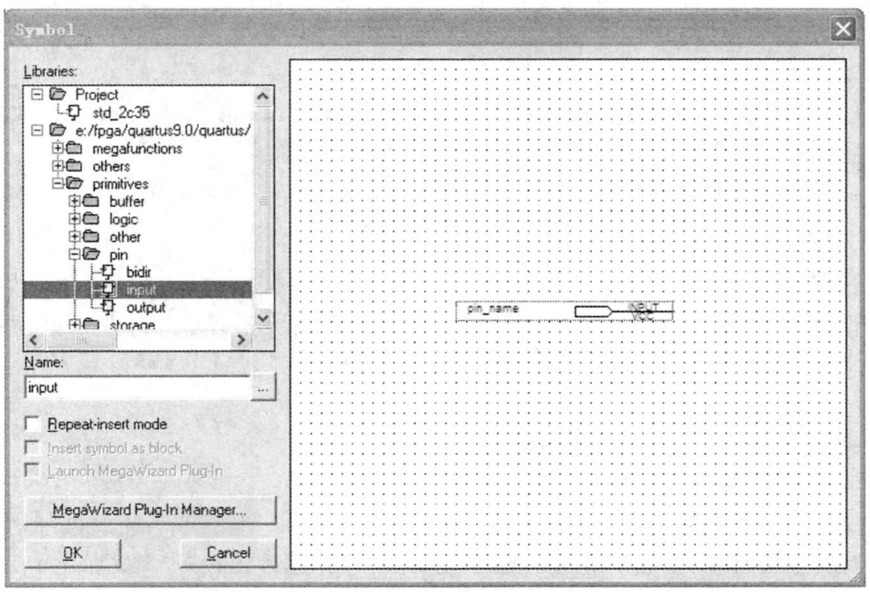

图 9.41　添加输入引脚

④ 点击 OK 按钮,将输入引脚添加到编辑窗口中。

⑤ 单击添加的输入引脚,按 ctrl 键,拖动输入引脚到空白位置,这样又添加一个输入引脚。采用同样的方式,根据原理图中需要的输入情况,可以相应地添加输入引脚。

⑥ 将每一个插入的 INPUT 引脚符号与对应的 NiosⅡ输入引脚放置在同一水平位置,以便后面进行连线。

⑦ 重复①~④步,插入并定位 OUTPUT 引脚和 BIDIR 引脚。

⑧ 在 Symbol 对话框的 Libraries 列表中,点击"+"展开 C:/altera/quartus9.0/quartus/libraries/树形显示目录,展开 primitives 文件夹和 logic 文件夹,选择 not 组件。也可以直接在 Symbol 对话框的 Name 处键入 not 来选择该组件。

⑨ 单击 OK 按钮,将 NOT 符号插入到 BDF 文件中。

⑩ 选择主菜单 File→Save 进行保存。

拼接好的模块如图 9.42 所示。

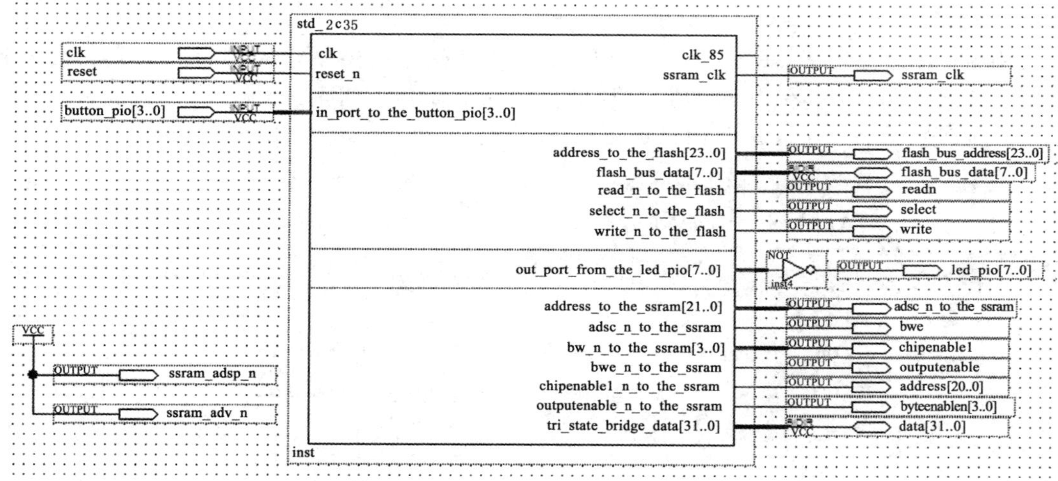

图 9.42　整体的原理图

接下来的工作是加上引脚,锁定引脚,进行全程编译/综合/适配。基于 NiosⅡ的 SOPC 系统硬件开发就完成了。

最后是将编译好的 SOF 文件通过 JTAG 口下载到 SOPC 开发板上的 FPGA 中,此后的任务是为在 FPGA 中已建立的 NiosⅡ硬件嵌入式系统设计工作软件和进行软件调试。

二、系统软件设计

当用户完成工作在开发板上基本的 NiosⅡ处理器硬件原型设计之后,可以将设计下载到 FPGA,然后就可以建立在硬件上运行的软件模型。

以往,当硬件设计人员使用 SOPC Builder 定义了用户 Nios 处理器硬件系统之后,会采用 SOPC Builder 生成一个用户软件开发包(SDK),形成软件开发的基础。基于 SDK 用户可以编写与硬件模块相互作用在较低层次的软件。SDK 定义了用户硬件的软件视图,包括存储器映射和访问系统中硬件模块的数据结构。同时,SDK 还提供了访问标准外设的例程。用 SDK 生成的例程、头文件以及其他软件库可用 GNUPro 工具包来编译和连接,Nios 开发包提供了用于编译软件工程和下载程序到开发板上的运行命令。

随着 Altera 公司推出 NiosⅡ集成开发环境(IDE)，软件开发变得非常容易。NiosⅡ IDE 已经成为主要嵌入式工具提供商选用的平台。NiosⅡ IDE 是基于开放和可扩展的 Eclipse平台，将通用用户界面和顶级开放相结合，与第三方工具无缝地集成在一起。所有软件开发任务都可在 NiosⅡ IDE 下完成，包括编辑、编译和调试程序。

(一) 使用 NiosⅡ IDE 建立用户应用程序

使用 SOPC Builder 建立基于 NiosⅡ的 SOPC 硬件系统，在构建硬件系统后，就可以在此基础上开发应用程序。下面将详细介绍使用 NiosⅡ IDE 集成开发环境进行软件开发，建立用户应用程序。

启动 NiosⅡ IDE 的方法可以有如下几种：

- 在 SOPC Builder 中，选择 NiosⅡ→NiosⅡ IDE，启动 NiosⅡ IDE。
- 在 System Generation 页面中选择 Run NiosⅡ IDE，启动 NiosⅡ IDE。
- 选择开始菜单→程序→Altera→NiosⅡ9.0→NiosⅡ IDE，可直接运行 NiosⅡ IDE。

1. 创建一个新的 C/C++应用工程

NiosⅡ IDE 提供了 New Project 向导，用于自动建立 C/C++应用程序工程和系统库工程。采用 New Project 向导，能够轻松地在 NiosⅡ IDE 中创建新工程。

创建一个新的 C/C++应用工程的步骤如下：

① 在 NiosⅡ IDE 中，选择 File→New→Project，开启新工程对话框，选择 Altera NiosⅡ→NiosⅡ C/C++ Application，如图 9.43 所示。

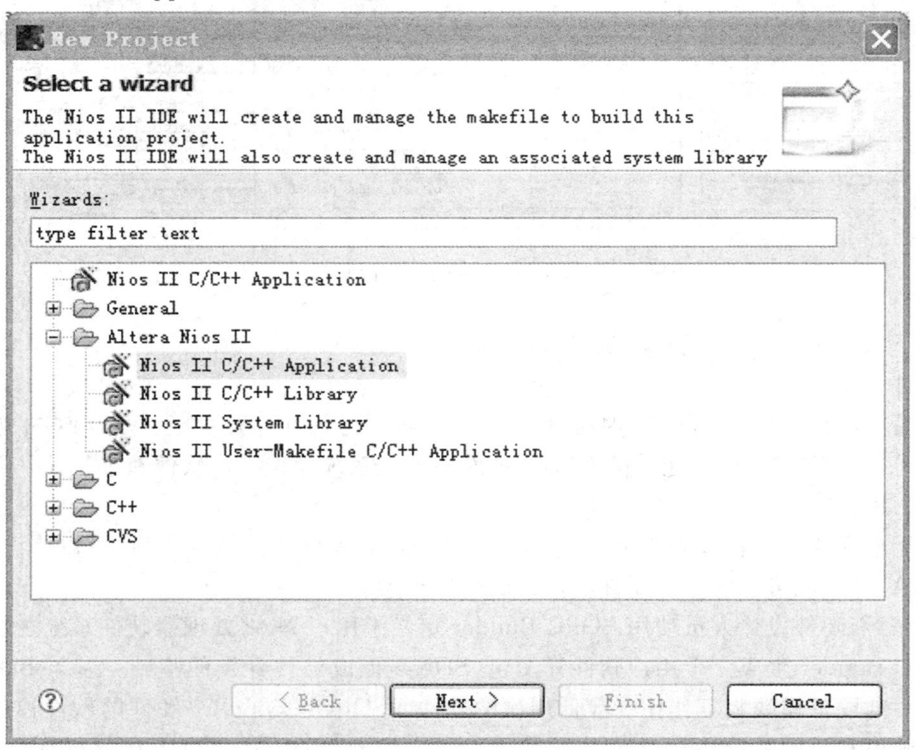

图 9.43 开启新工程对话框

② 单击 Next 按钮，进行新 C/C++应用工程设定。在这个步骤中提示用户指定新工程名、目标硬件及新工程模板。在此选择工程模板为 Hello lED，设定工程名为 hello_led_testproject。单击 SOPC Builder System 右边的 Browse... 按钮，打开目录对话框，选择合适的 NiosⅡ系统 ptf 文件，因为 NiosⅡIDE 需要从这个文件中获取该系统的相关信息。由于在本章已经建立了一个 NiosⅡ系统，在此就选择该系统的 ptf 文件，如图 9.44 所示。

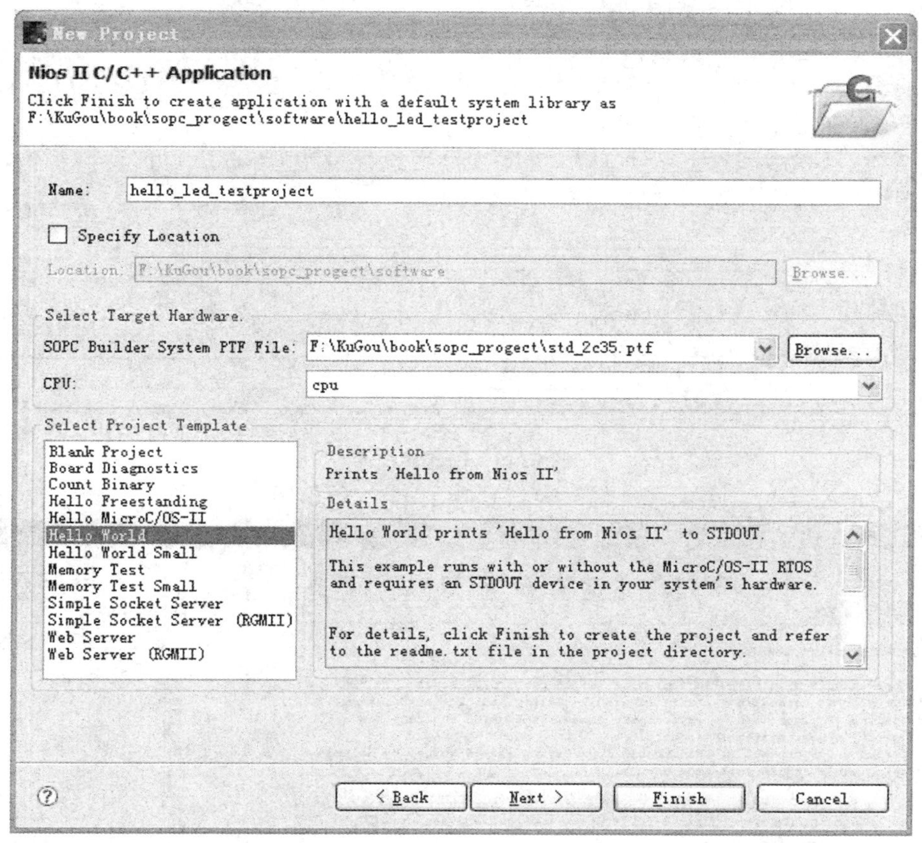

图 9.44　新的 C/C++应用工程设定

选择工程模板可以帮助用户尽可能快速地推出可运行的系统，每个模板包括一系列软件文件和工程设置。如果存放程序的存储器容量很小，如 on-chip memory，那么许多模板是不可用的；否则，在后期对工程进行编译时就会出现错误。

③ 然后单击 Next 按钮，进入下一步，为工程创建系统库 System library。系统库是设备驱动程序集，提供对目标硬件的访问，如图 9.45 所示。

④ 这样，整个新工程的创建就结束了，单击 Finish 按钮，出现如图 9.46 所示的新建工程界面。

整个界面分为 5 部分：最上方为菜单栏和工具栏，包含很多软件设计和调试的菜单命令和快捷工具；左边为工程管理窗口，包含所建立的工程和该工程的系统库；中间部分为程序窗口，可以进行程序的编辑；右边为观察窗口，可以查看工程文件的结构和内容；最下方为信息窗口，可以查看编译动态及显示结果。

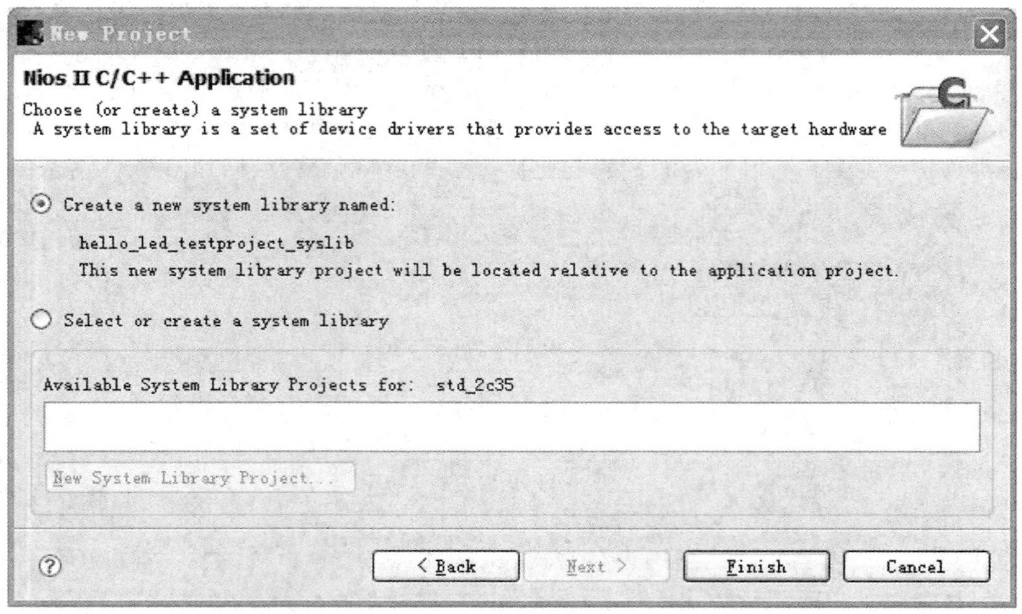

图 9.45　创建系统库

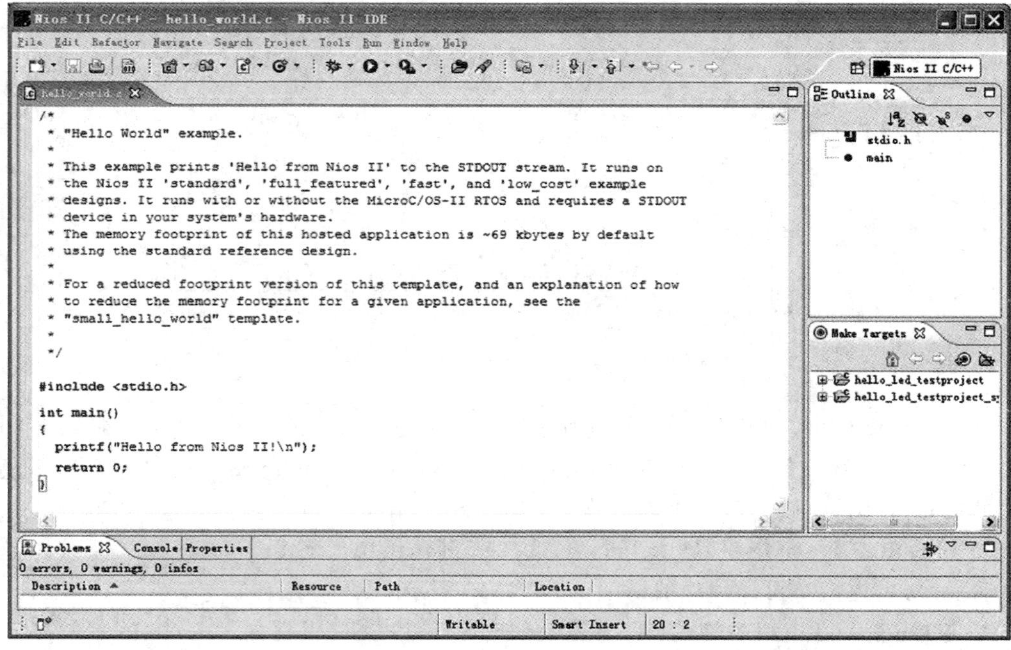

图 9.46　新建工程界面

在工程管理窗口，可看到两个工程：用户应用工程和 HAL 系统库工程。右击工程名将会打开与该工程上下文相关的快捷菜单，允许用户执行一些管理工程的命令，如编译工程命令 Build Project。单击工程左边的“+”，可以展开工程，查看工程中相关的文件。

在程序窗口，用户可根据自己的需求对源程序进行编辑与修改。本处建立的工程用于在开发板上显示跑马灯，同时在控制台上显示"Hello LED!"，所以要对程序进行修改。

前面工程选用的是 Hello LED 模板，该模板是独立应用程序的一个例子。对 hello_led. c 程序修改如下：

```
# include"system.h"
# include"altera_avalon_pio_regs.h"
# include"alt_types.h"
# include<stdio.h>
int main(void)
{
alt_u8 led=0x2;
alt_u8 dir=0;
volatile int i;
printf("Hello LED! \n");
while(1)
  { if(led & 0x81)
      { dir=(dir ^ 0x1);
      }
    if(dir)
      { led=led>>1;
      }
    else
      { led=led<<1;
      }
    IOWR_ALTERA_AVALON_PIO_DATA(LED_PIO_BASE,led);
    i=0;
    while(i<200000)
    i++
  }
return 0;
}
```

需要注意的是，IOWR_ALTERA_PIO_DATA_DATA(LED_PIO_BASE，led)语句中的 LED_PIO 名称要与 SOPC Builder 中建立系统的 PIO 输出名称一致。否则在后面对工程进行编译时就会出现错误。

2. 设置 C/C++应用工程系统属性

在编译之前先要对工程进行一些设置，以使编译器编译出更高效、占用空间更小的代码。右击工程管理窗口中工程名 hello_led_testproject，在弹出的菜单中选择 Properties，如图 9.47 所示。

单击后打开工程属性(Properties for hello_led_testproject)对话框，如图 9.48 所示。

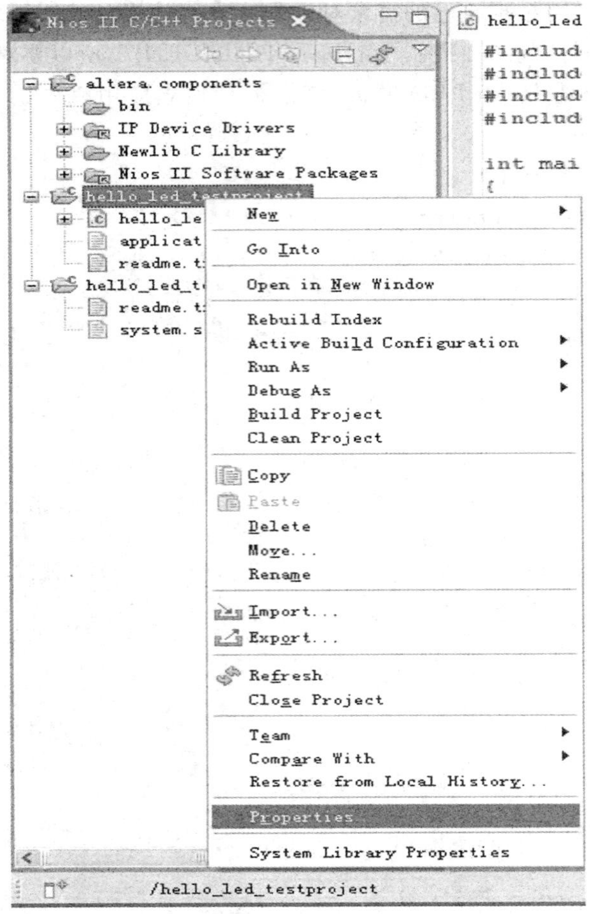

图 9.47　工程属性快捷菜单

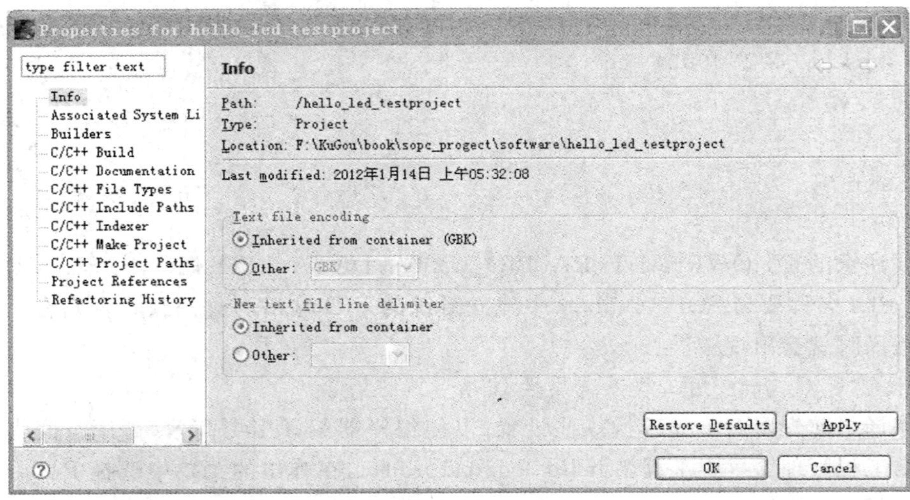

图 9.48　工程属性设置对话框

在 C/C++ Build 下的 Configuration Settings 中单击 General 页面，在右侧 Optimization Level 中选择 Optimize most(-O3)。单击 OK 按钮，退出工程属性的设置。

然后，再设置 hello_led_testproject_syslib 工程属性。同样，也是右击该系统库工程名，在弹出的菜单中选择 Properties，打开工程属性(Properties for hello_led_testproject_syslib)对话框，在 C/C++ Build 下的 Configuration Settings 中单击 General 页面，在右侧 Optimization Level 中选择 Optimize most(-O3)。

然后，单击该属性对话框的 System Library，打开 System Library 属性页面进行设置。建立工程时，System Library 页面为根据自己的系统建立的默认设置，用户可根据自己的需求修改相关的设置。例如，用户可在 Use auto-generated linker script 选项中选择所需的存储器，在此选择的是 ssram。如果用户想使用 ModelSim 进行仿真，则需要将该页面中的"ModelSim only, nohardware support"复选框选中，这样就可以脱离开硬件环境进行软件模拟。其他的复选框(如 Small C library)可以进行程序的优化，减小程序占用的内存空间，如图 9.49 所示。

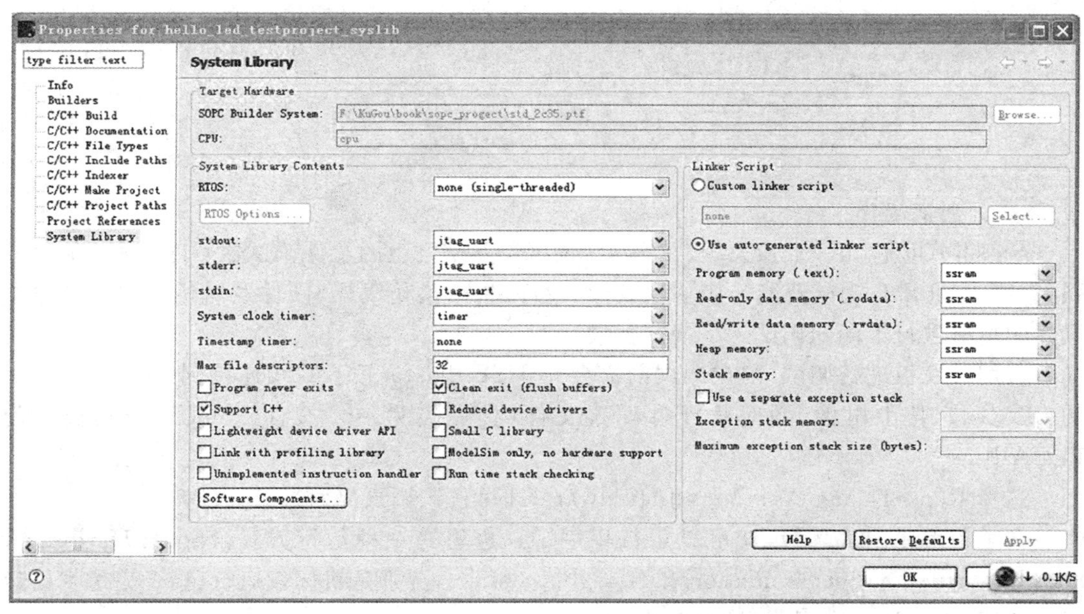

图 9.49　System Library 属性页面设置

(二) 编译连接工程

设置 C/C++应用工程系统属性后，即可对工程进行编译链接，生成 elf 文件。

右击要编译的工程，在弹出的菜单中选择 Build Project(由于编译比较费时，用户最好关闭占用电脑资源较大的软件)。

编译时，会显示编译的进度。编译的过程很慢，需要用户耐心等待，如图 9.50 所示。

如果没有错误，则可以看到如图 9.51 所示的信息：Build completed，表示软件编译成功，这时可以看到程序占用空间等信息。

如果有错误，则会显示错误的原因及行数，并且在程序窗口指示错误出现的位置。然后修改错误再重新编译，直到出现 Build completed 信息为止。

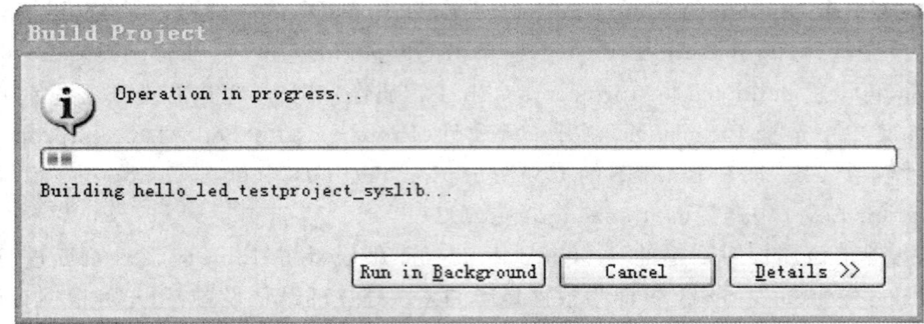

图 9.50 编译进度界面

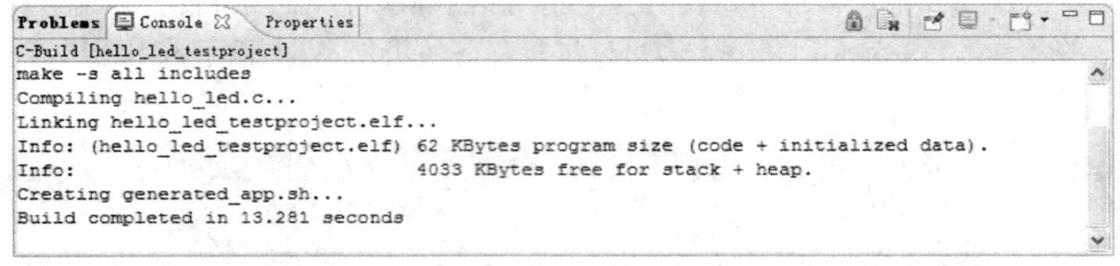

图 9.51 编译信息界面

（三）调试运行

NiosⅡ IDE 包含一个强大的、在 GNU 调试器基础之上的软件调试器 GDB，其功能比较强大。NiosⅡ IDE 调试器能连接多种目标：硬件、指令集仿真器、硬件逻辑仿真器。可根据具体的情况进行不同的调试。

若用开发板进行调试，则在调试前需要将 USB-BlasterⅡ下载线连接到 FPGA 开发板的 JTAG 口，接上电源，同时将硬件配置文件（扩展名为. sof 文件）下载到开发板上的 FPGA中。

选择 Run→Debug As→NiosⅡ Hardware，即可进入调试界面进行硬件调试。

在工程编译调试之后，就可以运行程序了。这里有 3 种运行方式：NiosⅡ Hardware、NiosⅡ Instruction Set Simulation 和 NiosⅡ ModelSim，分别是目标板运行、指令集仿真器运行和使用 ModelSin 进行 RTL 级系统仿真运行。

运行程序的方法可以有如下几种：

- 选择 Run→Run As，这种方式比较简单、快捷。
- 选择 Run→Run...，此运行方式可进行一些具体的设置。

至此，一个简单完整的 SOPC 系统设计完成。

第五节　Qsys 系统介绍

Qsys 是 ALTERA 公司为其 FPGA 上定制实现的 SOPC 框架，而开发 Qsys 所需的软件也称为 Qsys，具有功能强大的基于图形界面的片上系统定义和定制工具。Qsys 库中包括处理器和大量的 IP 核及外设，以便我们可以在 Altera 的 FPGA 上构建出一个功能强大的 SOPC 系统。Altera 公司已在现有集成开发环境全面采用 Qsys 取代此前的集成开发环境 SOPC builder，并可以向下兼容，也就是说，SOPC builder 所建立的所有工程都被“安全可靠”地移植到 Qsys 中。在 FPGA 优化芯片网络新技术支持下，与 SOPC Builder 相比，提高了性能，增强了设计重用功能，更迅速地进行验证。Qsys 系统集成工具自动生成互联逻辑，连接 IP 核功能和子系统，从而可以减轻 FPGA 设计工作量。

一、构建一个 Qsys 系统

图 9.52 我们给出了一个典型 Qsys 系统的框架图。Qsys 建立在 FPGA 芯片内部，其中，NiosⅡ是 Qsys 系统总的调控中心，相当于计算机系统中的 CPU。Qsys 系统采用 Avalon 总线接口，实现系统的可扩展性。各种外设控制器，例如串口、通用输入输出接口、存储器、定时器等等，都通过 Avalon 总线接口接入系统。这些外设控制器以独立模块(IP 核)的形式加入系统。NiosⅡ CPU 具有完全可定制和重新配置特性，占用 FPGA 的资源更少，性能更高，与之配套的开发环境也更先进，有更多的资源可供用户使用。

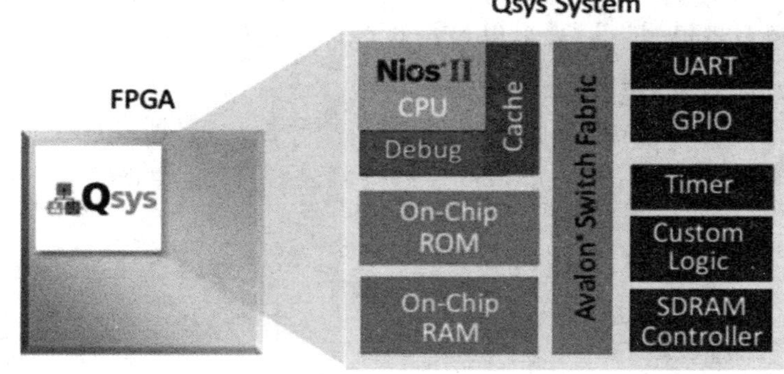

图 9.52　一个典型 Qsys 系统的框架图

作为 SOPC 系统，Qsys 的外设具有很强的可定制性，开发包含有一套通用外设和接口库。这些外设和接口库列于表 9.6 之中。利用 Qsys 软件中的用户逻辑接口向导，用户可以生成自己的定制外设，并将其集成在 NiosⅡ处理器系统中。此外，用户可以在 Altera FPGA 中，组合实现现有处理器无法达到的嵌入式处理器配置。

表 9.6　Qsys 开发包通用外设和接口库

定时器/计数器	外部三态桥接	EPCS 串行闪存控制器	串行外设接口(SPI)	LCD 接口
用户逻辑接口	JTAG UARTC	S8900 10 Base-T 接口	以太网接口 PCI	系统 ID
外部 SRAM 接口	片内 ROM	直接存储器通道(DMA)	紧凑闪存接口(CFI)	UART
SDR SDRAM	片内 RAM	LAN 91C111 10/100	有源串行存储器接口	并行 I/O
PCI	DDR SDRAM	CAN	RNG	USB
DDR2 SDRAM	DES 16550 UART	RSA	10/100/1000 Ethernet MAC	I^2C
SHA-1	浮点单元			

二、设计 Qsys 系统的流程以及所需要的软件工具

在设计系统之前，首先，对系统设计目标进行分析，明确系统需求，主要包括功能需求和性能需求等，再对系统功能做模块性的划分，并且要决定哪些功能是由硬件描述语言直接实现，而剩下的集成工作交由 Qsys 系统完成。其次，采用 QuartusⅡ软件建立工程与顶层实体，在设计环境中完成硬件语言直接实现的部分逻辑电路，然后调用 Qsys 集成开发工具生成一个用户定制的 SOPC 系统模块，包括 NiosⅡ处理器以及相应的外设模块。所调用的模块可以是 Altera 公司提供的 IP 核、第三方提供的或用户自己定制的 IP 核。将 Qsys 系统集成到 QuartusⅡ顶层实体工程中，并将此与之前所完成的采用硬件语言直接设计的逻辑电路连接起来。最后，完成分配管脚、配置工程、编译生成系统的硬件配置文件. sof 和. pof 文件，并将配置文件下载到开发板上进行初步验证。

构建一个 Qsys 系统需要三个工具，它们分别是：QuartusⅡ、Qsys 和 Nios SBT for Eclipse。Qsys 的开发流程主要有以下三个步骤：① 采用 Qsys 集成开发工具定制 SOPC 系统模块，包括 NiosⅡ处理器以及相应的外设模块；② 采用 QuartusⅡ软件建立工程与顶层实体，完成硬件语言逻辑电路。③ 采用 NiosⅡ SBT for Eclipse 编写与 Qsys 系统相配套软件使其运行于 NiosⅡ处理器上。

在上述步骤里，采用 QuartusⅡ、Qsys 中进行的设计，一般称为硬件设计或硬件开发。Qsys 系统的开发流程如图 9.53 所示。

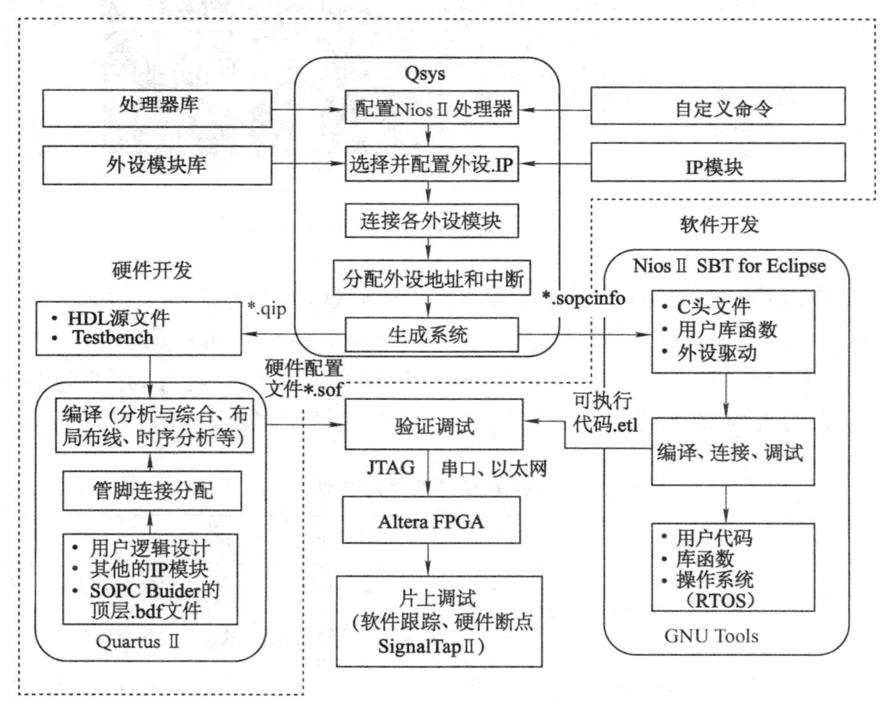

图 9.53　Qsys 系统的开发流程

硬件设计的具体步骤如下：

(1) 创建新工程，选取器件型号

使用 QuartusⅡ软件创建一个新工程,选取具体的 Altera FPGA 器件型号。当工程创建完毕后,在 QuartusⅡ软件中打开 Qsys 软件,从 Qsys 软件的处理器库和外设模块库中选择合适的 CPU、存储器以及各外围器件(如片内存储器、PIO、定时器、UART 等 IP 核),并定制和配置它们的功能;分配外设地址及中断号;设定复位地址;最后生成系统。用户也可以添加用户自身定制指令逻辑到 NiosⅡ内核心,加速 CPU 性能,或添加用户外设以减轻 CPU 的任务。

(2) Qsys 中进行硬件集成

使用 Qsys 软件生成系统后,将其集成到整个 QuartusⅡ工程中。可以在 QuartusⅡ工程中加入 NiosⅡ系统以外的逻辑。大多数的 SOPC 设计都包括 NiosⅡ系统以外的逻辑,这也是 SOPC 系统的优势所在。用户可以集成自身定制的硬件模块到 SOPC 设计,或集成从 Altera 或第三方 IP 供应商中得到的其他现成 IP 核模块。

(3) I/O 引脚分配和硬件编译

使用 QuartusⅡ软件为 NiosⅡ系统上的各 I/O 分配引脚,另外还要根据要求进行硬件编译选项或时序约束的设置;最后编译 QuartusⅡ工程,在编译过程中 QuartusⅡ将对 Qsys 生成的系统的 HDL 设计文件进行布局布线,从 HDL 源文件综合生成一个适合目标器件的网表,生成 FPGA 配置文件(.sof)。

(4) 硬件配置文件下载

使用 QuarutsⅡ中的 Programmer 软件和 Altera 下载器,将配置文件下载到目标板上。当校验完当前硬件设计后,可将新的配置文件下载到目标板上的非易失性存储器里(如 EPCS 器件)。下载完硬件配置文件后,软件开发者就可以将此目标板作为软件开发的初期硬件平台进行软件功能的开发验证了。

接下来介绍的是软件开发,软件设计的具体步骤如下:

(1) 打开 NiosⅡ SBT for Eclipse 软件,将 Qsys 软件生成的.sopcinfo 文件导入到 NiosⅡ SBT for Eclipse 软件中即可进行用户程序开发。这一步可以在 Qsys 生成系统模块后立即进行,也可以在整个系统编译完成,并将.sof 文件下载到目标板后进行。利用 NiosⅡ SBT for Eclipse 软件开发。这个过程与传统嵌入式系统的软件开发类似,唯一的不同在于,软件所运行的嵌入式系统是自己定制的、裁剪过的,因此,受硬件的局限会小一些。

(2) 当在 NiosⅡ SBT for Eclipse 软件中完成了用户程序时,便可对用户软件进行编译,如果编译没有错误,软件便会生成可执行文件 *.elf,将其下载到目标板中便可执行程序(下载 *.elf 前,要先给目标板下载.sof 文件,否则将会出现错误提示)。

(3) 修改用户程序直到硬件和软件设计都达到设计要求,利用 Flash 下载工具,将配置文件 *.sof 和可执行文件 *.elf 编程到 Flash 中即可完成上电程序自启动。

习 题

1. NIOS Ⅱ中断类型有哪几种?请详细描述 NiosⅡ的中断处理过程。

2. 试编写一个 PWM 控制的 IP 核,在 NiosⅡ平台中调用,实现 LED 灯的亮度控制。

3. 使用 NiosⅡ IDE 软件开发工具为 NiosⅡ系统构建软件,设计一个 NIOSⅡ软核的流水灯。

参考文献

[1] 潘松,黄继业. EDA 技术与 VHDL[M]. 北京:清华大学出版社,2017.
[2] 李辉,邓超. FPGA 原理与应用[M]. 北京:机械工业出版,2019.
[3] 梅雪松. SoC FPGA 嵌入式设计和开发教程[M]. 北京:北京航空航天大学出版社,2019.
[4] 赵倩. Verilog 数字系统设计与 FPGA 应用[M]. 北京:清华大学出版社,2022.
[5] ENOCH O HWANG. 著数字系统设计[M]. 阎波,朱晓章,姚毅译. 北京:电子工业出版社,2018.
[6] 康华光. 电子技术基础(数字部分)[M]. 北京:高等教育出版社,2021.
[7] CHARLES H,ROTH,LIZY KURIAN JOHN. 数字系统设计与 VHDL[M]. 金明录,刘倩译. 北京:电子工业出版社,2008.